"十二五"职业教育国家规划教材
经全国职业教育教材审定委员会审定

高等职业院校技能应用型教材

单片机控制技术项目式教程

（第2版）

王璇　高玉玲　　主编
魏欣　宋维君　杜军　　副主编
王书旺　　主审

電子工業出版社
Publishing House of Electronics Industry
北京·BEIJING

内 容 简 介

本书以适应当前行业发展的职业教育理念为指导思想，以电子产品的实用设计项目为载体，采用基于工作过程的任务驱动的形式由浅入深地介绍了 MCS-51 系列单片机的控制技术和实用性设计。本书把单片机的相关知识点融入各个项目及其下层任务，完整地展现了电子产品设计、开发的整个过程。硬件的设计从单片机的I/O口、定时/计数器、中断系统和串行口的基本应用，到单片机实用的键盘、显示器、A/D转换器和D/A转换器的应用，再到STC高性能51单片机的应用设计，循序渐进地将知识点融入实际的任务设计。软件的设计采用通用 C 语言进行编程。项目拓展拓宽了知识的宽度和深度，课后的知识思考与项目训练将课堂与课后的学习有机地结合在一起。为了适应不同的读者，本书正文中的硬件电路采用 Proteus 软件环境设计，项目拓展中的电路使用配套的实验板，灵活实用。

本书语言通俗易懂、简明扼要，内容丰富、层次分明，技术性强、实用性强，以够用、实用为原则，可作为高等职业院校电子、机电、自动化等专业的教材，也可作为相关专业工程技术人员的培训教材，还可作为电子爱好者或单片机设计工作者的参考书。

图书在版编目（CIP）数据

单片机控制技术项目式教程 / 王璇，高玉玲主编. —2 版. —北京：电子工业出版社，2020.9

ISBN 978-7-121-38809-5

Ⅰ. ①单… Ⅱ. ①王… ②高… Ⅲ. ①微控制器－计算机控制－教材 Ⅳ. ①TP368.1

中国版本图书馆 CIP 数据核字（2020）第 050260 号

责任编辑：薛华强　　　特约编辑：田学清
印　　刷：三河市双峰印刷装订有限公司
装　　订：三河市双峰印刷装订有限公司
出版发行：电子工业出版社
　　　　　北京市海淀区万寿路 173 信箱　　　邮编：100036
开　　本：787×1 092　1/16　印张：19.25　　字数：518.7 千字
版　　次：2014 年 1 月第 1 版
　　　　　2020 年 9 月第 2 版
印　　次：2025 年 1 月第13次印刷
定　　价：59.80 元

凡所购买电子工业出版社图书有缺损问题，请向购买书店调换。若书店售缺，请与本社发行部联系，联系及邮购电话：（010）88254888，88258888。

质量投诉请发邮件至 zlts@phei.com.cn，盗版侵权举报请发邮件至 dbqq@phei.com.cn。

本书咨询联系方式：（010）88254569，xuehq@phei.com.cn，QQ1140210769。

前　　言

单片机是一种嵌入式微控制器，在智能仪器仪表、工业控制、家用电器、医用设备、航空航天、专用设备的智能化管理等诸多领域有着广泛的应用。“单片机控制技术”是高等职业院校电子、机电、自动化等专业的一门必修课程，却也是一门令学生感觉较难学习的课程，因为学生不仅要掌握硬件电路的设计方法，还要学会编写相应的控制程序，并且要进行软件、硬件联合调试。鉴于此，编者在多年从事“单片机控制技术”课程教学，积累了丰富经验的基础之上编写了本书，目的就是使学生想学、爱学、易学并且学懂这门课程。

本书以适应当前行业发展的职业教育理念为指导思想，以理论教育为基础，以技能培养为目标，将理论与实践紧密结合，突出实践性教育环节的重要性，注重专业能力的培养，力图做到深入浅出、便于教学，充分体现专业课教学的基础性、实用性、操作性等特点。

本书以电子产品的实用设计项目为载体，采用项目导向、任务驱动的形式，将教学内容分为若干个相对独立的项目，每个项目由若干个任务组成，充分体现了工学结合的教学模式，力图在教学过程中充分发挥学生的主动性、积极性。每个项目都由直观的生活现象引入，使学生在有一定的知识准备后去完成任务。书中的软件设计采用了现在电子行业通用的 C 语言编程，同时引入了串行数字温度传感器、A/D 转换器、D/A 转换器、液晶显示等知识，最后提高到 STC 高性能 51 单片机的应用介绍，并且本书对需要用到的单片机开发软件环境 Proteus 和 Keil C51 做了简单的介绍，充分体现了教学内容的先进性与实用性。为了保障本书内容与仿真软件的一致性及可读性，书中有关仿真软件的截图均被保留，其中的电子元器件电路图形符号和单位均维持仿真软件中的原貌。

本书适合在学做一体化的单片机项目式教学中使用，参考学时数为 90，使用者可根据实际情况增减学时数。教师在教学中可根据学时及专业，有选择地介绍项目拓展中的内容。本书有配套的单片机实验板，但实验板只应用于项目拓展，正常的教学内容采用单片机开发环境 Proteus 和 Keil C51 即可，这使本书的使用不受教学条件的限制。

本书由南京信息职业技术学院的王璇和高玉玲担任主编，魏欣、宋维君和杜军担任副主编，王书旺担任主审。其中王璇编写了项目 5、项目 7 到项目 10，高玉玲编写了项目 1 到项目 4，魏欣和王璇共同编写了项目 11，宋维君和王璇共同编写了项目 6。本书在编写过程中得到中兴通讯（南京）有限责任公司高级工程师杜军的大力帮助，以及王书旺的细心审读，在此向他们表示衷心的感谢。书中部分内容的编写参考了有关文献，谨对书后所有参考文献的作者表示感谢。

本书配套提供微课视频、PPT 课件、任务仿真图、源程序文件和习题答案等信息化教学资源。读者可以使用手机等移动设备扫描书中的二维码观看微课视频，以及登录华信教育资源网（www.hxedu.com.cn）免费注册后下载其他教学资源。

由于单片机技术日新月异，加上编者水平有限，书中难免有疏漏之处，恳请读者批评指正，以便再版时修改，在此深表感谢。编者电子邮箱：wangxuan@njcit.cn。

编　者

2020 年 3 月

目　录

CONTENTS

项目 1
认识单片机

✧ 学习目标

- ➢ 初步认识单片机。
- ➢ 掌握单片机的基本概念。
- ➢ 了解单片机的发展历史及发展趋势。
- ➢ 了解单片机的分类、特点及应用领域。
- ➢ 了解行业标准中电子元器件的规范。
- ➢ 了解芯片制造过程，培养自主创新意识。

✧ 工作任务

- ➢ 叙述什么是单片机。
- ➢ 叙述单片机的发展历史及发展趋势。
- ➢ 叙述单片机的分类。
- ➢ 叙述单片机的特点及应用领域。

项目引入

在日常生活中，手机、MP3、数码相机、GPS 导航仪和智能家用电器等常用设备给我们的生活带来了许多方便和乐趣，可你了解在这些设备中发挥主要作用的单片机吗？单片机因将计算机的主要组成部分集成在一个芯片上而得名，虽然它体积很小，却可以使我们的生活更加丰富多彩。

要想了解单片机的控制作用，必须先认识单片机，学习单片机的基础知识。本项目的主要目的是引领学生认识单片机。要求学生通过学习本项目掌握单片机的基本概念，了解单片机的发展、分类、特点及应用领域。

本项目包含 4 个任务：单片机是什么；单片机的发展；单片的分类；单片机的特点及应用领域。

任务 1.1 单片机是什么

随着电子技术的飞速发展，计算机已渗透到人类生活的各个方面，影响着整个社会，改变了人类的生活方式。

根据规模不同，计算机可分为巨型计算机、大型计算机、中型计算机、小型计算机和微型计算机。微型计算机向着两个不同的方向发展：一个是高运行速度、大容量、高性能的高档计算机方向；另一个是稳定、可靠、体积小、成本低的单片机方向。

1.1.1 单片机在哪里

单片机在哪里呢？它在我们日常生活中使用的各种电器中。

例如，我们常用的空调，单片机就在其中起着控制、协调的作用，它接收由遥控器上的按键发来的控制信号，监控并显示温度，控制制冷和制热等，是空调的中央处理器。

又如，洗衣机，单片机在其控制面板中，它接收由控制面板上的按键发来的控制信号，控制洗衣模式的选择和时间的显示，以及注水阀的开启和关闭与电动机的启动和停止等，单片机是洗衣机中的控制中心。洗衣机的单片机控制图如图 1.1 所示。

由此可见，单片机就在我们的日常生活中，在我们身边的各种电器中起着非常重要的控制作用。

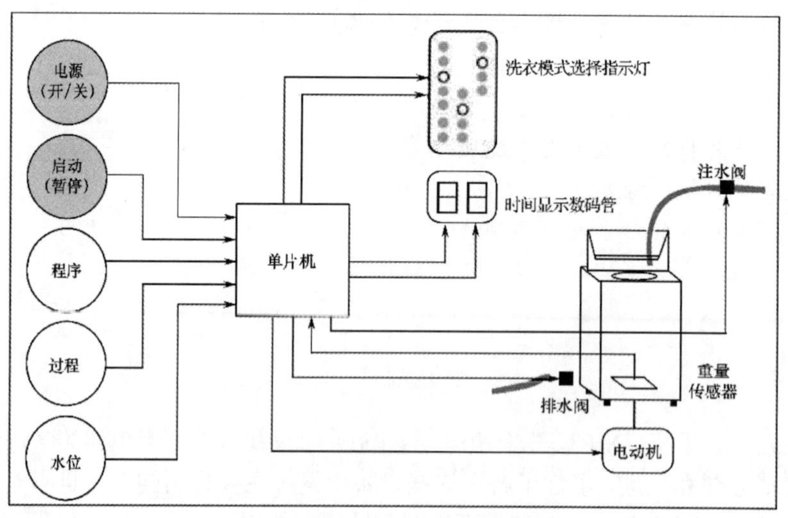

图 1.1 洗衣机的单片机控制图

1.1.2 单片机的样子

单片机的封装按形式不同可分为双列直插式封装（DIP）、塑料 J 形引脚芯片载体封装（PLCC）和塑料方形扁平式封装（PQFP）等，如图 1.2 所示。

（a）DIP （b）PLCC （c）PQFP

图 1.2 单片机的封装形式

DIP 属于插片式的封装，是最常用的封装形式，插拔及焊接方便，容易加工，体积较大，适合在制作样机时采用。DIP 的缺口侧圆形标记处为 1 号引脚，引脚按逆时针方向排列。

PLCC 和 PQFP 都属于表面贴装式的封装，外形呈正方形。PLCC 的引脚从封装的 4 个侧面引出，呈丁字形，其外形尺寸比 DIP 的小得多，其中心正上方圆形标记处为 1 号引脚。与 PLCC 不同的是，PQFP 的引脚通常呈翼形，且体积更小，其缺口侧圆形标记处为 1 号引脚，适合在批量生产时采用。

1.1.3 单片机的基本概念

单片机是指集成在一个芯片上的微型计算机，也就是把组成微型计算机的各种功能部件，包括中央处理器（Central Processing Unit，CPU）、随机存取存储器（Random Access Memory，RAM）、只读存储器（Read-Only Memory，ROM）、基本输入/输出（Input/Output，I/O）口电路、中断系统、定时/计数器等，集成在一个芯片上，构成一个完整的微型计算机系统，从而实现微型计算机的基本功能。单片机内部结构示意图如图 1.3 所示。

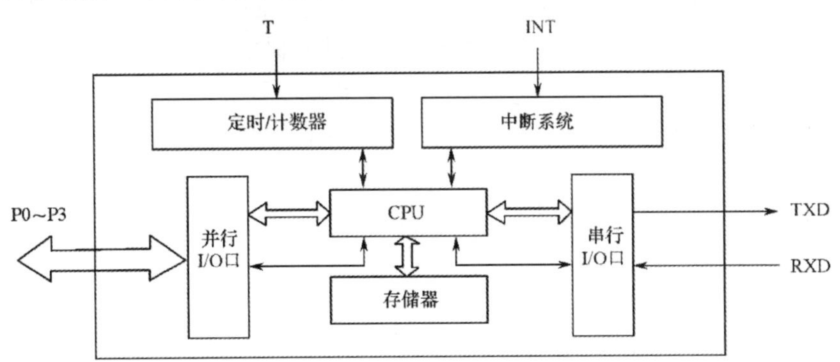

图 1.3 单片机内部结构示意图

单片机把微型计算机的各种功能部件集成在一个芯片上，大大缩短了系统内信号的传送距离，不仅降低了系统成本，还提高了系统的可靠性及运行速度。因此，在工业控制领域，以单片机为核心的控制系统得到了广泛应用。单片机系统是典型的嵌入式系统，是嵌入式系统低端应用的最佳选择。

注意：单片机本身只是一个集成度高、功能强的电子元器件，它只有在与某些元器件或设备有机地结合在一起时才能构成单片机应用系统的硬件部分，再配置适当的应用程序，就可以构成一个完整的单片机应用系统，用于完成特定的任务。

任务 1.2　单片机的发展

1.2.1　单片机的发展历史

单片机作为微型计算机的一个重要分支，应用范围很广，发展进度很快。如果将 8 位单片机的推出作为起点，那么单片机的发展历史大致可分为以下几个阶段。

（1）单片机的探索阶段。

20 世纪 70 年代，仙童（Fairchild）公司首先推出了第一款单片机 F-8，随后 Intel 公司推出了影响力更大、应用范围更广的 MCS-48 系列单片机。这一阶段的单片机功能较差，一般都没有串行 I/O 口、A/D 转换器和 D/A 转换器，中断控制和管理能力也较弱，并且寻址范围小（小于 8KB）。MCS-48 系列单片机的推出标志着单片机进入了智能化嵌入式应用的芯片形态的探索阶段。

（2）单片机的完善阶段。

1980 年 Intel 公司在 MCS-48 系列单片机的基础上推出了完善的、典型的 MCS-51 系列单片机。该系列单片机在芯片内集成了 8 位的 CPU、4KB 的 ROM、128B 的 RAM、4 个 8 位并行 I/O 口、1 个全双工串行口、2 个 16 位的定时/计数器，寻址范围为 64KB，并且集成了控制功能较强的布尔处理器。此阶段单片机的主要特点是结构体系完善，性能得到了大大的提高，面向控制的特点和性能进一步突出。随着 MCS-51 系列单片机在结构上的逐渐完善，它在这一阶段的领先地位被确定。

（3）单片机向微控制器发展的阶段。

Intel 公司推出的 MCS-96 系列单片机，将一些用于测控系统的 A/D 转换器、程序运行监视器、脉宽调制器等添加到芯片中，体现了单片机的微控制器（MCU）特征。16 位单片机除 CPU 为 16 位的以外，其片内 RAM 和 ROM 的容量也进一步增大，实时处理能力更强。随着 Intel 公司将 MCS-51 系列单片机的核心技术授权给各大芯片设计厂商，许多芯片设计厂商竞相使用 80C51 内核，将许多测控系统中使用的电路技术、接口技术、可靠性技术应用到单片机中，增强了单片机的外围电路功能，同时强化了其智能控制的特征。至此，微控制器成为单片机较为准确的表达名词。

（4）单片机的全面发展阶段。

单片机发展到这一阶段，表明其已成为工业控制领域普遍采用的智能化控制工具。为满足不同的要求，出现了高运行速度、大寻址范围、强运算能力和具备多机通信能力的 8 位、16 位、32 位通用型单片机，以及小型廉价、外围系统集成的专用型单片机，还有功能全面的片上单片机（System on Chip，SoC）系统，标志着单片机进入了全面发展的阶段。

1.2.2　单片机的发展趋势

1．CPU 的发展趋势

（1）采用双 CPU 结构，提高处理能力。

单片机内的两个 CPU 能同时工作，从而可以更好地处理外设的中断请求，克服单 CPU 在多重高速中断响应时的失效问题。同时，双 CPU 因为可以共享存储器和 I/O 口等资源，所以还可以很好地解决信息传送速度慢的问题。

（2）数据总线宽度增加，CPU 内部采用 16 位数据总线。

2. 片内存储器的发展趋势

（1）存储容量增大。MCS-51 系列单片机中集成了 4KB 的 ROM、128B 的 RAM，在很多场合下，存储器的容量不够，必须外接芯片，进行容量扩展。为了简化单片机应用系统的结构，应该加大片内存储器的容量。目前，单片机片内 ROM 的容量可达 64KB，片内 RAM 的容量可达 2KB。早期单片机片内 RAM 的容量一般为 64B～128B，片内 ROM 的容量一般为 1KB～2KB，寻址范围为 4KB。新型单片机片内 RAM 的容量多为 256B，片内 ROM 的容量多为 16KB。

（2）EPROM 开始 EEPROM 化。早期有的单片机的片内 ROM 采用 EPROM（可擦除可编程只读存储器），然而 EPROM 必须在高压下编程，用紫外线擦除，给使用带来不便。近年来推出的 EEPROM（电擦除可编程只读存储器）可在正常工作电压下进行读写，并能在断电时保证信息不丢失。因此，有些厂家已开始用 EEPROM 替代原来的 EPROM。

（3）闪速存储器。随着 CMOS 工艺的改进和提高，闪速存储器在不断发展和完善，应用越来越广泛，容量越来越大，价格越来越低，闪存技术在各个领域得到应用。例如，Atmel 公司将闪存技术应用到单片机中，生产出了带闪速存储器的 AT89 系列单片机。对一些小系统，外部可以不用扩展存储芯片，从而实现了只用单片机就能构成一个完整的控制系统。

（4）串行数据存储器。I^2C 总线的快速发展，使得串行数据存储器的容量增大、存取速度大大提高。串行数据存储器由于具有体积小、口线少、价格低的优点得到了广泛的应用。

（5）片内程序的保密措施。为了使片内 EPROM（或 EEPROM）中的内容不被复制，一些厂家对片内 EPROM（或 EEPROM）采用加锁技术。例如，Intel 公司的 8X252 单片机，加锁后的 EPROM（或 EEPROM）中的程序只供片内 CPU 读取，不能从片外读取，否则必须先开锁，在开锁时 CPU 会自动擦除 EPROM（或 EEPROM）中的信息，从而达到程序保密的目的。

3. 片内 I/O 口的改进

（1）增加并行 I/O 口的驱动能力，以便能直接输出大电流和高电压。

（2）增加 I/O 口的逻辑控制功能。

（3）设置一些特殊的串行 I/O 口功能，构成分布式、网络化系统。

4. 外围功能部件内装化

随着芯片集成度的不断提高，众多外围功能部件都可以集成在片内。集成在片内的外围功能部件有 A/D 转换器、DMA 控制器、声音发生器、监视定时器、液晶显示驱动器、彩色电视机和录像机的锁相电路等。

5. 低功耗化

自 20 世纪 80 年代中期以来，NMOS 工艺逐渐被 CMOS 工艺代替，超大规模集成电路技术由 3μm 工艺发展到 1.5μm、1.2μm、0.8μm、0.5μm、0.35μm、0.2μm 工艺，全静态设计使时钟频率从直流到数十兆赫任选，这些都使单片机的功耗不断降低。现在，几乎所有的单片机都有待机、休眠等省电运行方式。

6．应用软件和系统软件内固化

将一些应用软件和系统软件固化到片内 ROM 中，可以简化用户应用程序的编制工作，为用户提供方便。

总之，单片机今后将向高性能、高速、低功耗、低价格、大存储容量、外围功能部件内装化、应用软件和系统软件内固化等方向发展。

任务 1.3　单片机的分类

按照数据总线的位数不同，单片机可以分为 4 位单片机、8 位单片机、16 位单片机和 32 位单片机。

4 位单片机的控制功能较弱，CPU 一次只能处理 4 位二进制数。这类单片机常用于计算器、各种形态的智能单元，或者作为家用电器中的控制器。

8 位单片机是目前品种最丰富、应用最广泛的单片机，具有体积小、功耗低、功能强、性价比高、易于推广和应用等显著优点，代表产品有 Intel 公司的 MCS-48 系列和 MCS-51 系列、Microchip 公司的 PIC 系列、Atmel 公司的 AVR 系列等。8 位单片机在自动化装置、智能仪器仪表、工业控制、通信设备、家用电器等领域得到广泛应用。

16 位单片机是在 1983 年以后发展起来的，代表产品有 Intel 公司的 MCS-96 系列和 MCS-98 系列、Motorola 公司的 M68HC16 系列、NS 公司的 783XX 系列、TI 公司的 MSP430 系列等。16 位单片机主要应用于工业控制、智能仪器仪表、便携式设备等领域。其中 TI 公司的 MSP430 系列单片机以其超低功耗的特性广泛应用于低功耗场合。

32 位单片机的字长为 32 位，是单片机中的顶级产品，具有极高的运算速度。目前市面上常见的 ARM 处理器架构，可分为 ARM7、ARM9 及 ARM11。这类单片机主要应用于汽车电子、航空航天、高级机器人、军事装备等领域。它代表着单片机发展中的高新技术水平。

下面分别对不同厂家生产的不同系列的单片机进行介绍。

1．MCS-51 系列单片机

MCS-51 系列单片机是 Intel 公司在 1980 年推出的高性能 8 位单片机。它可分为 2 个子系列共 4 种类型，如表 1.1 所示。

表 1.1　MCS-51 系列单片机的分类

子系列	类型	片内 ROM 的形式				片内 ROM 的容量/KB	片内 RAM 的容量/B	16 位定时/计数器/个	中断源/个
		无 ROM	掩模 ROM	EPROM	EEPROM				
51 子系列	8X51	8031	8051	8751	8951	4	128	2	5
	8XC51	80C31	80C51	87C51	89C51	4	128	2	5
52 子系列	8X52	8032	8052	8752	8952	8	256	3	6
	8XC252	80C232	80C252	87C252	89C252	8	256	3	7

MCS-51 系列单片机可分为 51 和 52 两个子系列，其中 51 子系列单片机是基本型产品，而 52 子系列单片机属于增强型产品。与 51 子系列单片机相比，52 子系列单片机的资源配置有所

提高，如片内 ROM 的容量从 4KB 增加到 8KB，片内 RAM 的容量从 128B 增加到 256B，16 位定时/计数器从 2 个增加到 3 个，中断源从 5 个增加到 6 个或 7 个等，故其功能也有所增强。

单片机的片内 ROM 的形式有以下 4 种。

① 掩模 ROM，它是利用掩模工艺制造的，一旦生产出来，其内容便不能更改，因此只适用于存储成熟的固定信息，在大批量生产的情况下，成本很低。

② EPROM，这种存储器可由用户按规定的方法多次编程，若编程之后想修改，用紫外线灯制作的擦抹器照射 20min 左右，存储器即可复原，用户可重新编程，这对于研制和开发系统特别有利。

③ EEPROM（或 FlashROM），其内信息可通过电擦除，使用更方便。

④ 无 ROM，在使用无 ROM 的单片机时必须外接 EPROM，可灵活扩展，适用于研制新产品。

2．80C51 系列单片机

80C51 单片机是 MCS-51 系列单片机中的一个典型品种，80C51 单片机与其他厂家（如 Philips、Infineon、Dallas、Atmel 等）生产的与 80C51 单片机兼容的单片机统称 80C51 系列单片机。近年来，80C51 系列单片机又有了许多发展，推出了一些新产品，主要特点是改善了单片机的控制功能，如内部集成了高速 I/O 口、A/D 转换器、PWM 控制器等，具有低电压、低功耗、电磁兼容等特点，并且具有串行扩展总线和控制总线。

Atmel 公司研制的 89CXX 系列单片机是将 Flash Memory（或 EEPROM）集成在 80C51 单片机中作为用户程序存储器，并不改变 80C51 单片机的结构和指令系统。

Philips 公司研制的 83/87CXX 系列单片机不改变 80C51 单片机的结构和指令系统，省去了并行扩展总线，属于非总线型廉价单片机，特别适用于家用电器。

Infineon 公司推出的 C500 系列单片机在保持与 80C51 单片机兼容的前提下，增强了各项性能，尤其是增强了电磁兼容性能，增加了 CAN 总线接口，特别适用于工业控制、汽车电子、通信和家用电器领域。

3．其他常用单片机系列

如今单片机生产厂家众多，生产出的单片机性能各异。一个公司在准备开发单片机时，首先要了解市场上常用的单片机系列概况。生产 80C51 系列单片机的厂家除了上面提到的几个，还有 Microchip 公司、TI 公司、意法半导体（ST）公司，以及日本和中国的一些公司。这些厂家除生产 80C51 系列单片机以外，一般还开发其他系列单片机。

（1）Atmel 公司的 AVR 系列单片机。

1997 年 Atmel 公司为了充分发挥其闪存技术的优势，推出了全新配置的精简指令集（RISC）单片机，简称 AVR 单片机。AVR 单片机一进入市场，就因其卓越的性能大受欢迎。通过这些年的发展，AVR 单片机已形成系列产品，其 ATtiny 系列、AT90S 系列与 ATmega 系列分别对应为低档、中档、高档产品（高档产品含 JTAGICE 仿真功能）。

AVR 系列单片机的主要优点如下。

① AVR 系列单片机的 ROM 采用 Flash 结构，可擦写 1000 次以上。采用新工艺的 AVR 系列单片机，其 ROM 可擦写 1 万次以上。

② AVR 系列单片机有多种编程方式。在写入 AVR 程序时，可以用万用编程器并行写入，

也可以用串行 ISP（通过计算机的 RS-232C 接口或打印接口）在线编程擦写。

③ AVR 系列单片机是多累加器型单片机，数据处理速度快，配置了 RISC。其具有 32 个通用工作寄存器，相当于有 32 座立交桥，信息可以快速通行。AVR 系列单片机中有 128B～4KB 的 SRAM（静态随机存取存储器），可灵活使用指令运算，存放数据。

④ AVR 系列单片机功耗低，具有休眠省电（POWERDOWN）功能及闲置（IDLE）低功耗功能。一般耗电为 1～2.5mA，WDT 关闭时耗电为 100nA，适用于用电池供电的应用设备。

⑤ AVR 系列单片机的 I/O 口功能强、驱动能力大。其 I/O 口是真正的 I/O 口，能正确反映 I/O 口输入、输出的真实情况。它具有三态高阻输入功能，还可通过设定内部上拉电阻作为输入端口，便于满足各种应用需求。它可承受大电流（灌电流，10～40mA），可直接驱动晶闸管 SSR 或继电器，节省了外围驱动部件。

⑥ AVR 系列单片机具有 A/D 转换电路，可进行数据采集闭环控制。AVR 系列单片机内带模拟比较器，I/O 口可作为 A/D 转换接口，可以组成廉价的 A/D 转换器。

⑦ AVR 系列单片机中有功能强大的定时/计数器。其定时/计数器有 8 位的和 16 位的，可用于实现定时、计数、比较、产生外部中断等功能，也可用于控制输出。有的 AVR 系列单片机有 3～4 个 PWM，是实现电动机无级调速的理想元器件。

（2）Microchip 公司的 PIC 系列单片机。

Microchip 公司的单片机是市场份额增长最快的单片机。其主要产品是 PIC 系列 8 位单片机，该系列单片机的 CPU 采用了 RISC 结构的嵌入式微控制器，其高速度、低电压、低功耗、大电流 LCD 驱动能力和低价位 OTP 技术等都体现出单片机产业发展的新趋势。

PIC 系列 8 位单片机共有 3 个系列，即基本级、中级和高级。用户可根据需要选择不同级别和不同功能的单片机。

基本级系列单片机（如 PIC16C5X）的特点是低价位，适用于各种对成本要求严格的家用电器。例如，PIC12C5XX 是 8 引脚的低价位基本级系列单片机，其体积很小，完全可以应用在以前不能使用单片机的家用电器中。

中级系列单片机（如 PIC12C6XX）是 PIC 系列单片机中品种最丰富的系列。它在基本级系列单片机上进行了改进，并保持了很高的兼容性。其外部结构包括从 8 引脚到 68 引脚的各种封装。该系列单片机的性能很高，如内部带有 A/D 转换、EEPROM、比较器输出、PWM 输出、I^2C 和 SPI 等接口。所以适用于各种高档、中档和低档的电子产品。

高级系列单片机（如 PIC17CXX）的特点是速度快，适用于高速数字运算的场合，加之它具备一个指令周期内（160ns）可以完成 8×8（位）二进制乘法运算能力，所以可取代某些 DSP 产品。此外，PIC17CXX 具有丰富的 I/O 控制功能，并可外接扩展 EPROM 和 RAM，故其成为目前 8 位单片机中性能较高的机型之一。所以适用于高档、中档的电子产品。

（3）Motorola 公司的单片机。

Motorola 公司生产的单片机的特点是品种全、新产品多，在 8 位单片机方面有 68HC05 和升级产品 68HC08，其中 68HC05 有 30 多个系列共 200 多个品种，产量已超过 20 亿个。8 位增强型单片机 68HC11 也有 30 多个品种，年产量在 1 亿个以上。升级产品有 68HC12。16 位单片机 68HC16 也有 10 多个品种。32 位单片机的 683XX 系列也有几十个品种。

Motorola 公司生产的单片机在同样速度下所用的时钟频率较 Intel 公司生产的单片机低很多，因此具有高频噪声低、抗干扰能力强的特点，更适合用于工业控制领域及环境恶劣的场合。

过去 Motorola 公司生产 8 位单片机的策略是以掩模为主，最近推出了 OTP 计划以适应单片机发展新趋势。

由于过去 Motorola 公司生产单片机的策略是以掩模为主，生产出来的单片机不太适合用于教学，所以始终没有被选作教学用机型。

（4）宏晶科技的 STC 系列单片机。

深圳市宏晶科技有限公司（以下简称宏晶科技）是新一代增强型 8 位单片机标准的制定者，该公司生产的超强抗干扰工业规格的高性能 STC 增强型 8051 系列 Flash 单片机成本低，是中国制造的 8051 系列单片机的代表。STC 系列单片机配备了在线编程软件 STC-ISP，开发、生产和教学都极其方便。

STC 系列单片机中常用的基础 8051 单片机有 STC89C51 系列、STC89C58 系列和 STC90C51RC 系列等。STC 系列单片机中超强抗干扰、无法解密、采用第六代加密技术的 1T 8051 单片机包括 STC10XX 系列、STC11XX 系列、STC12C5AXX 系列、STC12C52XX 系列、STC12C56XX 系列，以及固件版本是 V5.5 的 STC12C54XX 系列和 STC12C2052 系列（有全球唯一的 ID 号）、STC15 全系列等，其内部都带有 A/D 转换器和 D/A 转换器，功能强大，功耗低。

任务 1.4　单片机的特点及应用领域

1.4.1　单片机的特点

与通用微型计算机相比，单片机在结构、指令设置上均有其独特之处，其主要特点如下。

（1）单片机的 ROM 和 RAM 是严格区分的。ROM 称为程序存储器，只用于存放程序、固定常数及数据表格。RAM 称为数据存储器，用作工作区，用于存放用户数据。设置这样的结构主要是考虑到单片机用于控制系统，需要有较大的程序存储空间，所以把开发成功的程序固化在 ROM 中，而把少量的随机数据存放在 RAM 中。这样，小容量的数据存储器能以高速 RAM 形式集成在单片机内，从而加快单片机的指令执行速度。单片机内的 RAM 是数据存储器，而不是高速缓冲存储器（Cache）。

（2）单片机采用面向控制的指令系统。为满足控制的需要，单片机有更强的逻辑控制能力，特别是具有很强的位处理能力。

（3）单片机的 I/O 口通常是多功能的。由于单片机芯片上的引脚个数有限，所以为了解决实际引脚个数和需要的信号线根数的矛盾，采用了引脚功能分时复用的方法，引脚处于何种功能，可通过指令来设置或通过机器状态来区分。

（4）单片机的外部扩展能力很强。当单片机内部的各种功能部件不能满足应用需求时，均可在外部进行扩展（如扩展 ROM、RAM、I/O 口、定时/计数器、中断系统等），与许多通用的微型计算机接口芯片兼容，给应用系统设计带来极大的方便。

单片机在控制领域中还有以下几方面的优点。

（1）体积小，成本低，运用灵活，易于产品化，能方便地组成各种智能化的控制设备和仪器，做到机电一体化。

（2）能针对性地完成从简单到复杂的各类控制任务，因而能获得最佳的性价比。

（3）抗干扰能力强，适用温度范围宽，在各种恶劣的环境下都能可靠地工作。

（4）可以方便地实现多机控制和分布式控制，使整个控制系统的工作效率和可靠性大大提高。

总之，小型、灵活、方便、便宜就是单片机的主要特点。

1.4.2 单片机的应用领域

单片机广泛应用于智能仪器仪表、工业控制、家用电器、医用设备、航空航天、专用设备的智能化管理等领域，大致可分如下几个范畴。

（1）在智能仪器仪表领域中的应用。

单片机具有体积小、功耗低、控制能力强、扩展灵活、微型化和使用方便等优点，广泛应用于智能仪器仪表领域，结合不同类型的传感器，可实现诸如电压、功率、频率、湿度、温度、流量、速度、厚度、角度、长度、硬度、压力等参数的测量。采用单片机控制技术可使仪器仪表数字化、智能化、微型化，且功能比电子或数字电路更加强大。例如，单片机可应用于精密的测量设备，如功率计、示波器、各种分析仪等。

（2）在工业控制领域中的应用。

利用单片机可以构成形式多样的控制系统、数据采集系统。例如，单片机可应用于工厂流水线的智能化管理、电梯智能化控制、各种报警系统，还可结合计算机构成二级控制系统等。

（3）在家用电器领域中的应用。

可以说，现在的家用电器，如电饭煲、洗衣机、电冰箱、空调、电视机等都采用了单片机进行控制。

（4）在计算机网络和通信设备间的应用。

现在的单片机普遍具备通信接口，可以很方便地与计算机进行数据通信，为单片机在计算机网络和通信设备间的应用提供了极好的物质条件，现在的手机、电话机、小型程控交换机、楼宇自动通信呼叫系统、列车无线通信系统、无线电对讲机等都采用了单片机进行控制。

（5）在医用设备领域中的应用。

单片机在医用设备领域中的用途亦相当广泛，如可用于医用呼吸机、各种分析仪、监护仪、超声诊断设备及病床呼叫系统等。

（6）在各种大型电器中的模块化应用。

某些专用单片机可实现特定功能，从而可在各种电路中进行模块化应用，而不要求使用人员了解其内部结构。例如，音乐集成单片机，看似简单的功能微缩在纯电子芯片中（其原理有别于磁带机的原理），就需要复杂的类似于计算机的原理：音乐信号以数字的形式存于存储器（类似于 ROM）中，由微控制器读出，转化为模拟音乐电信号（类似于声卡）。在大型电器中，这种模块化应用极大地缩小了电器的体积，简化了其内部电路，降低了损坏率、错误率，并且更便于更换。

项目小结

本项目主要介绍了单片机的概念、发展、分类、特点及应用领域，通过4个任务完成了对单片机的介绍。

单片机是在一个超大规模的芯片上集成了一台完整微型计算机的全部基本单元，具有很高的性价比和相当小的体积，广泛应用于智能仪器仪表、工业控制、家用电器、医用设备、航空航天、专用设备的智能化管理等领域。

单片机的发展经历了探索、完善、MCU化、全面发展4个阶段，并将进一步向着CMOS化、低功耗、小体积、低价格、大容量、高性能、外围功能部件内装化（嵌入式）和串行扩展技术等方向发展。

知识思考与项目训练

（一）选择题

1．AT89C51是__________公司生产的单片机。

A）Intel　　B）AMD　　C）Atmel　　D）Philips

2．MCS-51系列单片机是__________位的。

A）32　　B）16　　C）8　　D）64

3．单片机应用系统包括__________两个部分。

A）硬件系统和应用程序　　B）运算器和控制器

C）时钟电路和复位电路　　D）ROM和RAM

4．单片机能识别的数据采用__________表示。

A）二进制　　B）八进制　　C）十进制　　D）十六进制

（二）填空题

1．单片机又称__________，其英文名称为__________。

2．单片机是将__________、一定容量的ROM和RAM、__________、__________等集成在一个芯片上而构成的微型计算机。

3．DIP是指__________，是常用的单片机封装形式。

4．宏晶科技生产的8051单片机型号以__________开头，都具有__________功能。

（三）简答题

1．什么是单片机？单片机由哪些基本部件组成？

2．单片机的发展经历了哪些阶段？

3．单片机有哪些特点？主要应用在哪些领域？

4．举例说明单片机的用途。

5．MCS-51 系列单片机有哪些产品？它们各有哪些差异？你认为我们选哪个产品作为典型学习对象较合适？

（四）项目训练

1．列举两个你身边使用单片机的例子。

2．详细叙述一个电子产品的单片机控制过程。

用单片机集成开发环境进行项目设计

✧ 学习目标

- ➢ 了解 Keil C51 软件和 Proteus 软件。
- ➢ 熟练掌握 Keil C51 软件的使用方法。
- ➢ 熟练掌握 Proteus 软件的使用方法。
- ➢ 学会运用信息化手段（如借助网络）解决专业技术问题，培养信息化素养。

✧ 工作任务

- ➢ 叙述用 Keil C51 软件创建工程的步骤。
- ➢ 用 Keil C51 软件完成单片机程序的编译和调试。
- ➢ 叙述 Proteus 软件的使用方法。
- ➢ 用 Proteus 软件设计单片机电路。

项目引入

单片机在控制、测量领域有着广泛的应用，单片机应用系统主要由硬件和软件两部分组成，这两部分通过调试最终可实现一个完整系统的功能。在调试过程中，集成开发环境可以对电路和程序进行纠错、调试和运行，掌握单片机集成开发环境的使用方法是学习单片机的第一步。

本项目手把手教学生如何用单片机集成开发环境进行项目设计，通过项目实例引领大家进入单片机集成开发环境，体验 Keil C51 软件和 Proteus 软件的使用方法。

本项目包含两个任务：用 Keil C51 软件进行软件设计；用 Proteus 软件进行硬件设计。

任务 2.1 用 Keil C51 软件进行软件设计

Keil C51 是美国 Keil Software 公司开发出的 51 系列兼容单片机 C 语言软件开发系统。Keil C51 软件提供了包括 C 语言编译器、宏汇编、连接器、库管理及功能强大的仿真调试器在内的完整开发方案，通过一个集成开发环境（Keil µVision4）将这些部分组合在一起。Keil µVision4 的工作界面是 Windows 操作界面，只要看一下编译后生成的汇编代码，就能体会到 Keil C51 软件生成目标代码的高效率，多数语句生成的汇编代码很紧凑，容易理解，在开发大型软件时更能体现高级语言的优势。

Keil C51 软件可以在 Windows 98、NT、Windows 2000、Windows XP 等操作系统中运行，掌握这一软件的使用方法对 51 系列兼容单片机的使用爱好者来说是十分必要的。如果你使用 C 语言编程，那么 Keil C51 是你的不二之选，即使不使用 C 语言而仅用汇编语言编程，Keil C51 软件中方便易用的集成开发环境、强大的软件仿真调试工具也会令你事半功倍。

任务准备

用 Keil C51 软件进行软件（应用程序）设计，首先要在计算机上正确安装 Keil µVision4。Keil µVision4 使用工程的方法来管理文件，源程序（C 语言程序、汇编语言程序）、头文件及说明性的技术文档等都使用工程的方法统一管理。通常可采用以下的基本操作步骤来创建一个自己的应用程序。

（1）新建工程文件。

（2）选择 CPU 型号（如 Atmel 公司的 AT89C52）。

（3）为工程添加源程序文件（新建一个源程序文件并添加源程序，或直接添加已存在的源程序文件）。

（4）对工程进行设置。

（5）程序编译、调试。

任务操作

1. 任务要求

用 Keil µVision4 新建一个工程文件“流水灯.uvproj”，详细说明设计一个应用程序的过程。

2. 任务分析

根据任务要求，只有熟悉 Keil µVision4 的实际操作步骤，才能正确地设计一个应用程序并对该应用程序进行编译。

3. 任务设计

下面具体介绍 Keil µVision4 的操作步骤。

（1）打开软件。

双击计算机桌面上的“Keil µVision4”图标或者选择屏幕左下方的“开始”→“程序”→

“Keil μVision4”命令，即可进入 Keil μVision4 集成开发环境。

（2）进入工作界面。

Keil μVision4 的工作界面是标准的 Windows 操作界面，界面中包括标题栏、主菜单栏、标准工具栏、代码窗口等。图 2.1 是第一次开启该软件显示的工作界面，以后开启该软件显示的工作界面中可能有工程文件，这时可以通过执行“Project”→“Close Project”菜单命令关闭该工程文件，回到如图 2.1 所示的工作界面。

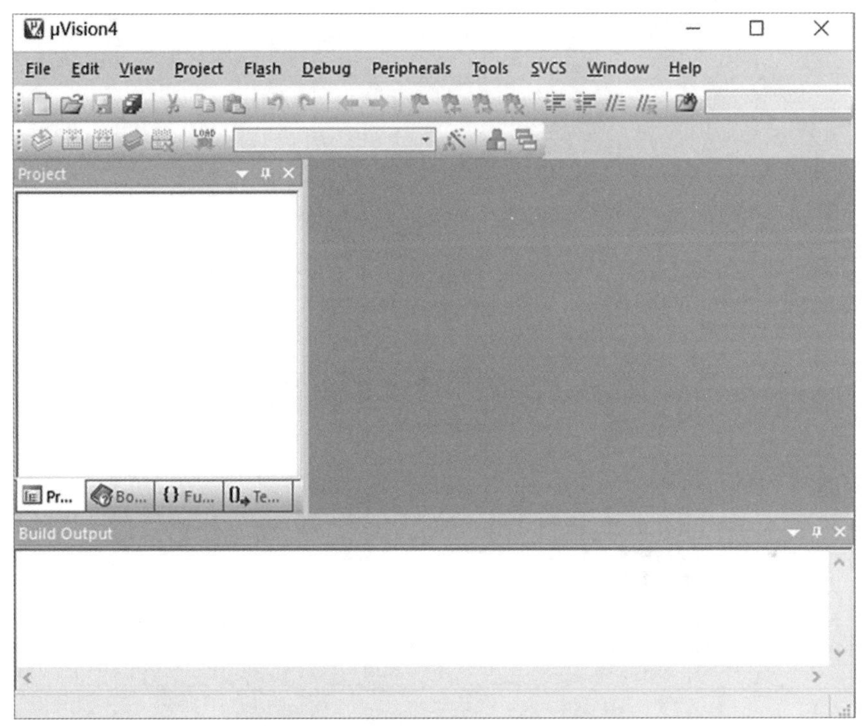

图 2.1　Keil μVision4 的初始工作界面

（3）新建工程文件。

执行“Project”→“New μVision Project”菜单命令，新建一个 Keil μVision4 工程文件，这时会弹出如图 2.2 所示的新建工程文件对话框。

在如图 2.2 所示的新建工程文件对话框中，我们需要给自己的工程文件取一个名字，文件名应便于记忆且不宜太长；然后选择工程文件的存放位置，工程文件的扩展名为.uvproj。在完成所有输入和选择操作后，单击“保存”按钮，就完成了新建工程文件步骤。

（4）选择 CPU 型号。

在工程文件创建完成后，会弹出如图 2.3 所示的元器件选择窗口。我们可以先选择生产厂家，再从展开的型号列表中选择调试样机所用的 8051 系列 CPU 的型号。在型号列表的右侧有当前选中的 CPU 的特性说明，从中可以了解其基本特性。用户也可以通过执行“Project”→“Select Device for Target ‘Target 1’”菜单命令随时更改 CPU 的型号。

（5）至此，我们已经创建了一个空白工程文件，如图 2.4 所示，并为该项目选择好了 CPU 型号。

图 2.2　新建工程文件对话框

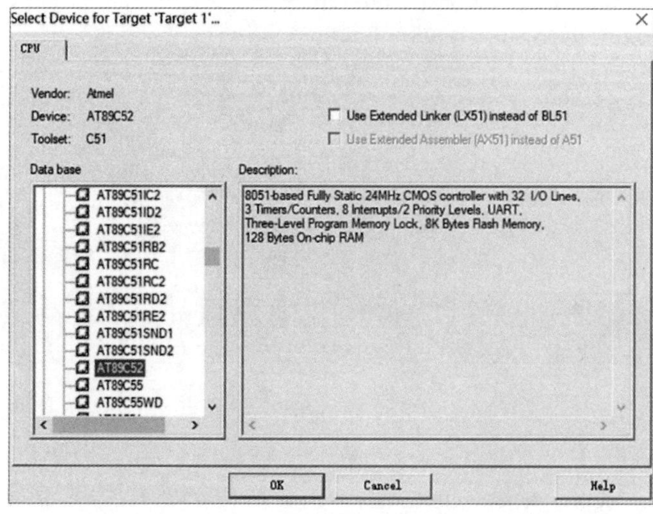

图 2.3　元器件选择窗口

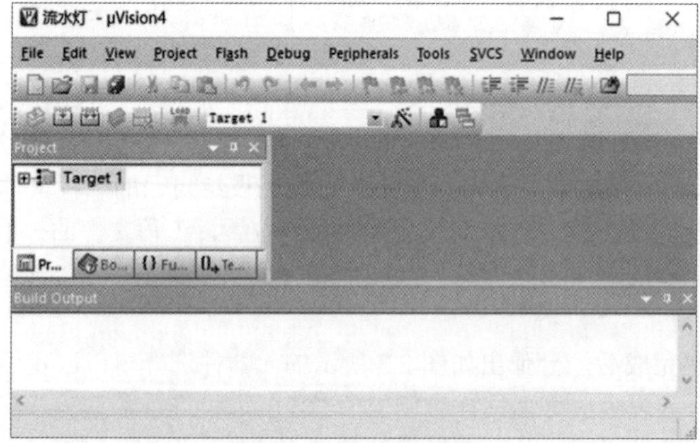

图 2.4　空白工程文件

（6）新建源程序文件。

工程文件虽然已经创建好，即已经建立好了一个工程来管理流水灯这个项目，但我们还没写程序，因此还需要建立相应的 C 语言程序文件或汇编语言程序文件。执行“File”→“New”菜单命令，新建一个 C 语言程序文件。新建 C 语言程序文件后的工作界面如图 2.5 所示。

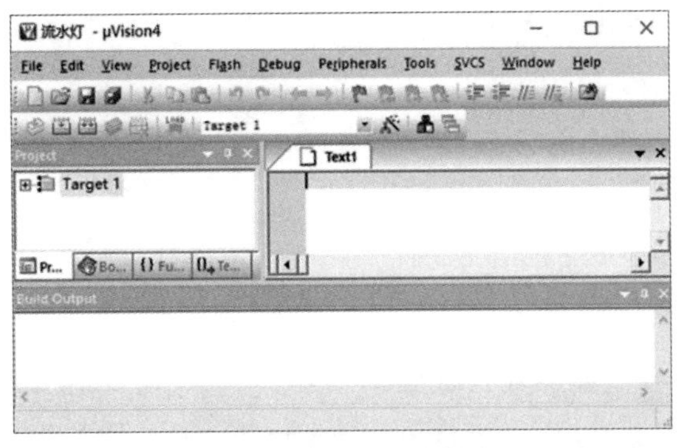

图 2.5 新建 C 语言程序文件后的工作界面

此时光标在编辑窗口中闪烁，表示可以键入用户的应用程序。笔者建议先保存该空白工程文件，然后执行“File”→“Save As”菜单命令，在弹出的“Save As”对话框中选择存储位置、填写文件名，如图 2.6 所示。注意，这时的文件名一定要带扩展名，如果用 C 语言编写程序，则扩展名为.c；如果用汇编语言编写程序，则扩展名为.asm。最后，单击“保存”按钮。

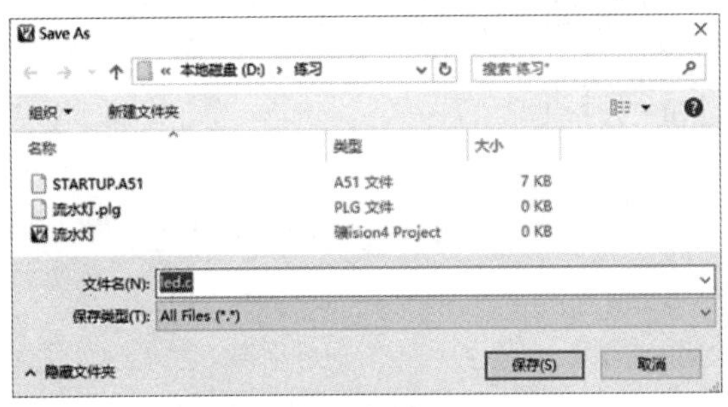

图 2.6 “Save As”对话框

（7）将源程序文件添加到工程文件中。

至此，只是创建了源程序文件而已，我们必须将它添加到“流水灯.uvproj”工程文件中，单击“Project”窗格中的“Target 1”前面的“+”，右击“Source Group 1”，在弹出的快捷菜单中选择“Add Files to Group ‘Source Group 1’”选项（见图 2.7），弹出如图 2.8 所示的“Add Files to Group ‘Source Group 1’”对话框。选中“led”源程序文件，然后单击“Add”按钮，添加完成后的工作界面如图 2.9 所示。

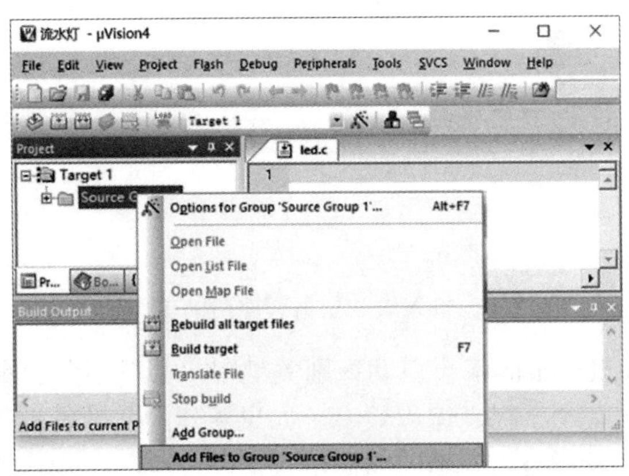

图 2.7 快捷菜单

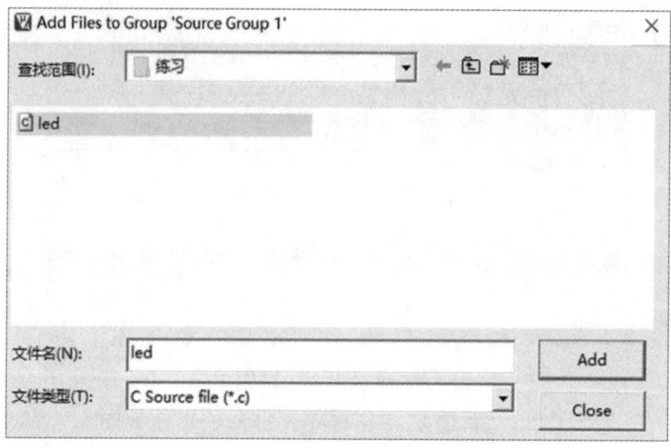

图 2.8 “Add Files to Group ‘Source Group 1’”对话框

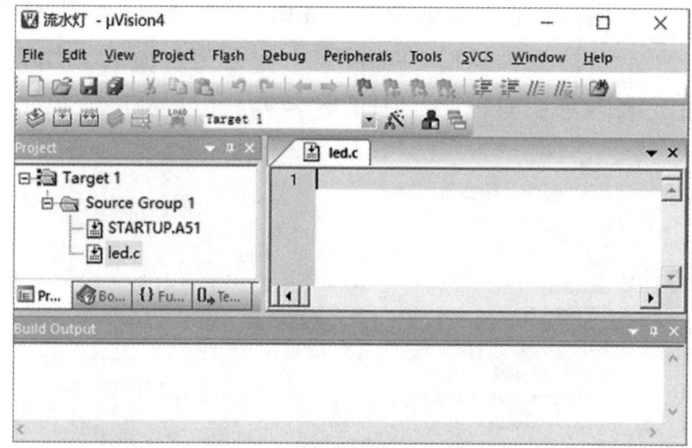

图 2.9 添加完成后的工作界面

（8）双击“Project”窗格中的“led.c”源程序文件，在代码窗口内输入 C 语言源程序，完成之后的工作界面如图 2.10 所示。

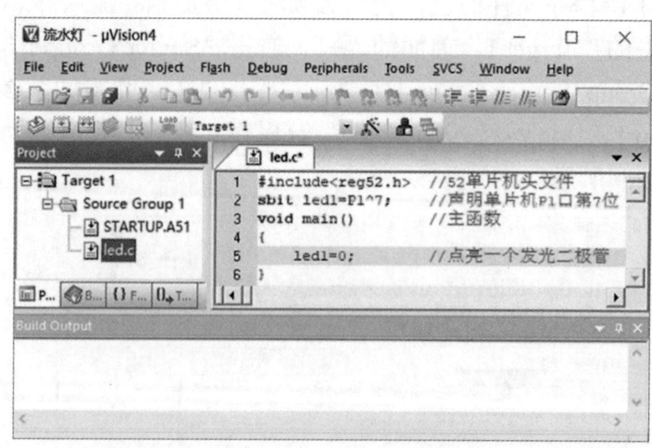

图 2.10 输入 C 语言源程序后的工作界面

在输入源程序时，Keil μVision4 会自动识别关键字，并以不同的颜色提示用户加以注意，这样会使用户少犯错误，有利于提高编程效率。如果新建的文件没有事先保存，Keil μVision4 就不会自动识别关键字，也不会出现不同的提示颜色。

（9）对工程进行设置，以满足要求。

执行“Project”→“Options for target ‘target1’”菜单命令或者直接单击标准工具栏中的快捷图标，弹出“Options for Target ‘Target1’”对话框，如图 2.11 所示。该对话框中共有 11 个选项卡，大部分设置项都取默认值，此处不详细介绍，只介绍和本项目相关的两个选项卡的设置方法。

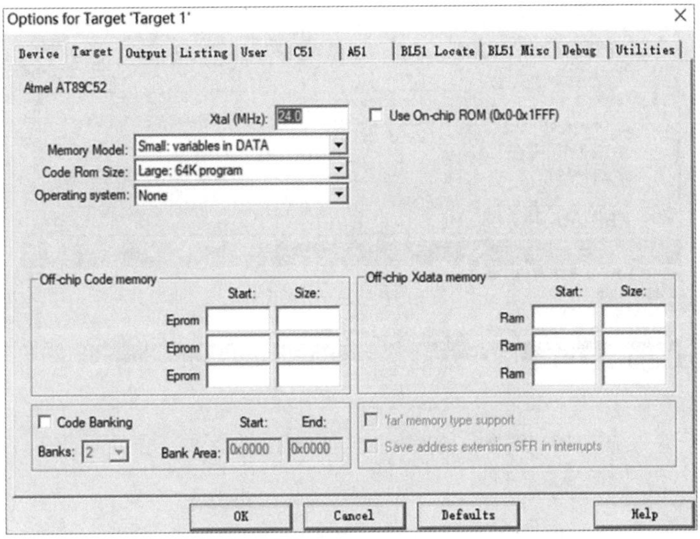

图 2.11　“Options for Target ‘Target1’”对话框

在“Target”选项卡中，更改晶振频率（如改成 12.0MHz），如图 2.12 所示。接下来在“Output”选项卡中勾选“Create HEX File”复选框，如图 2.13 所示，使程序编译后产生 HEX 代码，以便在 Proteus 软件中下载可执行代码。

至此，设置工作完成，下面我们将编译、链接、生成可执行文件（.hex 文件）。

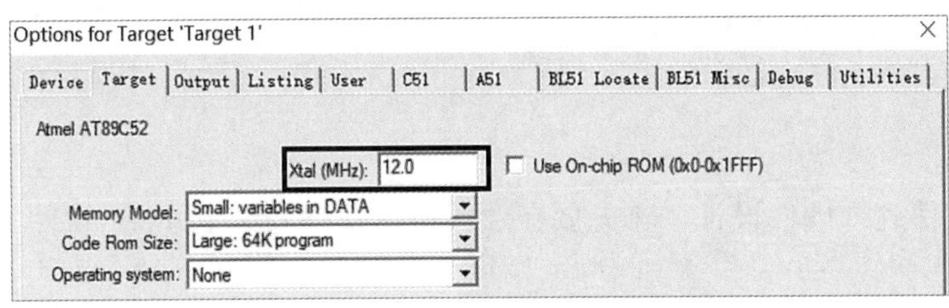

图 2.12　更改晶振频率

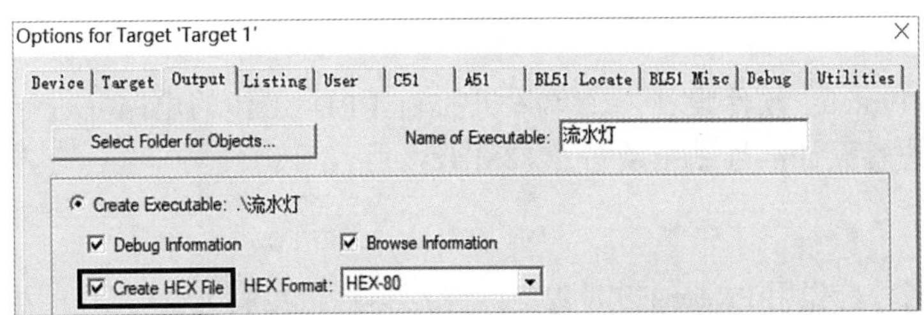

图 2.13　勾选“Create HEX File”复选框

（10）编译、链接、生成可执行文件。

依次单击如图 2.14 所示的图标，如果源程序中没有语法错误，将会生成可执行文件，如图 2.15 所示，本例可执行文件为“流水灯.hex”。

图 2.14　编译、链接、生成可执行文件图标

图 2.15　编译、链接、生成可执行文件后的工作界面

任务 2.2　用 Proteus 软件进行硬件设计

英国 Labcenter Electronics 公司推出的 Proteus 软件，可以对基于微控制器的设计连同所有的外围电子元器件一起进行仿真。用户甚至可以实时采用诸如 LED、键盘、RS-232C 终端等动态外设模型来对设计进行交互仿真。目前 Proteus 软件在单片机的教学中已越来越受重视，并被提倡应用于单片机数字实验室的构建。

任务准备

用 Proteus 软件进行硬件设计，首先要在计算机上正确安装 Proteus 软件。

任务操作

1．任务要求

用安装好的 Proteus 软件设计一个单片机控制 LED 工作的电路并进行仿真。要求使用 AT89C52 单片机进行设计，且晶振频率为 12MHz。

2．任务分析

根据任务要求，首先用 Proteus 软件绘制一个用单片机控制 LED 工作的电路，该电路中应包括电源电路、时钟电路、复位电路和 LED 电路。学生要学会用 Proteus 软件设计电路的方法。然后载入控制 LED 工作的单片机软件并对电路进行仿真。

3．任务设计

单片机的硬件电路按照以下步骤进行设计和仿真。

（1）打开软件。

双击计算机桌面上的“ISIS 7 Professional”图标或者选择屏幕左下方的“开始”→“程序”→“Proteus 7 Professional”→“ISIS 7 Professional”命令，即可进入 Proteus ISIS 集成开发环境。

（2）进入工作界面。

Proteus ISIS 的工作界面是标准的 Windows 操作界面，如图 2.16 所示，该界面中包括标题栏、主菜单栏、标准工具栏、绘图工具栏、状态栏、对象选择器按钮、预览对象方位控制按钮、仿真进程控制按钮、预览窗口、对象选择器窗口、图形编辑窗口。

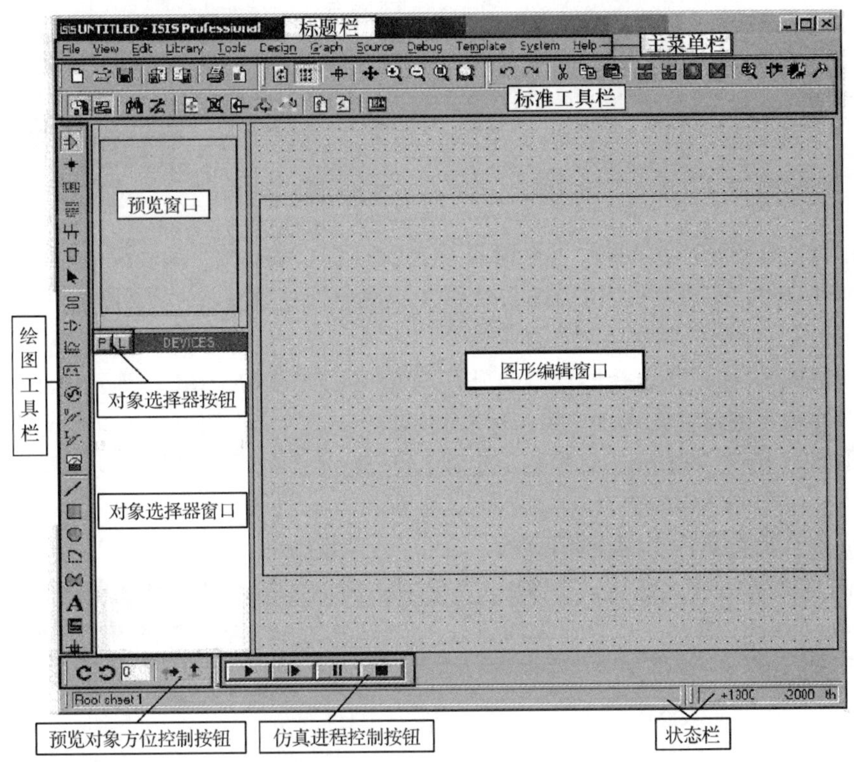

图 2.16　Proteus ISIS 的工作界面

Proteus ISIS 软件的使用方法与其他软件的使用方法没有太大的区别，下面以绘制一个单片机最小系统的电路原理图为例简单介绍其使用方法。

（3）绘制电路原理图。

① 将所需元器件添加至对象选择器窗口。

单击对象选择器按钮“P”，选择需要添加的元器件，如图 2.17 所示

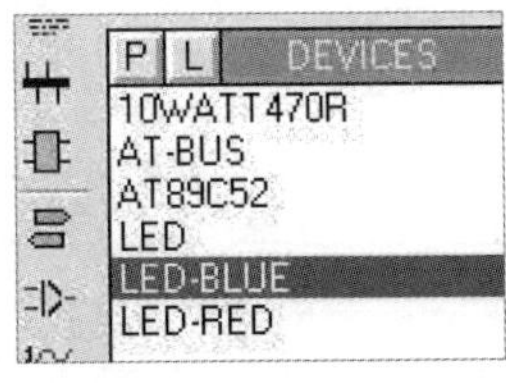

图 2.17　添加元器件

弹出“Pick Devices”对话框，在“Keywords”文本框中输入“AT89C”，系统在对象库中进行搜索查找，并将搜索结果显示在“Results”列表框中，如图 2.18 所示。

在“Results”列表框中的“Device”列中双击“AT89C52”，即可将“AT89C52”添加至对象选择器窗口。

Pick Devices

Keywords: AT89C

Match Whole Words?

Category: (All Categories) Microprocessor ICs

Results (15):

Device	Library	Description
AT89C1051	MCS8051	8-bit microcontroller with 1K code flash and 64-bit iram
AT89C2051	MCS8051	8-bit microcontroller with 2K code flash and 128-bit iram
AT89C4051	MCS8051	8-bit microcontroller with 4K code flash and 128-bit iram
AT89C51	MCS8051	8051 Microcontoller (4kB code, 33MHz, 2x16-bit Timers, UART)
AT89C51.BUS	MCS8051	8051 Microcontoller (4kB code, 33MHz, 2x16-bit Timers, UART)
AT89C51RB2	MCS8051	8051 Microcontoller (16kB code, 48MHz, Watchdog Timer, 3x1
AT89C51RB2.BUS	MCS8051	8051 Microcontoller (16kB code, 48MHz, Watchdog Timer, 3x1
AT89C51RC2	MCS8051	8051 Microcontoller (32kB code, 48MHz, Watchdog Timer, 3x1
AT89C51RC2.BUS	MCS8051	8051 Microcontoller (32kB code, 48MHz, Watchdog Timer, 3x1
AT89C51RD2	MCS8051	8051 Microcontoller (64kB code, 40MHz, Watchdog Timer, 3x1
AT89C51RD2.BUS	MCS8051	8051 Microcontoller (64kB code, 40MHz, Watchdog Timer, 3x1
AT89C52	MCS8051	8052 Microcontoller (8kB code, 256B data, 33MHz, 3x16-bit Tir
AT89C52.BUS	MCS8051	8052 Microcontoller (8kB code, 256B data, 33MHz, 3x16-bit Tir
AT89C55	MCS8051	8032 Microcontoller (20kB code, 256B data, 33MHz, 3x16-bit Ti
AT89C55.BUS	MCS8051	8032 Microcontoller (20kB code, 256B data, 33MHz, 3x16-bit Ti

Schematic Preview: (Nothing selected for preview)

PCB Preview:

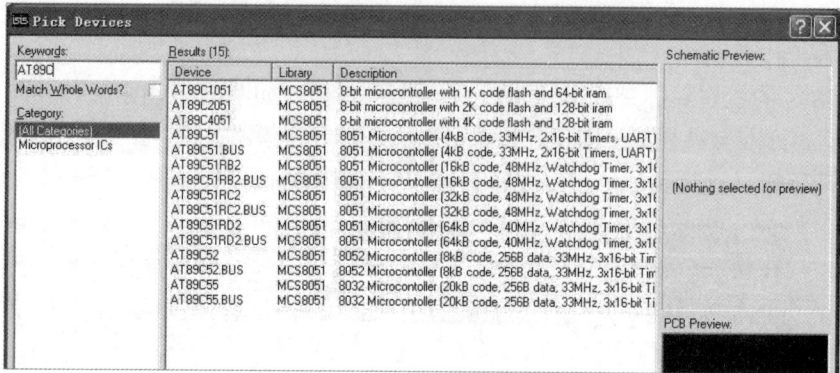

图 2.18 “Pick Devices”对话框

接着在“Keywords”文本框中重新输入“LED”。在“Results”列表框中的“Device”列中双击“LED-BLUE”，即可将“LED-BLUE”添加至对象选择器窗口。使用同样的方法，把本任务需要用到的所有元器件添加至对象选择器窗口。

经过以上操作，在对象选择器窗口中已有了 AT89C52、LED-BLUE 等元器件对象，若单击“AT89C52”选项，则可在图形预览窗口中看到 AT89C52 的实物图，单击其他元器件选项，即可在图形预览窗口中看到对应的实物图。此时，我们注意到绘图工具栏中的元器件按钮处于被选中状态。

② 将元器件放置到图形编辑窗口中。

在对象选择器窗口中，选中“AT89C52”选项，将鼠标指针置于图形编辑窗口中欲放置该对象的位置处并单击，即可完成该对象的放置。同理，将其余元器件均放置到图形编辑窗口中，如图 2.19 所示。

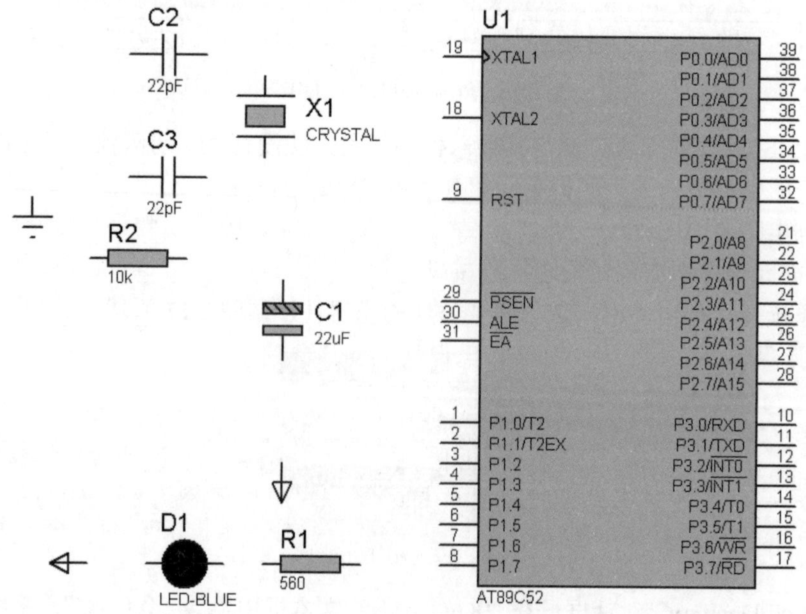

图 2.19 将元器件放置到图形编辑窗口中

若对象的位置需要移动，则可将鼠标指针移动到该对象上并单击，此时该对象的颜色变至红色，表明该对象已被选中，按住鼠标左键并拖动鼠标，将对象移动到新位置后，松开鼠标左键，即可完成移动操作。

③ 对元器件进行连线。

Proteus 软件具有智能化特性，可以在你想要画线的时候进行自动检测。下面，我们介绍将电阻 R1 的左端连接到 D1 右端的操作方法。当将鼠标指针靠近 R1 左端的连接点时，会出现一个“×”号，表明找到了 R1 左端的连接点，此时单击鼠标左键，然后移动鼠标，将鼠标指针靠近 D1 右端的连接点，也会出现一个“×”号，表明找到了 D1 右端的连接点，同时屏幕上出现了粉红色的连接线，单击鼠标左键，粉红色的连接线变成了深绿色，表明完成了本次连线。

同理，我们可以完成其他连线。在此过程中的任何时刻，都可以通过按 Esc 键或者单击鼠标右键来放弃画线。

至此，我们便完成了整个电路原理图的绘制，绘制完成的电路原理图如图 2.20 所示。

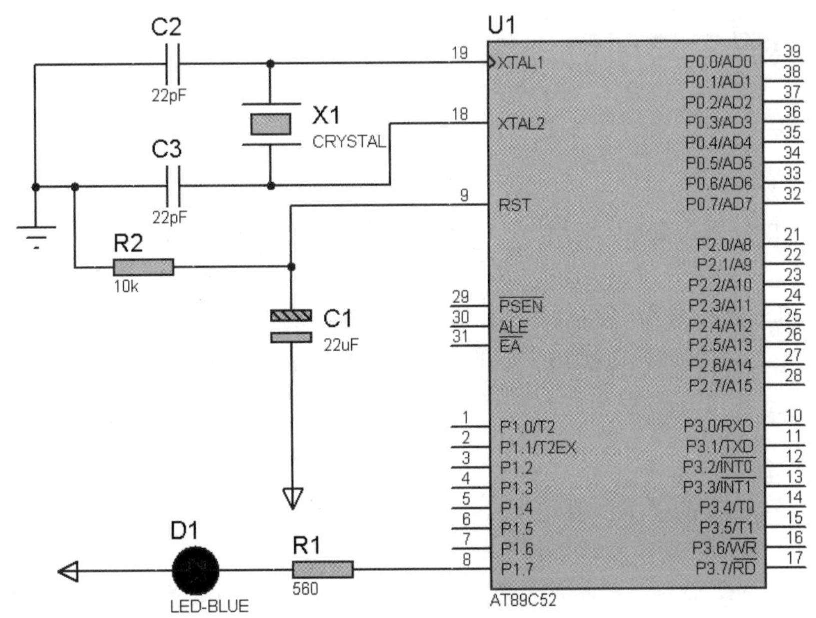

图 2.20　绘制完成的电路原理图

注意： 图 2.20 中的单片机上没有 VCC 引脚和 GND 引脚，这是因为在 Proteus 软件中，单片机模型中的“电源”和“地”已经进行了连接，VCC 引脚接到了“+5V”电源，GND 引脚接到了“地”，所以隐藏了这两个引脚。本书后面项目的单片机电路原理图中也是如此。

（4）进行电路仿真。

① Proteus 软件可以对纯硬件电路进行仿真，以检查硬件电路是否正确，此时无须下载软件。只要在电路原理图绘制完成以后，执行“Debug”→“Execute”菜单命令即可进行电路仿真。

② 将通过上一个任务生成的可执行文件下载到电路原理图中的单片机上以后，执行“Debug”→“Execute”菜单命令对整个系统进行软件、硬件全面仿真。当 D1 满足导通条件时，其颜色将发生改变表示其导通发光。

项目小结

本项目详细介绍了 Keil C51 软件的使用方法，包括新建工程文件、选择 CPU 型号等，同时介绍了单片机硬件设计与仿真软件 Proteus 的使用方法。

Keil C51 软件是目前非常流行的 MCS-51 系列单片机开发软件，提供了丰富的库函数和功能强大的集成开发调试工具，工作界面是 Windows 操作界面。通过该软件可以完成编译、链接、生成可执行文件等整个开发流程。

Proteus 软件是英国 Labcenter Electronics 公司开发的 EDA 工具软件。它不仅具有其他 EDA 工具软件的仿真功能，还能对单片机及其外围电子元器件进行仿真。

知识思考与项目训练

（一）填空题

1. 在进行单片机仿真时，采用__________软件绘制仿真电路，采用__________软件编写单片机控制程序。

2. 用 Keil C51 软件编写的单片机控制源程序文件的扩展名是__________，工程文件的扩展名是__________，编译、链接后生成的可执行文件的扩展名是__________。

（二）简答题

1. 如何新建工程文件？
2. Keil C51 软件的使用步骤是什么？
3. Proteus 软件的使用步骤是什么？
4. 利用 Proteus 软件下载程序进行仿真和单纯进行硬件仿真各有什么意义？

（三）项目训练

1. 试创建一个名为“练习.uvproj”的工程文件，添加如图 2.10 所示的源程序，并进行编译。
2. 在 Proteus 环境下绘制单片机电路原理图：请对如图 2.20 所示电路原理图设计稍做修改，将晶振频率改为 24MHz，在 P1 口连接 8 个 LED。

项目3

MCS-51 系列单片机最小系统的设计

✧ 学习目标

➢ 了解 MCS-51 系列单片机的内部结构。
➢ 理解 MCS-51 系列单片机内部存储器的分布和运用。
➢ 理解 MCS-51 系列单片机最小系统的基本结构和原理。
➢ 掌握 MCS-51 系列单片机最小系统的设计方法。
➢ 能独立分析和解决电路设计中的问题。

✧ 工作任务

➢ 介绍 MCS-51 系列单片机的基本结构。
➢ 介绍 MCS-51 系列单片机的内部存储器。
➢ 介绍 MCS-51 系列单片机芯片。
➢ 设计 MCS-51 单片机最小系统。

项目引入

以单片机为核心的控制系统在工业生产和日常生活中处处可见，如汽车中发动机的控制系统、家用电器中的微控制器等都是典型的单片机控制系统。无论单片机进行何种控制，都必须具备一定的硬件条件，即在尽可能少的外部电路条件下形成一个可以独立工作的单片机最小系统。

本项目主要介绍 MCS-51 系列单片机最小系统的设计，要求学生通过学习本项目掌握 MCS-51 系列单片机最小系统的基本组成及设计方法，了解 MCS-51 系列单片机的基本结构及其内部存储器。

本项目包含两个任务：认识 MCS-51 系列单片机的内部结构；MCS-51 系列单片机最小系统电路的设计。

任务 3.1 认识 MCS-51 系列单片机的内部结构

知识准备

3.1.1 MCS-51 系列单片机的基本结构

MCS-51 系列单片机的基本结构如图 3.1 所示，包括 CPU、时钟电路、ROM、RAM、中断系统、定时/计数器、并行 I/O 口和串行口。

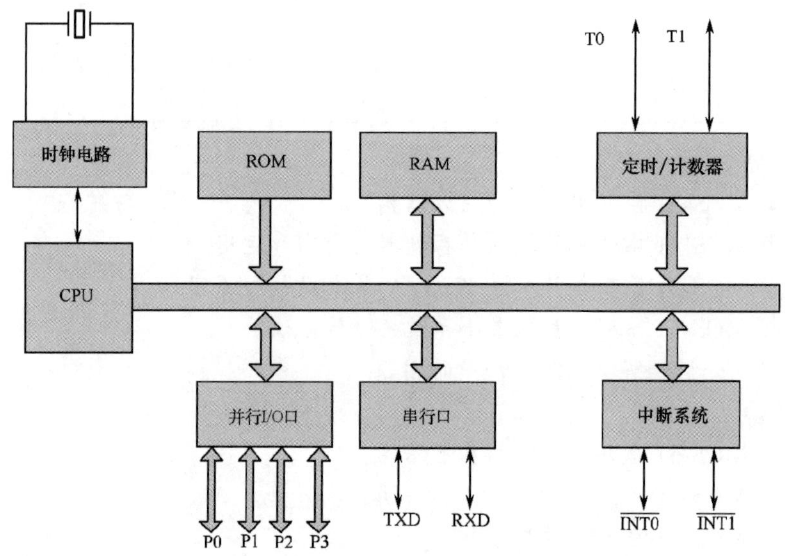

图 3.1 MCS-51 系列单片机的基本结构

1. CPU

CPU（中央处理器）是整个单片机的核心部件，是 8 位数据宽度的处理器，能处理 8 位二进制数据或代码，负责控制、指挥和调度整个单片机系统使其协调地工作，完成运算及控制输入、输出等操作。

2. RAM

MCS-51 系列单片机内部共有 256 个 8 位数据存储单元，高 128 个单元被专用寄存器占用，低 128 个单元供用户使用，用于存放可读/写的数据、运算的中间结果或用户定义的字形表等，通常所说的片内 RAM 是指低 128 个单元。

3. ROM

MCS-51 系列单片机内部共有 4KB（51 子系列）或 8KB（52 子系列）8 位 ROM，用于存放用户程序、原始数据或表格等。

4．定时/计数器

MCS-51 系列单片机有 2 个（51 子系列）或 3 个（52 子系列）16 位可编程定时/计数器，用于实现定时、计数、比较、产生外部中断等功能，或作为串行口的波特率发生器。

5．并行 I/O 口

MCS-51 系列单片机共有 4 组 8 位并行 I/O 口（P0、P1、P2 和 P3），用于实现数据的并行输入或输出。

6．串行口

MCS-51 系列单片机内置了一个可编程全双工串行口，用于与其他设备进行串行数据传送。该串行口可以用作异步通信收发器，也可以用作同步移位寄存器。

7．中断系统

MCS-51 系列单片机具备较完善的中断系统，有 2 个外部中断、2 个（51 子系列）或 3 个（52 子系列）定时/计数器中断和 1 个串行口中断，可满足不同的控制要求，并具有 2 级中断优先级可选。

8．时钟电路

时钟电路用于产生使整个单片机系统运行的脉冲时序。

注意：单片机是整个控制电路的中央处理器，而其内部的 CPU 又是单片机的中央处理器。

3.1.2 MCS-51 系列单片机的内部存储器

存储器是单片机的主要组成部分，MCS-51 系列单片机的存储器分为 ROM 和 RAM，它们在使用上严格分工。ROM 用于存放用户程序、原始数据及表格等不变的数据，而 RAM 则用于存放缓冲数据（程序执行后产生的数据）。ROM 和 RAM 分别编址，寻址范围均为 64 KB。

1．ROM

ROM 分成片内和片外两部分（无 ROM 型单片机只有片外部分），片内 ROM 集成在芯片内部，片外 ROM 又称外部 ROM，是专门的存储器芯片，需要通过总线与单片机连接。MCS-51 系列单片机的片内 ROM 具有 4KB 存储空间，地址范围为 0000H～0FFFH，片外 ROM 的存储空间最多能扩展到 64KB，片内 ROM 和片外 ROM 是统一编址的，如图 3.2 所示。如果单片机的 $\overline{EA}$ 引脚保持高电平，则单片机的程序计数器 PC 先从片内 0000H～0FFFH 地址范围（前 4KB 地址）执行 ROM 中的程序，执行完后会自动转向片外执行 1000H～FFFFH 地址中的程序；如果 $\overline{EA}$ 引脚保持低电平，则单片机只能寻址片外 ROM，此时片外 ROM 可以从 0000H 开始编址。

目前 Atmel 公司生产的不同型号的 8051 兼容单片机具有不同容量的片内 ROM，如 AT89S52 单片机具有 8KB 片内 ROM；AT89C51RD2 单片机具有 64KB 片内 ROM。鉴于通常可以采用具有足够大片内 ROM 容量的单片机，用户在使用中不需要再扩展片外 ROM，这样在单片机应用电路中 $\overline{EA}$ 引脚可以保持为高电平。

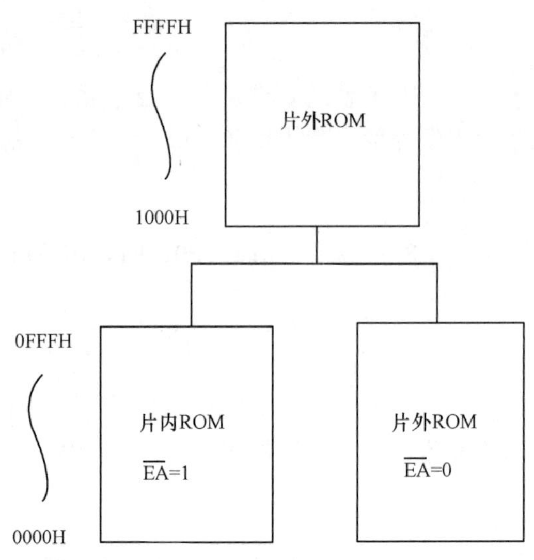

图 3.2　ROM 地址分配

MCS-51 系列单片机的 ROM 中的一些单元具有特殊功能，在使用时应予以注意。

其中有一组特殊单元是 0000H～0002H。单片机复位后，PC 为 0000H，单片机从 0000H 单元开始取指令执行程序。如果程序开始不在 0000H 单元，则应在这 3 个单元中存放 1 条无条件转移指令，以便单片机直接转去执行指定的程序。

还有一组特殊单元是 0003H～002AH，共 40 个单元。这 40 个单元被均匀地分为 5 段，作为 5 个中断源的中断地址区。

0003H～000AH：外部中断 0 中断地址区。

000BH～0012H：定时/计数器 0 中断地址区。

0013H～001AH：外部中断 1 中断地址区。

001BH～0022H：定时/计数器 1 中断地址区。

0023H～002AH：串行口中断地址区。

注意：ROM 通常用于存储单片机的工作程序，在掉电时工作程序不会丢失。

2．RAM

RAM 也有片外和片内之分。片外 RAM 的存储容量为 64KB，地址为 0000H～FFFFH。片内 RAM 共有 256 个单元，通常把这 256 个单元按其功能划分为两部分：低 128 个单元（单元地址为 00H～7FH）和高 128 个单元（单元地址为 80H～FFH）。低 128 个单元的片内 RAM 是真正的 RAM 区，可以用于写入或读出数据。这一部分的存储容量不是很大，但有很大的作用。它可以进一步被分为 3 部分，如图 3.3 所示。

（1）工作寄存器区（00H～1FH）：存储容量为 32B，有 4 个通用工作寄存器组，每组含有 8 个寄存器，编号为 R0～R7。在任一时刻，CPU 只能使用一组工作寄存器，被使用的那一组工作寄存器称为当前工作寄存器组。若在应用程序中并不需要 4 组工作寄存器，那么其余的工作寄存器空间可作为一般的 RAM 单元使用。通过对特殊功能寄存器中 PSW 的 RS0 位、RSl 位进行设置可以选择将哪一组工作寄存器设置为当前工作寄存器组，选择方法如表 3.1 所示。

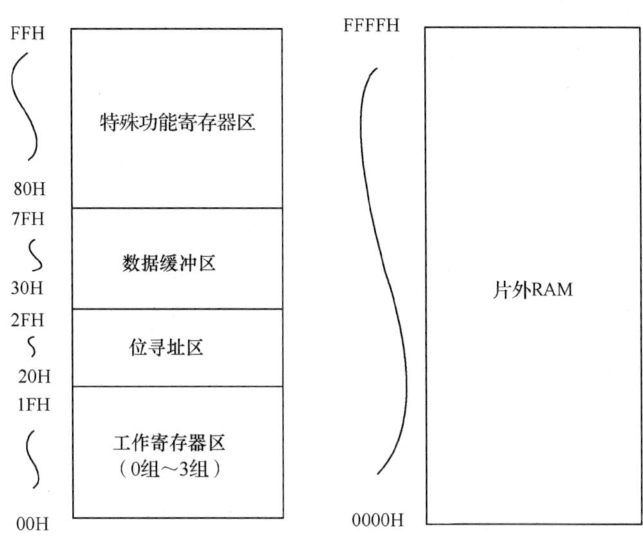

图 3.3　RAM 地址分配

表 3.1　工作寄存器组的选择

RS1　　RS0	寄 存 器 组	片内 RAM 地址
0　　0	0 组	00H～07H
0　　1	1 组	08H～0FH
1　　0	2 组	10H～17H
1　　1	3 组	18H～1FH

（2）位寻址区（20H～2FH）：这 16 个 RAM 单元具有双重功能。它们既可以像普通 RAM 单元一样按字节存取，也可以对每个 RAM 单元中的任何一位单独存取，所以叫位寻址区。20H～2FH 在用于位寻址时，共有 16×8=128 位，每位都分配了一个特定地址，依次为 00H～7FH。这些地址称为位地址，位地址只能在位寻址指令中使用。位地址也可以采用字节地址和位地址结合的方法表示，如位地址 05H 也可以表示成 20H.5。

（3）数据缓冲区（30H～7FH）：共有 80 个 RAM 单元，用于存放数据或进行堆栈操作。使用没有任何规定或限制，但在一般应用中常把中断系统中的堆栈开辟在此区。

（4）特殊功能寄存器（SFR）区。

特殊功能寄存器是指有特殊用途的寄存器集合，其离散地分布在地址为 80H～FFH 的区域。特殊功能寄存器的实际个数和单片机的型号有关，如 MCS-51 系列单片机有 21 个特殊功能寄存器。每个特殊功能寄存器占用一个 RAM 单元，它们分布在 80H～FFH 的地址范围内，没有被特殊功能寄存器占用的 RAM 单元实际并不存在，访问它们也是没有意义的。表 3.2 列出了特殊功能寄存器的地址、符号、复位值、功能等。

表 3.2　特殊功能寄存器一览表

序　　号	地　　址	符　　号	复 位 值	功　　能	说　　明
1	0E0H	ACC	00H	累加器	可位寻址
2	0F0H	B	00H	B 寄存器	可位寻址
3	0D0H	PSW	00H	程序状态字	可位寻址
4	80H	P0	FFH	P0 口锁存寄存器	可位寻址

续表

序　号	地　址	符　号	复 位 值	功　能	说　明
5	81H	SP	07H	堆栈指针	
6	82H	DPL	00H	数据指针 DPTR 低 8 位	
7	83H	DPH	00H	数据指针 DPTR 高 8 位	
8	87H	PCON	0xxx 0000B	电源控制寄存器	
9	88H	TCON	00H	定时/计数器控制寄存器	可位寻址
10	89H	TMOD	00H	定时/计数器 0 和 1 的模式寄存器	
11	8AH	TL0	00H	定时/计数器 0 低 8 位	
12	8BH	TL1	00H	定时/计数器 1 低 8 位	
13	8CH	TH0	00H	定时/计数器 0 高 8 位	
14	8DH	TH1	00H	定时/计数器 1 高 8 位	
15	90H	P1	FFH	P1 口锁存寄存器	可位寻址
16	98H	SCON	00H	串行口控制寄存器	可位寻址
17	99H	SBUF	xxxx xxxxB	串行口数据缓冲寄存器	
18	0A0H	P2	FFH	P2 口锁存寄存器	可位寻址
19	0A8H	IE	0x00 0000B	中断允许控制寄存器	可位寻址
20	0B0H	P3	FFH	P3 口锁存寄存器	可位寻址
21	0B8H	IP	xx00 0000B	中断优先级控制寄存器	可位寻址

注意：特殊功能寄存器中只有其十六进制地址的末位是 0 或 8 的寄存器可以“位”的形式读写（可位寻址），其余的特殊功能寄存器均必须以“字节”的形式读写。

本节仅介绍几个特殊功能寄存器，其他的特殊功能寄存器将在后续相关项目中进行介绍。

① 累加器（ACC 或 A）：最常用的 8 位特殊功能寄存器。该寄存器可位寻址。几乎全部指令都可用它作为操作数，有些指令必须用它作为目的操作数。

② B 寄存器（B）：8 位特殊功能寄存器。乘法指令、除法指令必须用它作为其中一个操作数。它也可作为普通 RAM 单元使用。

③ 堆栈指针（SP）：8 位特殊功能寄存器。当单片机复位时，SP 为 07H，它总是指向栈顶。它主要用在子程序调用、中断响应及中断返回中。

④ 数据指针（DPTR）：16 位特殊功能寄存器，可分为两个 8 位寄存器，高 8 位为 DPH，低 8 位为 DPL。该寄存器主要用于存放 ROM 和片外 RAM 的地址。

⑤ 程序状态字（PSW）：8 位特殊功能寄存器。该寄存器可位寻址。PSW 从高位到低位分别记为 PSW.7～PSW.0，其各位的定义如图 3.4 所示。

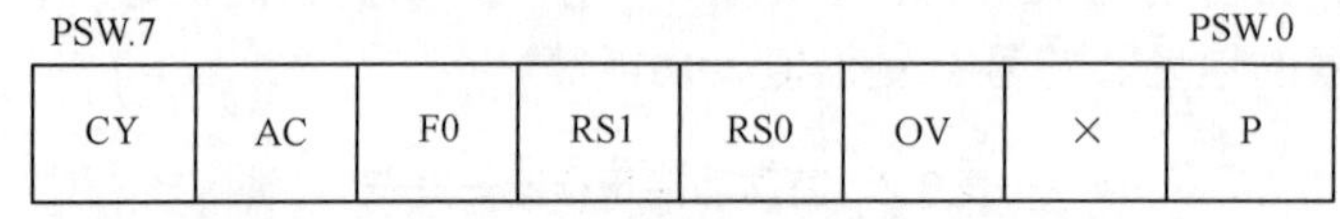

图 3.4　PSW 各位的定义

CY 为进位标志位。在执行某些指令时，位 7 有进（或借）位，硬件会使 CY=1，否则 CY=0。该标志位有两个用途：一是实现多字节的处理；二是判断无符号数运算结果是否有溢出，若有溢出，则说明结果错误。CY=1 表示有溢出，CY=0 表示无溢出。

AC 为辅助进位标志位。在执行加法或减法指令时，位 3 向位 4 进（或借）位，硬件会使

AC=1，否则 AC=0。

F0 为用户标志位。用指令可使该位置 1 或清 0。

RS1、RS0 为工作寄存器组选择位，用于选择 4 组工作寄存器中的一组作为当前工作寄存器组。

OV 为溢出标志位。在执行算术指令时，若位 7 和位 6 不同时有进（或借）位，则硬件会使 OV=1，否则使 OV=0。该位用于判断有符号数运算结果是否有溢出。OV=1 表示有溢出；OV=0 表示无溢出。

×表示无定义位。该位为 0 或 1 没有任何意义。以下相同。

P 为奇偶标志位。在每个指令周期，硬件根据累加器中 1 的个数使该位置 1 或清 0，当累加器中 1 的个数为奇数时 P=1，为偶数时 P=0。该位主要用于在串行通信中进行检错。

最后介绍一个不属于特殊功能寄存器、物理上独立的寄存器——程序计数器（PC）。它是一个 16 位寄存器，具有自动加 1 功能。它总是存放将要被执行指令的首地址。单片机复位后，PC=0000H，故单片机的应用程序应放在以 ROM 地址 0000H 开始的单元中。

任务操作

3.1.3 MCS-51 系列单片机内部存储器的读写控制

1. 任务要求

编写一段程序，对单片机内部几个特殊功能寄存器进行读写，利用 Keil C51 软件进行调试，观察程序运行后各存储单元的变化情况。

2. 任务分析

根据任务要求，分别给 P0、PSW 和 ACC 赋不同的值，同时将 ACC 中的值读出，并存到 dat 中，通过调试观察 P0、PSW、ACC 和 dat 的值的变化。

3. 任务设计

（1）软件程序设计。

```
//****************************************************************
//包含头文件
#include<reg52.h>
//****************************************************************
//主程序
main()
{
 unsigned char dat;              //定义变量 dat 为无符号字符型变量
 P0=0x00;                        //将 P0 口清 0
 PSW=0x80;                       //将 0x80 赋给 PSW
 ACC=0xf0;                       //将 0xf0 传送到累加器 ACC
 dat=ACC;                        //将累加器 ACC 中的内容送给 dat
}
//****************************************************************
```

（2）利用 Keil C51 软件进行调试，观察程序执行之后各存储器单元的变化情况。

① 利用 Keil C51 软件创建工程文件，输入源程序，并将其编译成*.hex 文件。

② 执行"Debug"→"Start/Stop Debug Session"菜单命令，或者单击快捷图标，进入调试界面，如图 3.5 所示，可以发现一些快捷图标被激活了，程序处于准备运行的状态，程序编辑区的黄色箭头指的是将要执行的语句。

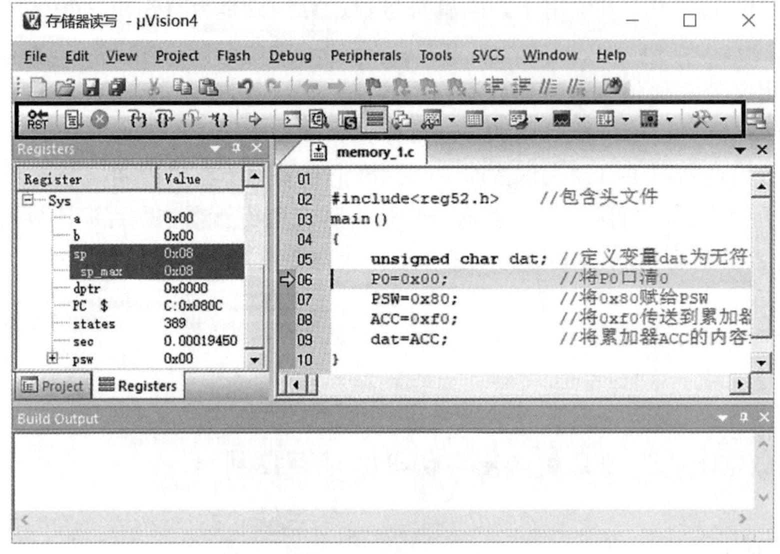

图 3.5　调试界面

③ 执行"View"→"Memory Window"菜单命令，打开存储器窗口，如图 3.6 所示。

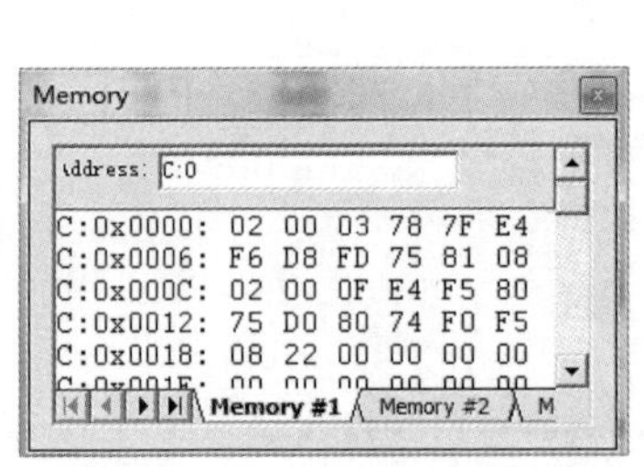

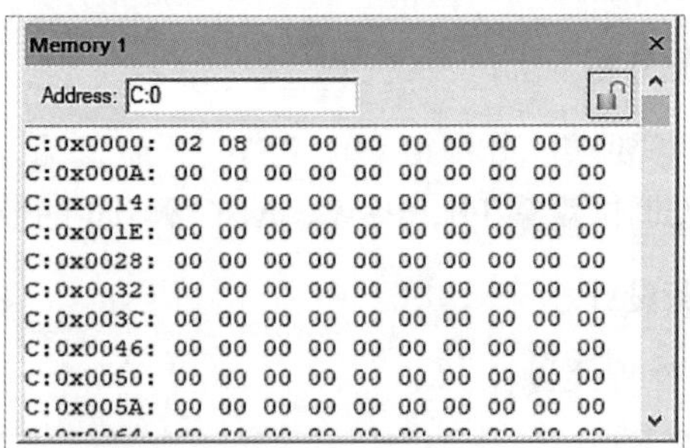

图 3.6　存储器窗口

存储器窗口用来显示系统中各种内存值，通过在"Address"文本框内输入"字母:字"可显示相应内存值，其中字母的含义如下。

C：代码存储空间。

D：可直接寻址的片内存储空间。

I：可间接寻址的片内存储空间。

X：外部 RAM 空间。

数字代表想要查看的地址。例如，输入"C:0"可显示从 0 开始的 ROM 中的值，图 3.6 中显示的正是本程序的二进制代码。

④ 执行"View"→"Watch Windows"菜单命令，打开观察窗口，并将 dat 添加进去，如图 3.7 所示。

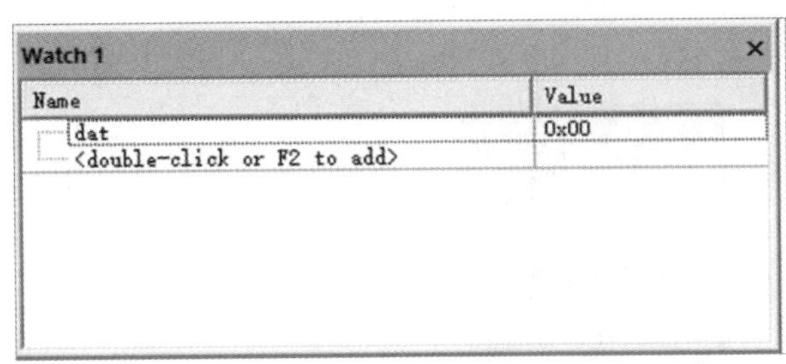

图 3.7　观察窗口

⑤ 执行“Peripherals”→“I/O-Ports”菜单命令，选中“Port 0”后，会弹出如图 3.8 所示的 P0 口调试窗口。在该窗口中可以观察 P0 口每一位的电平状态，下面一行是 P0 口的引脚的状态，上面一行是 P0 口的输出锁存器的状态，8 个小格对应 P0 口的 8 位，有“√”表示此位为高电平，没有“√”表示此位为低电平。图 3.8 中每一位都有“√”是因为程序还没有运行，此时相当于单片机刚上电时的状态（单片机刚上电时 I/O 口默认为高电平）。

⑥ 运行程序。采用单步运行方式，观察 P0、PSW、ACC 和 dat 的值的变化，程序运行结果如图 3.9 所示。

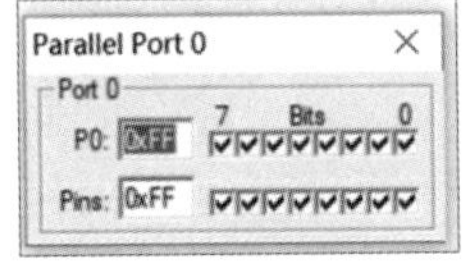

图 3.8　P0 口调试窗口

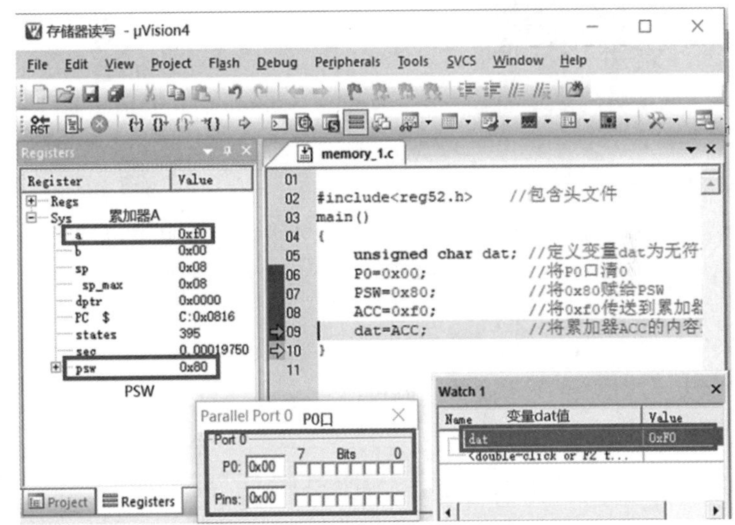

图 3.9　程序运行结果

任务 3.2　MCS-51 系列单片机最小系统电路的设计

知识准备

3.2.1　MCS-51 系列单片机芯片介绍

MCS-51 系列单片机最常采用的封装是 40 引脚的 PDIP（塑料双列直插式封装），其外观图及引脚图分别如图 3.10 和图 3.11 所示。其引脚的排列顺序和其他采用双列直插式封装的引脚的排列顺序一样，都是从芯片缺口左侧那一列引脚开始逆时针排列，依次为引脚 1,2,3,…,40。

图 3.10　PDIP 的外观图

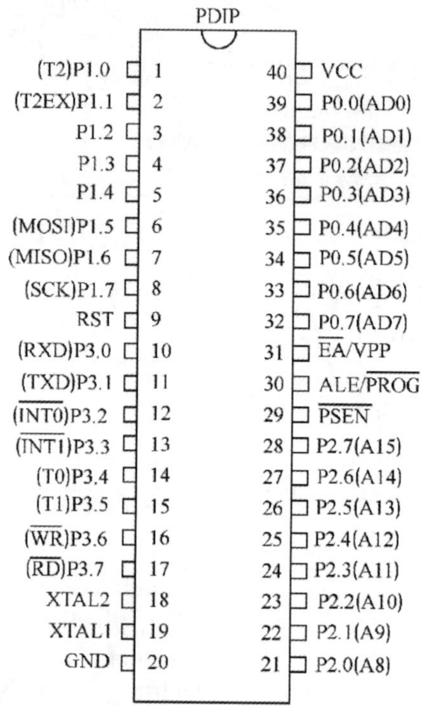

图 3.11　PDIP 的引脚图

在 40 个引脚中，电源引脚有 2 个，外接晶振引脚有 2 个，控制引脚有 4 个，4 组 8 位可编程 I/O 口引脚有 32 个，下面对引脚的定义进行说明。

1．电源引脚（2 个）

VCC（引脚 40）：接 5V 直流电源。

GND（引脚 20）：接地。

2．外接晶振引脚（2 个）

XTAL1（引脚 19）：片内振荡电路的输入端。

XTAL2（引脚 18）：片内振荡电路的输出端。

3．控制引脚（4 个）

RST（引脚 9）：复位引脚，该引脚上出现 2 个机器周期的高电平将使单片机复位。

$\overline{PSEN}$（引脚 29）：片外存储器读选通引脚。在从片外 ROM 读指令期间，每个机器周期出现两次 $\overline{PSEN}$ 信号有效。但在访问片外 RAM 时，这两次有效的 $\overline{PSEN}$ 信号将不出现。

ALE/$\overline{PROG}$（引脚 30）：地址锁存允许引脚。在访问片外存储器时，ALE 端的输出信号用于锁存地址的低位字节。在不访问片外存储器时，ALE 端仍以不变的频率输出脉冲信号（此频率为晶振频率的 1/6）。在 Flash 编程期间，$\overline{PROG}$ 用于输入编程脉冲。

$\overline{EA}$/VPP（引脚 31）：ROM 的内外部选通引脚。该引脚接低电平表示从片外 ROM 读指令，接高电平表示从片内 ROM 读指令。一般我们会选择存储容量大于实际代码需求容量的单片机来进行设计，所以不需要扩展片外 ROM，此时该引脚应当连接高电平。

4．可编程 I/O 口引脚（32 个）

P0 口（引脚 32～39）：P0 口是双向 8 位三态 I/O 口，名称为 P0.0～P0.7，每个口可独立控制，内部没有上拉电阻，为高阻状态，所以不能正常输出高/低电平。因此在使用 P0 口时务必外接上拉电阻，一般我们选择接入 10kΩ的上拉电阻。此外，在访问片外 ROM 和片外 RAM 时，P0 口是分时复用的低 8 位地址（A0～A7）/数据总线（D0～D7）。

P1 口（引脚 1～8）：P1 口是准双向 8 位 I/O 口，名称为 P1.0～P1.7，每个口可独立控制，内部带上拉电阻，输出没有高阻状态，输入也不能锁存，故不是真正的双向 I/O 口。对于 52 子系列单片机，P1.0 引脚的第二功能为 T2（定时/计数器 2）的外部输入端，P1.1 引脚的第二功能为 T2EX 捕捉、重装触发，即 T2 的外部控制端。

P2 口（引脚 21～28）：P2 口是准双向 8 位 I/O 口，名称为 P2.0～P2.7，每个口可独立控制，内部带上拉电阻，与 P1 口相似。此外，在访问片外 ROM 和 16 位片外 RAM 时，P2 口送出高 8 位地址（A8～A15）。

P3 口（引脚 10～17）：P3 口是准双向 8 位 I/O 口，名称为 P3.0～P3.7，每个口可独立控制，内部带上拉电阻。当使用第一功能时，P3 口作为普通 I/O 口，与 P1 口相似；当使用第二功能时，其各引脚作用如下。

① P3.0/RXD：串行输入。

② P3.1/TXD：串行输出。

③ P3.2 / $\overline{\text{INT0}}$：外部中断 0 输入。

④ P3.3/ $\overline{\text{INT1}}$：外部中断 1 输入。

⑤ P3.4/T0：定时/计数器 0 外部输入。

⑥ P3.5/T1：定时/计数器 1 外部输入。

⑦ P3.6/ $\overline{\text{WR}}$：外部数据存储器写选通。

⑧ P3.7/ $\overline{\text{RD}}$：外部数据存储器读选通。

值得强调的是，P3 口的每个引脚均可独立定义为第一功能状态或第二功能状态。在单片机上电复位后，P3 口自动处于第一功能状态，也就是静态 I/O 口的工作状态。根据应用的需要，对特殊功能寄存器进行设置可将 P3 口设置为第二功能状态。在实际应用中会将 P3 口的某几个引脚设置为第二功能状态，而使另外几个引脚处于第一功能状态。在这种情况下，不宜对 P3 口进行字节操作，而应对其进行位操作。

任务准备

3.2.2 单片机复位电路的设计

单片机的复位是使单片机进入初始化的操作。RST（引脚 9）持续出现 24 个振荡脉冲周期（2 个机器周期）的高电平将使单片机复位。通常为了保证应用系统能可靠地复位，复位电路应使 RST 保持 10ms 以上的高电平。当 RST 从高电平变为低电平时，单片机退出复位状态，从存储空间的 0000H 地址开始执行用户程序。常见的复位电路有上电自动复位电路和按键手动复位电路两种，分别如图 3.12（a）和图 3.12（b）所示。

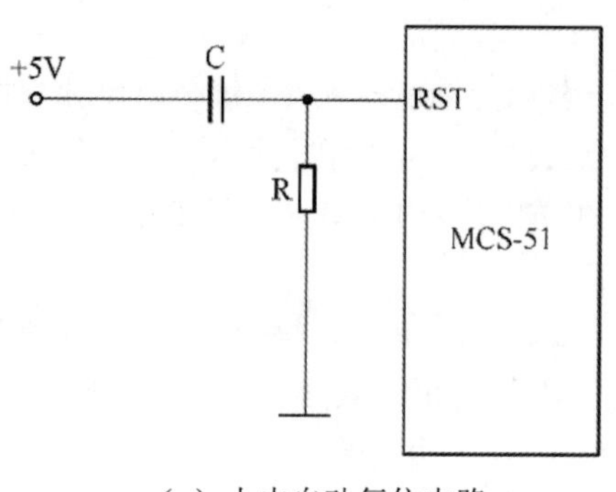

（a）上电自动复位电路

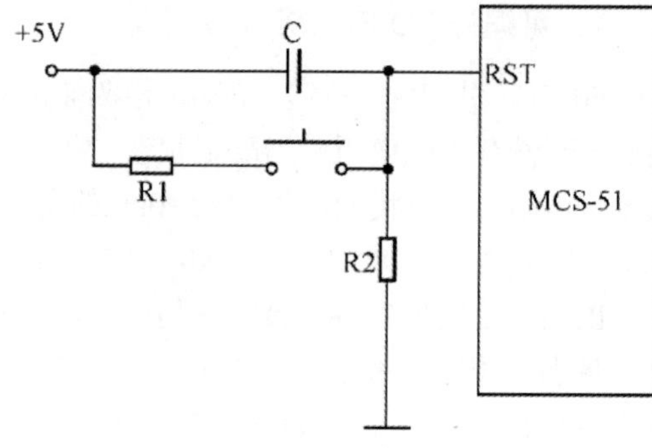

（b）按键手动复位电路

图 3.12 常见的复位电路

上电自动复位电路如图 3.12（a）所示。在上电瞬间，由于电容上的电压不能突变，电容处于充电（导通）状态，故 RST 的电压与电源电压相同。随着电容的充电，其两端的电压升高，这使得 RST 的电压降低，最终使单片机退出复位状态。只要选择充电时间常数合理的电容，就能保证 RST 持续有 2 个机器周期以上的高电平，从而使单片机复位。电容的推荐值是 10μF，电阻的推荐值是 10kΩ。

按键手动复位电路如图 3.12（b）所示。当按键未被按下时，该电路为上电自动复位电路；当按键被按下时，RST 端通过电阻 Rl 与+5V 电源接通，提供足够时间的复位电平，使单片机复位。

3.2.3 单片机时钟电路的设计

1. 时钟电路

系统时钟是一切微处理器、微控制器内部电路工作的基础。MCS-51 系列单片机的时钟信号可以由内部产生，也可以由外部产生。内部时钟电路如图 3.13 所示，利用单片机内部的振荡电路，并在 XTALl 和 XTAL2 两个引脚间外接由晶振（或陶瓷谐振器）和电容构成的并联谐振电路，使单片机内部的振荡电路产生自激振荡。晶振频率可以为 0～24MHz。当外接晶振时，C1 和 C2 的容量一般取(30±10)pF；当外接陶瓷谐振器时，Cl 和 C2 的容量一般取(40±10)pF。电容的容量大小对晶振频率有微小的影响，可起频率微调的作用。外部时钟电路如图 3.14 所示，当有现成的外部时钟信号时，直接将时钟信号从 XTAL2 接入，并令 XTAL1 接地即可。单片机系统中多采用内部时钟电路。

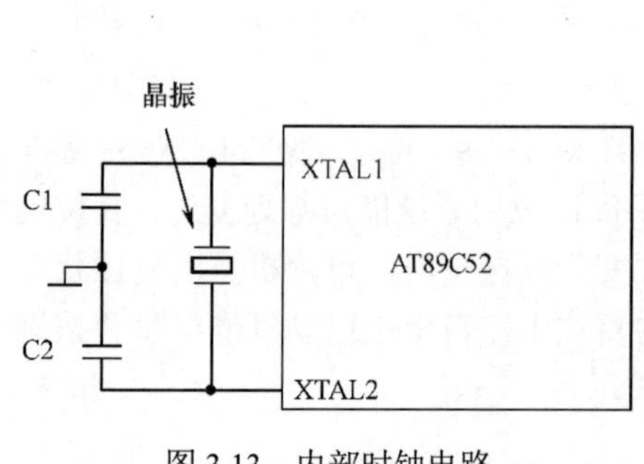

图 3.13 内部时钟电路

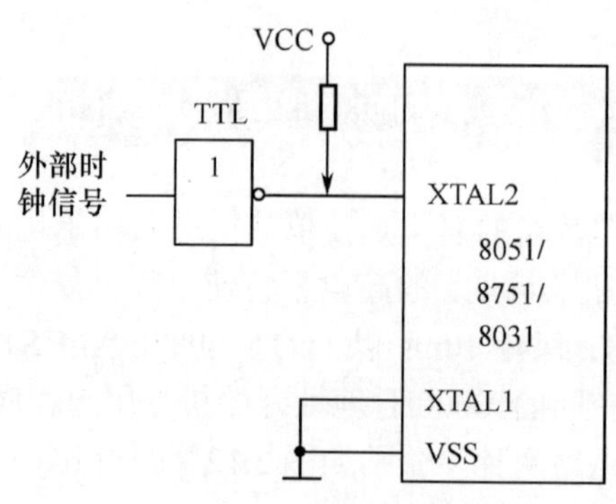

图 3.14 外部时钟电路

2. 时序

时序是指各种信号的时间序列，它表明了在指令执行过程中各种信号之间的相互关系。单片机本身就是一个复杂的时序电路，CPU 执行指令的一系列动作都是在时序电路的控制下一拍一拍地进行的。为达到同步协调工作的目的，各操作信号在时间上有严格的先后顺序，这些顺序就是 CPU 的时序。

MCS-51 系列单片机以晶振的振荡周期（或外部引入的时钟信号的周期）为最小时序单位。所以片内的各种微操作都是以振荡周期为时序基准的。MCS-51 系列单片机的时序图如图 3.15 所示。

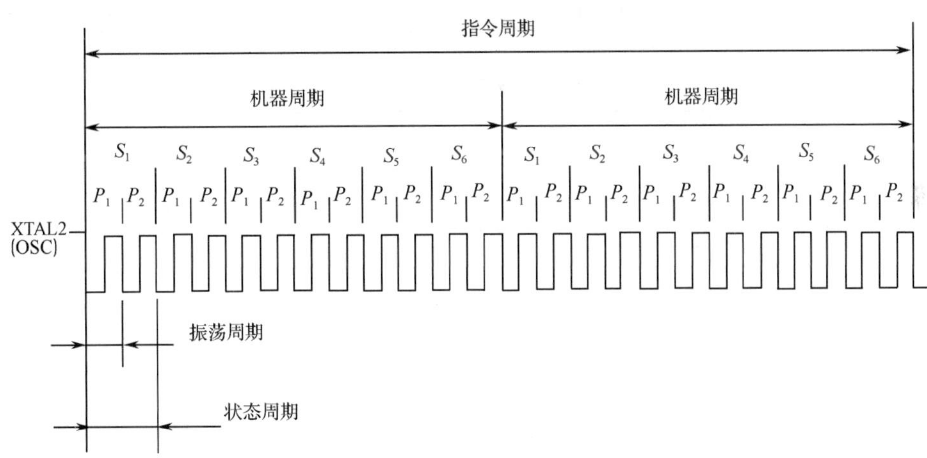

图 3.15 MCS-51 系列单片机的时序图

（1）振荡周期：又称节拍，用 P 表示，是指为单片机提供定时信号的振荡源的周期。

（2）状态周期：用 S 表示，是指振荡脉冲经过二分频后的时钟信号的周期，一个状态周期包含两个节拍，前一个叫 P_1，后一个叫 P_2。MCS-51 系列单片机中一个状态周期为一个振荡周期的 2 倍。

（3）机器周期：CPU 完成一个基本操作所需要的时间。MCS-51 系列单片机的一个机器周期有 6 个状态，每个状态由 2 个脉冲组成，可依次表示为 $S_1P_1,S_1P_2,\cdots,S_6P_1,S_6P_2$，即 1 个机器周期=6 个状态周期=12 个振荡周期。

单片机若采用 12MHz 的晶振，则 1 个机器周期为 1μs；若采用 6MHz 的晶振，则 1 个机器周期为 2μs。

（4）指令周期：CPU 执行一条指令所需要的时间。不同的指令，其执行时间不同，如果用占用的机器周期来衡量，那么 MCS-51 系列单片机的指令可分为单周期指令、双周期指令及四周期指令。

任务操作

3.2.4 单片机最小系统电路的设计方法

1. 任务要求

单片机最小系统是指单片机可以正常工作的最简单的电路。要求使用 STC89C52 单片机设计一个单片机最小系统，其晶振频率为 12MHz。

2．任务分析

根据任务要求，设计的单片机最小系统应该具备电源电路、时钟电路和复位电路 3 个部分。时钟电路可以采用内部时钟电路，复位电路可以采用上电自动复位电路。

3．任务设计

（1）元器件的选择。

单片机是本任务的主要元器件，选择 STC89C52，内部时钟电路通过外接一个晶振和两个电容构成，上电自动复位电路通过外接电阻和电解电容构成，元器件清单如表 3.3 所示。

表 3.3　单片机最小系统设计元器件清单

元器件名称	数量/个
STC89C52	1
12MHz 晶振	1
30pF 瓷片电容	2
22μF 电解电容	1
10kΩ 电阻	1

（2）硬件电路设计。

① 电源电路。不同型号的单片机接对应电源，常压为+5V，低压为+3.3V，在实际使用时要查看芯片资料。此处 STC89C52 使用的是+5V 电源，VCC 接+5V 电源，GND 接地，如图 3.16 所示。

② 时钟电路：时钟电路为单片机产生时序脉冲，单片机的所有运算与控制过程都是由统一的时序脉冲驱动的，时钟电路类似于人的心脏，如果单片机的时钟电路停止工作（晶振停振），那么单片机也就停止运行了。

此处采用内部时钟电路，如图 3.16 所示，在 XTAL1 和 XTAL2 两个引脚之间接一个晶振，两个引脚对地再分别接一个电容即可产生所需的时钟信号，电容的容量一般是 10pF～30pF，典型值为 22pF 和 30pF。

③ 复位电路：单片机要想正常工作，必须经过一个复位过程。在复位过程中，单片机初始化内部资源，并开始执行用户程序。此处采用上电自动复位电路，如图 3.16 所示，每次上电单片机复位一次，程序重新执行一遍。

具备了上述 3 个电路，就构成了一个单片机最小系统，但是它没什么实际意义，因为它不能跟外界进行交流。在实际应用中，由用户根据需要为其添加输出电路，同时配合各种输入电路和外设使用，最终形成庞大的单片机系统。

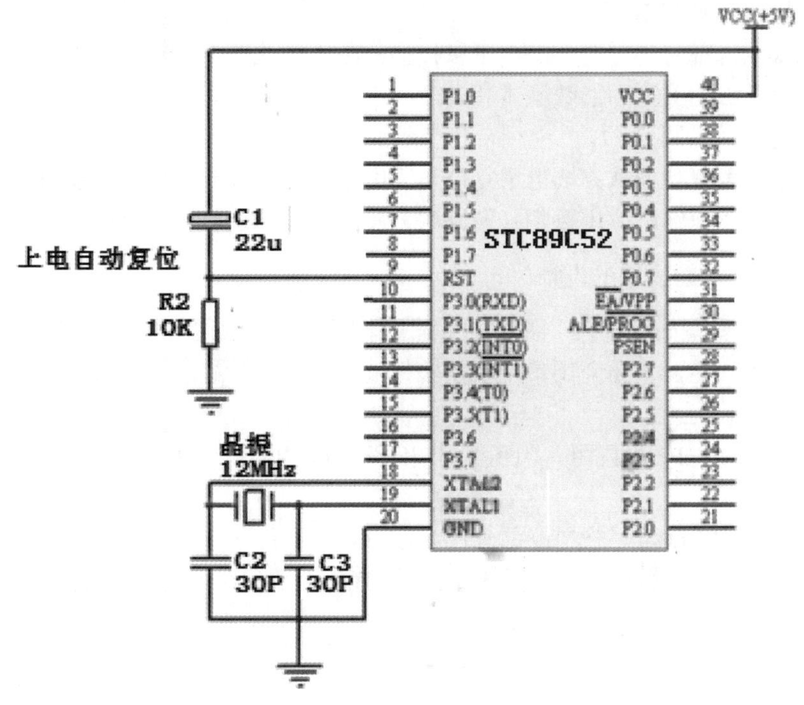

图 3.16　硬件电路原理图

 项目拓展　STC89C52 实验板电路的设计

在设计与本教材配套的 STC89C52 实验板电路时采用独立模块式结构，大部分模块都是完全独立的，仅电源部分相连，信号接口部分默认悬空，在需要用到该模块时用杜邦线将其连接到对应的单片机端口，在不需要用到该模块时使其悬空即可。STC89C52 实验板各模块的电路原理图见附录 B。

1. 实验板最小系统的设计

（1）电源电路（见图 B.2）。

① USB1 是 USB 插座，通过 USB 线连接到计算机，从而可以给实验板供电并进行串行通信。

② SW3 为电源开关，LED10 为电源指示灯。

③ TEMP1 是一个可选配 STC 自动下载模块，如果没有选配该模块，则需要用跳帽（短路块）短接 TEMP1 的引脚 1 和引脚 2，否则整个实验板无法供电。

④ J35、J36 为电源插针，通过此插针可以向外部扩展模块提供+5V 电压，也可以从外部电源引入+5V 电压。

⑤ J38 直接接+5V 直流电源。

注意：由于实验板是直接通过 USB 线与计算机连接，从而进行供电、通信、下载的，所以在使用时不需要外接电源，只要将实验板和计算机用 USB 线连接即可；如果要外接电源，一定要接+5V 的，否则可能损坏单片机。

（2）时钟电路（见图 B.5）。

时钟电路采用内部时钟电路，晶振可以拔插，在使用过程中，如果需要更换不同频率的晶振，一定要确保晶振的类型和参数基本相同。

（3）复位电路（见图 B.4）。

复位电路有两种复位方式：低电平复位与高电平复位。由于 MCS-51 系列单片机由高电平复位，所以在设计该电路时应用跳帽（短路块）将引脚 1 和引脚 2 相连。

2. 实验板其他功能模块的设计

在单片机最小系统的基础上，根据实际需要添加 LED、数码管、键盘等输入或输出电路，就可以实现不同的功能，下面介绍单片机实验板的一些常用功能模块的设计方法。

（1）LED 模块。

如图 B.12 所示，RP1 为排阻，阻值为 390Ω×8；J9 为插针，用于连接需要使用的 I/O 口。

（2）数码管模块。

① 独立共阳极 LED 数码管电路原理图如图 B.6 所示。

② 8 位共阴极 LED 数码管电路原理图如图 B.3 所示，在使用前必须把 J50 插针用跳帽跳上，以为 8 位共阴极 LED 数码管供电，如果平时不需要使用该数码管，那么把跳帽拔掉即可。

（3）键盘模块。

键盘有独立按键键盘（见图 B.10）和矩阵键盘（见图 B.11）两种，在使用时，用杜邦线连接键盘接口和单片机 I/O 口。

（4）喇叭及电机模块。

在需要使用喇叭及电机模块时用一根杜邦线连接 J42 和单片机的一位 I/O 口即可，喇叭及电机电路原理图如图 B.26 所示。

（5）温度传感器模块。

图 B.15 中设计了 2 路 18B20 接口，可以使用任意 1 路或者 2 路单独连接，也可以把 2 路 18B20 连接到一根线上操作。

（6）D/A 及 A/D 转换模块。

D/A 及 A/D 转换电路原理图如图 B.13 所示，J31 与 J32 用于切换 A、D 输入端口，因为只有 2 个电位器，但有 4 个输入端口，所以只能同时使用 2 个插针。J33 是 D、A 输入模拟 LED 选择开关，用跳帽跳上后 LED 起作用。

（7）串行口通信模块。

串行口通信电路原理图如图 B.17 所示，单片机串行口默认连接板载 usb-232 芯片，使用一根 USB 线就可以进行串行口实验。J18 用于切换串行口公口或母口连接到单片机的 P3.0、P3.1，平时不用该端口跳帽可以悬空。

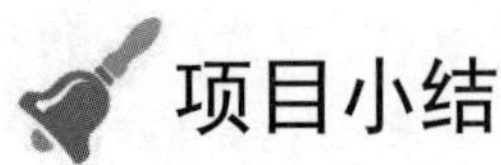

项目小结

本项目主要介绍了 MCS-51 系列单片机的引脚、基本结构和存储器，同时介绍了其复位电路、时钟电路的设计方法，通过两个任务介绍了单片机内部存储器的读写控制和单片机最小系统的设计。

MCS-51 系列单片机的封装常采用 40 引脚的 PDIP，内部由 CPU、时钟电路、ROM、RAM、中断系统、定时/计数器、并行 I/O 口和串行口组成。

保证单片机正常运行的 3 个基本条件：电源正常、时钟电路正常、复位电路正常。

知识思考与项目训练

（一）选择题

1. __________是单片机的控制核心，用于实现运算和控制功能。

A）CPU　B）RAM　C）ROM　D）ALU

2. 具有可读可写功能，掉电后数据丢失的存储器是__________。

A）CPU　B）RAM　C）ROM　D）ALU

3. 具有只能读不能写功能，掉电后数据不会丢失的存储器是__________。

A）CPU　B）RAM　C）ROM　D）ALU

4. 单片机应用程序一般存放在__________中。

A）RAM　B）ROM　C）寄存器　D）CPU

5. 单片机最多可以扩展__________片外 ROM 或片外 RAM。

A）4KB　B）8KB　C）16KB　D）64KB

6. 单片机复位后，并行 I/O 口 P0～P3 的值是__________。

A）0x00　B）0xff　C）0x0f　D）0xf0

7. PSW 中的进位标志位是__________。

A）CY　B）AC　C）OV　D）P

8. MCS-51 系列单片机若外接 24MHz 晶振，则其内部机器周期为__________。

A）0.5μs　B）1μs　C）2μs　D）4μs

9. 下面的__________电容不能作为单片机的起振电容。

A）20pF　B）27pF　C）30pF　D）68pF

（二）填空题

1. 在单片机中，存储器主要由__________和__________构成。

2. 程序计数器 PC 是一个__________位的寄存器，单片机复位后，PC=__________，表示单片机从程序存储器的__________单元开始执行用户程序。

3. MCS-51 系列单片机通常有__________个特殊功能寄存器。

4. MCS-51 系列单片机的 DPTR 是一个__________位的专用寄存器，其高位字节寄存器为__________，低位字节寄存器为__________。

5. 在 89C51 中，片内 RAM 分为地址为__________的真正 RAM 区和地址为__________的特殊功能寄存器区两个部分。

6．MCS-51 系列单片机工作的 3 个基本条件分别是__________、__________和__________。

7．单片机的有效复位信号是__________（高电平、低电平）信号，其有效复位时间应持续__________。若系统晶振频率为 12MHz，则其有效复位时间最少应持续__________。

8．一个机器周期=__________个状态周期=__________个振荡周期。

（三）简答题

1．MCS-51 系列单片机内部包含哪些逻辑功能部件？各有什么主要功能？

2．简述 MCS-51 系列单片机中 ROM 和 RAM 的功能。它们的寻址范围是如何确定和分配的？

3．MCS-51 系列单片机片内 RAM 可分为哪几部分？

4．MCS-51 系列单片机有多少个特殊功能寄存器？它们分布在什么地址范围？

5．PSW 的作用是什么？常用状态有哪些位？

6．DPTR 是什么寄存器？它的作用是什么？它是由哪几个寄存器组成的？

7．何谓振荡周期、状态周期、机器周期、指令周期？针对 80C51 单片机，若采用 12MHz 晶振，则振荡周期、状态周期、机器周期、指令周期各为多少？

8．MCS-51 系列单片机常用的复位方法有几种？应注意什么事项？请画出电路原理图并说明其工作原理。

（四）项目训练

1．用 AT89C51 设计一个单片机最小系统，要求晶振频率为 24MHz。

2．请熟悉你所用的实验板的电路原理图（见附录 B）。

单片机控制 LED 的设计

✧ 学习目标

➢ 了解 MCS-51 系列单片机 I/O 口的结构。

➢ 掌握 MCS-51 系列单片机 I/O 口的特点及应用方法。

➢ 掌握单片机控制 LED 的硬件设计方法。

➢ 能熟练编写单片机控制 LED 的程序。

➢ 能独立分析和解决硬件设计和软件设计中的问题。

➢ 能利用团队的力量完成任务，培养团队合作精神。

✧ 工作任务

➢ 叙述 MCS-51 系列单片机 I/O 口的结构和特点。

➢ 设计单片机控制单个 LED 闪烁的电路和工作软件。

➢ 设计单片机控制多个 LED 循环点亮的电路和工作软件。

项目引入

在日常生活中，我们常常可以看到广告牌上彩灯流转，变幻出各种不同的图案。实际上，彩灯的变幻都是通过控制器控制对应 LED 的点亮与熄灭来实现的。单片机就是这样的控制器。

本项目通过单片机对外围电路的控制来改变 LED 点亮与熄灭的次序，从而实现不同的亮灯效果。要求学生通过学习本项目了解 MCS-51 系列单片机 I/O 口的结构，掌握用单片机 I/O 口控制 LED 闪烁的硬件电路和软件程序的设计方法。

本项目包含两个任务：单片机控制单个 LED 闪烁的设计；单片机控制多个 LED 循环点亮的设计。

任务 4.1　单片机控制单个 LED 闪烁的设计

知识准备

4.1.1　MCS-51 系列单片机的 I/O 口介绍

MCS-51系列单片机有4个8位的并行I/O口：P0口、P1口、P2口和P3口。它们是特殊功能寄存器中的4个，既可以作为输入口，又可以作为输出口；既可按字节（8位）处理，又可按位处理。其在输出时具有锁存功能，在输入时具有缓冲功能。

1．P0 口

P0 口是三态双向口，可作为地址/数据分时复用口，也可作为通用的 I/O 口。它由一个输出锁存器、两个三态缓冲器、一个输出驱动电路和一个输出控制电路组成。P0 口的内部结构如图 4.1 所示。

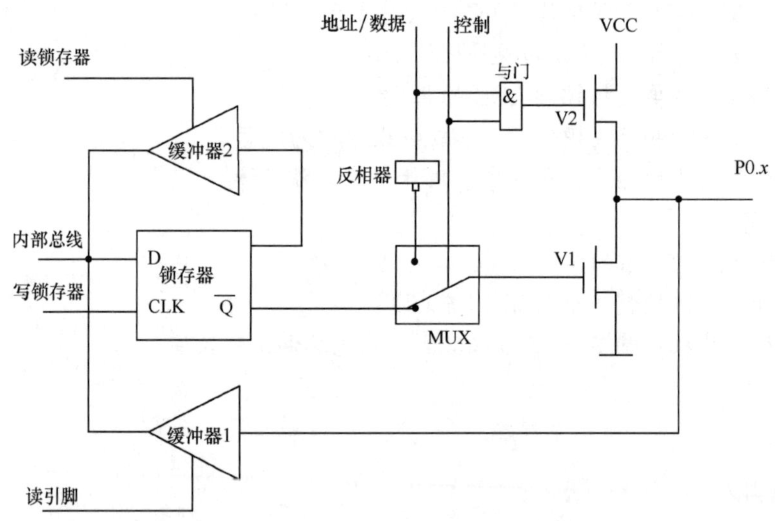

图 4.1　P0 口的内部结构

当控制信号电平为高电平“1”时，P0 口作为地址/数据分时复用口。这时可分为两种情况：一种是从 P0 口输出地址或数据；另一种是从 P0 口输入数据。控制信号电平为高电平“1”，使转换开关 MUX 把反相器的输出端与 V1 接通，同时把与门打开。如果从 P0 口输出地址或数据，则当地址或数据信号电平为高电平“1”时，该信号经反相器使 V1 截止，经与门使 V2 导通，P0.*x* 引脚上出现相应的高电平“1”；当地址或数据信号电平为低电平“0”时，该信号经反相器使 V1 导通，经与门使 V2 截止，P0.*x* 引脚上出现相应的低电平“0”，从而将地址或数据信号输出。如果从 P0 口输入数据，则输入数据信号从 P0.*x* 引脚下方的输入缓冲器进入内部总线。

当控制信号电平为低电平“0”时，P0 口作为通用 I/O 口。控制信号电平为低电平“0”，使转换开关 MUX 将其输出级与锁存器的$\overline{Q}$端接通，当从 P0 口输出数据时，与门输出信号电平为低电平“0”，V2 截止，此时，输出级电路是漏极开路电路。当写入脉冲加在锁存器的 CLK 端时，与内部总线相连的 D 端数据取反后出现在$\overline{Q}$端，又经 V1 反相，在 P0.*x* 引脚上出现的数据正好是内部总线上的数据。当从 P0 口输入数据时，引脚信号仍从输入缓冲器进入内部总线。

当 P0 口作为通用 I/O 口时，应注意以下两点。

（1）当要从 P0 口输出数据时，由于 V2 截止，输出级电路是漏极开路电路，所以要使高电平“1”信号正常输出，必须外接上拉电阻。

（2）当要从 P0 口输入数据时，在输入数据前，应先向 P0 口写“1”，此时锁存器的$\overline{Q}$端为低电平“0”，V1、V2 均截止，P0.*x* 引脚处于悬浮状态，才可进行高阻输入。因为，当从 P0 口输入数据时，V2 一直处于截止状态，P0.*x* 引脚上的外部信号既加在缓冲器 1 的输入端，又加在 V1 的漏极。假定在此之前 P0 口曾经输出过信号电平为低电平“0”的数据，则 V1 是导通的，这样 P0.*x* 引脚上的电位就始终被钳位在低电平，使输入高电平无法读入。因此，在输入数据时，应先人为地向 P0 口写“1”，使 V1、V2 均截止，方可进行高阻输入。

另外，P0 口的输出级具有驱动 8 个 LS TTL 负载的能力，输出电流不大于 800μA。

2. P1 口

P1 口是准双向口，它只能作为通用 I/O 口。P1 口的结构与 P0 口的结构不同，它的输出级只由一个场效应管 V1 与内部上拉电阻组成，如图 4.2 所示。

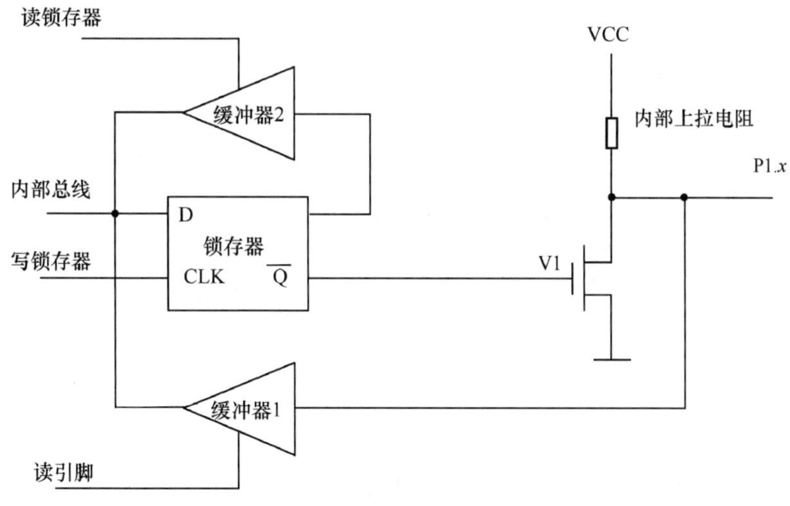

图 4.2 P1 口的内部结构

P1 口的输入及输出原理与 P0 口作为通用 I/O 口时的输入及输出原理一样，当其作为输出口时，可以提供电流负载，不必像 P0 口一样外接上拉电阻。P1 口的输出级具有驱动 4 个 LS TTL 负载的能力。

3. P2 口

P2 口也是准双向口，它有两种用途：用作通用 I/O 口和用作高 8 位地址线。P2 口的内部结构如图 4.3 所示，与 P1 口相比，它只在输出级多了一个转换开关 MUX 和一个反相器。

当控制信号电平为高电平“1”时，转换开关 MUX 接内部地址线，P2 口用作高 8 位地址线。

当控制信号电平为低电平“0”时，转换开关 MUX 接锁存器的 Q 端，P2 口用作通用 I/O 口，其工作原理与 P1 口相同，只是 P1 口由锁存器的 $\overline{Q}$ 端接 V1，而 P2 口由锁存器的 Q 端经反相器接 V1，P2 口也具有输入、输出、端口操作 3 种工作方式，负载能力也与 P1 口相同。

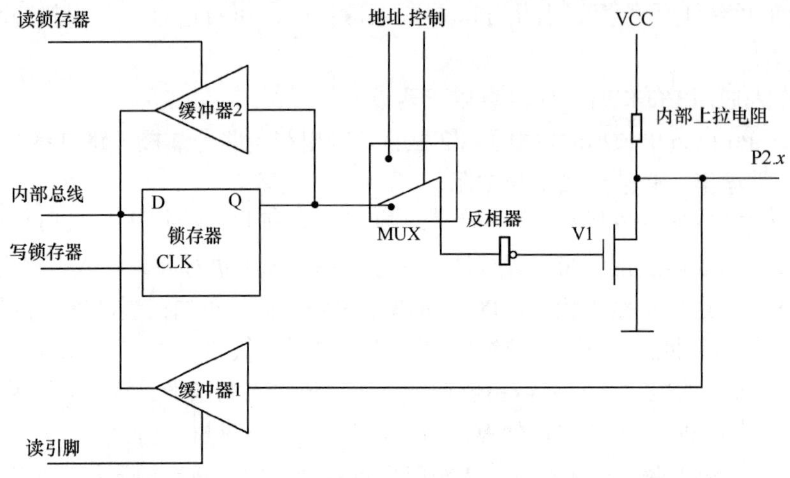

图 4.3　P2 口的内部结构

4．P3 口

P3 口的内部结构如图 4.4 所示。它的输出驱动电路由与非门、V1 组成，输入级比 P0 口、P1 口、P2 口多了一个缓冲器 3。

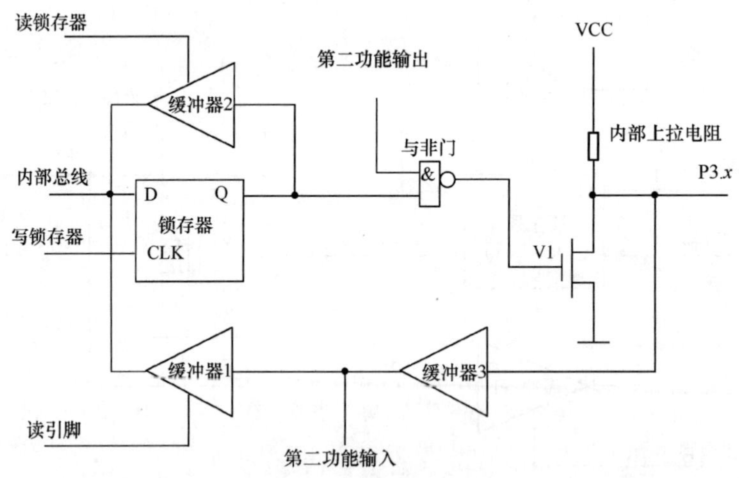

图 4.4　P3 口的内部结构

P3 口除可作为通用 I/O 口以外，它的每个引脚还具有第二功能，如表 4.1 所示。

表 4.1　P3 口引脚的第二功能

引　脚	第 二 功 能	功 能 说 明
P3.0	RXD	串行数据接收
P3.1	TXD	串行数据发送
P3.2	$\overline{INT0}$	外部中断 0
P3.3	$\overline{INT1}$	外部中断 1

续表

引　脚	第二功能	功能说明
P3.4	T0	定时/计数器 0 外部输入
P3.5	T1	定时/计数器 1 外部输入
P3.6	$\overline{WR}$	外部数据存储器写
P3.7	$\overline{RD}$	外部数据存储器读

当 P3 口作为通用 I/O 口时，第二功能输出引脚为高电平，与非门的输出取决于锁存器的状态。这时，P3 口是一个准双向口，它的工作原理、负载能力与 P1 口、P2 口相同。

当 P3 口作为第二功能口时，锁存器的 Q 端必须为高电平，否则 V1 导通，引脚将被钳位在低电平，无法实现第二功能。当锁存器的 Q 端为高电平时，P3 口的状态取决于第二功能输出引脚的状态。当单片机复位时，锁存器的 Q 端为高电平。P3 口引脚的第二功能中 RXD、$\overline{INT0}$、$\overline{INT1}$、T0、T1 信号经缓冲器 3 输入，可直接进入芯片内部。

任务操作

4.1.2 单片机控制单个 LED 闪烁的设计方法

1．任务要求

设计一个电路，令 AT89C52 单片机的 P1.7 引脚连接一个 LED，用单片机控制该 LED 闪烁。

2．任务分析

在以单片机为核心的电路设计中，包含两方面的任务：硬件设计和软件设计。

硬件设计主要是电路原理图的设计，但是仅设计好电路原理图只是完成了一半任务，必须将写好的程序下载到单片机中，通过程序控制单片机引脚的电平状态，从而改变外围电路的状态，才能最终完成设计。

在硬件方面，由单片机最小系统加上简单的输出电路来驱动 LED；在软件方面，需要通过程序控制 P1.7 引脚的电平状态，使其维持一段时间的高电平，再维持一段时间的低电平，高电平、低电平交替，就可以达到使 LED 闪烁的效果。

3．任务设计

（1）元器件的选择。

要实现单片机控制单个 LED 闪烁，除需要保证单片机能正常运行以外，还需要在电路中加入 LED。LED 具有单向导电性，通过 5mA 左右的电流即可发光，电流越大，其亮度越强，但电流过大会烧毁 LED，所以电流一般控制在 3～20mA。要控制 LED 的正向电流，就必须知道 LED 的一个重要参数，即工作电压。在 LED 发光时（接反了就不会发光），测量出的 LED 两端的电压就是它的工作电压。电流增大，其工作电压不会明显增加。

不同颜色的 LED 有不同的工作电压，红色 LED 的工作电压最低，为 1.7～2.5V，绿色 LED 的工作电压为 2.0～2.4V，黄色 LED 的工作电压为 1.9～2.4V，蓝/白色 LED 的工作电压为 3.0～3.8V。

直插式 LED 的实物图如图 4.5 所示。LED 的正极又称阳极，负极又称阴极，电流只能从阳极流向阴极。直插式 LED 的长引脚端为阳极，短引脚端为阴极。

LED 在使用过程中一般要串联一个电阻，目的是限制通过 LED 的电流，以免电流过大烧毁 LED，所以该电阻称为限流电阻。

LED 与单片机 P1.7 引脚的连接如图 4.6 所示，其中电阻 R1 的作用是限流，LED 的阳极接 +5V 电源，当 P1.7 引脚输出低电平时，LED 点亮，可以构成回路。

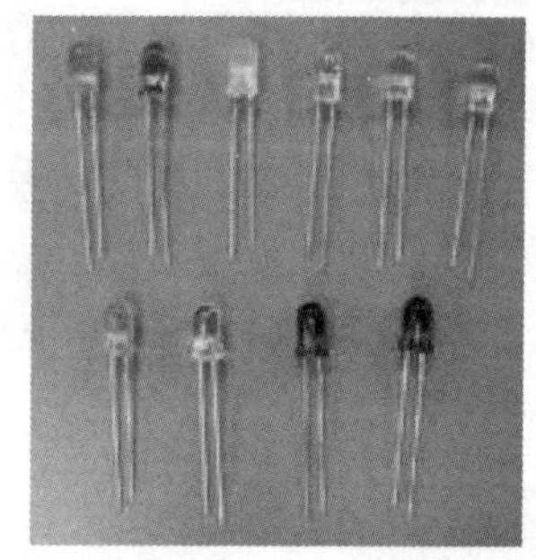
图 4.5　直插式 LED 的实物图

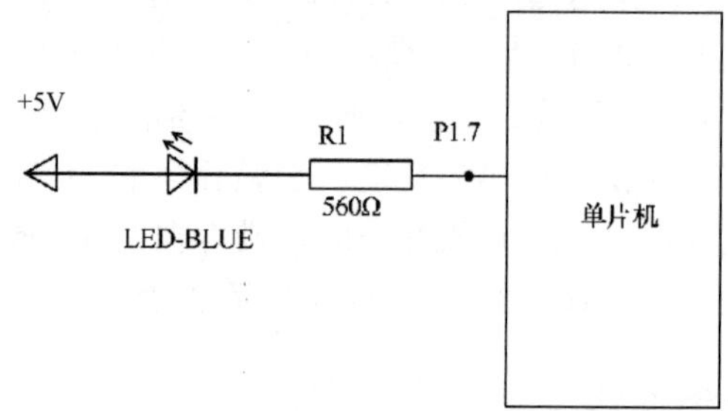

图 4.6　LED 与单片机 P1.7 引脚的连接

限流电阻的选择：假设电源电压为 VCC，LED 的导通压降为 VDD，导通时流过 LED 的电流为 I，则限流电阻的阻值 R 为

$$R = (\mathrm{VCC}-\mathrm{VDD})/I$$

若 LED 的导通压降为 2.2V，导通时流过 LED 的电流为 5mA，则限流电阻的阻值为 560Ω。

单片机控制单个 LED 闪烁的元器件清单如表 4.2 所示。

表 4.2　单片机控制单个 LED 闪烁的元器件清单

元器件名称	数量/个
AT89C52	1
12MHz 晶振	1
22pF 瓷片电容	2
22μF 电解电容	1
10kΩ 电阻	1
560Ω 电阻	1
LED	1

（2）硬件电路设计。

本任务的硬件电路原理图绘制在 Proteus 软件中完成，如图 4.7 所示。

再次强调：图 4.7 中的单片机上没有标 VCC 引脚和 GND 引脚，这是因为在 Proteus 软件中，单片机模型中的“电源”和“地”已经进行了连接，VCC 引脚接到了“+5V”电源，GND 引脚接到了“地”，所以隐藏了这两个引脚。

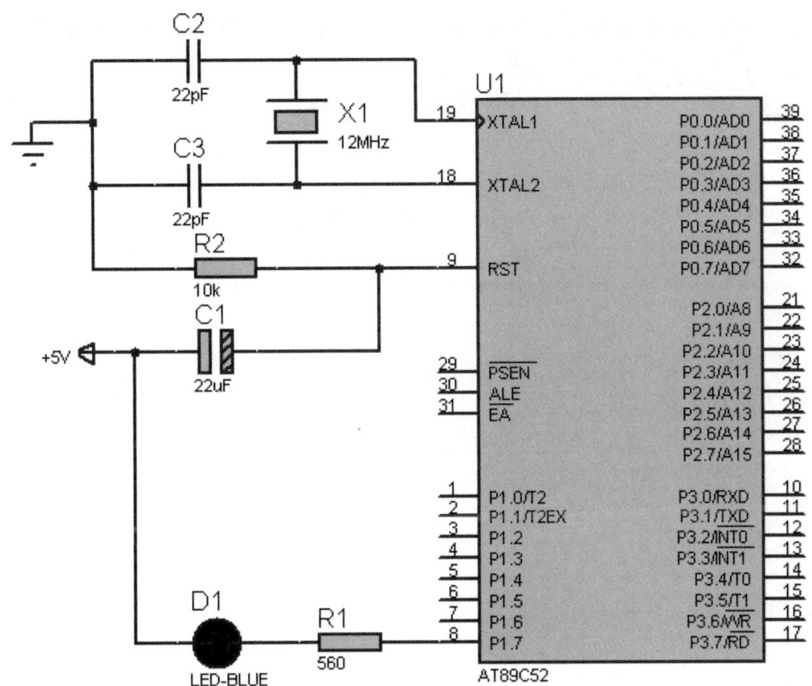

图 4.7 单片机控制单个 LED 闪烁的硬件电路原理图

（3）软件程序设计。

源程序如下。

```
//**************************************************************
//宏定义
#include<reg52.h>
sbit led=P1^7;                    //用 sbit 关键字定义 P1.7 引脚
//**************************************************************
//延时子程序
void Delay(unsigned int t)
{
 while(--t);
}
//**************************************************************
//主程序，控制 P1.7 引脚连接的 LED 闪烁
void main (void)
{   while (1)                     //主循环
    { led=0;                      //将 P1.7 引脚的电平置“0”，对外输出低电平
    Delay(20000);                 //调用延时子程序
    led=1;                        //将 P1.7 引脚的电平置“1”，对外输出高电平
    Delay(20000);                 //调用延时子程序
    }
}
```

源程序分析如下。

① “#include<reg52.h>”是头文件包含语句，包含这个头文件的目的是，在后续编写程序

时可以直接对单片机内部的特殊功能寄存器进行操作，因为这个头文件中已经对单片机内部的特殊功能寄存器进行了声明。“reg52.h”头文件的内容如下。

```
/*****************************************************************
REG52.H
Header file for generic 80C52 and 80C32 microcontroller.
Copyright (c) 1988-2002 Keil Elektronik GmbH and Keil Software, Inc.
All rights reserved.
*****************************************************************/

#ifndef __REG52_H__
#define __REG52_H__

/*  BYTE Registers  */
sfr P0= 0x80;
sfr P1= 0x90;
sfr P2= 0xA0;
sfr P3= 0xB0;
sfr PSW= 0xD0;
sfr ACC= 0xE0;
sfr B= 0xF0;
sfr SP= 0x81;
sfr DPL= 0x82;
sfr DPH= 0x83;
sfr PCON= 0x87;
sfr TCON= 0x88;
sfr TMOD= 0x89;
sfr TL0= 0x8A;
sfr TL1= 0x8B;
sfr TH0= 0x8C;
sfr TH1= 0x8D;
sfr IE= 0xA8;
sfr IP= 0xB8;
sfr SCON= 0x98;
sfr SBUF= 0x99;

/*  8052 Extensions  */
sfr T2CON= 0xC8;
sfr RCAP2L= 0xCA;
sfr RCAP2H= 0xCB;
sfr TL2= 0xCC;
sfr TH2= 0xCD;

/*  BIT Registers  */
/*  PSW  */
sbit CY= PSW^7;
```

```
sbit AC= PSW^6;
sbit F0= PSW^5;
sbit RS1= PSW^4;
sbit RS0= PSW^3;
sbit OV= PSW^2;
sbit P= PSW^0;                    //仅 8052

/*  TCON  */
sbit TF1= TCON^7;
sbit TR1= TCON^6;
sbit TF0= TCON^5;
sbit TR0= TCON^4;
sbit IE1= TCON^3;
sbit IT1= TCON^2;
sbit IE0= TCON^1;
sbit IT0= TCON^0;

/*  IE  */
sbit EA= IE^7;
sbit ET2= IE^5;                   //仅 8052
sbit ES= IE^4;
sbit ET1= IE^3;
sbit EX1= IE^2;
sbit ET0= IE^1;
sbit EX0= IE^0;

/*  IP  */
sbit PT2= IP^5;
sbit PS= IP^4;
sbit PT1= IP^3;
sbit PX1= IP^2;
sbit PT0= IP^1;
sbit PX0= IP^0;

/*  P3  */
sbit RD= P3^7;
sbit WR= P3^6;
sbit T1= P3^5;
sbit T0= P3^4;
sbit INT1= P3^3;
sbit INT0= P3^2;
sbit TXD= P3^1;
sbit RXD= P3^0;

/*  SCON  */
```

```
sbit SM0= SCON^7;
sbit SM1= SCON^6;
sbit SM2= SCON^5;
sbit REN= SCON^4;
sbit TB8= SCON^3;
sbit RB8= SCON^2;
sbit TI = SCON^1;
sbit RI= SCON^0;

/*   P1   */
sbit T2EX= P1^1;                //仅 8052
sbit T2= P1^0;                  //仅 8052

/*   T2CON   */
sbit TF2= T2CON^7;
sbit EXF2= T2CON^6;
sbit RCLK= T2CON^5;
sbit TCLK= T2CON^4;
sbit EXEN2= T2CON^3;
sbit TR2= T2CON^2;
sbit C_T2= T2CON^1;
sbit CP_RL2= T2CON^0;
#endif
```

该头文件中“sfr P0 = 0x80;”语句的含义是将单片机内部 0x80 地址处的这个寄存器重新命名为 P0，以后我们在程序中可以直接操作 P0，就相当于直接对单片机内部的 0x80 地址处的寄存器进行操作。

“sbit CY = PSW^7;”语句的含义是将 PSW 这个寄存器的最高位重新命名为 CY，以后当我们要单独操作 PSW 这个寄存器的最高位时，便可直接操作 CY。

② “sbit led=P1^7;”语句的含义是将 P1.7 位重新命名为 led，这里的名称只要符合 C 语言标识符的规定即可。此处需要注意的是，P1 不可随意写，“P”必须是大写的，若写成“p”，则在编译程序时将报错，因为在头文件中声明 P1 时用的是“P”。

对单片机编写程序，离不开对内部特殊功能寄存器的操作，所以每次在写程序之前，要先将对特殊功能寄存器进行声明的头文件包含进来。Keil C51 中自带的头文件还有“AT89X51”“reg51.h”等，可以在 Keil 安装路径下的“INC”文件夹中查看。

③ “void Delay(unsigned int t)”为延时函数，其中形参 t 为无符号整型变量，其范围是 0～65 535。在延时子程序中，通过“while(--t);”空循环语句来达到延时的目的。

④ 在主程序中，“led=0;”语句的含义是将 P1.7 引脚的电平置“0”，在数字电路中，“1”表示高电平，“0”表示低电平。之所以要将 P1.7 引脚的电平置“0”，是因为在硬件电路中我们将 LED 的阳极接+5V 电源，阴极接 P1.7 引脚，所以 P1.7 引脚端输出低电平会使 LED 导通，进而点亮 LED。“Delay(20000);”语句的含义是调用延时子程序，实参为 20000，即延时子程序中的形参 t 从 20000 逐一减至 0 后就退出循环，回到主程序。通过延时，让刚刚点亮的 LED 点亮一段时间。“led=1;”语句的含义是将 P1.7 引脚的电平置“1”，即关掉 LED。之后再延时，让 LED 熄灭一段时间。通过“while(1)”主循环程序使 LED 不断地“点亮→延时→熄灭→延

时”，这样就实现了单个 LED 的闪烁。

注意：在软件编程过程中，通常使用空循环来达到延时的效果。延时时间的长短可以在 Keil C51 的调试状态下分析。

（4）软件、硬件联合调试。

在将程序下载到实验板上之前，可以在 Proteus 软件中下载可执行文件进行软件、硬件联合调试，通过仿真来观察实验结果。在 Proteus 软件中双击“AT89C52”选项，弹出如图 4.8 所示的“Edit Component”对话框，单击“OK”按钮下载可执行文件。

单击仿真运行开始按钮▶，可以观察到 LED 闪烁，同时还能清楚地观察到每个引脚的电平变化，红色代表高电平，蓝色代表低电平。

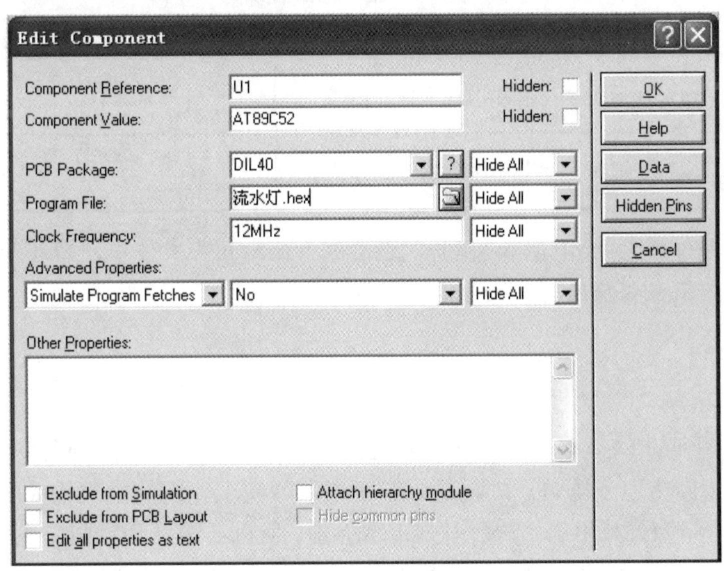

图 4.8 “Edit Component”对话框

任务 4.2 单片机控制多个 LED 循环点亮的设计

任务操作

1. 任务要求

设计一个电路，令 AT89C52 单片机的 P1 口连接 8 个 LED，首先控制 P1.0 到 P1.7 连接的 8 个 LED 逐个点亮，再控制 P1.0 到 P1.7 连接的 8 个 LED 依次全部点亮，然后控制 P1.7 到 P1.0 连接的 8 个 LED 逐个点亮，再控制 P1.7 到 P1.0 连接的 8 个 LED 依次全部点亮，形成流水灯的效果。

2. 任务分析

本任务要求单片机控制 8 个 LED 循环点亮，如果像任务 4.1 中一样，对 P1 口的每个引脚进行声明之后再逐个控制 LED，程序会显得非常复杂。当需要对某个 I/O 口的 8 个引脚一起进行操作时，一般采用整体操作的方式，即总线的方式。在进行软件程序设计时可以定义一个变量来给 P1 口赋值，赋的值不同点亮的 LED 就不同。由于 8 个 LED 要按一定规律点亮，这就要求对给 P1 口赋的变量进行移位，移位操作既可以用标准 C 语言中的移位运算符来实现，也可以用 C51 库自带的循环移位函数来实现，如表 4.3 和表 4.4 所示。

表 4.3　移位运算符

符　号	功　能	示　例
<<	按位左移	int x; x=3<<1; 表示将 0011 左移一位之后赋给 x
>>	按位右移	int x; x=3>>1; 表示将 0011 右移一位之后赋给 x

表 4.4　循环移位函数

函　数	功　能	示　例
crol(unsigned char c,unsigned char b)	将字符 c 循环左移 b 位	int x; x=_crol_(0xfe,1); 表示将 11111110 循环左移一位之后赋给 x
cror(unsigned char c,unsigned char b)	将字符 c 循环右移 b 位	int x; x=_cror_(0x7f,1); 表示将 01111111 循环右移一位之后赋给 x

注意：循环移位函数_crol_()和_cror_()包含在 intrins.h 头文件中，因此如果在程序中要用到这类函数，就必须在程序的开头处包含 intrins.h 头文件。

3．任务设计

（1）元器件的选择。

本任务由于用到的 LED 较多，如果每个 LED 都配限流电阻，那么硬件电路会显得比较复杂，所以在这里我们使用了排阻。排阻是由若干个参数完全相同的电阻构成的，这些电阻的一个引脚连到一起，作为公共引脚，其余引脚正常引出。所以如果一个排阻是由 n 个电阻构成的，它就有 n+1 个引脚，一般来说最左边的那个引脚是公共引脚，它在排阻上一般用一个色点标出。排阻的封装实物图如图 4.9 所示。排阻一般应用在数字电路中，如用作某个并行口的上拉电阻或者下拉电阻。使用排阻比使用若干个固定电阻更方便。

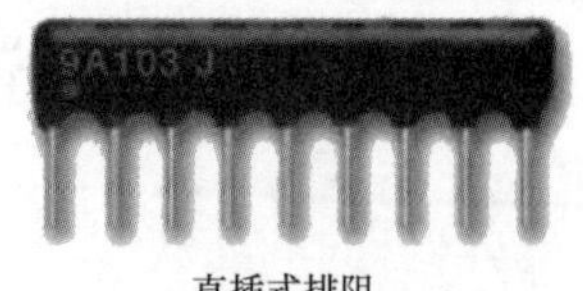

直插式排阻　　贴片式排阻

图 4.9　排阻的封装实物图

单片机控制多个 LED 循环点亮的元器件清单如表 4.5 所示。

表 4.5　单片机控制多个 LED 循环点亮的元器件清单

元器件名称	数量/个
AT89C52	1
12MHz 晶振	1
22pF 瓷片电容	2
22μF 电解电容	1
10kΩ 电阻	1

续表

元器件名称	数量/个
560Ω×8 排阻	1
LED	8

（2）硬件电路设计。

根据本任务的要求，AT89C52 的 P1 口连接 8 个 LED，并使用排阻限流，其硬件电路原理图如图 4.10 所示。

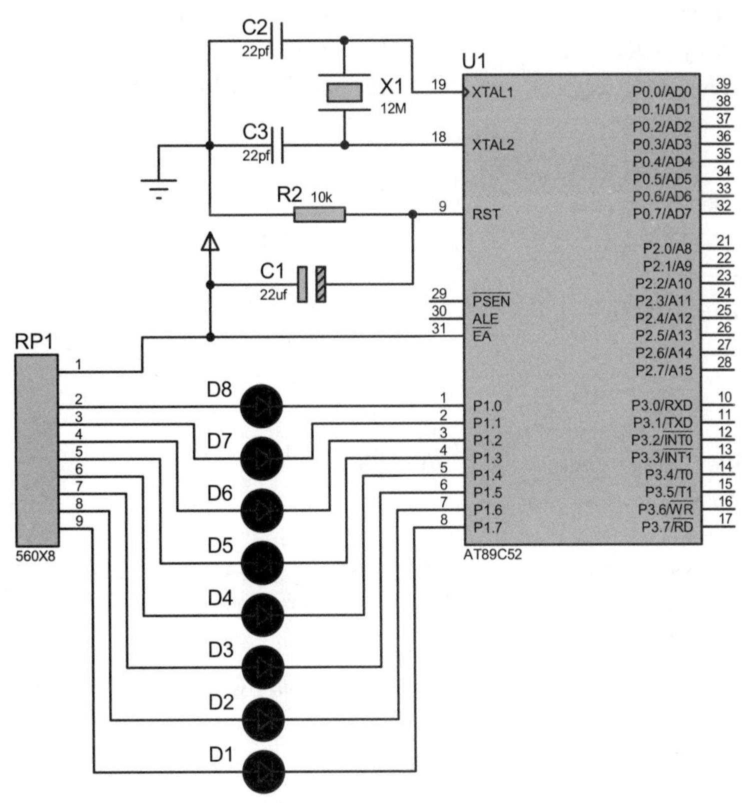

图 4.10　单片机控制 8 个 LED 循环点亮的硬件电路原理图

（3）软件程序设计。

源程序如下。

```
//*************************************************************************
//宏定义
#include<reg52.h>
#include<intrins.h>                  //包含_crol_()函数和_cror_()函数的头文件
#define uint unsigned int
#define uchar unsigned char
//*************************************************************************
//延时子程序
void Delay(unsigned int t)
{    while(--t);
}
```

```
//*******************************************************************
//主程序，循环点亮 LED
void main()
{ uchar k,recy;

  while(1)                          //大循环
  {   recy=0xfe;
      for(k=1;k<=8;k++)             //P1.0 到 P1.7 连接的 8 个 LED 逐个点亮
          {   P1=recy;              //先点亮 P1.0 连接的 LED
              Delay(50000);         //延时一段时间
              recy=_crol_(recy,1);  //将 recy 的值循环左移 1 位后再赋给 recy
          }

      recy=0xfe;
      for(k=1;k<=8;k++)             //P1.0 到 P1.7 连接的 8 个 LED 依次全部点亮
          {   P1=recy;
              Delay(50000);
              recy=recy<<1;         //将 recy 的值左移 1 位后再赋给 recy
          }

      P1=0xff;                      //LED 全部熄灭
      Delay(50000);
      recy=0x7f;
      for(k=1;k<=8;k++)             //P1.7 到 P1.0 连接的 8 个 LED 逐个点亮
          {   P1=recy;              //先点亮 P1.7 连接的 LED
              Delay(50000);
              recy=_cror_(recy,1);  //将 recy 的值循环右移 1 位后再赋给 recy
          }

      recy=0x7f;
      for(k=1;k<=8;k++)             //P1.7 到 P1.0 连接的 8 个 LED 依次全部点亮
          {   P1=recy;
              Delay(50000);
              recy=recy>>1;         //将 recy 的值右移 1 位后再赋给 recy
          }

      P1=0xff;                      //LED 全部熄灭
      Delay(50000);
  }
}
//*******************************************************************
```

在源程序中首先定义变量 recy 来给 P1 口赋值，“P1=recy;”语句的含义是将变量 recy 的值从 P1 口送出去，recy 的初始值为 0xfe（11111110B），这样相当于置 P1.0 引脚为低电平，其余引脚为高电平，这就点亮了 P1.0 连接的 LED。延时是让刚刚点亮的 LED 亮一段时间。接下来执行“recy=_crol_(recy,1);”语句，其中_crol_()是一个带返回值的函数，在执行该语句时，先执行等号右边的表达式，即将 recy 的值循环左移一位，然后将结果重新赋给 recy，如 recy 的初值为 0xfe（11111110B），将它循环左移一位后变为 0xfd（11111101B），然后将 0xfd 重新赋给 recy，在第二次 for 循环时将这个 recy 的值从 P1 口送出，这样就点亮了第二个 LED，同时刚才点亮的第一个 LED 熄灭。如此，执行 8 次 for 循环，就可以逐个点亮 P1.0 到 P1.7 连接的 LED。退出 for 循环之后，由于程序处于 while(1)的大循环中，所以会再次为 recy 赋初值，开始下一轮点亮 LED。

（4）软件、硬件联合调试。

将编写好的程序利用 Keil C51 软件编译成*.hex 文件后下载到 Proteus 软件中的硬件电路原理图的 AT89C52 上运行，可以看到 P1.0 到 P1.7 连接的 LED 逐个点亮，然后 P1.0 到 P1.7 连接的 LED 依次全部点亮，接着在 8 个 LED 全部熄灭后 P1.7 到 P1.0 连接的 LED 逐个点亮，然后 P1.7 到 P1.0 连接的 LED 依次全部点亮，如此反复即可形成流水灯效果。

 项目拓展　STC89C52 实验板彩灯的花式控制

在任务 4.2 中设计的流水灯为 8 个 LED 按一个方向循环点亮，此外我们还可以通过编程控制 LED，使它以我们想要的各种方式点亮，而且 LED 点亮的时间间隔可以通过改变延时时间来设定。下面编写程序控制实验板上的 8 个 LED 按照不同方式循环点亮。

（1）LED 模块电路原理图如附录 B 中的图 B.12 所示。RP1 为 390Ω×8 的排阻；J9 为插针，用于连接需要使用的 I/O 口，此处用杜邦线连接单片机的 P1 口。

（2）编写程序，控制 8 个 LED 以 1s 左右的时间间隔按不同方式循环点亮。

```
//*************************************************************************
//宏定义
#include<reg52.h>
#define uint unsigned int
#define uchar unsigned char
//*************************************************************************
//声明延时函数
void delay(uint);
uint a;                                    //定义循环用变量
//定义循环用数据表格
uchar code table[]={
0xff,                                      //LED 全灭
0xfe,0xfd,0xfb,0xf7,0xef,0xdf,0xbf,0x7f,   //P1.0 到 P1.7 连接的 LED 依次逐个点亮
0xfe,0xfc,0xf8,0xf0,0xe0,0xc0,0x80,0x00,   //P1.0 到 P1.7 连接的 LED 依次全部点亮
0x80,0xc0,0xe0,0xf0,0xf8,0xfc,0xfe,0xff,   //P1.7 到 P1.0 连接的 LED 依次全部熄灭
//P1.7 和 P1.0 连接的 LED 从两边向中间靠拢逐个点亮，然后从中间向两边分散逐个点亮
0x7e,0xbd,0xdb,0xe7,0xe7,0xdb,0xbd,0x7e,
//P1.7 和 P1.0 连接的 LED 从两边向中间靠拢全部点亮，然后从中间向两边分散逐个熄灭
0x7e,0x3c,0x18,0x00,0x00,0x18,0x3c,0x7e,
0x00                                       //LED 全亮
};
//*************************************************************************
```

```
//延时子程序
void delay(uint time)
{
      uint i,j;
      for(i=time;i>0;i--)
          for(j=110;j>0;j--);
}
//****************************************************************************
//主程序，循环点亮 LED
void main()
{   while(1)
      { for(a=0;a<42;a++)
           { P1=table[a];         //以 a 为索引号，从数组中取值送给 P1 口
             delay(1000);         //调用延时子程序，当晶振频率为 12MHz 时，延时时间约为 1s
           }
      }
}
//****************************************************************************
```

程序分析如下。

在这个程序中，根据 LED 的点亮方式，将需要送向 P1 口的数据预先存放到数组中，在程序运行时，只要按照顺序将这些数组元素送向 P1 口，就可以实现不同形式的亮灯效果。在进行数组定义时，写“code”的目的是告诉单片机定义的数组要放在 ROM 区，写后就不能再更改。程序可以简单地分为 code（程序）区和 data（数据）区，code 区中的内容在程序运行过程中是不可以改变的，data 区中为全局变量和临时变量，是要不断改变的，CPU 从 code 区读取指令，对 data 区的数据进行运算处理。由于单片机上的 RAM 区很小，而 ROM 区相对来说比较大，当需要定义的数据太多时，会出现 RAM 区放不下的情况。所以在编写程序时，对于那些在程序运行过程中一直不变的数据，可在数据类型名和变量名之间加上“code”，这样数据就会被存放到 ROM 区，可以减少占用 RAM 区的空间。

注意：在单片机编程过程中，要根据变量的取值范围合理地定义变量的数据类型，从而减少占用 RAM 区的空间。

（3）将调试好的程序下载到实验板上观察效果，实验板上的单片机为 STC89C52，可直接使用 STC-ISP 下载软件将程序下载到单片机上。STC-ISP 的下载界面如图 4.11 所示。按照界面中的操作步骤，依次选择“单片机型号”、选择“串口号”、打开 HEX 文件、单击“下载/编程”按钮就可以将程序下载到单片机中。

注意：STC-51 系列单片机在下载程序时必须进行冷启动，即确保在单击“下载/编程”按钮之前实验板上的电源是关闭的，在单击该按钮后约 2s，打开实验板上的电源，出现蓝色进展条并有提示音表示下载成功。

图 4.11　STC-ISP 的下载界面

项目小结

本项目主要介绍了 MCS-51 系列单片机 I/O 口的结构、特点和应用，通过两个任务介绍了单片机对单个 LED 闪烁和对多个 LED 循环点亮的控制。

MCS-51 系列单片机有 4 个 8 位的并行 I/O 口：P0 口、P1 口、P2 口和 P3 口。对于 P0 口，要注意其内部没有上拉电阻，所以在进行硬件设计时要给 P0 口外接上拉电阻，以保证 P0 口可以输出高电平。P1 口是唯一一个只有 I/O 功能的 I/O 口。P0 口和 P2 口在有外部扩展存储器时，作为数据/地址分时复用口。P3 口的每个引脚都具有第二功能。

对单片机进行编程，离不开对特殊功能寄存器的操作，所以在程序中一定要包含对特殊功能寄存器进行声明的头文件。

知识思考与项目训练

（一）选择题

1．CPU 对各种外围部件采用__________来控制。

A）特殊功能寄存器　　B）RAM　　C）ROM　　D）并行 I/O 口

2．用单片机的I/O口控制LED，限流电阻采用阻值为__________的电阻。

A）30Ω　　B）200Ω　　C）1kΩ　　D）10kΩ

3．MCS-51系列单片机的__________口是唯一一个单功能口，仅可用作通用并行I/O口。

A）P1　　B）P2　　C）P3　　D）P0

4．MCS-51系列单片机的__________口是一个准双向口，不仅可用作通用并行I/O口，还可用作外部扩展存储器的数据线和低8位地址线。

A）P1　　B）P2　　C）P3　　D）P0

（二）填空题

1．MCS-51 系列单片机有__________个并行 I/O 口，其中__________、__________和__________具有第二功能。

2．P0口在作为通用I/O口使用时，需外加__________，其在分时复用为__________线和__________线时是真正的双向口。

3．在使用单片机的P0口时通常需要加__________Ω的上拉电阻。

4．在LED控制电路中，为了控制流过LED的电流大小，需要连接__________电阻。

5．在C51程序中，十六进制数的前缀是__________。

（三）简答题

1．P1口与P0口在结构上有何区别？

2．P0口、P1口、P2口、P3口的负载能力分别如何？

3．MCS-51系列单片机的P0口、P1口、P2口、P3口在结构上有何不同？在使用上有什么特点？当用作通用I/O口输入数据时，应注意什么？

4．P3口的第二功能是什么？

5．在扩展外部存储器时，P0口和P2口有什么作用？

6．在编写单片机程序时，添加“reg52.h”头文件的目的是什么？

（四）项目训练

1．对应如图4.7所示的电路，请修改程序，使P1.7连接的LED大致按1s的时间间隔交替点亮与熄灭。

2．对应如图4.10所示的电路，请将设计稍做修改，控制P1.0到P1.7连接的8个LED依次全部点亮之后再依次熄灭，然后P1.7到P1.0连接的8个LED依次全部点亮之后再依次熄灭，最后8个LED全部点亮之后再全部熄灭。请编写程序并进行调试。

定时器与脉冲计数器的设计

✧ 学习目标

- ➢ 了解单片机定时/计数器的组成。
- ➢ 掌握单片机定时/计数器的工作原理和功能运用方法。
- ➢ 掌握单片机定时/计数器的初始化方法。
- ➢ 掌握定时器的设计方法。
- ➢ 掌握脉冲计数器的设计方法。
- ➢ 能独立分析和解决硬件设计和软件设计中的问题。
- ➢ 能利用团队的力量完成任务，培养团队合作精神。

✧ 工作任务

- ➢ 叙述单片机定时/计数器 4 种工作方式的工作原理。
- ➢ 叙述单片机定时/计数器的初始化方法。
- ➢ 设计定时器的硬件电路和软件程序。
- ➢ 设计脉冲计数器的硬件电路和软件程序。

项目引入

在单片机控制系统，尤其是单片机实时测控系统中，经常需要为 CPU 和 I/O 设备提供实时时钟，以实现定时检测、定时中断、定时扫描、定时显示等定时或控制功能，或者对外部事件进行计数并将计数结果提供给 CPU。所以定时与计数的功能是单片机控制系统中经常要应用到的功能。

单片机怎样实现定时和计数功能呢？MCS-51 系列单片机内部设置了两个 16 位的可编程定时/计数器，可通过编程选择将其用作定时器或将其用作计数器，可以方便地实现定时和计数功能。

本项目的目的就是应用单片机的定时/计数器设计实用的定时器和脉冲计数器，要求学生通过完成本项目中的两个任务掌握单片机定时/计数器的工作原理、初始化方法和使用方法。

本项目包含两个任务：定时器的设计；脉冲计数器的设计。

任务 5.1 定时器的设计

知识准备

5.1.1 MCS-51 系列单片机内部定时/计数器的原理

5.1.1.1 定时/计数器的结构

MCS-51 系列单片机内部有两个 16 位的可编程定时/计数器，称为定时/计数器 0（T0）和定时/计数器 1（T1），可通过编程选择将其用作定时器或将其用作计数器。定时/计数器的逻辑结构图如图 5.1 所示。

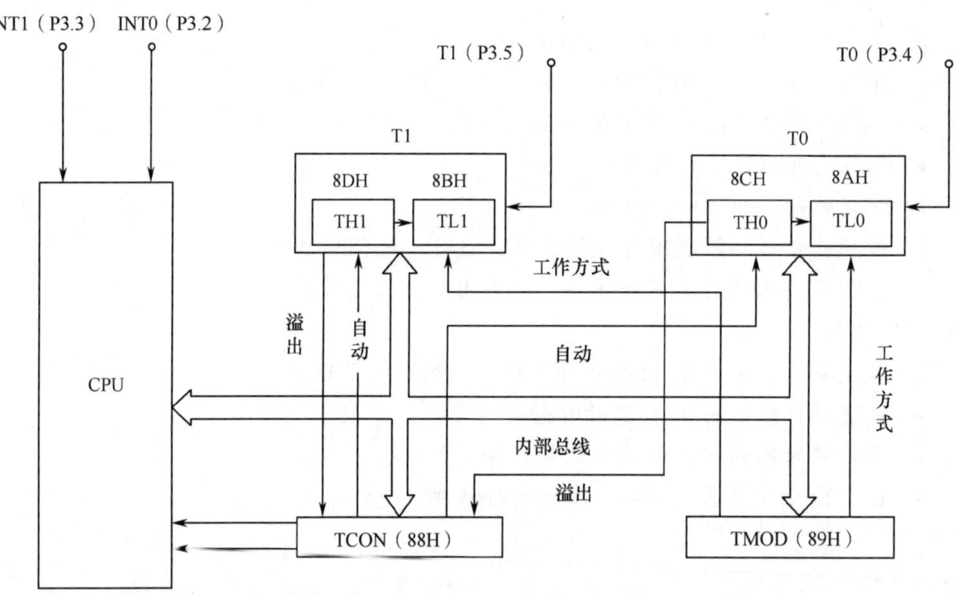

图 5.1 定时/计数器的逻辑结构图

从图 5.1 中可以看出，定时/计数器的逻辑结构包括 T0、T1、TMOD 和 TCON 四大部分。T0 和 T1 分别由 8 位计数器 TH0、TL0 和 TH1、TL1 构成，它们都以加 1 的方式计数；TMOD 为方式控制寄存器，主要用来设置定时/计数器的工作方式；TCON 为状态控制寄存器，主要用来控制定时/计数器的启动与停止，以及保存定时/计数器的溢出和中断标志。

T0 或 T1 在用作计数器时，对由引脚 T0（P3.4）或 T1（P3.5）输入的脉冲进行计数，每输入一个脉冲，计数器加 1；在用作定时器时，对内部机器周期进行计数。

TMOD、TCON 与 T0、T1 通过内部总线及逻辑电路连接，定时/计数器的工作方式、定时时间和启动与停止控制都是通过指令设置相关寄存器的状态来实现的。

注意： 定时/计数器可编程是指其功能（如工作方式、定时时间等）可以通过编写程序来确定或改变。

5.1.1.2 定时/计数器的工作原理

16 位的定时/计数器实质上是一个加 1 计数器，可实现定时和计数两种功能，其功能由软件控制和切换。定时/计数器通过硬件实现定时和计数功能，是单片机中效率高而且工作灵活的部件。

在定时/计数器开始工作之前，CPU 必须将一些命令（称为控制字）写入定时/计数器。将控制字写入定时/计数器的过程叫作定时/计数器的初始化。

在初始化过程中，要将工作方式控制字写入 TMOD，将工作状态控制字（或相关位）写入 TCON，为 TH0（TH1）和 TL0（TL1）赋定时或计数初值。

1. 定时工作方式

定时器对内部机器周期进行计数，每过一个机器周期，计数器加 1，直至溢出。定时器的定时时间与系统的振荡频率紧密相关，单片机的一个机器周期由 12 个振荡脉冲组成，所以计数频率 $f_c=f_{osc}/12$。如果单片机系统采用 12 MHz 晶振，则计数周期 $T=1/(12\times10^6\times1/12)=1\mu s$，这是最短的定时时间。通过改变定时器的定时初值，并适当选择定时器的长度（8 位、13 位或 16 位），可以调整定时时间。

2. 计数工作方式

计数器对由引脚 T0（P3.4）或 T1（P3.5）输入的脉冲进行计数，外部脉冲的下降沿将触发计数。在每个机器周期的 S_5P_2 期间采样引脚输入电平，若前一个机器周期采样值为 1，后一个机器周期采样值为 0，则计数器加 1。新的计数值是在检测到输入信号电平发生由 1 到 0 的负跳变后，于下一个机器周期的 S_3P_1 期间装入计数器的。由此可见，检测到一个输入信号电平由 1 到 0 的负跳变需要 2 个机器周期。所以，最高检测频率为振荡频率的 1/24。计数器对外部输入信号的占空比没有特别的限制，但必须保证输入信号的高电平与低电平的持续时间长于 1 个机器周期。

注意： 定时/计数器的最短定时时间是 1 个机器周期，最小的计数脉冲周期是 2 个机器周期。

5.1.1.3 定时/计数器的初始化

单片机的定时/计数器是一种可编程的部件，它的功能、工作方式、计数初值、启动和停止等均要求在定时/计数器工作之前由 CPU 写入一些控制字来控制，也就是要进行初始化。我们先来介绍与定时/计数器工作有关的寄存器。

1. TMOD

TMOD 是一种可编程的特殊功能寄存器，用于设定 T0 和 T1 的工作方式，字节地址为 89H，不可位寻址。其中高 4 位用于控制 T1，低 4 位用于控制 T0。TMOD 的格式如图 5.2 所示。

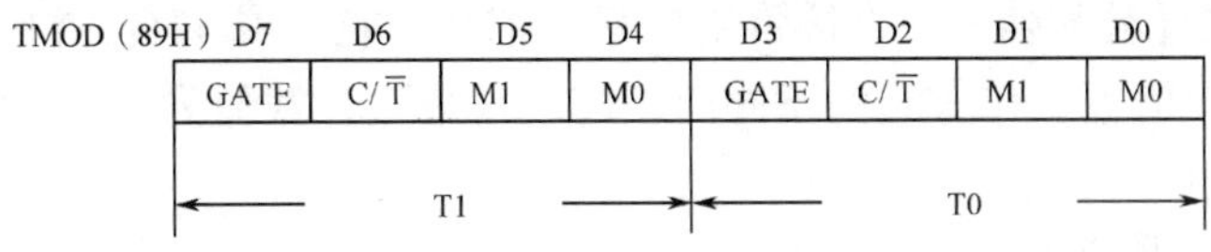

图 5.2 TMOD 的格式

GATE：门控位，用于控制定时/计数器的启动与停止。当 GATE=0 时，软件控制位 TR0 或 TR1 置 1 即可启动定时/计数器；当 GATE=1 时，软件控制位 TR0 或 TR1 须置 1，同时要求外部中断信号为高电平方可启动定时/计数器，即允许外部中断 $\overline{INT0}$ 和 $\overline{INT1}$ 启动定时/计数器。

$C/\overline{T}$：功能选择位。$C/\overline{T}$=0，设置为定时工作方式；$C/\overline{T}$=1，设置为计数工作方式。

M1 和 M0：定时/计数器的工作方式选择位。定时/计数器的工作方式由 M1 和 M0 两位的编码状态决定，编码的 4 种方式决定了 4 种工作方式，如表 5.1 所示。

表 5.1 定时/计数器的工作方式

M1 M0	工 作 方 式	说 明
0 0	0	13 位定时/计数器
0 1	1	16 位定时/计数器
1 0	2	两个自动重装计数初值的 8 位定时/计数器
1 1	3	工作方式 3 只针对 T0，T0 分成两个独立的 8 位定时/计数器；T1 无工作方式 3

2. TCON

TCON 也是一种可编程的特殊功能寄存器。TCON 的作用是控制定时/计数器的启动与停止，保存定时/计数器的溢出和中断标志，其字节地址为 88H，可位寻址。TCON 的格式如图 5.3 所示。

TCON（88H）	8FH	8EH	8DH	8CH	8BH	8AH	89H	88H
	TF1	TR1	TF0	TR0	IE1	IT1	IE0	IT0

图 5.3 TCON 的格式

TF1 和 TF0：定时/计数器的溢出标志位。当定时/计数器计数产生溢出时，该位由硬件自动置 1。在中断允许时，该位向 CPU 发出中断请求；在进入中断服务子程序后，该位由硬件自动清 0。在中断屏蔽时，TF1 和 TF0 可用于进行查询测试，此时该位只能由软件清 0。

TR1 和 TR0：定时/计数器的启动与停止控制位。由软件置 1 或清 0 该位来启动或停止定时/计数器。当 GATE=1 且外部中断信号为高电平时，TR1 和 TR0 置 1 启动定时/计数器；当 GATE=0 时，TR1 和 TR0 置 1 启动定时/计数器。

低 4 位为外部中断所用，此处不介绍。

注意：*在实际编写定时/计数器的程序时对 TCON 的设置采用可位寻址的方式比较直观，如 TR1=1。*

3. 定时/计数器的初始化步骤

由于定时/计数器的功能是由软件编程确定的，所以一般在使用定时/计数器前都要对其进行初始化，初始化步骤如下。

（1）确定工作方式——对 TMOD 赋值。

TMOD=0x10，表明 T1 工作于方式 1，且为定时工作方式。

（2）预置定时或计数初值——直接将初值写入 TH0、TL0 或 TH1、TL1。

定时/计数器的初值因工作方式的不同而不同。设最大计数值为 M，则在各种工作方式下的 M 如下。

工作方式 0：$M=2^{13}=8192$。

工作方式 1：$M=2^{16}=65\,536$。

工作方式 2：$M=2^{8}=256$。

工作方式 3：因为 T0 分成两个 8 位定时/计数器，所以两个定时/计数器的 M 均为 256。

因为定时/计数器工作的实质是做“加 1”计数，所以当 M 已知时，计数初值 X 为

$$X = M-\text{计数值}$$

例如，T1 采用工作方式 1 定时，M=65 536，要求每 50 ms 溢出一次，若采用 12 MHz 的晶振，则计数周期 T=1μs，计数值=(50×1000)/1=50 000，所以计数初值为

$$X=65\,536-50\,000=15\,536=\text{0x3CB0}$$

将 0x3C、0xB0 分别预置给 TH1、TL1。

（3）根据需要开启定时/计数器中断——直接对 IE 寄存器赋值。

（4）启动定时/计数器——将 TR0 或 TR1 置 1。

当 GATE = 0 时，直接由软件置位启动定时/计数器；当 GATE = 1 时，除软件置位以外，还必须在外中断引脚处加上相应的电平值才能启动定时/计数器。如果 GATE = 0，则直接由软件置位启动定时/计数器，其指令为 TR1=1。

这样，定时/计数器的初始化过程就完毕了。

下面是定时/计数器初始化的完整过程：

```
TMOD=0x10;
TH1=0x3C;
TL1=0xB0;
TR1=1;
```

5.1.2 用单片机的定时/计数器设计定时器（查询方式）

5.1.2.1 用定时/计数器的工作方式 0 设计定时器

任务准备

通过对 TMOD 中的 M0、M1 两位进行设置，定时/计数器可选择 4 种工作方式。

当 M1M0＝00 时，T0、T1 工作于方式 0。在工作方式 0 下，T0、T1 是 13 位的定时/计数器，由 TH0（TH1）的 8 位和 TL0（TL1）的低 5 位组成，TL0（TL1）的高 3 位未用，最大计数值为 2^{13}。

T0 工作方式 0 的逻辑结构图如图 5.4 所示。T1 的逻辑结构和操作方法与 T0 的完全相同。

当 $C/\overline{T}=0$ 时，控制开关连接 12 分频器输出，T0 对内部机器周期进行计数，此时 T0 为定时器。

当 $C/\overline{T}=1$ 时，控制开关与 T0（P3.4）引脚相连，外部计数脉冲由 T0 引脚输入，当外部信号电平发生由 1 到 0 的负跳变时，计数器加 1，此时 T0 为计数器。

当 GATE=0 时，或门被封锁，$\overline{\text{INT0}}$ 信号无效。或门输出常 1，打开与门，TR0 直接控制 T0 的启动和停止。若 TR0＝1，则控制开关闭合，T0 从初值开始计数直至溢出。当有溢出时，16 位加 1 计数器清 0，TF0 置位并申请中断。如果要循环计数，则 T0 需要重置初值，且须用软件将 TF0 复位。若 TR0＝0，则与门被封锁，控制开关断开，停止计数。

当 GATE=1 时，与门的输出由 $\overline{\text{INT0}}$ 信号的电平和 TR0 的状态来确定。若 TR0 = 1，则与

门打开，外部信号电平通过$\overline{\text{INT0}}$信号直接使T0开启或停止，当$\overline{\text{INT0}}$为高电平时，允许计数，否则停止计数；若TR0 = 0，则与门被封锁，控制开关断开，停止计数。

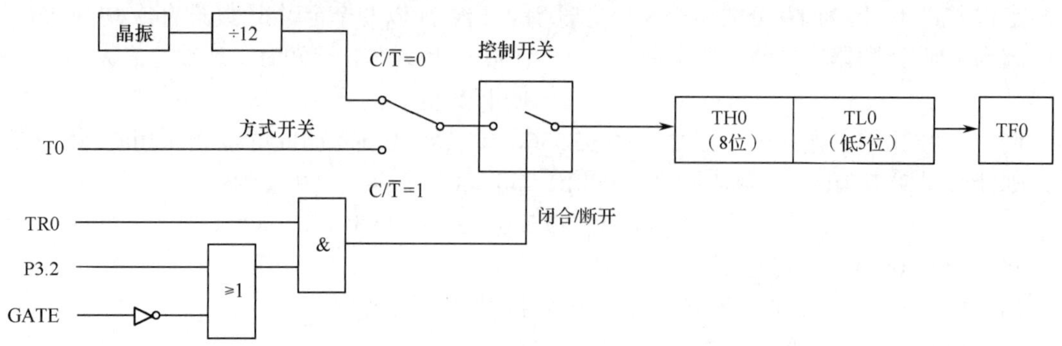

图5.4　T0工作方式0的逻辑结构图

当TL0（TL1）的低5位计数溢出时，自动向TH0（TH1）进位，而当TH0（TH1）计数溢出时，相应的溢出标志位TF0（TF1）置位（硬件自动置位）并申请中断。如果允许中断，则当单片机进入中断服务子程序时，由内部硬件自动清除该标志位；如果不允许中断，则可以通过查询TF0（TF1）的状态来判断T0（T1）是否有溢出，在这种情况下需要通过软件清除TF0（TF1）标志位。

T0、T1工作方式0计数初值X的计算方法如下。

当T0、T1用作定时器时，定时时间$T=(2^{13}-X)\times$振荡周期×12，则

$$X=2^{13}-T\,/\,(\text{振荡周期}\times 12)$$

将X的十进制形式转换成二进制形式，低5位送至TL0（TL1），TL0（TL1）的高3位数为任意值，一般取0，高8位送至TH0（TH1），即实现了给定时器赋初值的要求。

当T0、T1用作计数器时，计数次数$N=2^{13}-X$，则

$$X=2^{13}-N$$

将X的十进制形式转换成二进制形式，低5位送至TL0（TL1），TL0（TL1）的高3位数为任意值，一般取0，高8位送至TH0（TH1），即实现了给计数器赋初值的要求。

注意：T0、T1在工作方式0下为13位的定时/计数器，其不用的是低8位中的高3位，一般对这3位补3个0。

任务操作

1. 任务要求

本任务要求用AT89C51的T1工作方式0设计一个定时时间为1s的定时器，用定时器的查询方式使AT89C51控制的一个LED定时1s闪烁。

2. 任务分析

因为采用AT89C51的T1工作方式0定时，故TMOD = 0x00。

因为T1在工作方式0下为13位的定时/计数器，其最大定时时间为8192×1μs = 8.192 ms，可选择定时时间为5 ms，再循环200次即可实现定时时间为1s。在定时时间选定后，再确定计数值为5000，可计算T1的计数初值为

$$X = M\text{-计数值} = 8192-5000 = 3192$$
$$= 0xC78 = 0110001111000B$$

因为 13 位的定时/计数器中 TL1 的高 3 位未用，应补 0，TH1 占高 8 位，所以 X 的实际填写值应为

$$X = 0110001100011000B = 0x6318$$

所以为 TH1 赋值 0x63，为 TL1 赋值 0x18。

3．任务设计

（1）元器件的选择。

用 AT89C51 的 T1 工作方式 0 设计定时器，控制一个 LED 定时 1s 闪烁，所要用到的元器件清单如表 5.2 所示。

表 5.2　用 T1 工作方式 0 设计定时器的元器件清单

元器件名称	数量/个	元器件名称	数量/个
AT89C51	1	1kΩ 电阻	1
12MHz 晶振	1	220Ω 电阻	1
22pF 瓷片电容	2	LED	1
22μF 电解电容	1		

（2）硬件电路设计。

根据任务要求设计硬件电路，电路原理图如图 5.5 所示。将 LED 的正极通过限流电阻连接+5V 电源，负极连接 AT89C51 的 P1.0，给 P1.0 送“0”则 LED 点亮，给 P1.0 送“1”则 LED 熄灭。

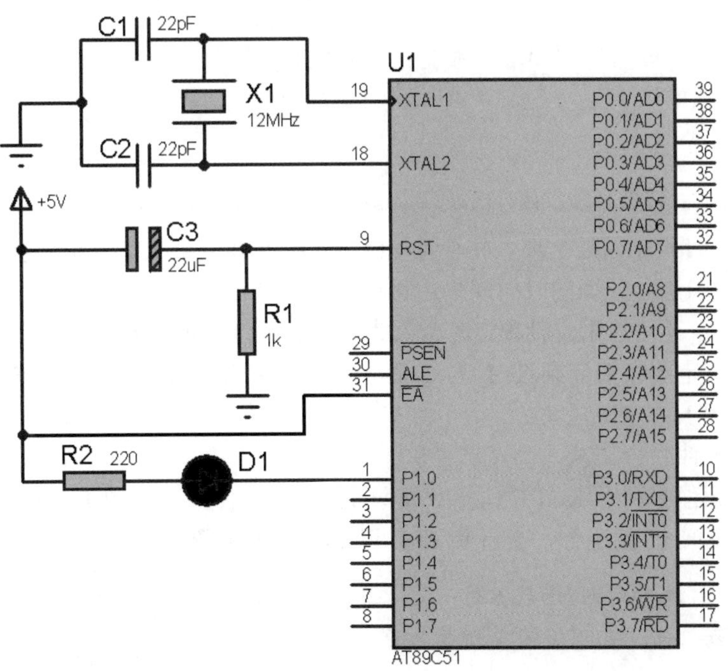

图 5.5　用定时器控制 LED 定时 1s 闪烁的硬件电路原理图

（3）软件程序设计。

源程序如下。

```
//************************************************************
//宏定义
#include<AT89X51.h>
//************************************************************
//定时 1s 子程序
void   sTime ( )
{    unsigned int i;
     TMOD=0x00;                    //设置 T1 为工作方式 0
     TH1=0x63;                     //置 T1 初值
     TL1=0x18;
     TR1=1;                        //启动 T1
     for(i=0; i<=200 ; )
     {   if ( TF1 == 1)            //查询计数溢出
              { i++;
                TF1=0;
                TH1=0x63;          //重新置定时器初值
                TL1=0x18;}
     }
     return ;
}
//************************************************************
//主程序
void main()
{   for(;;)
    {   P1_0=!P1_0;                //取反 P1.0 使 LED 闪烁
          sTime ();                //调用定时 1s 子程序
    }
}
//************************************************************
```

主程序中采用 for(;;)无限循环，将连接 LED 的 P1.0 反复取反，其值就会在 0 和 1 之间变化，使 LED 实现闪烁。闪烁的时间间隔由调用的定时 1s 子程序设定。在定时 1s 子程序中对 T1 工作方式 0 进行了初始化，设置定时时间为 5ms，经过 200 次循环后实现定时时间为 1s。其中循环的增值一定要在查询到 TF1 为 1 后才能增加，否则会出现没有计满就进行下一次循环，定时时间不到 1s 的情况。

（4）软件、硬件联合调试。

将编写好的源程序利用 Keil C51 软件编译成*.hex 文件后下载到 Proteus 软件中的硬件电路原理图中的 AT89C51 上运行，会看到 LED 以 1s 的时间间隔不停闪烁。

注意： 使用单片机的定时/计数器时一定要先进行初始化。只要将定时/计数器开启，加 1 计数器就会不停止地工作，直到关闭或断电为止。

5.1.2.2　用定时/计数器的工作方式 1 设计定时器

任务准备

当 TMOD 中的 M1M0＝01 时，T0、T1 工作于方式 1。在工作方式 1 下 T0、T1 是 16 位的定时/计数器，由 TH0（TH1）作为高 8 位、TL0（TL1）作为低 8 位，最大计数值为 2^{16}。

T0 工作方式 1 的逻辑结构图如图 5.6 所示，T1 的逻辑结构和操作方法与 T0 的完全相同。从图 5.6 中可以看到，工作方式 1 和工作方式 0 的工作原理完全一样，只是其定时/计数器是 16 位的。

T0、T1 工作方式 1 计数初值 X 的计算方法如下。

当 T0、T1 用作定时器时，定时时间 $T=(2^{16}-X)\times$时钟周期$\times12$，则

$$X=2^{16}-T\,/\,(\text{时钟周期}\times12)$$

将 X 的十进制形式转换成二进制形式，低 8 位送至 TL0（TL1），高 8 位送至 TH0（TH1）。

当 T0、T1 用作计数器时，计数次数 $N=2^{16}-X$，则

$$X=2^{16}-N$$

将 X 的十进制形式转换成二进制形式，低 8 位送至 TL0（TL1），高 8 位送至 TH0（TH1）。

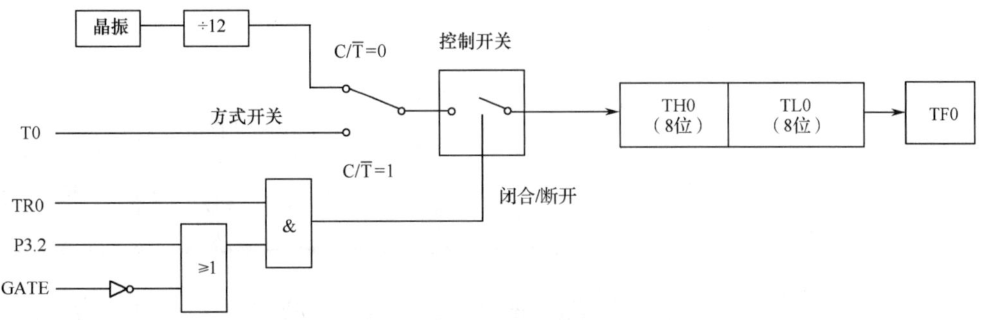

图 5.6　T0 工作方式 1 的逻辑结构图

任务操作

1. 任务要求

本任务要求用 AT89C51 的 T0 工作方式 1 设计一个定时时间为 1s 的定时器，使由 AT89C51 的 P0 口和 P2 口控制的 2 组共 16 个 LED 定时 1s 滚动点亮。

2. 任务分析

因为采用 AT89C51 的 T0 工作方式 1 定时，故 TMOD = 0x01。

因为 T0 在工作方式 1 下为 16 位定时/计数器，其最大定时时间为 65 536×1μs = 65.536 ms，可选择定时时间为 50ms，再循环 20 次即可实现定时时间为 1s。在定时时间选定后，再确定计数值为 50 000，则 T1 的计数初值为

$$X = M-\text{计数值}= 65\,536-50\,000 = 15\,536$$

(65 536−50 000)/256 是其高 8 位，赋给 TH0；(65 536−50 000)%256 是其低 8 位，赋给 TL0。

3．任务设计

（1）元器件的选择。

根据任务要求，用 AT89C51 的 T0 工作方式 1 设计定时器，控制 2 组共 16 个 LED 定时 1s 滚动点亮，所要用到的元器件清单如表 5.3 所示。

表 5.3　用 T0 工作方式 1 设计定时器的元器件清单

元器件名称	数量/个	元器件名称	数量/个
AT89C51	1	10kΩ 电阻	1
12MHz 晶振	1	280Ω 电阻	16
22pF 瓷片电容	2	LED	16
10μF 电解电容	1		

（2）硬件电路设计。

根据任务要求设计硬件电路，电路原理图如图 5.7 所示。将 LED 的正极通过限流电阻连接 +5V 电源，负极连接 AT89C51 的 P0 口和 P2 口，给 P0 口和 P2 口送“0”则 LED 点亮，给 P0 口和 P2 口送“1”则 LED 熄灭。P0.0～P0.7 分别控制 D1～D8，P2.0～P2.7 分别控制 D16～D9。

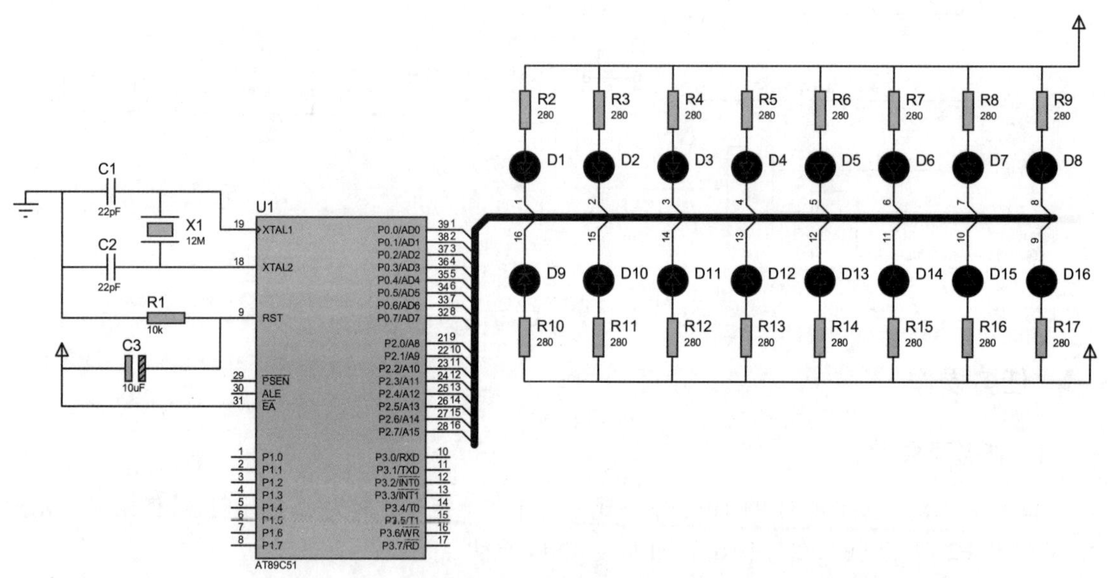

图 5.7　用定时器控制流水灯的硬件电路原理图

（3）软件程序设计。

源程序如下。

```
//*****************************************
//宏定义
#include<AT89X51.h>
#include<intrins.h>
#define uchar unsigned char
//*********************************************************************
//主程序
```

```
void main( )
{    uchar T_Count = 0;                              //累加计数溢出发生次数
     P0 = 0xFE;                                      //点亮 D1
     P2 = 0xFE;                                      //点亮 D16
     TMOD = 0x01;                                    //T0 工作于方式 1
     TH0 =(65536-50000)/256;                         //50ms 定时初值
     TL0 =(65536-50000)%256;
     TR0 = 1;                                        //启动 T0
     while(1)
        {     if（TF0 == 1）                         //定时溢出标志位为 1 表示计时溢出
                 {  TF0 = 0;                         //软件清 0
                    TH0 =(65536-50000)/256;          //重置 50ms 定时
                    TL0 =(65536-50000)%256;
                    if（++T_Count == 20)             //50×20=1000ms 后 LED 滚动点亮一次
                       {  P0 = _crol_(P0,1);
                          P2 = _crol_(P2,1);
                          T_Count = 0;
                       }
                 }
        }
}
//*******************************************************************
```

程序开始设置一个累加计数溢出次数的变量 T_Count，将 D1 和 D16 点亮。对 T0 的工作方式 1 进行初始化，启动 T0。在 while(1)无限循环中，只要查询到 TF0 为 1，就先将其清 0，给 T0 重赋初值，同时判断加 1 之后的 T_Count 是否为 20，若没有到 20 则 T0 继续下一次计数，若 T_Count 为 20 则说明经过了 20 次的溢出，即 50ms×20=1s，这时将 P0 口和 P2 口的值都循环左移一位，D2 和 D15 就都点亮了，以此循环，形成流水灯花式。

（4）软件、硬件联合调试。

将编写好的源程序利用 Keil C51 软件编译成*.hex 文件后下载到 Proteus 软件中的硬件电路原理图中的 AT89C51 上运行，会看到 LED 以 1s 的时间间隔不停闪烁。

注意：定时/计数器的工作方式 1 是单次计数值最大的一种方式，在实际中应用较多。

5.1.2.3　用定时/计数器的工作方式 2 设计定时器

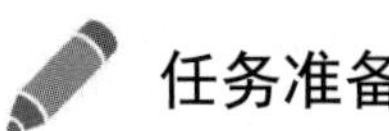

任务准备

当 TMOD 中的 M1M0＝10 时，T0、T1 工作于方式 2。在工作方式 2 下 TH0（TH1）和 TL0（TL1）被当作两个 8 位的定时/计数器，在计数过程中，TH0（TH1）寄存 8 位计数初值并保持不变，由 TL0（TL1）进行加 1 计数，最大计数值为 2^8。当 TL0（TL1）计数溢出时，除可产生中断申请以外，还可将 TH0（TH1）中保存的内容重新装入 TL0（TL1），以便从预定的计数初值开始重新计数，而 TH0（TH1）中的计数初值仍然保留，在下轮计数时再对 TL0（TL1）进行重装计数初值。T0 工作方式 2 的逻辑结构图如图 5.8 所示。

工作方式 0 和工作方式 1 用于循环计数，在每次计数溢出后，计数器都复位为 0，所以要进行新一轮计数还需要重置计数初值。这不仅导致编程麻烦，而且影响定时时间精度。工作方式 2 具有计数初值自动装入功能，不需要在计数溢出后用软件重新装入计数初值，避免了上述问题。因此，工作方式 2 可进行连续计数，适用于较精确的定时脉冲信号发生器。但工作方式 2 的最大计数值仅为 $2^8=256$，计数的长度受到很大的限制。工作方式 2 适用于串行口的波特率发生器。

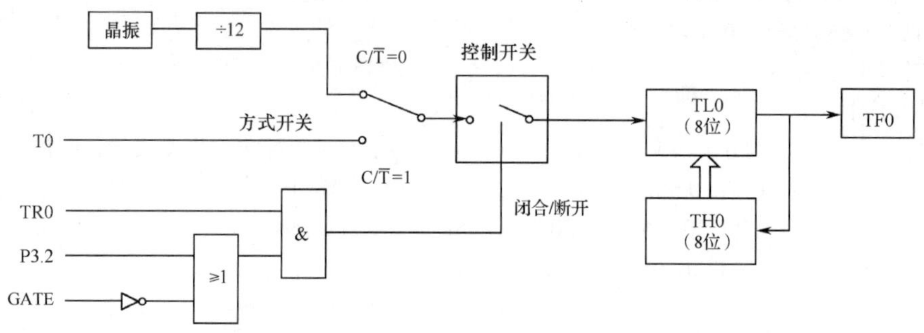

图 5.8　T0 工作方式 2 的逻辑结构图

T0、T1 工作方式 2 计数初值 X 的计算方法如下。

当 T0、T1 用作定时器时，定时时间 $T=(2^8-X)\times$时钟周期×12，则

$$X=2^8-T/(\text{时钟周期}\times 12)$$

将 X 的十进制形式转换成二进制形式，分别送至 TL0（TL1）和 TH0（TH1）。

当 T0、T1 用作计数器时，计数次数 $N=2^8-X$，则

$$X=2^8-N$$

将 X 的十进制形式转换成二进制形式，分别送至 TL0（TL1）和 TH0（TH1）。

任务操作

1. 任务要求

本任务要求用 AT89C51 的 T1 工作方式 2 设计一个定时时间为 1s 的定时器，用定时器的查询方式使 AT89C51 控制的一个 LED 定时 1s 闪烁。

2. 任务分析

因为采用 AT89C51 的 T1 工作方式 2 定时，故 TMOD = 0x20。

因为 T1 在工作方式 2 下为 8 位的定时/计数器，其最大定时时间为 256×1μs = 256μs，可选择定时时间为 250μs，再循环 4000 次即可实现定时时间为 1s。在定时时间选定后，再确定计数值为 250，则 T1 的计数初值为

$$X=M-\text{计数值}=256-250=6=\text{0x06}$$

所以为 TL1 赋值 0x06，也为 TH1 赋值 0x06 用于存储计数初值。

3. 任务设计

（1）元器件的选择。

根据任务要求，用 AT89C51 的 T1 工作方式 2 设计定时器，控制一个 LED 定时 1s 闪烁，所要用到的元器件清单如表 5.2 所示。

（2）硬件电路设计。

根据任务要求设计硬件电路，电路原理图如图 5.5 所示。将 LED 的正极通过限流电阻连接+5V 电源，负极连接 AT89C51 的 P1.0，给 P1.0 送“0”则 LED 点亮，给 P1.0 送“1”则 LED 熄灭。

（3）软件程序设计。

源程序如下。

```
//***********************************************************************
//宏定义
#include<AT89X51.h>
//***********************************************************************
//定时 1s 子程序
void   sTime ( )
{    unsigned int i;
     TMOD=0x20;                  //设置 T1 为工作方式 2
     TH1=0x06;                   //置 T1 初值
     TL1=0x06;
     TR1=1;                      //启动 T1
      for(i=0; i<=4000; )
         {   if ( TF1 == 1)      //查询计数溢出
                 { i++;
                  TF1=0;
                 }
         }
     return ;
 }
//***********************************************************************
//主程序
void main()
{   while (1)
      {   P1_0=!P1_0;            //取反 P1.0 使 LED 闪烁
          sTime ( );             //调用定时 1s 子程序
      }
 }
//*************************************************************************
```

主程序中采用 while (1)无限循环，将连接 LED 的 P1.0 反复取反，其值就会在 0 和 1 之间变化，使 LED 实现闪烁。闪烁的时间间隔由调用的定时 1s 子程序设定。在定时 1s 子程序中对 T1 工作方式 2 进行了初始化，设置定时时间为 250μs，经过 4000 次循环后实现定时时间为 1s。其中循环的增值一定要在查询到 TF1 为 1 后才能增加，否则会出现没有计满就进行下一次循环，定时时间不到 1s 的情况。在程序中当查询到 TF1 为 1 后不需要重置计数初值，因为在工作方式 2 下 TH1 中一直装着计数初值，会在计数溢出后将初值自动送至 TL1，工作方式 2 的这个功能使定时时间更加准确。

（4）软件、硬件联合调试。

将编写好的源程序利用 Keil C51 软件编译成*.hex 文件后下载到 Proteus 软件中的硬件电路原理图中的 AT89C51 上运行，会看到 LED 以 1s 的时间间隔不停闪烁。

注意： 定时/计数器的工作方式 2 能自动重装计数初值，使用更加简单，但是它的单次计数值较小，仅为 256，在应用时循环的次数较多。

5.1.2.4 用定时/计数器的工作方式 3 设计定时器

任务准备

当 TMOD 中的 M1M0＝11 时，T0 工作于方式 3（只有 T0 可以工作于方式 3）。在工作方式 3 下，T0 被拆成两个独立工作的 8 位定时/计数器 TL0 和 TH0。其中 TL0 用原 T0 的控制位、引脚和中断源，即 $C/\overline{T}$、GATE、TR0、P3.4、P3.2。它既可以按计数方式工作，又可以按定时方式工作。当 $C/\overline{T}=1$ 时，TL0 用作计数器，计数脉冲来自引脚 P3.4；当 $C/\overline{T}=0$ 时，TL0 用作定时器，计数脉冲来自内部振荡器的 12 分频时钟（机器周期）。T0 工作方式 3 的逻辑结构图如图 5.9 所示。

由图 5.9 可以看出，在工作方式 3 下，TH0 只可以用作定时器，它占用原 T1 的控制位 TR1 和中断标志位 TF1，其启动和停止仅受 TR1 的控制。当 TR1＝1 时，控制开关闭合，TH0 对 12 分频的时钟信号（机器周期）计数；当 TR1＝0 时，控制开关断开，TH0 停止计数。由此可见，工作方式 3 为 T0 增加了一个 8 位定时器。

当 T0 工作于方式 3 时，T1 仍可设置为工作方式 0、工作方式 1 和工作方式 2。T0 工作于方式 3 时 T1 的逻辑结构图如图 5.10 所示。

由于 TR1 与 TF1 已被 T0 占用，此时仅有控制位 $C/\overline{T}$ 可用于切换 T1 的定时或计数工作方式，当计数溢出时，不能使中断标志位 TF1 置 1。在这种情况下，T1 一般用作串行口的波特率发生器，或用于不需要中断的场合。当给 TMOD 赋值，即确定了 T1 的工作方式后，T1 自动开始启动；若要停止 T1 的工作，只需要送入一个设置 T1 为工作方式 3 的控制字即可。通常把 T1 设置为工作方式 2 用作串行口的波特率发生器比较方便。

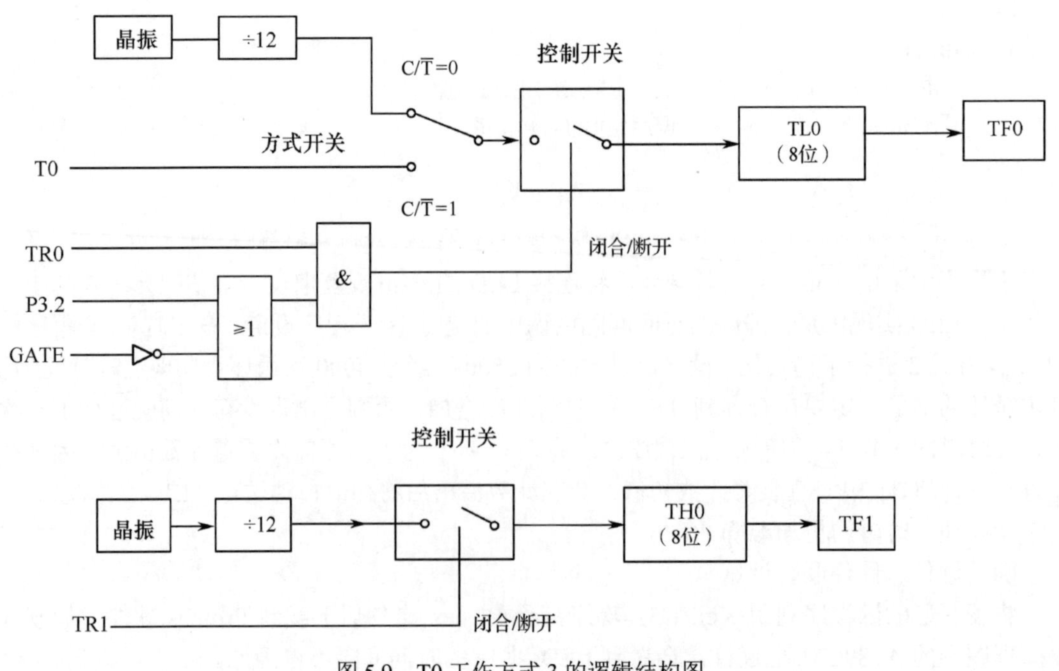

图 5.9　T0 工作方式 3 的逻辑结构图

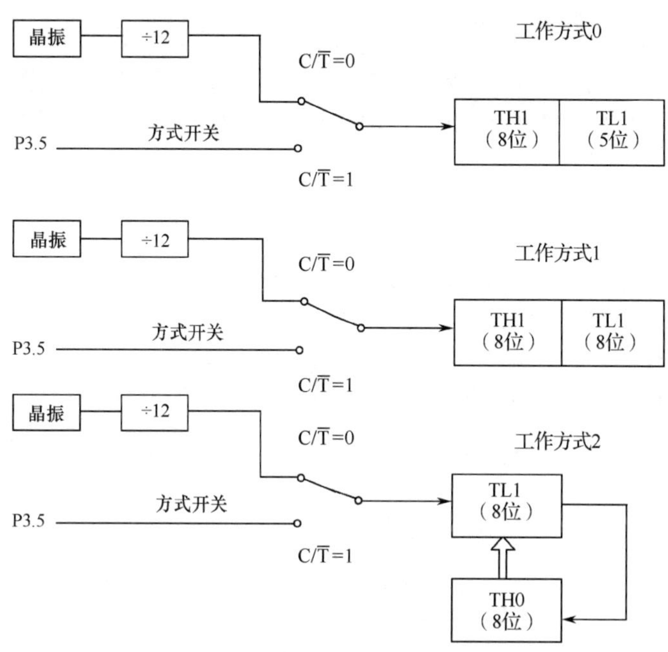

图 5.10　T0 工作于方式 3 时 T1 的逻辑结构图

任务操作

1. 任务要求

本任务要求用 AT89C51 的 T0 工作方式 3 设计一个定时时间为 1s 的定时器，用定时器的查询方式使 AT89C51 控制的一个 LED 定时 1s 闪烁。

2. 任务分析

因为采用 AT89C51 的 T0 工作方式 3 定时，这里用 TL0 和 TH0 结合的方法，让 TL0 工作在计数方式，故 TMOD = 0x07。

因为工作在方式 3 下 T0 中的 TH0 只能作为定时器，TH0 是 8 位定时器，其最大定时时间为 256×1μs = 256μs，可选择定时时间为 250μs。这样 TH0 的初值为

$$X=(256-250)=6=0x06$$

将 TL0 设置为计数器，TL0 是 8 位计数器，其最大计数值为 256，可选择计数值为 200。这样 TL0 计数初值为

$$X=M-\text{计数值}=256-200=56=0x38$$

所以为 TL0 赋值 0x38，为 TH0 赋值 0x06。

当 TH0 计数溢出后，用软件复位的方法使 T0（P3.4）引脚产生负跳变，TH0 每计数溢出一次，T0 引脚产生一次负跳变，TL0 便计数一次。当 TL0 计数溢出时，定时时间应为 50 ms，循环 20 次便可实现定时时间为 1s。

3. 任务设计

（1）元器件的选择。

根据任务要求，用 AT89C51 的 T0 工作方式 3 设计定时器，控制一个 LED 定时 1s 闪烁，所要用到的元器件清单如表 5.2 所示。

（2）硬件电路设计。

根据任务要求设计硬件电路，电路原理图如图 5.5 所示。将 LED 的正极通过限流电阻连接 +5V 电源，负极连接 AT89C51 的 P1.0，给 P1.0 送“0”则 LED 点亮，给 P1.0 送“1”则 LED 熄灭。

（3）软件程序设计。

源程序如下。

```
//***************************************************************
//宏定义
#include<AT89X51.h>
//***************************************************************
//定时 1s 子程序
void   sTime ( )
{        unsigned int   i ;
         TMOD=0x07;                  //设置 T0 为工作方式 3
         TH0=0x06;                   //置 TH0 初值
         TL0=0x38;                   //置 TL0 初值
         TR0=1;                      //启动 TL0
         TR1=1;                      //启动 TH0
         for(i=0; i<=20 ; )
           { if(TF0==0)              //在 TL0 没有溢出时
              { if(TF1==1)           //查询 TH0 计数溢出
                  { TF1=0;
                    TH0=0x06;        //重置 TH0 初值
                     P3_4=0;         //T0 引脚产生负跳变
                     P3_4=0;         //负跳变持续
                     P3_4=1;         //T0 引脚恢复高电平
                  }
               continue;
              }
            TF0=0;
            i++;
            TL0=0x38  ;              //重置 TL0 初值
           }
         return ;
}
//***************************************************************
//主程序
void main()
{   while (1)
          {  P1_0=!P1_0;             //取反 P1.0 使 LED 闪烁
             sTime ( );              //调用定时 1s 子程序
          }
}
//***************************************************************
```

主程序中依然采用 while (1)无限循环，将连接 LED 的 P1.0 反复取反，其值就会在 0 和 1 之间变化，使 LED 实现闪烁，闪烁的时间间隔由调用的定时 1s 子程序设定。在定时 1s 子程序中对 T0 的工作方式 3 进行了初始化，设置 TH0 定时时间为 250μs，TL0 计数值为 200，TH0 每溢出一次 TL0 就计数一次，这样经过 200 次计数，就经过了 200×250 μs，即 50ms，这样经过 20 次循环后就可实现定时时间为 1s。由于 TH0 和 TL0 都要用到，所以在进行初始化时要将 TR0 和 TR1 都开启，当查询到 TF1 为 1 后，软件给 P3.4 送两次“0”，由于 P3.4 开机复位后就是“1”，这样就产生了大于两个机器周期的负跳变，TL0 计数一次。当 TL0 计数到 200 时，TF0 置 1，经过了 50ms，循环 20 次后可实现定时时间为 1s。

（4）软件、硬件联合调试。

将编写好的源程序利用 Keil C51 软件编译成*.hex 文件后下载到 Proteus 软件中的硬件电路原理图中的 AT89C51 上运行，会看到 LED 以 1s 的时间间隔闪烁。

注意：定时/计数器的工作方式 3 比较特别，由 TR0、TF0 控制和标志 TL0 定时或计数，由 TR1、TF1 控制和标志 TH0 定时，其应用形式灵活多样。

任务 5.2　脉冲计数器的设计

任务操作

1．任务要求

本任务要求用 AT89C51 设计一个计数范围为 0～99 的脉冲计数器，也就是用 AT89C51 的定时/计数器采样计数外部按键输送的脉冲信号，并用 LED 数码管将计数值显示出来。

2．任务分析

根据任务要求，用 AT89C51 设计一个脉冲计数器，使计数范围为 0～99。在 P3.4（T0）引脚上连接一个接地的按键 K1，P3.4 引脚在开机时为高电平，在按下 K1 后跳变为低电平，在释放 K1 后恢复高电平，所以每按一次 K1 相当于给 P3.4 引脚送入一个脉冲信号。

设置 T0 为计数工作方式，计数外部的脉冲，工作于方式 2，所以 TMOD=0x06。工作方式 2 的最大计数值为 256，如果把初值设置为 255，则当 P3.4 引脚接收到一个由高电平到低电平的负跳变信号时，计数值加 1 溢出，查询到 TF0=1 后，就将显示的计数值加 1，实现脉冲计数器计数。这样将 TL0 的初值设置为

$$X = (256 - 1) = 255 = 0\text{xFF}$$

令 TL0 = 0xFF，TH0 = 0xFF，每次溢出后 TH0 自动将计数初值装入 TL0。

3．任务设计

（1）元器件的选择。

根据任务要求，用 AT89C51 的定时/计数器设计脉冲计数器，对按键产生的脉冲计数，所要用到的元器件清单如表 5.4 所示。

表 5.4　脉冲计数器设计元器件清单

元器件名称	数量/个	元器件名称	数量/个
AT89C51	1	10kΩ 电阻	1
12MHz 晶振	1	1kΩ×8 排阻	1
22pF 瓷片电容	2	轻触按键	2
10μF 电解电容	1	1 位共阴极 LED 数码管	2

（2）硬件电路设计。

根据任务分析设计脉冲计数器的硬件电路，电路原理图如图 5.11 所示。将按键 K1 的一端接到定时/计数器的 T0（P3.4）引脚，另一端接地，这样一旦按下 K1，P3.4 引脚上就会产生一个由高电平到低电平的负跳变信号，在释放 K1 后 P3.4 引脚又由低电平转换为高电平，形成脉冲信号。P3.2 引脚连接按键 K2，用于随时将计数清零。计数值采用两个共阴极 LED 数码管通过静态方式显示，P0 口控制十位数字的显示，P2 口控制个位数字的显示，由于共阴极 LED 数码管的段码要用高电平点亮，所以 P0 口作为段码输出口需要上拉，此处用排阻 RP1 上拉到电源。

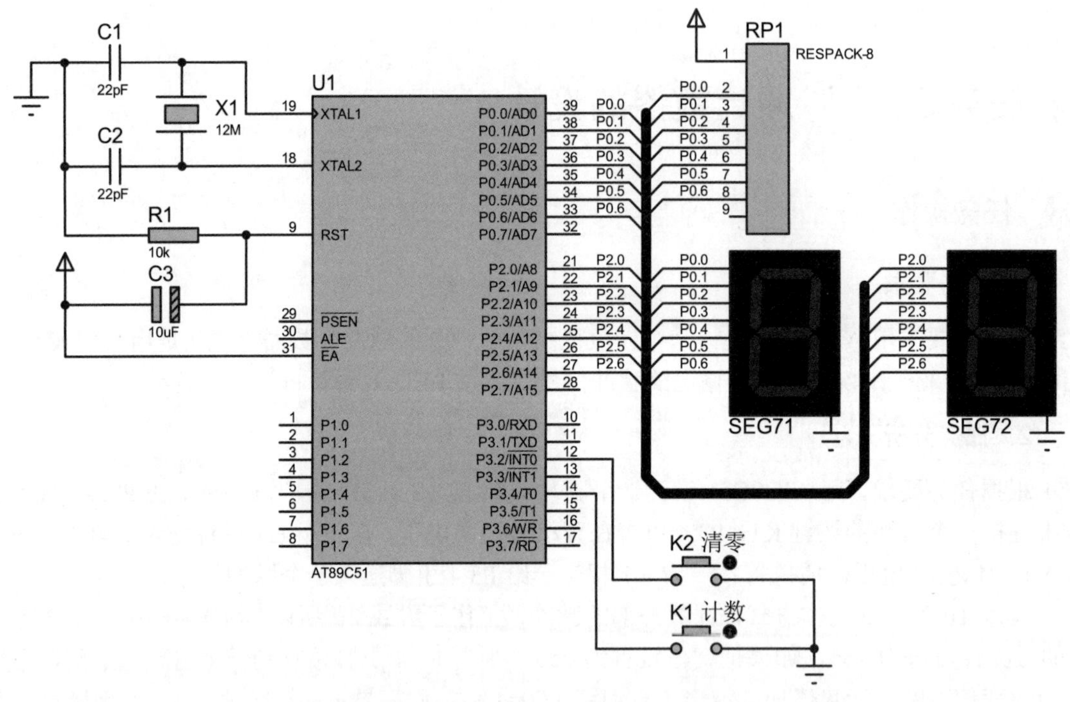

图 5.11　脉冲计数器的硬件电路原理图

（3）软件程序设计。

源程序如下。

```
//******************************************************************************
//宏定义
#include<AT89X51.h>
//共阴极 LED 数码管段码定义
unsigned char code DSY_CODE[ ]={0x3f,0x06, 0x5b, 0x4f, 0x66, 0x6d, 0x7d, 0x07, 0x7f, 0x6f, 0x00};
unsigned char count=0;
//******************************************************************************
```

```
//主程序
//*************************************************************************
void main()
{  P0=DSY_CODE[0];
   P2=DSY_CODE[0];
   TMOD=0x06;                          //设置 T0 为工作方式 2
   TH0=0xFF ;                          //置 TH0 初值
   TL0=0xFF ;                          //置 TL0 初值
   TR0=1 ;                             //启动 TL0 计数
   while (1)
    {  if(TF0==1)                      //查询 TF0 是否为 1
         {  TF0=0;                     //TF0 清零
            count = (count +1)%100;    //计数值控制在 100 以内
            P0=DSY_CODE[count /10 ] ;  //显示计数值高位
            P2=DSY_CODE[count %10 ] ;  //显示计数值低位
         }
       if(P3_2==0)                     //查询到 P3.2 引脚为低电平
         {  count = 0;                 //计数值清零
            P0=DSY_CODE[0];            //显示清零
            P2=DSY_CODE[0];            //显示清零
         }
    }
}
//*************************************************************************
```

把共阴极LED数码管的段码（0～9）放在DSY_CODE[]数组中，设置一个计数的变量count，开机时两个共阴极LED数码管都显示“0”，所以将DSY_CODE[0]送至P0口和P2口。按照任务分析的结果，给T0的TMOD赋值，然后赋初值，开启T0。在while(1)无限循环中，一直进行TF0是否为1的查询，每按下K1一次，T0中计数值加1，由于计数初值为0xFF，加1就会溢出，硬件就会自动将TF0置1，等到TF0为1时，首先将其清零，count加1，把count的十位数字从P0口输出，个位数字从P2口输出。一旦按下K2，P3.2引脚就会变为低电平，也就是P3.2=0表明要求全部清零，这时将count清零重新计数，显示也全部清零。这样程序循环实现了脉冲计数的功能。

（4）软件、硬件联合调试。

将编写好的源程序利用Keil C51软件编译成*.hex文件后下载到Proteus软件中的硬件电路原理图中的AT89C51上运行，LED数码管显示“00”，按一次K1，显示“01”，再按一次K1显示“02”，以此类推，可以显示计数值到“99”，期间任意时刻按下K2，显示清零，下次按K1从头计数。这样就设计好一个简易的脉冲计数器。

注意：在编写和分析定时/计数器的工作程序时一定要结合硬件电路，程序不是独立的，离开硬件电路无法对程序有很好的理解。

 项目拓展　STC89C52实验板分频器的设计

我们可以采用单片机的定时/计数器（查询方式）产生不同频率的方波波形。这里我们通过

在实验板上产生多路不同频率的方波来设计分频器。

实验板采用的是STC89C52，如附录B中图B.1所示。我们在P1.0～P1.7口上产生不同频率的方波，周期分别为1ms、2ms、4ms、8ms、16ms、32ms、64ms、128ms，就相当于实现不同级别的分频。

首先，我们用STC89C52的定时/计数器来设置时间，选用T0的工作方式1，第一个方波周期是1ms，方波周期的一半是500μs，单片机外围的晶振采用的是12MHz的，其机器周期是1μs，所以每轮计数500次就可以达到500μs，这样初值为(65 536−500)，高8位送至TH0，低8位送至TL0。

十进制数与二进制数的对应表如表5.5所示，我们发现随着数值的增加，最低位上“1”“0”循环出现，相当于方波的一个周期，如果出现“1”的时长为500μs，出现“0”的时长为500μs，则正好形成周期为1ms的方波。倒数第二位上“1”“1”“0”“0”循环出现，这样“1”“1”和“0”“0”出现的时长都为1ms，正好形成周期为2ms的方波，相当于将前一方波2分频。以此类推，在数值从1一直累加到255的过程中，二进制数从低位到高位正好逐位成倍地增加，这样就形成了周期分别为1ms、2ms、4ms、8ms、16ms、32ms、64ms、128ms的8路方波，也就实现了2分频、4分频、8分频、16分频、32分频、64分频、128分频、256分频。所以我们只要把0～255的数值按照500μs的时间间隔送给P1口，就可以在P1口的8根口线上输出8路不同频率的方波，这样P1口就相当于8个分频器了。

表5.5 十进制数与二进制数的对应表

十进制数	二进制数（8位）	十进制数	二进制数（8位）
1	00000001	6	00000110
2	00000010	7	00000111
3	00000011	8	00001000
4	00000100	9	00001001
5	00000101	10	00001010

分频器源程序如下。

```
//******************************************************************************
//宏定义
#include<reg52.h>
//******************************************************************************
//T0定时500μs子程序
void   Timer0()
{  TMOD = 0x01;          //使用模式1，16位定时器，
   TH0=(65536-500)/256;//赋初值，晶振频率为12MHz，机器周期为1μs，方波周期为500μs×2=1ms
   TL0=(65536-500)%256;
   TR0=1;                //开启定时器
   while(1)
     { if(TF0==1)
          { TF0=0;
            return;
          }
     }
```

```
}
//*************************************************************************
//主程序
main()
{   static unsigned char i;          // i 的范围为 0～255
    while(1)
      {  i++;
         P1=i;                       //P1 口 8 路输出不同频率，相当于一个分频器，用示波器测量，
                                     //P1.0 输出 1ms 方波，P1.1 输出 2ms，P1.2 输出 4ms，以此类推
         Timer0();
      }
}
//*************************************************************************
```

将以上源程序利用 Keil C51 软件编译成*.hex 文件后下载到实验板上的 STC89C52 中，用示波器检测 P1.0～P1.7 口，能分别检测到周期为 1ms、2ms、4ms、8ms、16ms、32ms、64ms、128ms 的 8 路方波。这里实现的是周期为 1ms 的 2 分频、4 分频、8 分频、16 分频、32 分频、64 分频和 128 分频、256 分频。只要改变程序中 Timer0()的延时时间，就可以实现任何频率的分频。

项目小结

本项目主要介绍了 MCS-51 系列单片机的定时/计数器的组成和工作原理。定时/计数器的逻辑结构包括 T0、T1、TMOD 和 TCON 四大部分。定时/计数器在定时工作方式下对单片机的内部机器周期进行计数，在计数工作方式下对由 P3.4（T0）引脚或 P3.5（T1）引脚输入的脉冲进行计数，所以定时/计数器实质上就是一个加 1 计数器。

定时/计数器有 4 种工作方式。定时/计数器在工作于方式 0 时是一个 13 位的定时/计数器，由 TH0（TH1）的 8 位和 TL0（TL1）的低 5 位组成，TL0（TL1）的高 3 位未用，最大计数值为 2^{13}；工作于方式 1 时是一个 16 位的定时/计数器，由 TH0（TH1）的 8 位作为高 8 位、TL0（TL1）的 8 位作为低 8 位，最大计数值为 2^{16}；工作于方式 2 时是自动重装计数初值的 8 位定时/计数器，TH0（TH1）寄存 8 位计数初值并保持不变，由 TL0（TL1）进行加 1 计数，最大计数值为 2^{8}；工作于方式 3 时 T0 被拆成两个独立的 8 位定时/计数器 TL0 和 TH0，TL0 用 T0 的控制位、引脚和中断源控制，TH0 只可以用作定时器，它占用 TR1 和 TF1，所以只有 T0 可以工作方式 3，此时 T1 仍可设置为工作方式 0、工作方式 1 或工作方式 2。

在使用单片机的定时/计数器时首先要对其进行初始化，初始化的步骤如下。

（1）确定工作方式——对 TMOD 赋值。

（2）预置定时或计数初值——直接将初值写入 TH0、TL0 或 TH1、TL1。

（3）根据需要开启定时/计数器中断——直接对 IE 寄存器赋值。

（4）启动定时/计数器——将 TR0 或 TR1 置 1。

知识思考与项目训练

（一）选择题

1．MCS-51 系列单片机内部有 2 个__________可编程定时/计数器。

A）4 位　　B）8 位　　C）16 位　　D）32 位

2．当 M1M0 为__________时，定时/计数器工作于方式 0，此时，它是一个 13 位的定时/计数器。

A）00　　B）01　　C）10　　D）11

3．__________可位寻址。

A）TCON　　B）TMOD　　C）TL0　　D）TH0

4．T1 的溢出标志位是__________。

A）TR0　　B）TR1　　C）TF0　　D）TF1

5．定时与计数功能选择由 TMOD 中的__________位控制。

A）M0　　B）M1　　C）$C/\overline{T}$　　D）GATE

6．设置 T0 为工作方式 2，计数功能，GATE=0；T1 为工作方式 1，定时功能，GATE=0。则 TMOD=__________。

A）0x52　　B）0x25　　C）0x16　　D）0x61

（二）填空题

1. MCS-51 系列单片机片内有__________个定时/计数器，它们由__________、__________、__________、__________组成。

2．当 T0 工作于方式 1 时，由__________和__________构成 1 个__________位的定时/计数器。

3．定时/计数器的工作方式 2 与工作方式 0、工作方式 1 的不同之处：计数器是__________位的，还具有__________。

4．定时/计数器的工作方式 0 的最大计数值是__________，工作方式 1 的最大计数值是__________，工作方式 2 的最大计数值是__________。

5．当定时/计数器工作于方式 1 时，晶振频率为 6 MHz，最短定时时间为__________，最长定时时间为__________。

6．工作方式 3 只适用于 T0，这时 T0 被分解成两个独立的 8 位定时/计数器__________和__________，T1 工作于方式 3 时__________。

（三）简答题

1．MCS-51 系列单片机的定时/计数器的定时功能和计数功能有什么不同？分别应用于什么场合？

2．MCS-51 系列单片机的定时/计数器在用作定时器和计数器时，其计数脉冲分别由谁提供？

3．简述 MCS-51 系列单片机定时/计数器的 4 种工作方式的特点，以及如何选择和设定这

4 种工作方式。

4. MCS-51系列单片机的定时/计数器在用作定时器时，其定时时间与哪些因素有关？在用作计数器时，对外界计数频率有何限制？

5. 如何使用一个定时器通过软件和硬件结合的方法实现较长时间的定时？

（四）项目训练

1. 若 AT89C51 单片机的时钟频率为 12MHz，要求 T1 产生 40ms 的定时，试对 T1 进行初始化编程。

2. 编写用 T1 工作方式 1 采用查询方式实现延时时间为 1 s 的延时子程序。

3. 已知单片机系统晶振频率为 6MHz，试编写程序，用 T1 工作方式 1，使 P1.0 口输出如图 5.12 所示的周期为 0.1s 的波形。

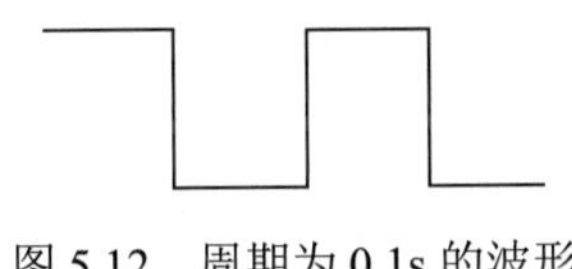

图 5.12　周期为 0.1s 的波形

项目 6 交通信号灯的设计

✧ 学习目标

- ➢ 了解 7 段 LED 数码管的内部结构和工作原理。
- ➢ 了解行业标准中电子元器件的规范。
- ➢ 了解 LED 数码管的静态显示和动态显示原理。
- ➢ 掌握 LED 数码管静态显示和动态显示的硬件电路和软件程序的设计方法。
- ➢ 掌握 MCS-51 系列单片机中断系统的结构、工作原理和初始化方法。
- ➢ 掌握交通信号灯控制系统的设计方法。
- ➢ 能独立分析和解决硬件设计和软件设计中的问题。
- ➢ 掌握完成工作项目的完整步骤和具体实施方法。
- ➢ 能利用团队的力量完成任务，培养团队合作精神。

✧ 工作任务

- ➢ 叙述 LED 数码管静态显示和动态显示原理。
- ➢ 叙述 MCS-51 系列单片机外部中断的工作原理。
- ➢ 设计 LED 数码管静态显示的硬件电路和控制软件。
- ➢ 设计 LED 数码管动态显示的硬件电路和控制软件。
- ➢ 设计交通信号灯控制系统的硬件电路和控制软件。

项目引入

在日常生活中我们会接触到许许多多的数码显示，如家中的 DVD 播放机、机顶盒频道的显示，空调、洗衣机、热水器温度和功能的显示，电梯楼层的显示，十字路口的交通信号灯时间的显示等，这些显示都是通过 LED 数码管或者 LCD 来实现的。LED 数码管的显示是由单片机来控制的。

本项目我们就来学习怎样利用单片机控制 LED 数码管显示数字或简单的字符，以及怎样运用单片机的中断系统来控制交通信号灯。交通信号灯在马路上随处可见，主要用于指导十字路口的车辆及行人的通过，以避免交通事故的发生，它需要定时指示红绿灯和显示倒计时的时间，是一个比较综合的应用设计。

本项目包含三个任务：LED 数码管显示数字的设计；中断控制流水灯的设计；中断控制交通信号灯的设计。

任务 6.1 LED 数码管显示数字的设计

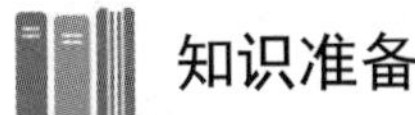

知识准备

6.1.1 单个 LED 数码管静态显示数字

6.1.1.1 LED 数码管的内部结构与显示原理

在单片机系统中，显示器是常用的输出装置，主要用来显示系统的输出数据与工作状态。常用的显示器有 LED 数码管、LCD、辉光数码管、荧光数码管等。辉光数码管因为体积大，工作电压高（180V），且不能和集成电路匹配，已被其他数码器件替代，目前，只有在老式数字测量仪表中可见到它。荧光数码管虽然体积小、亮度高、响应速度快，也可以和集成电路匹配，但是它的工作电压仍需要 20V，现在也很少使用。

LED 数码管和 LCD 都有两种显示结构：点阵显示结构和段显示结构。点阵显示器按照点阵规模不同可分为 5×7 点阵显示器、5×8 点阵显示器、8×8 点阵显示器等。段显示器按照段数不同可分为 7 段显示器和“米”字形显示器等。

为了能以十进制数直观地显示单片机系统的测量与处理结果，目前广泛使用 7 段显示器，其由 7 段可发光的线段拼合而成，以不同组合来显示数字和符号，又称 7 段数码管。7 段数码管由 8 个 LED 构成，通过不同的组合可显示数字 0～9，字符 A～F、H、L、P、R、U、Y，符号“–”，以及小数点“.”。常见的 7 段显示器有 LED 数码管和 LCD 两种。

LED 数码管的引脚图如图 6.1（a）所示，它内部由 8 个 LED 组成，其中 7 个 LED（a～g）作为 7 段笔画组成“8”字结构（故也称 7 段 LED 数码管），剩下的 1 个 LED（h 或 dp）用于构成小数点，所有 LED 已在内部完成连接，根据接法不同可分为共阴极 LED 数码管和共阳极 LED 数码管两类，分别如图 6.1（b）和图 6.1（c）所示。共阴极 LED 数码管把所有 LED 的负极（阴极）连接在一起，作为公共端 com；每个 LED 对应的正极分别作为独立引脚（称为笔段电极），其引脚名称分别为 a、b、c、d、e、f、g 及 dp（小数点）。共阳极 LED 数码管把所有 LED 的正极（阳极）连接在一起，作为公共端 com；每个 LED 对应的负极分别作为独立引脚（称为笔段电极），其引脚名称分别为 a、b、c、d、e、f、g 及 dp（小数点）。

只要按规定使某些笔段上的 LED 点亮，就能够显示出不同的字符。例如，要显示“0”，就是让 a 段亮、b 段亮、c 段亮、d 段亮、e 段亮、f 段亮、g 段不亮及 dp 段不亮（不显示小数点）。对于共阴极 LED 数码管，公共端要接地，a、b、c、d、e、f 接高电平，g 及 dp 接低电平；对于共阳极 LED 数码管，公共端要接电源，a、b、c、d、e、f 接低电平，g 及 dp 接高电平。也就是说显示同一个字符，两种接法的 LED 数码管的 7 段显示控制信息是不同的，互为反码。

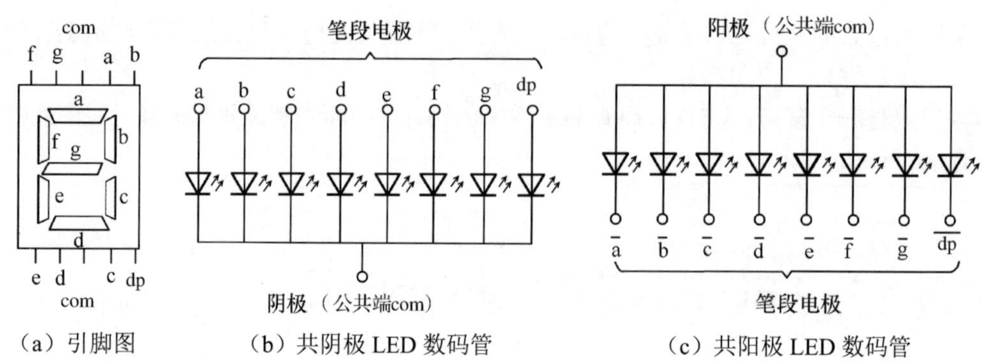

（a）引脚图　（b）共阴极 LED 数码管　（c）共阳极 LED 数码管

图 6.1　LED 数码管内部原理图

注意： 使 LED 数码管某段点亮必须具备 2 个条件：①共阴极 LED 数码管的公共端接低电平或接地，共阳极 LED 数码管的公共端接高电平或电源；②共阴极 LED 数码管的笔段电极端接高电平或电源，共阳极 LED 数码管的笔段电极端接低电平或接地。

6.1.1.2　LED 数码管的显示方式

1．段码和位码

段码是 LED 数码管显示的一个基本概念，也叫字形码或段选码，它是指为了使 LED 数码管显示一个数字或符号，在各笔段电极端所加电平按照一定顺序排列所组成的数字，其与 LED 数码管的类型和笔段的排列顺序有关。LED 数码管段码表如表 6.1 所示。由表 6.1 可看出，段码是相对的，它由各字段在字节中所处位决定。例如，按格式“dp g f e d c b a”形成的显示字符“1”的段码为 06H（共阴极）或 F9H（共阳极）；按格式“a b c d e f g dp”形成的显示字符“1”的段码为 60H（共阴极）或 9FH（共阳极）。

表 6.1　LED 数码管段码表

显示字符	字形	共阳极									共阴极								
		dp	g	f	e	d	c	b	a	段码	dp	g	f	e	d	c	b	a	段码
0	0	1	1	0	0	0	0	0	0	C0H	0	0	1	1	1	1	1	1	3FH
1	1	1	1	1	1	1	0	0	1	F9H	0	0	0	0	0	1	1	0	06H
2	2	1	0	1	0	0	1	0	0	A4H	0	1	0	1	1	0	1	1	5BH
3	3	1	0	1	1	0	0	0	0	B0H	0	1	0	0	1	1	1	1	4FH
4	4	1	0	0	1	1	0	0	1	99H	0	1	1	0	0	1	1	0	66H
5	5	1	0	0	1	0	0	1	0	92H	0	1	1	0	1	1	0	1	6DH
6	6	1	0	0	0	0	0	1	0	82H	0	1	1	1	1	1	0	1	7DH
7	7	1	1	1	1	1	0	0	0	F8H	0	0	0	0	0	1	1	1	07H
8	8	1	0	0	0	0	0	0	0	80H	0	1	1	1	1	1	1	1	7FH
9	9	1	0	0	1	0	0	0	0	90H	0	1	1	1	1	1	1	1	6FH
A	A	1	0	0	0	1	0	0	0	88H	0	1	1	0	0	1	1	1	77H
B	B	1	0	0	0	0	0	1	1	83H	0	1	1	1	1	1	0	0	7CH
C	C	1	1	0	0	0	1	1	0	C6H	0	0	1	1	1	0	0	1	39H
D	D	1	0	1	0	0	0	0	1	A1H	0	1	0	1	1	1	1	0	5EH
E	E	1	0	0	0	0	1	1	0	86H	0	1	1	1	1	0	0	1	79H

续表

显示字符	字形	共阳极									共阴极								
		dp	g	f	e	d	c	b	a	段码	dp	g	f	e	d	c	b	a	段码
F	F	1	0	0	0	1	1	1	0	8EH	0	1	1	1	0	0	0	1	71H
H	H	1	0	0	0	1	0	0	1	89H	0	1	1	1	0	1	1	0	76H
L	L	1	1	0	0	0	1	1	1	C7H	0	0	1	1	1	0	0	0	38H
P	P	1	0	0	0	1	1	0	0	8CH	0	1	1	1	0	0	1	1	73H
R	R	1	1	0	0	1	1	1	0	CEH	0	0	1	1	0	0	0	1	31H
U	U	1	1	0	0	0	0	0	1	C1H	0	0	1	1	1	1	1	0	3EH
Y	Y	1	0	0	1	0	0	0	1	91H	0	1	1	0	1	1	1	0	6EH
–	–	1	0	1	1	1	1	1	1	BFH	0	1	0	0	0	0	0	0	40H
.	.	0	1	1	1	1	1	1	1	7FH	1	0	0	0	0	0	0	0	80H
熄灭	灭	1	1	1	1	1	1	1	1	FFH	0	0	0	0	0	0	0	0	00H

位码也叫位选码，通过 LED 数码管的公共端选中某一位 LED 数码管。通常我们把 LED 数码管的公共端叫作“位选线”，把笔段电极端叫作“段选线”，单片机输出“段码”控制段选线，输出“位码”控制位选线，就可以控制 LED 数码管显示任意字。

假设某一单片机应用系统外接了 8 个共阳极 LED 数码管，所有 LED 数码管的 8 个笔段 a,b,c,d,e,f,g,dp 的同名端已连在一起，单片机 I/O 口与 LED 数码管的引脚的对应控制关系表如表 6.2 所示。

表 6.2　单片机 I/O 口与 LED 数码管的引脚的对应控制关系表

单片机 I/O 口	P0.0	P0.1	P0.2	P0.3	P0.4	P0.5	P0.6	P0.7
LED 数码管的引脚	a	b	c	d	e	f	g	dp
单片机 I/O 口	P2.0	P2.1	P2.2	P2.3	P2.4	P2.5	P2.6	P2.7
LED 数码管的引脚	第一个 LED 数码管 com	第二个 LED 数码管 com	第三个 LED 数码管 com	第四个 LED 数码管 com	第五个 LED 数码管 com	第六个 LED 数码管 com	第七个 LED 数码管 com	第八个 LED 数码管 com

当 P0 口输出低电平时，其对应控制的 LED 数码管的笔段就点亮，否则熄灭。当 P2 口输出高电平时，其对应控制的 LED 数码管被选中，否则未被选中。如果想在第二个 LED 数码管上显示“6”，那么单片机输出的段码应为“10000010”，位码应为“00000010”。

任务操作

应用实例 1：根据表 6.2，试确定数字 0～9 的段码并将其填入表 6.3，确定每个 LED 数码管的位码并将其填入表 6.4。如果想在第四个 LED 数码管上显示“4”，试问单片机输出的段码和位码应该是多少？

表 6.3　显示数字与段码对应表

显示数字	0	1	2	3	4	5	6	7	8	9
段码										

表 6.4　LED 数码管与位码对应表

LED 数码管	第一个	第二个	第三个	第四个	第五个	第六个	第七个	第八个
位码								

2．LED 数码管的静态显示方式

单片机驱动 LED 数码管的方法有很多种，按显示方式不同可分为静态显示和动态显示。

LED 数码管工作于静态显示方式时，各位 LED 数码管的公共端连接在一起接地（共阴极）或电源（共阳极），每位 LED 数码管的每个笔段都由一个 I/O 口单独进行驱动。之所以称为静态显示，是因为单片机将所要显示的数据送出后就不再控制 LED，直到下一次传送新的显示数据为止，在单片机两次传送数据之间，LED 数码管显示的内容静止不变，不需要动态刷新。

4 位静态显示电路如图 6.2 所示。4 位 LED 数码管的位选线（公共端）共同连接到+5V 电源或地（GND），每位 LED 数码管的 8 根段选线分别连接一个 8 位并行 I/O 口。因为 4 位 LED 数码管由不同的口线控制，所以可显示不同的字符，而且只要保持段选线上的电平不变，LED 数码管就能保持显示相同的字符。

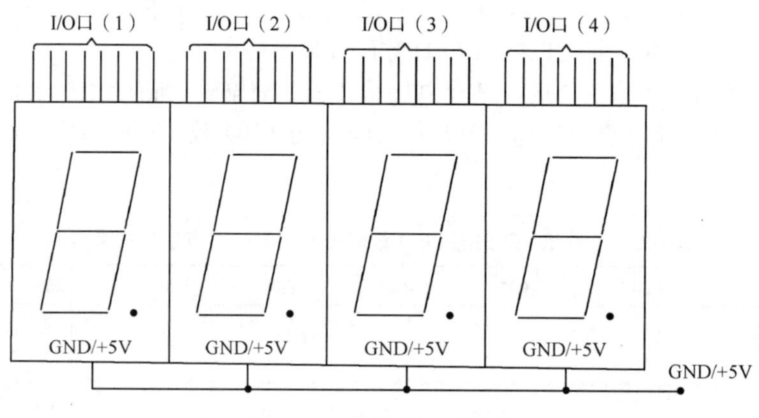

图 6.2　4 位静态显示电路

静态显示方式的优点是编程简单，显示亮度高；缺点是占用的 I/O 口资源较多。例如，若用单片机的 I/O 口驱动一个 4 位 LED 数码管，则需要占用 4×8＝32 个 I/O 口，要知道一个 MCS-51 系列单片机一共才有 32 个 I/O 口。如果显示位数过多，就不适合使用静态显示方式。

注意：*静态显示方式适用于驱动电路具有锁存功能和显示位数较少的场合。*

6.1.1.3　单个 LED 数码管静态显示数字的设计

任务准备

（1）LED 数码管的分类。

LED 数码管按发光颜色不同可分为红色 LED 数码管、橙色 LED 数码管、黄色 LED 数码管和绿色 LED 数码管等。LED 数码管的发光颜色与 LED 的半导体材料及其中所掺杂质有关。

LED 数码管按发光强度不同可分为普通亮度 LED 数码管和高亮度 LED 数码管。

LED 数码管按显示位数不同可分为 1 位 LED 数码管、2 位 LED 数码管和多位 LED 数码管，如图 6.3 所示。双位及多位 LED 数码管将同名笔段连在一起用一个引脚引出，位选线（各位 LED 数码管的公共端 com）单独引出。

图 6.3 不同显示位数的 LED 数码管实物图

（2）LED 数码管的驱动问题。

LED 的工作电压与发光颜色有关。普通 LED 的正偏压降：红色 LED 的为 1.6V，黄色 LED 的为 1.4V 左右，蓝白 LED 的至少为 2.5V。LED 的工作电流为 5～20mA，而 LED 数码管的笔段是由 LED 构成的，所以每个笔段的工作电流也必然为 5～20mA。若电流过小，则 LED 数码管亮度低；若电流过大，则 LED 数码管很容易损坏。

我们可以采用直接驱动、并行驱动、串行驱动等多种方法驱动 LED 数码管，如果采用直接驱动方法，就要考虑所选用的单片机的 I/O 口的驱动能力和高、低电平的驱动能力。

注意： 在使用 LED 数码管时一定要串接限流电阻，以限制流过每个笔段的电流，使其不大于额定值。

任务操作

1. 任务要求

采用 LED 数码管的静态显示方式，实现在 1 位 LED 数码管上显示数字，具体要求如下。

① 在 LED 数码管上循环显示数字 0—1—2—3—4—5—6—7—8—9。

② 数字显示时间间隔为 1s。

③ 利用查表法实现数字到段码的转换。

2. 任务分析

（1）从单片机的 4 个并行 I/O 口中选用 P1 口，将其与 LED 数码管的段选线相连，用其输出的段码控制 LED 数码管各笔段的点亮与熄灭，从而显示不同的字形。为了能使各笔段正常发光，电路中须串联限流电阻 R1～R8，限流电阻的阻值可用下式计算：

$$R = \frac{\mathrm{VCC} - U_{\mathrm{F}}}{I_{\mathrm{F}}} = \frac{5-1.6}{0.01} = 340\Omega$$

式中，U_{F} 表示笔段正向压降；I_{F} 表示笔段工作电流。

在本项目的电路中，R 取 330Ω。

（2）利用查表法完成显示数字到段码的转换。事先把数字 0～9 的共阳极段码放在 ROM 中，实现方法如下：

```
unsigned char code table[]={ 0xc0,0xf9,0xa4,0xb0,0x99,0x92,0x82,0xf8,0x80,0x90};
```

其中，table 是用户自行定义的数组名字；关键字 code 使数组元素存储在 ROM 中。

当要显示某个数字时，只要从 ROM 中取出其段码，通过 P1 口送给 LED 数码管即可。例如，要显示“5”，数组元素 table[5]的内容就是“5”的段码，执行 C 语言语句“P1=table[5];”，就可在 LED 数码管上显示“5”。

3．任务设计

（1）元器件的选择。

根据任务要求，用 AT89C51 控制 1 个共阳极 LED 数码管，所要用到的元器件清单如表 6.5 所示。

表 6.5　单个 LED 数码管静态显示数字设计的元器件清单

元器件名称	数量/个	元器件名称	数量/个
AT89C51	1	1kΩ 电阻	1
12MHz 晶振	1	330Ω 电阻	8
22pF 瓷片电容	2	共阳极 LED 数码管（红色）	1
22μF 电解电容	1		

（2）硬件电路设计。

根据 AT89C51 和 LED 数码管的连接方式，在 Proteus 软件中设计硬件电路，电路原理图如图 6.4 所示。

（3）软件程序设计。

任务要求在 LED 数码管上循环显示数字 0～9，因为要显示的数字是呈递增关系的，因此在程序设计中采用了循环结构，通过控制循环变量 i 改变显示数字和控制数字的循环。数字到段码的转换是通过查表法实现的。主程序流程图如图 6.5 所示。

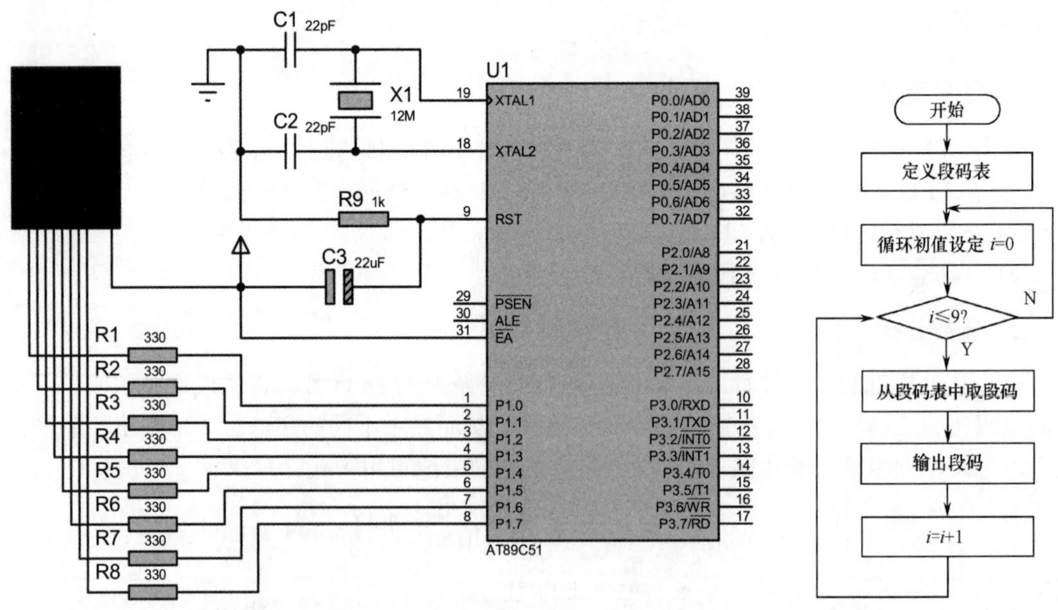

图 6.4　单个 LED 数码管静态显示数字的硬件电路原理图

图 6.5　主程序流程图

源程序如下。

```
//****************************************************************************
//宏定义
#include<reg51.h>
#define uchar unsigned char
```

```
#define uint unsigned int
//定义共阳极 LED 数码管的段码表
unsigned char code   table[]={0xc0,0xf9,0xa4,0xb0, 0x99,0x92,0x82,0xf8,0x80,0x90};
//*************************************************************************
//延时子程序
void DelayMS(uint x)
{  uchar i;
   while(x--)
       for(i=0; i<120; i++);
}
//*************************************************************************
//主程序，循环显示数字 0～9
void   main()
{    uchar i;
     while(1)
       {    for(i=0;i<=9;i++)
               { P1=table[i];                //从段码表中取段码并通过 P1 口输出
                 DelayMS (1000);             //调用延时子程序，延时 1s
               }
       }
}
//*************************************************************************
```

在数组 table 中列出了共阳极 LED 数码管显示 0～9 数字的段码，只要按照 1s 的时间间隔将数组中 0～9 的段码值送至 P1 口，就可以在 LED 数码管上看见相应的数字显示。

（4）软件、硬件联合调试。

虽然说单片机系统的硬件调试和软件调试是不能分开的，而且许多硬件错误是在软件调试中被发现和纠正的。但通常要先排除明显的硬件故障，再将硬件和软件结合起来调试以进一步排除故障。为了测试硬件电路设计是否存在问题，我们可以通过运行一个小程序来进行排查。

因为要测试 LED 数码管的硬件电路，所以只要通过 P1 口输出一个段码，LED 数码管上就显示出对应的数字，就可以说硬件电路设计是可行的，否则就要进行进一步的排查。测试程序如下。

```
//*************************************************************************
#include <reg51.h>
void main()                                  //刷新显示缓冲区内容
{    while(1)
      {   P1=0xc0;                           //LED 数码管上显示数字“0”
      }
}
//*************************************************************************
```

在硬件电路通过上述测试后，将*.hex 文件下载到单片机中进行仿真，观察 LED 数码管能否正常显示。如果不能正常显示，则问题出在程序中的可能性大一些，因为前面已经对硬件电路进行过测试了。这时应该回到 Keil C51 软件中，用单步运行的方法排错，然后用 Proteus 软件进行仿真，直到可正常运行为止。

6.1.2 8位LED数码管动态显示数字

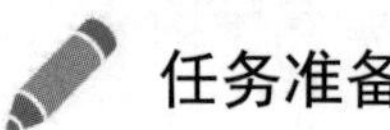

任务准备

当LED数码管的显示位数较多时，为了简化电路，人们通常会将所有LED数码管的同名笔段并联在一起，由一个I/O口控制，而各位LED数码管的位选线（公共端com）各自独立地由I/O口控制。当单片机输出段码时，各位LED数码管都接收到相同的段码，但究竟哪位LED数码管会显示出字形，取决于单片机对LED数码管com端的控制，只要输出要选通的LED数码管的对应位码，该位就显示出字形，没有被选通的LED数码管就不会显示出字形。之所以称为动态显示，是因为即便LED数码管显示内容不变，其驱动信号也不能静止，需要进行不间断的动态刷新。

4位动态显示电路如图6.6所示。这个4位共阳极LED数码管的同名笔段已并联在一起，由单片机的一个8位I/O口控制。4位LED数码管的位选线占用4个I/O口。为了让4位LED数码管显示相应的字符，需要采用动态扫描方式，即在某一时刻，只让某一位LED数码管的位选线处于选通状态，其他位处于关闭状态，同时段选线上输出要显示字符的段码，这样，在这一时刻只有被选通的位显示相应字符，其他位则不显示。同样，可以让下一位LED数码管显示相应字符，其他位不显示，如此循环下去，就可实现在4位LED数码管上显示不同的字符。虽然LED数码管不是同时点亮的，但是只要每位LED数码管显示的时间间隔足够短，由于人眼的视觉暂留现象（也称LED的余晖效应），便可产生多位LED数码管同时点亮的效果。动态显示方式的优点是能够节省大量的I/O口，而且功耗较低；缺点是编程比较复杂，显示亮度较静态显示方式的低。动态显示方式一般适用于显示位数较多的场合。

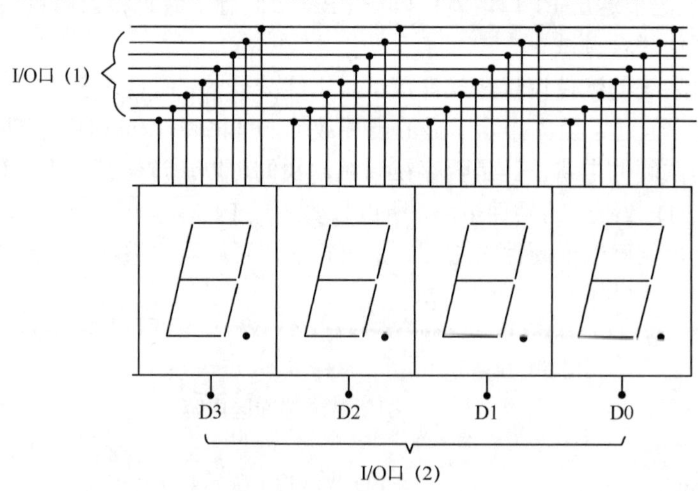

图6.6　4位动态显示电路

注意：动态显示方式以每秒刷新25次左右为好。每次刷新，每位LED数码管的点亮时间为1～2ms，具体时间应根据实际情况而定。

任务操作

1．任务要求

采用动态显示方式，用 AT89C51 控制 1 个 8 位共阳极 LED 数码管，要求同时显示数字“01234567”。

2．任务分析

（1）共阳极 LED 数码管段码表的定义方法如下。

unsigned char code table1[]={0xC0, 0xF9, 0xA4, 0xB0, 0x99, 0x92, 0x82, 0xF8, 0x80, 0x90};

（2）共阳极 LED 数码管位码表的定义方法如下。

unsigned char code table2[]={0x01,0x02,0x04,0x08,0x10,0x20,0x40,0x80};

由于采用共阳极 LED 数码管，高电平点亮位，低电平熄灭位，所以位码值如上。

在动态扫描过程中，需要分时点亮各位 LED 数码管，本设计通过查表的方法，分时从存储器中取出并送出位码，使 LED 数码管的位选线分时高电平有效，从而实现动态显示效果。若想在某位 LED 数码管上显示字符，其他位熄灭，只要从存储器中取出这位 LED 数码管的位码，并将其送到 LED 数码管的位选线上即可。例如，数组元素 table2[0]的内容是第一位 LED 数码管的位码，执行 C 语言语句“P2=table2[0];”之后，第一位 LED 数码管上显示相应字符，而其他位 LED 数码管是熄灭的。

3．任务设计

（1）元器件的选择。

根据任务要求，需要选用 1 个 8 位共阳极 LED 数码管，采用 12MHz 晶振，LED 数码管的位选线都用三极管驱动，所需要的元器件清单如表 6.6 所示。

表 6.6　8 位 LED 数码管动态显示数字设计的元器件清单

元器件名称	数量/个	元器件名称	数量/个
AT89C51	1	10kΩ 电阻	1
12MHz 晶振	1	220Ω×8 排阻	1
22pF 瓷片电容	2	NPN 型三极管	8
10μF 电解电容	1	8 位共阳极 LED 数码管	1

（2）硬件电路设计。

根据任务要求，用 Proteus 软件设计硬件电路，电路原理图如图 6.7 所示。LED 数码管的段码由 P0 口控制，我们在此用一个 220Ω×8 的排阻连接段选线，这是实际电路连接数据线常采用的方法，以便于检查电路。LED 数码管的位码由 P2 口控制，由于动态显示的亮度较弱，我们在实际电路中常常在位选线上加入三极管驱动电路，这里我们采用 NPN 型三极管，由于放大驱动电路是正向导通的，且共阳极 LED 数码管的位选线高电平有效，所以 P2 口要输出高电平点亮相应位。

（3）软件程序设计。

任务要求在视觉效果上各位 LED 数码管同时显示数字，这就需要轮流向各位 LED 数码管送出段码和位码，利用 LED 的余晖效应，使人感觉好像各位 LED 数码管同时被点亮，这就是所谓的动态显示，整个过程是由程序控制的。主程序流程图如图 6.8 所示。

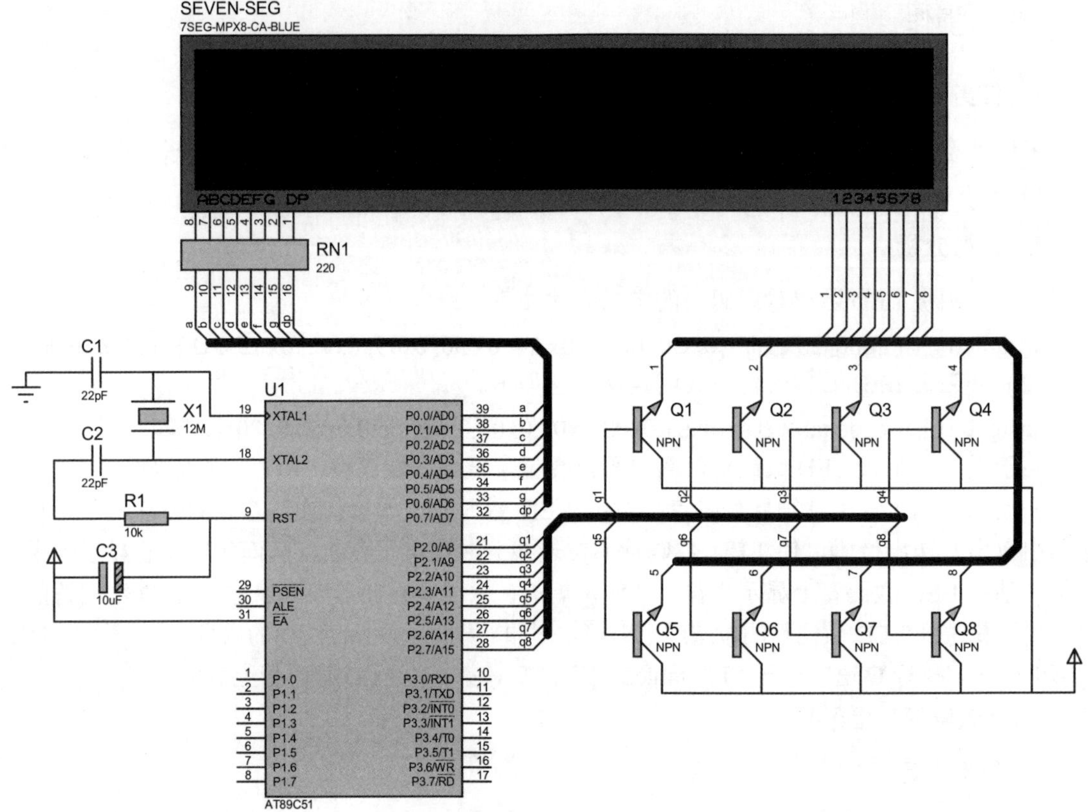

图 6.7　8 位 LED 数码管动态显示数字的硬件电路原理图

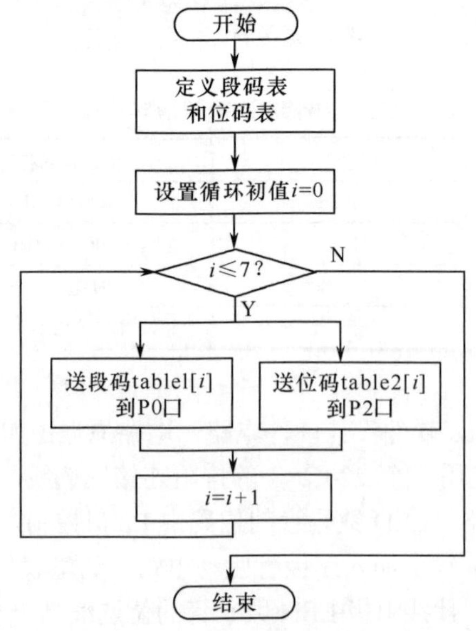

图 6.8　主程序流程图

C 语言源程序如下。

```
//*************************************************************************
//宏定义
#include<reg51.h>
```

```
#define uchar unsigned char
#define uint unsigned int
//****************************************************************************
//定义段码表
uchar code table1[]={0xC0, 0xF9, 0xA4, 0xB0, 0x99, 0x92, 0x82, 0xF8, 0x80, 0x90};
//定义位码表
uchar code table2[]={0x01, 0x02, 0x04, 0x08, 0x10, 0x20, 0x40, 0x80};
//****************************************************************************
//延时子程序
void DelayMS(uint x)
{   uchar i;
    while(x--)
       for(i=0; i<120; i++);
}
//****************************************************************************
//主程序
void    main()
{   uchar   k;
    P0=0xFF;                              //关显示
    P2=0x00;                              //关显示
    while(1)
        {     for(k=0;k<=7;k++)
                 {    P0= table1[k];       //发送段码
                      P2= table2[k];       //发送位码
                      DelayMS(2);
                      P0=0xFF;             //关显示
                 }
        }
}
//****************************************************************************
```

我们发现，在 LED 数码管动态显示字符时，只要将段码表和位码表定义好，在程序中实现显示就非常简单，只要将对应的段码和位码送至控制端口即可。每位 LED 数码管的显示时间只要为几毫秒，我们看到的就是同时显示的效果。大家可以把程序中的延时时间加长，如几十毫秒，我们将看到各位 LED 数码管会轮流显示字符。

（4）软件、硬件联合调试。

先测试一下 LED 数码管硬件电路能否正常工作。在单片机上运行一个小程序，使 LED 数码管所有位显示“8”，测试程序如下。

```
//****************************************************************************
#include <reg51.h>
void main()
{ while(1)
        {    P0=0x80;                      //送出段码
             P2=0xFF;                      //送出位码
        }
```

```
}
//****************************************************************************
```

在硬件电路通过了上述测试后，就可以将*.hex 文件下载到单片机中进行仿真，观察电路反应。如果 LED 数码管没有显示或显示乱码，则问题出在程序中的可能性大一些，因为前面已经对硬件电路进行过测试了。这时应该回到 Keil C51 软件中，用单步运行的方法排错，然后用 Proteus 软件进行仿真，直到可正常运行为止。

在动态显示电路调试过程中，可能出现的问题如下。

① 程序定义的控制端口线与 Proteus 仿真图中的不一致，LED 数码管不显示。

② 段码和位码送出之后，忘了关闭 LED 数码管，出现乱码。

③ 段码表有错误，出现乱码。

④ 程序中定义的位码表和 Proteus 仿真图中的实际连线不对应，出现显示数据错位等。

注意：LED 数码管在动态显示时每位显示之间一定要关显示，起到消隐的作用，否则多位数码管的动态显示不能实现。

任务 6.2 中断控制流水灯的设计

知识准备

6.2.1 MCS-51 系列单片机的中断系统

6.2.1.1 中断的概念

1. 中断的定义

所谓中断，是指单片机在执行程序的过程中，由于某个外部或内部事件的作用（如外设请求向单片机传送数据或单片机在执行程序的过程中出现了异常），单片机停止执行当前正在执行的程序而转去为该事件服务，待该事件处理完后，又能自动返回被中断了的程序处继续执行该程序的过程，其示意图如图 6.9 所示。

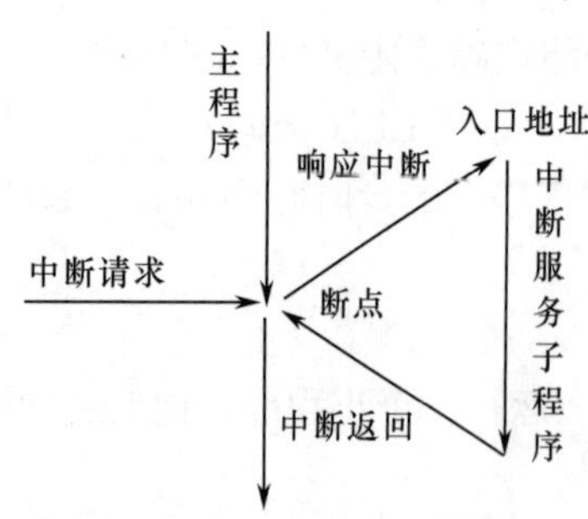

图 6.9 中断过程示意图

2. 中断的处理过程

单片机处理中断有 4 个步骤：中断请求、中断响应、中断服务和中断返回。

（1）中断请求：中断源发出中断请求信号，单片机在运行主程序的同时，不断地检测是否有中断请求信号产生，在检测到中断请求信号后，决定是否响应中断。

（2）中断响应：单片机在响应中断后，进入中断服务子程序。单片机在响应中断后，必须保存主程序断点的地址（当前 PC 值）并且要保护现场。

（3）中断服务：执行中断服务子程序。

（4）中断返回：在执行完中断服务子程序后，单片机自动返回被中断了的程序处继续执行主程序，并恢复断点、恢复现场。

相对被中断的程序来说，中断处理程序是临时嵌入的一段程序，所以一般将被中断的程序称为主程序，而将中断处理程序称为中断服务子程序（或中断子程序）。主程序被中断的地方称为断点，也就是下一条指令所在内存的地址。中断服务子程序一般存放在内存中一个固定的区域内，它的起始地址称为中断服务子程序的入口地址（也称中断向量）。

3．中断源

完成中断处理功能的部件称为中断系统；向单片机发出中断请求的部件或引起中断的原因称为中断源；中断源要求服务的请求称为中断请求。中断源可分为两大类：一类来自单片机内部，称为内部中断源；另一类来自单片机外部，称为外部中断源。

单片机的中断源通常不止一个，当有多个中断源同时向单片机发出中断请求时，单片机如何处理呢？单片机通常会将事件根据轻重缓急进行排队，优先处理最紧急事件，即事先规定中断源的中断优先级，单片机总是先响应中断优先级高的中断源的中断请求。

4．中断嵌套

当单片机正在处理某一中断请求时，发生了另一个中断优先级比它高的中断请求，单片机会暂停对原来中断请求的处理，转而去处理中断优先级更高的中断请求，处理完以后再返回处理原中断请求，这样的过程称为中断嵌套，如图 6.10 所示。

中断是单片机的重要功能。最初，中断技术被引入计算机系统，只是为了解决快速的 CPU 与慢速的外设之间传送数据的矛盾。随着计算机技术的发展，中断技术不断被赋予新的功能，如计算机故障检测与自动处理、实时信息处理、多道程序分时操作和人机交互等。采用中断技术可以大大提高单片机的工作效率、实时性和工作可靠性。

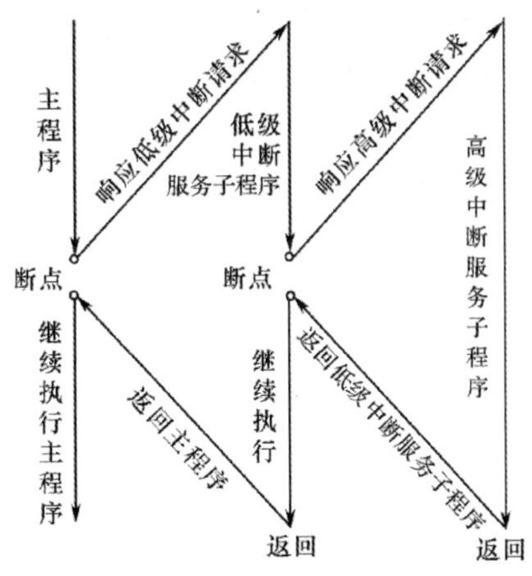

图 6.10 中断嵌套示意图

6.2.1.2 中断系统简介

1．中断系统的结构

MCS-51 系列单片机的中断系统由中断源、中断寄存器和查询硬件等组成。中断系统提供了 5 个中断源和 4 个中断寄存器。用户可以用软件控制中断的允许和屏蔽，也可设置中断优先级，中断服务还可以实现嵌套。MCS-51 系列单片机中断系统的结构示意图如图 6.11 所示。

4个中断寄存器分别为中断源寄存器 TCON 和 SCON、中断允许控制寄存器 IE（控制中断的允许和屏蔽）、中断优先级控制寄存器 IP（设置中断优先级）。中断的控制与管理就是通过以上4个中断寄存器完成的。

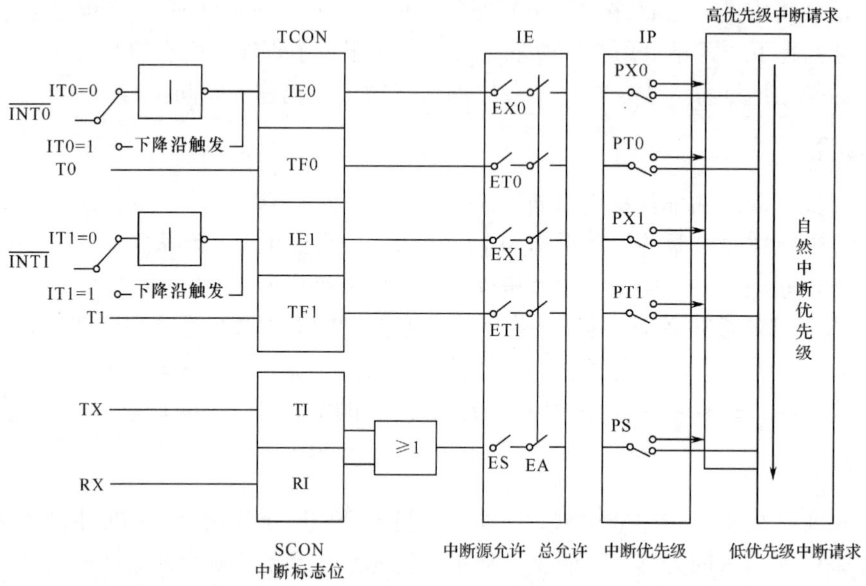

图 6.11　MCS-51 系列单片机中断系统的结构示意图

2．中断源和中断标志位

MCS-51 单片机有5个中断源：外部中断0（$\overline{\text{INT0}}$），外部中断1（$\overline{\text{INT1}}$），定时/计数器0中断（T0），定时/计数器1中断（T1）和串行口中断。各中断源有相应的中断服务子程序的入口地址。每个中断源对应一个中断标志位，当某个中断源发出中断请求时，相应的中断标志位由硬件置1，5个中断源的中断标志位在 TCON 和 SCON 中。

（1）TCON。

正如项目5介绍的，TCON 可以控制定时/计数器的启动、停止，除此之外，TCON 主要用于寄存外部中断请求标志和定时/计数器溢出标志，进行外部中断触发方式的选择。TCON 的字节地址为88H，可位寻址，其格式如图 6.12 所示。

TCON (88H)	8FH	8EH	8DH	8CH	8BH	8AH	89H	88H
	TF1	TR1	TF0	TR0	IE1	IT1	IE0	IT0

图 6.12　TCON 的格式

和中断有关的位定义如下。

TF1：T1 溢出标志位。当 T1 计数溢出时，TF1 由硬件置1，并且申请中断。进入中断服务子程序后，TF1 由硬件自动清0，在查询方式下用软件清0。

TF0：T0 溢出标志位。其功能及操作情况同 TF1。

IE1：$\overline{\text{INT1}}$请求标志位。

IT1：$\overline{\text{INT1}}$触发方式选择位。当 IT1=0 时，$\overline{\text{INT1}}$为低电平触发；当 IT1=1 时，$\overline{\text{INT1}}$为下降沿触发。

IE0：$\overline{\text{INT0}}$请求标志位。

IT0：$\overline{\text{INT0}}$触发方式选择位。当 IT0=0 时，$\overline{\text{INT0}}$为低电平触发；当 IT0=1 时，$\overline{\text{INT0}}$为下降沿触发。

（2）SCON。

SCON 主要用于寄存串行口的中断标志、控制串行通信方式的选择、接收和发送中断标志等。SCON 的字节地址为 98H，既可字节寻址，也可位寻址，其格式如图 6.13 所示。

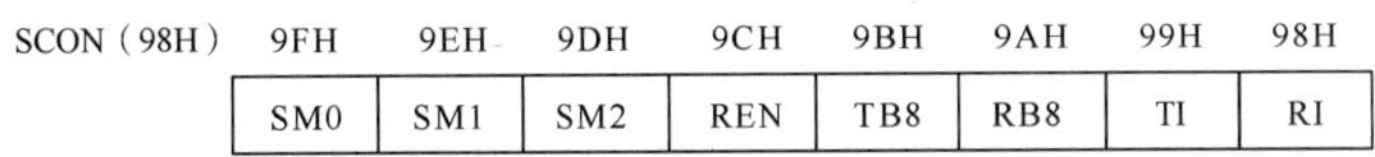

SCON（98H）	9FH	9EH	9DH	9CH	9BH	9AH	99H	98H
	SM0	SM1	SM2	REN	TB8	RB8	TI	RI

图 6.13　SCON 的格式

和中断有关的位定义如下。

TI：发送中断标志位。在工作方式 0 下，发送完 8 位数据后，TI 由硬件置位；在其他方式中，TI 在发送停止位之初由硬件置位。TI 是发送完一帧数据的标志位，可以通过指令查询是否发送结束。当 TI=1 时，可向 CPU 申请中断，在 CPU 响应中断后，必须由软件清除 TI。

RI：接收中断标志位。在工作方式 0 下，接收完 8 位数据后，RI 由硬件置位；在其他方式中，RI 在接收停止位的中间由硬件置位。同 TI 一样，RI 也可以通过指令查询是否接收完一帧数据。当 RI=1 时，也可向 CPU 申请中断，在 CPU 响应中断后，必须由软件清除 RI。

3. 中断控制

（1）中断屏蔽。

中断系统有两类中断：一类为非屏蔽中断，不能用软件的方法加以禁止；另一类为可屏蔽中断，可以通过软件的方法来控制是否允许中断，允许中断称为中断开放，不允许中断称为中断屏蔽。MCS-51 系列单片机的 5 个中断源都是可屏蔽中断，IE 用于控制 CPU 对各中断源的开放或屏蔽。IE 的字节地址为 A8H，各位的地址为 A8H～AFH ，其格式如图 6.14 所示。

IE (A8H)	D7	D6	D5	D4	D3	D2	D1	D0
	EA	×	×	ES	ET1	EX1	ET0	EX0

图 6.14　IE 的格式

IE 各位定义如下。

EA：总中断允许控制位。EA = 1，允许所有中断，各中断源的允许和屏蔽还要通过相应的中断允许位单独加以控制；EA = 0，屏蔽所有中断。

ES：串行口中断允许位。ES = 1，允许串行口中断；ES = 0，屏蔽串行口中断。

ET1：T1 中断允许位。ET1 = 1，允许 T1 中断；ET1 = 0，屏蔽 T1 中断。

EX1：$\overline{\text{INT1}}$中断允许位。EX1 = 1，允许$\overline{\text{INT1}}$中断；EX1 = 0，屏蔽$\overline{\text{INT1}}$中断。

ET0：T0 中断允许位。ET0 = 1，允许 T0 中断；ET0 = 0，屏蔽 T0 中断。

EX0：$\overline{\text{INT0}}$中断允许位。EX0 = 1，允许$\overline{\text{INT0}}$中断；EX0 = 0，屏蔽$\overline{\text{INT0}}$中断。

单片机系统复位后，IE 中各中断允许位均被清 0，即屏蔽所有中断。

（2）中断优先级。

MCS-51 系列单片机的中断优先级控制比较简单，只设置了高、低两个级别的中断优先级，各中断源的中断优先级由优先级寄存器（IP）进行控制，IP 的字节地址为 B8H，其格式如图 6.15 所示。

IP (B8H)	D7	D6	D5	D4	D3	D2	D1	D0
	×	×	×	PS	PT1	PX1	PT0	PX0

图 6.15 IP 的格式

IP 各位定义如下。

PS：串行口中断优先级控制位。

PT1：T1 中断优先级控制位。

PX1：$\overline{\text{INT1}}$ 中断优先级控制位。

PT0：T0 中断优先级控制位。

PX0：$\overline{\text{INT0}}$ 中断优先级控制位。

当某一中断优先级控制位的状态设定为 1 时，与之相对应的中断源为高优先级中断源；当某一中断优先级控制位的状态设定为 0 时，与之相对应的中断源为低优先级中断源；当单片机开机/复位时，IP 各位清 0，各中断源均为低优先级中断源。

当中断源的中断优先级设定为同一级别时，它们的优先级顺序已由硬件电路确定了，如表 6.7 所示，其中 $\overline{\text{INT0}}$ 的自然中断优先级最高，串行口的自然中断优先级最低。

表 6.7 中断源特性表

中断源（中断标志）	中断服务子程序的入口地址	中 断 编 号	自然中断优先级顺序
$\overline{\text{INT0}}$（IE0）	0003H	0	高
T0（TF0）	000BH	1	↓
$\overline{\text{INT1}}$（IE1）	0013H	2	↓
T1（TF1）	001BH	3	↓
串行口（RI 或 TI）	0023H	4	低

如果程序中没有中断优先级设置指令，则中断源按自然中断优先级进行排序。在实际应用中常把 IP 和自然中断优先级相结合，使中断的使用更加方便、灵活。

注意：CPU 响应中断的基本条件如下。

① 中断源发出中断请求。

② CPU 开放中断，即 EA=1，CPU 允许所有中断源申请中断。

③ 申请中断的中断源的中断允许位为 1，即此中断源可以向 CPU 申请中断。

4．中断函数和中断编号

中断函数的格式如下：

函数类型 函数名（形式参数列表）interrupt n [using m]

其中，interrupt 和 using 是关键字，interrupt 表示该函数是一个中断函数；m 表示使用的工作寄存器组号，一般情况下采用默认值 0；n 是中断编号，取值范围为 0～4，表示该中断函数所对应的中断源，中断源与中断编号的对应关系如表 6.7 所示。

注意：①中断函数不能进行参数传递；②中断函数没有返回值；③在任何情况下都不能直接调用中断函数。

5．外部中断源的扩展

MCS-51 系列单片机仅有两个外部中断请求输入端 $\overline{INT0}$ 和 $\overline{INT1}$。在实际应用中，可根据要求扩展外部中断源。

（1）将定时/计数器扩展为外部中断源。

MCS-51 系列单片机内部有两个定时/计数器，具有两个内中断标志和外计数引脚，它们的中断请求可作为外部中断请求。此时，可将定时/计数器设置成计数工作方式，计数初值可设为满量程值，则当它们的计数输入引脚 T0（P3.4）或 T1（P3.5）发生负跳变时，计数器将加 1 产生溢出中断。因此，可把引脚 T0 或 T1 作为外部中断请求输入引脚，把计数器的溢出中断作为外部中断请求标志。

例：将 T0 扩展为外部中断源。

解：将 T0 设定为工作方式 2（自动重装计数初值），TH0 和 TL0 的计数初值均设置为 0xFF，允许 T0 中断，CPU 开放中断。源程序如下。

```
TMOD=0x06;
TH0=0xFF;
TL0=0xFF;
TR0=1;
ET0=1;
EA=1;
```

当连接 T0（P3.4）引脚的外部中断请求输入线上发生负跳变时，TL0 加 1 溢出，TF0 置 1，向 CPU 发出中断请求，同时 TH0 的内容自动送至 TL0，使 TL0 恢复计数初值。这样，T0 引脚每输入一个负跳变，TF0 都会置 1，向 CPU 请求中断。此时，T0 相当于边沿触发的外部中断源。

同样，也可将 T1 扩展为外部中断源。

（2）中断和查询相结合。

两根外部中断输入线（$\overline{INT0}$ 和 $\overline{INT1}$）都可以通过线或的关系连接多个外部中断源。利用这两根外部中断输入线和并行输入端口线作为多个中断源的识别线，可达到扩展外部中断源的目的，其电路原理图如图 6.16 所示。

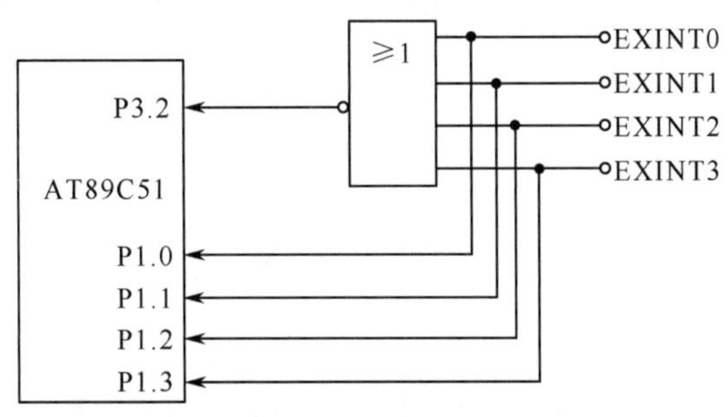

图 6.16　扩展外部中断源的电路原理图

由图 6.16 可知，4 个扩展的外部中断源通过 1 个 OC 门电路组成线或取非后再与 $\overline{INT0}$（P3.2）相连。若 4 个扩展的外部中断源 EXINT0～EXINT3 中有一个或几个出现高电平，则输出为 0，使 $\overline{INT0}$ 为低电平，从而发出中断请求。因此，这些扩展的外部中断源都采用电平触发方式（高电平有效）。CPU 在执行中断服务子程序时，先依次查询 P1 口的中断源输入状态，然后转去执行相应的中断服务子程序。4 个扩展的外部中断源的中断优先级由软件查询顺序决定，即最先查询的中断源的中断优先级最高，最后查询的中断源的中断优先级最低。

6.2.2 中断控制 LED 的点亮与熄灭

任务准备

中断控制实质上是对 4 个与中断有关的寄存器 TCON、SCON、IE 和 IP 进行管理和控制，具体实施过程如下。

（1）CPU 的开、关中断。

（2）具体中断源中断请求的允许和屏蔽。

（3）各中断源中断优先级的控制。

（4）外部中断请求触发方式的设定。

中断管理和控制程序一般都包含在主程序中，根据需要由几条指令构成。中断服务子程序是一种具有特定功能的独立程序段，可根据中断源的具体要求进行服务。

任务操作

1. 任务要求

在 AT89C51 的电路中，用 $\overline{\text{INT0}}$ 控制 LED 的点亮与熄灭。P3.2 引脚连接一个轻触按键，由按键来控制 LED 的点亮与熄灭，当按下按键时 LED 点亮，再次按下按键 LED 熄灭，如此反复。

2. 任务分析

根据任务要求，需要通过按键来触发 $\overline{\text{INT0}}$ 中断，一旦产生中断就去点亮或熄灭 LED。我们可以将轻触按键的一端接 P3.2 引脚，另一端接地。P3.2 引脚在开机时初始化为高电平 1，这样一旦按下按键就可使其接地，P3.2 引脚会由高电平 1 变为低电平 0，产生一个负跳变，触发 $\overline{\text{INT0}}$ 中断，CPU 接收到中断请求信号后去点亮或熄灭 LED。由于 $\overline{\text{INT0}}$ 设为下降沿触发，IT0 要为 1，所以 TCON 设为 0x01。

3. 任务设计

（1）元器件的选择。

根据任务要求，需要 1 个 LED，采用 12MHz 晶振，用 P0.0 口控制 LED，所需要的元器件清单如表 6.8 所示。

表 6.8 中断控制 LED 点亮与熄灭的元器件清单

元器件名称	数量/个	元器件名称	数量/个
AT89C51	1	10kΩ 电阻	1
12MHz 晶振	1	220Ω 电阻	1
22pF 瓷片电容	2	LED	1
10μF 电解电容	1	轻触按键	1

（2）硬件电路设计。

在 Proteus 软件中先将 AT89C51 的时钟电路和复位电路连接好，在 P0.0 口上连接 1 个 LED，在 P3.2（$\overline{\text{INT0}}$）引脚和地之间连接 1 个轻触按键，如图 6.17 所示。

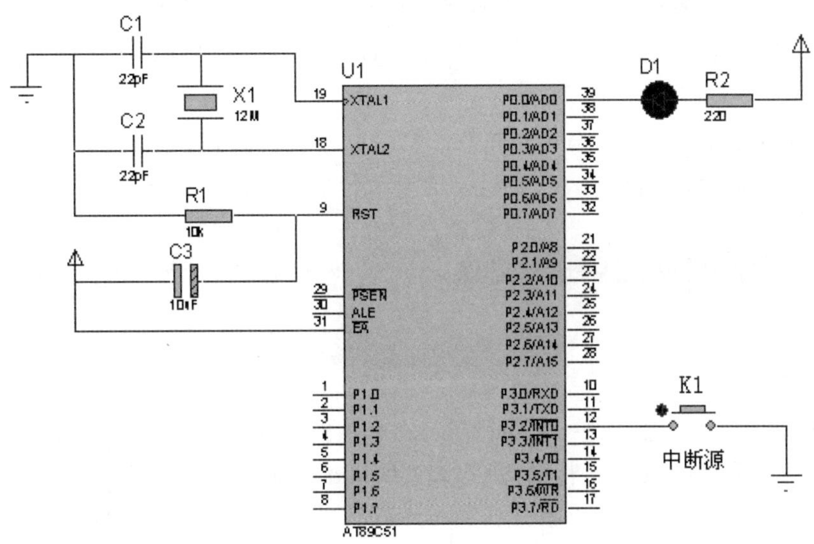

图 6.17　中断控制 LED 点亮与熄灭的硬件电路原理图

（3）软件程序设计。

源程序如下。

```
//**************************************************************************
//宏定义
#include<reg51.h>
//**************************************************************************
//定义端口
sbit LED = P0^0;
//**************************************************************************
//主程序
void main( )
{   LED = 1;
    EA = 1;              //开中断
    EX0 = 1;             //允许INT0中断，可用 IE=0x81 代替上两行
    TCON = 0x01;         //IT0 = 1
    while(1);
}
//**************************************************************************
//中断服务子程序
void External_Interrupt_0( ) interrupt 0
{     LED = ！LED;
}
//**************************************************************************
```

在主程序中只要将 EA 和 EX0 打开，并设置 $\overline{\text{INT0}}$ 的触发方式为下降沿触发，即 IT0 为 1

即可，只要将硬件电路中的 K1 按下，P3.2 引脚上有下降沿信号就会触发中断，CPU 会自动去执行中断服务子程序。

（4）软件、硬件联合调试。

将编写好的源程序利用 Keil C51 软件编译成*.hex 文件后下载到 Proteus 软件中的硬件电路中的 AT89C51 上运行，在第一次按下 K1 时 LED 点亮，在第二次按下 K1 时 LED 熄灭，如此反复。

注意： 开启的中断源一定要与中断服务子程序中的中断编号对应。在主程序中无须调用中断服务子程序，只要中断被触发，CPU 就会自动执行中断服务子程序。

6.2.3 中断控制流水灯的设计方法

任务准备

定时/计数器的核心元器件是一个可预置计数初值的加 1 计数器，加 1 计数器在预置计数初值后即可开始计数，对外部脉冲（计数方式）或机器周期（定时方式）进行计数，当加 1 计数器变为全 1 时，再输入一个脉冲就会使加 1 计数器回零，且由硬件自动将 TF0（或 TF1）置 1，表示定时时间或计数值已到，并向 CPU 发出中断请求。在中断允许的情况下，CPU 响应中断进入中断服务子程序，之后由硬件自动将 TF0（或 TF1）清 0。至此，完成了中断方式定时或计数。当定时/计数器工作于计数方式时，计数值等于 2*n*−预置初值，其中 *n* 为计数器的长度；当定时/计数器工作于定时方式时，定时时间等于计数值×机器周期。如果需要循环定时且定时时间固定不变，则要在中断服务子程序中给定时/计数器重新装入原计数初值（定时/计数器工作于方式 2 的情况除外）。

在实际生产生活中，定时的时间往往是秒级、分钟级、小时级，或者更长，而 MCS-51 系列单片机的定时/计数器最长定时时间仅为 65ms 左右（系统时钟频率为 12MHz），为了解决这个问题，一般采用“软件法”，在程序中可以加入一个变量用于计数，累计中断次数来延长定时时间。假如要定时 0.5s，可先定时 50ms，在定时/计数器产生溢出时并不去执行我们要做的动作，而是给变量加 1，这样反复定时，当变量值为 10 时，也就是当定时/计数器溢出 10 次时，才执行我们要做的动作，50ms×10=500ms，即 0.5s。那么定时 2s、10s 或更长，只需要更改反复溢出的次数。尽管采用这种方法实现的定时精度没有采用硬件方式实现的定时精度高，但因为简单且不增加成本，所以非常适合用于对精度要求较低的场合。

任务操作

1. 任务要求

用 AT89C51 的定时/计数器采用中断法设计一个流水灯控制电路，具体要求如下。

（1）系统时钟频率为 12MHz。

（2）利用 P2 口控制 8 个 LED，以 1s 的时间间隔从左到右依次点亮 LED，模拟流水灯效果。

2. 任务分析

（1）定时 1s。

由于系统时钟频率为 12MHz，所以机器周期为 1μs，T0 工作于方式 1，最长定时时间仅为

65ms 左右。为了实现 1s 的长定时，本任务采用“软件法”，先定时 50ms，然后用变量 count 累计定时中断的次数，当中断的次数达到 20 时，即实现了 1s 的长定时。

（2）初始化程序设计。

本任务采用 T0 中断方式工作。初始化程序包括 T0 初始化程序和中断系统初始化程序，主要是对 IP、IE、TCON、TMOD 的相应位进行正确的设置，并将计数初值送入定时器。具体程序如下。

```
TMOD=0x01;                    //T0 工作在方式 1
TH0=(65536-50000)/256;
TL0=(65536-50000)%256;        //50 000×1μs =50ms
EA=1;                         //CPU 允许中断
ET0=1;                        //允许 T0 中断
TR0=1;                        //开启 T0
```

3．任务设计

（1）元器件的选择。

根据任务要求，需要 8 个 LED，采用 12MHz 晶振，用 P2 口控制 8 个 LED，所需要的元器件清单如表 6.9 所示。

表 6.9　中断控制流水灯的元器件清单

元器件名称	数量/个	元器件名称	数量/个
AT89C51	1	10kΩ 电阻	1
12MHz 晶振	1	220Ω 电阻	8
22pF 瓷片电容	2	LED	8
10μF 电解电容	1		

（2）硬件电路设计。

在 Proteus 软件中先将 AT89C51 的时钟电路和复位电路连接好，在 P2 口连接 8 个 LED，如图 6.18 所示。

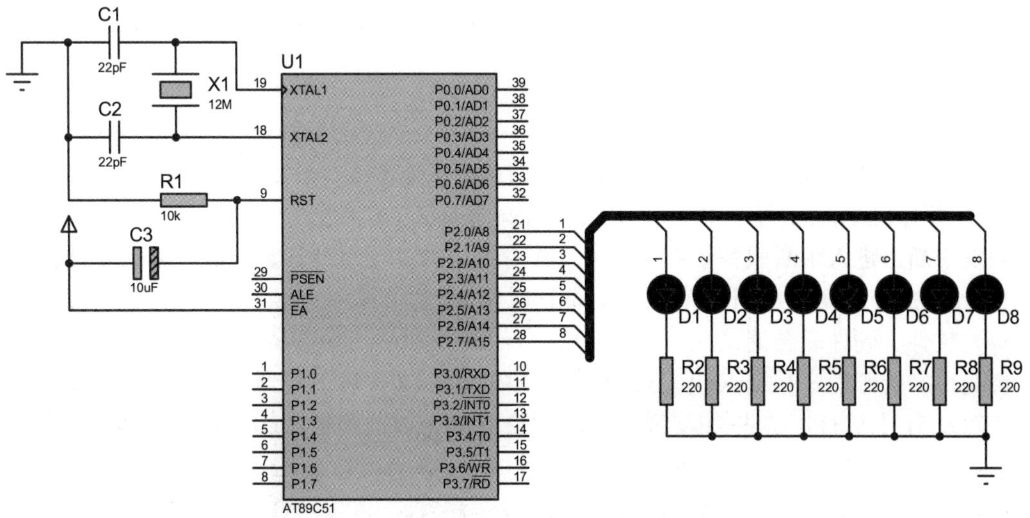

图 6.18　中断控制流水灯的硬件电路原理图

（3）软件程序设计。

源程序如下。

```
//*************************************************************************
//宏定义
#include<reg51.h>
#include<intrins.h>
#define uchar unsigned char
//*************************************************************************
//定义延时倍数
uchar count=0;
//*************************************************************************
//主程序
void main( )
{    TMOD=0x01;                    //T0 工作于方式 1
     TH0=(65536-50000)/256;
     TL0=(65536-50000)%256;        //50 000×1μs =50ms
     EA=1;                         //CPU 允许中断
     ET0=1;                        //允许 T0 中断
     TR0=1;                        //开启 T0
     P2=0x01;                      //点亮 D1
     while(1);
 }
//*************************************************************************
//中断服务子程序
void Time_0( ) interrupt 1
{    TH0=(65536-50000)/256;        //重装计数初值
     TL0=(65536-50000)%256;
     count++;
      if(count ==20)               //50ms×20 =1s
      {   count =0;
          P2=_crol_(P2,1);         //将 P2 的值循环左移 1 位后再赋给 P2，循环点亮 D1～D8
      }
}
//*************************************************************************
```

本程序采用的是 T0 中断，所以首先要对 T0 的工作方式、计数初值进行设置，然后允许 T0 中断，并开启 T0。主程序中采用 while(1)无限循环，T0 计数 50 000 次也就是 50ms 后 TF0 置 1 触发中断。进入中断服务子程序后，工作方式 1 首先要重装计数初值，累计变量 count 加 1，当 count 加到 20 时，累计时间到了 1s，这时将 P2 的值循环左移 1 位点亮下一个 LED。

（4）软件、硬件联合调试。

将编写好的源程序利用 Keil C51 软件编译成*.hex 文件后下载到 Proteus 软件中硬件电路中的 AT89C51 上运行，首先 D1 点亮，1s 后 D2 点亮，以此类推，D1～D8 循环点亮形成流水灯效果。

注意：定时/计数器中断形成的流水灯定时时间相对准确，但也有很小的误差。请同学们自己分析原因。

任务 6.3　中断控制交通信号灯的设计

任务操作

1. 任务要求

用 AT89C51 的 T0 中断模拟控制十字路口的交通信号指示灯（红灯、绿灯、蓝灯），具体要求如下。

①东、西方向的绿灯与南、北方向的红灯同时亮 5s。

②东、西方向的绿灯熄灭，同时东、西方向的黄灯闪烁 5 次，闪烁的时间间隔为 400ms。

③东、西方向的红灯与南、北方向的绿灯同时亮 5s。

④南、北方向的绿灯熄灭，同时南、北方向的黄灯闪烁 5 次。

①～④这 4 种操作按顺序循环执行。

2. 任务分析

用单片机控制交通信号灯，主要就是控制时间，我们可以很直接地运用单片机的定时/计数器来控制时间，采用中断的方式来执行相应的操作任务。本任务在硬件连接上非常简单，用高电平点亮交通信号灯，东、西方向的交通信号灯用 P0.0～P0.2 口控制，南、北方向的交通信号灯用 P0.3～P0.5 口控制，由于 P0 口内部没有上拉电阻，交通信号灯又要由高电平点亮，所以 P0 口要外接上拉电阻，可选用排阻作为上拉电阻。

十字路口的交通信号灯通常是按规定的时间交替变化的，我们的任务是使交通信号灯按 4 种类型的操作循环变化，因此采用开关语句，分成 4 种情况来完成。交通信号灯点亮的时间和闪烁的时间由 T0 控制。我们把 T0 设置为工作于方式 1，最大计数值是 65 536，为了容易定时为 5s 和 400ms，我们将 T0 的计数初值设为 15 536，晶振频率为 12MHz，机器周期为 1μs，这样计数一轮是 50ms，每次计数满 TF0 置 1 触发中断，经过 8 次中断正好为 400ms，经过 100 次中断正好为 5s。按照这样的方法去控制交通信号灯即可。

3. 任务设计

（1）元器件的选择。

根据任务要求，交通信号灯设计元器件清单如表 6.10 所示。

表 6.10　交通信号灯设计元器件清单

元器件名称	数量/个	元器件名称	数量/个
AT89C51	1	10kΩ 电阻	1
12MHz 晶振	1	200Ω×8 排阻	1
22pF 瓷片电容	2	交通信号灯	4
10μF 电解电容	1		

（2）硬件电路设计。

首先在 Proteus 软件中绘制好 AT89C51 的最小系统电路，将 4 个交通信号灯连接到 P0 口。

由于东、西方向的交通信号灯的亮法是一样的，所以可以由同一个端口控制，P0.0 口连接红灯，P0.1 口连接绿灯，P0.2 口连接黄灯。同样地，南、北方向的红灯连接 P0.3 口，绿灯连接 P0.4 口，黄灯连接 P0.5 口。交通信号灯在控制端送 1 时点亮，送 0 时熄灭，所以 P0 口用排阻上拉。交通信号灯的硬件电路原理图如图 6.19 所示。

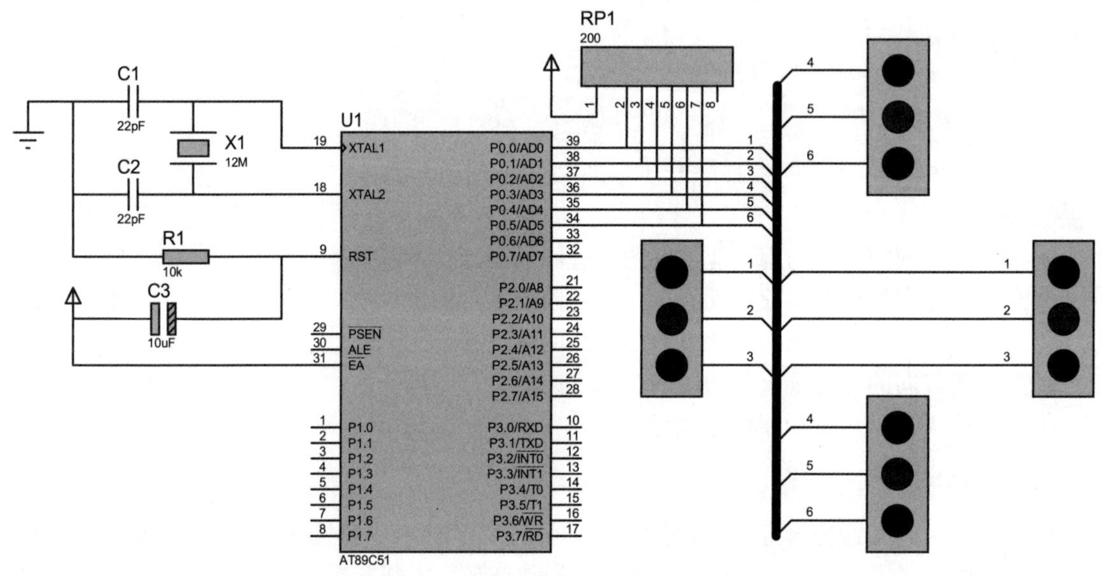

图 6.19 交通信号灯的硬件电路原理图

（3）软件程序设计。

交通信号灯的控制软件程序相对比较复杂，分为 4 种操作类型，每种操作类型都相对独立。源程序如下。

```
//************************************************************************
//宏定义
#include<reg51.h>
#define uchar unsigned char
#define uint unsigned int
//************************************************************************
//定义控制端口
sbit    RED_A = P0^0;          //东、西方向交通信号灯
sbit    YELLOW_A = P0^1;
sbit    GREEN_A = P0^2;
sbit    RED_B = P0^3;          //南、北方向交通信号灯
sbit    YELLOW_B = P0^4;
sbit    GREEN_B = P0^5;
//************************************************************************
//定义全局变量
uchar Time_Count =0;           //延时倍数
uchar Flash_Count =0;          //闪烁次数
uchar Operation_Type =1;       //操作类型变量
//************************************************************************
```

```
//T0 中断服务子程序
void    T0_INT () interrupt 1
{  TH0 = -50000/256;
   TL0 = -50000%256;
   switch (Operation_Type)
     { case 1:  //东、西方向的绿灯与南、北方向的红灯同时亮 5s
                RED_A = 0; YELLOW_A = 0; GREEN_A = 1;
                RED_B = 1; YELLOW_B = 0; GREEN_B = 0;
                //5s 后切换操作类型
                if(++ Time_Count != 100) return;
                Time_Count = 0;
                Operation_Type = 2;             //进入操作类型 2
                break;
       case 2:  //东、西方向的黄灯开始闪烁，绿灯灭
                if (++ Time_Count != 8) return;
                Time_Count = 0;
                YELLOW_A = ! YELLOW_A;
                GREEN_A = 0;
                //闪烁 5 次
                if (++ Flash_Count != 10) return;
                Flash_Count = 0；
                Operation_Type = 3;             //进入操作类型 3
                break ;
       case 3:  //东、西方向的红灯与南、北方向的绿灯同时亮 5s
                RED_A = 1; YELLOW_A = 0; GREEN_A = 0;
                RED_B = 0; YELLOW_B = 0; GREEN_B = 1;
                //5s 后切换操作类型
                if(++ Time_Count != 100) return;
                Time_Count = 0;
                Operation_Type = 4;             //进入操作类型 4
                break;
       case 4:  //南、北方向的黄灯开始闪烁，绿灯灭
                if (++ Time_Count != 8) return;
                Time_Count =0;
                YELLOW_B = ! YELLOW_B;
                GREEN_B = 0;
                //闪烁 5 次
                if (++ Flash_Count != 10) return;
                Flash_Count = 0；
                Operation_Type = 1;             //回到操作类型 1
                break ;
     }
}
//***************************************************************************
//主程序
```

```
void    main ()
{   TMOD = 0x01;                    //T0 工作于方式 1
    TH0 = -50000/256;               //赋初值，计数 50 000 次
    TL0 = -50000%256;
    EA=1;                           //允许总中断
    ET0=1;                          //允许 T0 中断
    TR0 = 1 ;                       //启动 T0
    while(1) ;
}
//**************************************************************************
```

程序中用变量 Time_Count 来表示操作类型 1 和操作类型 3 中的点亮灯时间的倍数，主程序中对 T0 和中断都做了初始化，计数初值为 15 536，每中断一次的时间是 50ms，Time_Count 加 1，当 Time_Count 加到 100 时，延时时间刚好为 5s，对应的各色灯正好点亮 5s。

变量 Flash_Count 用来表示操作类型 2 和操作类型 4 中黄灯闪烁时点亮和熄灭的次数，要求闪烁 5 次，即点亮 5 次、熄灭 5 次，若每次时间为 400ms，则 Flash_Count 为 10 时刚好完成 5 次闪烁。

变量 Operation_Type 是 4 种操作类型的变量，每完成一种操作 Operation_Type 加 1，当 Operation_Type 为 4 时重置 1。

主程序将 T0 的中断初始化好之后，T0 就开始反复计数，每次计数溢出 TF0 就置 1，直接进入中断服务子程序。这里把 4 种操作类型写入中断服务子程序，按照顺序一个一个地按时间要求来执行，完成交通信号灯的交替点亮或闪烁。

注意：理解交通信号灯的控制程序的关键是理解 T0 中断的时间和过程。

（4）软件、硬件联合调试。

将编写好的源程序利用 Keil C51 软件编译成*.hex 文件后下载到 Proteus 软件中的硬件电路中的 AT89C51 上运行，交通信号灯就会按照要求交替点亮或闪烁。我们这里设置的时间较短，不符合实际交通信号灯的要求，若要将其修改为实际的时间，只要修改程序中相应的部分即可。

在联合调试时大家一定会发现在开机瞬间所有的交通信号灯都会闪烁一下，时间非常短。这是因为 P0 口在一开始由于排阻上拉瞬间是高电平，所以连接的交通信号灯就都闪烁一下。怎样消除开机瞬间所有交通信号灯闪烁的现象呢？请同学们自己想一想。

项目拓展　STC89C52 实验板 LCD 显示的设计

在现实生活中我们看到的电子产品有很多采用 LED 数码管显示，还有很多采用 LCD 显示，而且 LCD 的应用也越来越广泛。我们的实验板上预留了两个 LCD 接口，LCD1 接口用于连接 LCD12864 模块，LCD2 接口用于连接 LCD1602 模块，可以把配备的 LCD 模块插入相应的接口。接入了 LCD1602 模块的实验板如图 6.20 所示。

图 6.20　接入了 LCD1602 模块的实验板

1. LCD1602 介绍

LCD1602 是长沙太阳人电子有限公司生产的一种专门用于显示字母、数字、符号等的点阵式字符型 LCD 模块。LCD1602 分为带背光的和不带背光的两种，其控制器大部分为 HD44780，带背光的 LCD1602 比不带背光的厚，但它们在应用中并无差别。

LCD1602 主要技术参数如下。

- 显示容量：16×2 个字符。
- 工作电压：4.5～5.5V。
- 工作电流：2.0mA（5.0V）。
- 模块最佳工作电压：5.0V。
- 字符尺寸：2.95×4.35（W×H）mm^2。

LCD1602 引脚功能表如表 6.11 所示。

表 6.11　LCD1602 引脚功能表

编号	符号	引 脚 功 能	编号	符号	引 脚 功 能
1	VSS	电源地	9	D2	数据
2	VDD	电源正极，+5V	10	D3	数据
3	VL	液晶显示偏压	11	D4	数据
4	RS	数据/命令选择，高电平数据、低电平指令寄存器	12	D5	数据
5	R/W	读/写选择，高电平读，低电平写	13	D6	数据
6	E	使能信号，负跳变有效	14	D7	数据
7	D0	数据	15	BLA	背光源正极
8	D1	数据	16	BLK	背光源负极

LCD1602 模块内部的控制器中共有 11 条控制指令，如表 6.12 所示，其读/写操作、屏幕和

光标的操作都是通过指令编程来实现的。

表 6.12 LCD1602 的控制指令表

序　号	指　令	RS	R/W	D7	D6	D5	D4	D3	D2	D1	D0
1	清显示	0	0	0	0	0	0	0	0	0	1
2	光标返回	0	0	0	0	0	0	0	0	1	*
3	置输入模式	0	0	0	0	0	0	0	1	I/D	S
4	显示开/关控制	0	0	0	0	0	0	1	D	C	B
5	光标或字符移位	0	0	0	0	0	1	S/C	R/L	*	*
6	置功能	0	0	0	0	1	DL	N	F	*	*
7	置字符发生存储器地址	0	0	0	1	字符发生存储器地址					
8	置数据存储器地址	0	0	1	显示数据存储器地址						
9	读忙标志或地址	0	1	BF	计数器地址						
10	写数到 CGRAM 或 DDRAM	1	0	要写的数据内容							
11	从 CGRAM 或 DDRAM 读数	1	1	读出的数据内容							

若要使 LCD1602 显示字符，则要先输入显示字符地址，也就是告诉 LCD1602 在哪里显示字符，LCD1602 的内部显示地址如图 6.21 所示。

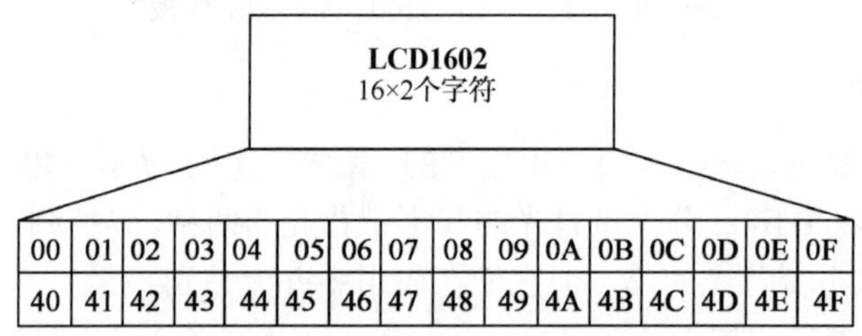

图 6.21 LCD1602 的内部显示地址

LCD1602 内部的字符发生存储器（CGROM）已经存储了 160 个不同的点阵字符图形，如表 6.13 所示，这些字符有阿拉伯数字、大小写英文字母、常用的符号和日文假名等，每个字符都有一个固定的代码，如大写的英文字母“A”的代码是 01000001B（41H），模块把地址 41H 中的点阵字符图形显示出来，我们就能看到字母“A”。LCD1602 的一般初始化（复位）过程如下：延时 15ms，写指令 38H（不检测忙信号），延时 5ms，写指令 38H（不检测忙信号），延时 5ms，写指令 38H（不检测忙信号），以后每次写指令、读/写数据操作均需要检测忙信号，写指令 38H（显示模式设置），写指令 08H（显示关闭），写指令 01H（显示清屏），写指令 06H（显示光标移动设置），写指令 0CH（显示开及光标设置）。

表 6.13 CGROM 和其中字符代码与字符图形对应表

低　位	高　位											
	0000	0010	0011	0100	0101	0110	0111	1010	1011	1100	1101	1110	1111
××××0000	CGRAM（1）		0	ə	P	\	p		–	タ	三	*a*	P
××××0001	（2）	!	1	A	Q	a	q	口	ア	チ	ム	ä	q
××××0010	（3）	″	2	B	R	b	r	┌	イ	川	メ	β	θ
××××0011	（4）	#	3	C	S	c	s	┘	ゥ	ラ	モ	ε	∞

续表

低 位	高 位											
	0000	0010	0011	0100	0101	0110	0111	1010	1011	1100	1101	1110	1111
××××0100	（5）	$	4	D	T	d	t	\	ェ	ト	ヤ	μ	Ω
××××0101	（6）	%	5	E	U	e	u	ロ	オ	ナ	ユ	B	ü
××××0110	（7）	&	6	F	V	f	v	テ	ヵ	ニ	ヨ	P	Σ
××××0111	（8）	’	7	G	W	g	w	ア	キ	ヌ	ラ	g	π
××××1000	（1）	（	8	H	X	h	x	イ	ク	ネ	リ	∫	$\bar{X}$
××××1001	（2）	）	9	I	Y	i	y	ウ	ケ	ﾉ	ル	−1	y
××××1010	（3）	*	:	J	Z	j	z	ェ	コ	リ	レ	j	千
××××1011	（4）	+	;	K	[	k	{	オ	サ	ヒ	ロ	x	万
××××1100	（5）	,	<	L	¥	1	|	ャ	シ	フ	ワ	e	円
××××1101	（6）	—	=	M	]	m	}	ュ	ス	＼	ソ	≠	÷
××××1110	（7）	。	>	N	^	n	→	ョ	セ	ホ	ハ	$\bar{n}$	
××××1111	（8）	/	?	O	_	o	←	ツ	ソ	マ	ロ	ö	

2．LCD1602 的应用

如附录 B 中图 B.8 所示，用 STC89C52 的 P0 口连接 LCD1602 的数据线，P2.4～P2.6 口连接控制线，液晶显示偏压由 RW1 调节。

这里我们运用实验板上的 LCD1602 简单地静态显示字符，源程序如下。

```
//*************************************************************************
//宏定义
#include<reg52.h>
#include<intrins.h>
//端口定义
sbit   RS = P2^4;
sbit   RW = P2^5;
sbit   EN = P2^6;
//控制信号定义
#define   RS_CLR   RS=0
#define   RS_SET   RS=1
#define   RW_CLR   RW=0
#define   RW_SET   RW=1
#define   EN_CLR   EN=0
#define   EN_SET   EN=1
#define   DataPort   P0
//*************************************************************************
//微秒延时子程序
void DelayUs2x(unsigned char t)
{    while(--t);
}
//*************************************************************************
//毫秒延时子程序，大致延时 1ms
```

```
void DelayMs(unsigned char t)
{   while(t--)
    {   DelayUs2x(245);
        DelayUs2x(245);
    }
}
//*************************************************************************
//判忙子程序
bit LCD_Check_Busy(void)
{   DataPort= 0xFF;
    RS_CLR;
    RW_SET;
    EN_CLR;
    _nop_();
    EN_SET;
    return (bit)(DataPort & 0x80);
 }
//*************************************************************************
//写入命令子程序
void LCD_Write_Com(unsigned char com)
{   while(LCD_Check_Busy());        //忙则等待
    DelayMs(5);
    RS_CLR;
    RW_CLR;
    EN_SET;
    DataPort= com;
    _nop_();
    EN_CLR;
 }
//*************************************************************************
//写入数据子程序
 void LCD_Write_Data(unsigned char Data)
 {   while(LCD_Check_Busy());       //忙则等待
    DelayMs(5);
    RS_SET;
    RW_CLR;
    EN_SET;
    DataPort= Data;
    _nop_();
    EN_CLR;
 }
//*************************************************************************
//清屏子程序
void LCD_Clear(void)
{   LCD_Write_Com(0x01);
```

```
    DelayMs(5);
}
//***************************************************************************
//写入字符串子程序
void LCD_Write_String(unsigned char x,unsigned char y,unsigned char *s)
{  if (y == 0)
      {  LCD_Write_Com(0x80 + x);        //表示第一行
      }
   else
      {  LCD_Write_Com(0xC0 + x);        //表示第二行
      }
   while (*s)
      {  LCD_Write_Data( *s);
         s ++;
      }
}
//***************************************************************************
//写入字符子程序
void LCD_Write_Char(unsigned char x,unsigned char y,unsigned char Data)
{    if (y == 0)
      {  LCD_Write_Com(0x80 + x);
      }
     else
      {  LCD_Write_Com(0xC0 + x);
      }
     LCD_Write_Data( Data);
}
//***************************************************************************
//初始化子程序
void LCD_Init(void)
{    LCD_Write_Com(0x38);                //显示模式设置
     DelayMs(5);
     LCD_Write_Com(0x38);
     DelayMs(5);
     LCD_Write_Com(0x38);
     DelayMs(5);
     LCD_Write_Com(0x38);
     LCD_Write_Com(0x08);                //显示关闭
     LCD_Write_Com(0x01);                //显示清屏
     LCD_Write_Com(0x06);                //显示光标移动设置
     DelayMs(5);
     LCD_Write_Com(0x0C);                //显示开及光标设置
}
//***************************************************************************
//主程序
```

```
void main(void)
{   LCD_Init();
    LCD_Clear();                              //清屏
    while (1)
      {  LCD_Write_Char(7,0,'o');
         LCD_Write_Char(8,0,'k');
         LCD_Write_String(1,1,"www.doflye.net");
         while(1);
      }
}
//*************************************************************************
```

在主程序中首先初始化LCD1602，然后再次清屏进入主程序，主程序中第一行通过写字符方式写入“ok”，第二行写字符串“www.doflye.net”。将编写的静态显示字符程序经过编译之后下载到实验板的STC89C52上运行，LCD1602上的显示如图6.22所示。

液晶屏除有简单的静态显示方式以外，还有动态显示、滚动显示、移动显示等多种显示方式，大家可以自己深入学习。

图6.22　LCD1602上的显示

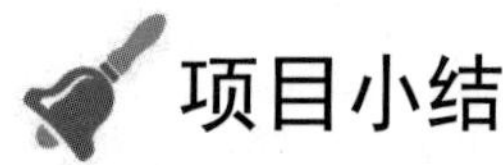

项目小结

本项目涉及的知识点比较多，主要是单片机中非常实用的LED数码管的显示技术和单片机的中断概念。

单片机系统通常采用LED数码管或LCD来显示其工作过程和结果。LED数码管有7段数码管和点阵式数码管两种。7段LED数码管分为共阳极LED数码管和共阴极LED数码管两种，根据其连接方式不同有不同的显示段码。LED数码管的显示方式有静态显示和动态显示两种，静态显示控制程序相对简单，但是硬件电路比较浪费端口；动态显示硬件电路简单，但控制程序相对复杂。通常当单片机需要的显示位数多于2时我们采用动态显示方式。

在单片机的应用中，中断系统是使其功能更强大和方便的部分。MCS-51系列单片机的中断系统包括5个中断源、4个中断寄存器，以及查询硬件等。5个中断源按照自然中断优先级由高到低排序分别是外部中断0（$\overline{INT0}$）、定时/计数器0中断（T0）、外部中断1（$\overline{INT1}$）、定时/计数器1中断（T1）和串行口中断。4个中断寄存器分别是TCON、SCON、IE和IP，单片机对中断的应用就是对中断寄存器进行设置。单片机对中断源的响应顺序是按IP中的设置和自然中断优先级相结合考虑的。中断的处理过程包括中断请求、中断响应、中断服务和中断返回。

本项目中的各个任务分别对应了以上知识点，如在单片机对交通信号灯的控制中，我们利用中断来实现交通信号灯的点亮和闪烁，还可以利用 LED 数码管来显示交通信号灯点亮的时间。

知识思考与项目训练

（一）选择题

1．MCS-51 系列单片机的中断系统中有__________个中断源。

A）1 B）2 C）4 D）5

2．CPU 的总中断控制位是__________。

A）ET0 B）EA C）ES D）EX0

3．CPU 对中断系统的 T0 中断源的开放或屏蔽，是由单片机内的__________控制的。

A）ET0 B）EA C）ES D）EX0

4．在定义中断函数时，中断源编号的取值范围是__________。

A）0～4 B）1～4 C）0～5 D）1～5

5．__________中断请求，CPU 在响应中断后必须用软件清除。

A）T0 B）T1 C）外部中断 D）串行口中断

6．LED 数码管__________显示方式编程简单，但占用 I/O 口较多，一般适合显示位数较少的场合。

A）静态 B）动态 C）静态和动态 D）查询

7．共阳极 LED 数码管的 8 个__________连接在一起，作为公共端。

A）阳极 B）阴极 C）阳极和阴极 D）阴极和阳极

8．共阳极 LED 数码管如果采用动态显示方式，需要__________。

A）将各位 LED 的位选线并联 B）将各位 LED 的段选线并联

C）将位选线全部接地 D）将位选线全部接电源

（二）填空题：

1．MCS-51 系列单片机的中断系统提供__________个中断源，其中__________个为外部中断源。

2．MCS-51 系列单片机的 5 个中断源分别是__________、__________、__________、__________和__________。

3．MCS-51 系列单片机的中断过程分为 4 个步骤，分别为__________、__________、__________和__________。

4．中断源的中断优先级别被分为__________和__________两大级别，各中断源的中断请求属于什么级别是由__________寄存器中的内容决定的。

5．LED 数码管的显示方式分为__________和__________两种。

6．共阴极 LED 数码管显示字符“5”的段码是__________。

（三）简答题

1．简述共阳极 LED 数码管和共阴极 LED 数码管的工作原理。

2．LED 数码管动态显示的特点是什么？在应用时有哪些需要注意的地方？

3．MCS-51 系列单片机的中断系统中有哪几个寄存器？它们的作用分别是什么？

4．如何设定中断源的中断优先级？如果将 IP 中的 PT1 和 PS 设置为 1，其他位设置为零，请将各 MCS-51 系列单片机中断源按中断优先级由高到低的顺序排列。

5．MCS-51 系列单片机外部中断有哪两种触发方式？对触发脉冲或电平有什么要求？如何选择和设定？

6．简述在应用单片机中断时的初始化过程。

7．简述 LCD1602 的初始化过程。

（四）项目训练

1．用 AT89C51 控制 4 位共阳极 LED 数码管在相应位以 1s 的时间间隔循环显示数字“1234”。设计硬件电路并编写软件程序。

2．用 AT89C51 控制 8 位共阴极 LED 数码管在相应位显示字符串“ABCDEFHL”2s，又熄灭 2s，如此反复。设计硬件电路并编写软件程序。

3．用 MCS-51 系列单片机的 T1（工作方式 2）中断实现 LED 按 1s 的时间间隔的亮、灭交替。设计硬件电路并编写软件程序。

4．用 MCS-51 系列单片机的 T0 中断控制交通信号灯，操作步骤如下。

① 东、西方向绿灯与南、北方向红灯亮 30s。

② 东、西方向绿灯与南、北方向红灯灭，东、西方向黄灯与南、北方向黄灯闪烁 5 次。

③ 东、西方向红灯与南、北方向绿灯亮 30s。

④ 东、西方向红灯与南、北方向绿灯灭，东、西方向黄灯与南、北方向黄灯闪烁 5 次。

①～④操作循环执行，同时用一个 2 位共阴极 LED 数码管倒计时显示当前的秒数。要求设计硬件电路并编写软件程序。

项目 7

模拟电子闹钟的设计

✧ 学习目标

- ➢ 了解常用键盘的分类。
- ➢ 了解行业标准中电子元器件的规范。
- ➢ 掌握键盘的工作原理。
- ➢ 掌握矩阵键盘的识别和控制方法。
- ➢ 掌握电子秒表的设计方法。
- ➢ 掌握模拟电子闹钟的硬件设计和软件设计方法。
- ➢ 能独立分析和解决硬件设计和软件设计中的问题。
- ➢ 掌握完成工作项目的完整步骤和具体实施方法。
- ➢ 能利用团队的力量完成任务，培养团队合作精神。

✧ 工作任务

- ➢ 叙述键盘的类别和工作原理。
- ➢ 叙述矩阵键盘的识别方法。
- ➢ 设计电子秒表的硬件电路和软件程序。
- ➢ 设计模拟电子闹钟的硬件电路和软件程序。

项目引入

由单片机组成的电子产品系统怎样接收操作者发出的信息，即怎样实现人与机器的对话呢？我们有过许多家用电器的使用经验，如电视机、空调、洗衣机等。其实，我们将自己的思想传达给机器，都是通过机器上的按键实现的。通过按键把我们要完成的工作类型告诉机器内部的 CPU，如单片机。按键在单片机智能控制系统中常作为人机交互中输入信息的部件，我们通过按键输入各种信息、调整各种参数或发出控制指令。所以按键是一个很重要的功能模块，按键处理程序关乎整个系统的交互性能，也影响着系统的稳定性，按键检测处理是单片机学习、开发的基本功，因此我们必须很好地掌握按键处理技术。

本项目要求设计一个模拟电子闹钟，我们要通过按键对闹钟的工作进行设置，然后实现电子闹钟的功能。所以本项目的主要目的就是实现单片机对输入键盘的识别，以及前面学习过的定时/计数器的定时功能。

本项目包含三个任务：键盘的应用；电子秒表的设计；矩阵键盘控制模拟电子闹钟的设计。本项目先从基本的键盘识别开始介绍，然后进行简单的电子秒表设计，循序渐进，结合前面所学的知识，设计出相对复杂一些的模拟电子闹钟。

任务 7.1 键盘的应用

知识准备

键盘是一种常见的输入设备，根据按键的识别方法不同键盘可分为编码键盘和非编码键盘。通过专用的硬件编码器实现按键的识别并产生键号或键值的键盘称为编码键盘，如计算机键盘、遥控器键盘等；通过软件编程来实现按键的识别并产生键号或键值的键盘称为非编码键盘。在由单片机组成的各种系统中，使用最多的是非编码键盘。

根据结构不同非编码键盘可分为独立键盘和矩阵键盘。在所需按键较少时，多采用独立键盘；在所需按键较多时，通常把按键排列成矩阵形式形成矩阵键盘，也称行列式键盘。

单片机与键盘的接口及其软件的设计任务主要包括以下几个方面。

（1）检测并判断是否有按键被按下。

（2）按键开关具备延时去抖动功能。

（3）计算并确定按键的键值。

（4）程序根据计算出的键值进行一系列的动作处理。

7.1.1 独立键盘控制 LED 点亮

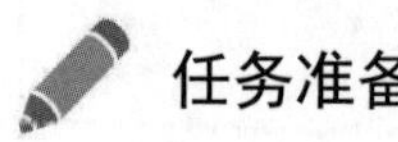

任务准备

7.1.1.1 独立键盘的工作原理

通常所用的按键为轻触按键，是一种电子开关，在正常情况下其机械触点是断开的，在使用时轻按按键就可使其机械触点闭合。轻触按键的内部是靠金属弹片受力弹动来实现通断的。轻触按键有各种类型，如图 7.1 所示。轻触按键体积小、重量轻，在影音产品、数码产品、遥控器、通信设备、家用电器、安防产品、玩具等方面得到广泛的应用。

由于金属弹片的弹性作用，一个按键在被按下时不会马上稳定地接通，在被释放时也不会马上断开。因而在机械触点闭合及断开的瞬间均伴随一连串的抖动，按键操作时序如图 7.2 所示，抖动时间的长短由按键的机械特性及操作人员按键动作决定，一般为 5～20ms。按键稳定闭合时间的长短由操作人员按压按键时间的长短决定，一般为零点几秒至数秒。

(a) 四脚直插式按键

(b) 四脚贴片式按键

(c) 两脚贴片式按键

(d) 自锁按键

图 7.1　各种类型的轻触按键

从图 7.2 中我们可以看到，一次完整的按键过程包含以下 5 个阶段。

(1) 等待阶段：此时按键尚未被按下，处于空闲阶段。

(2) 前沿（按下）抖动阶段：此时按键刚刚被按下，但按键信号还处于抖动状态，这个阶段的时间一般为 5～20ms。为了确保按键操作无误动作，此时必须有一段前沿消抖动延时。

(3) 按键稳定闭合阶段：此时抖动已经结束，一个有效的按键动作已经产生。系统应该在此时执行按键功能，或将按键所对应的键值记录下来，待按键释放时再执行。

(4) 后沿（释放）抖动阶段：一般来说，精确一点的程序应该在这里再做一次消抖动延时，以防误动作。但是，如果前沿抖动阶段的消抖动延时时间取值合适，就可以忽略此阶段。

(5) 按键释放阶段：此时后沿抖动已经结束，按键已经处于完全释放状态，如果按键是采用释放后再执行功能方式设计的，则可以在这个阶段进行按键操作的相关处理。

按键在被按下或释放时会出现抖动现象，这种现象会干扰按键的识别。因此需要对按键进行消抖动（也称去抖动）处理。按键去抖动一般有硬件去抖动和软件去抖动两种方法。

硬件去抖动通常采用 R-S 触发器或单稳电路构成去抖动电路，如图 7.3 所示。每个按键都要连接一个硬件去抖动电路，所以当电路中按键较多时电路就显得十分复杂。

软件去抖动的实现方法是判断按键被按下后，加一个 10ms 的延时子程序，待按键稳定闭合后，再次检测按键，若按键仍处于被按下状态，就可以确认确实有按键被按下。

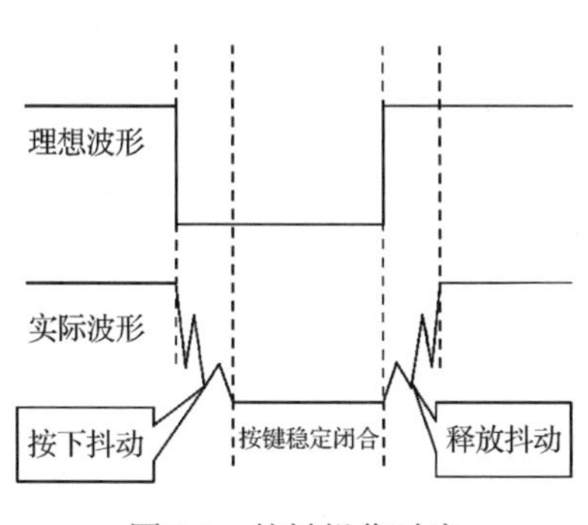

图 7.2　按键操作时序

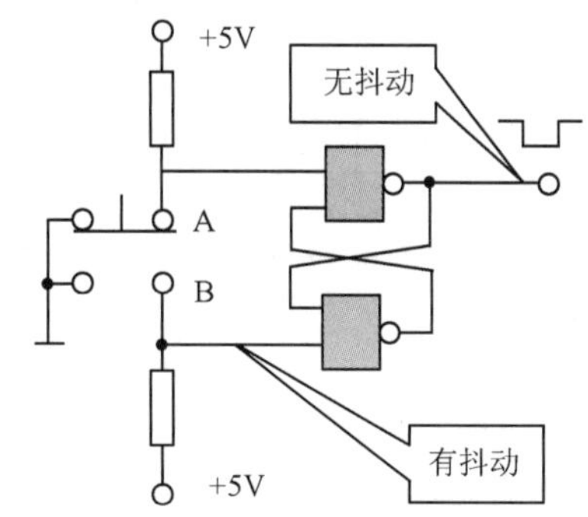

图 7.3　硬件去抖动电路

注意：一般情况下按键去抖动采用软件去抖动的方法。

如图 7.4 所示，独立键盘的每个按键都单独接到单片机的一个 I/O 口上，通过判断相应 I/O 口的电位即可识别按键操作。图 7.4 中 K1 的一端接地，另一端接 P1.0 口，当 K1 被按下时，在 P1.0 口会检测到低电平“0”信号，否则会检测到高电平“1”信号。所以一旦查询到 P1.0 口为“0”就说明 K1 被按下了，即 K1 被识别了。

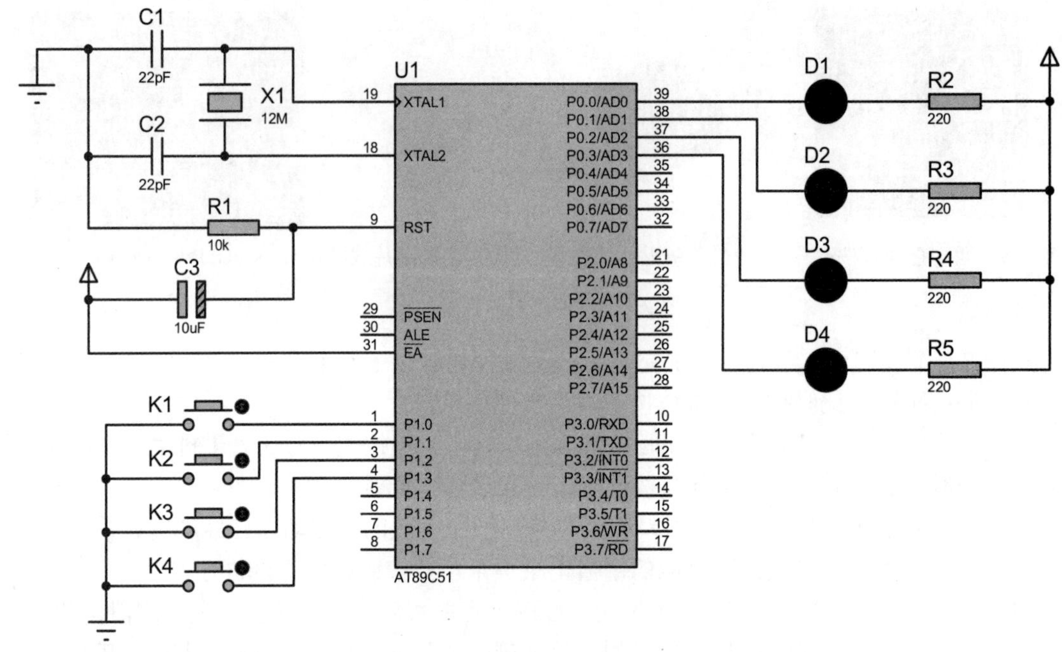

图 7.4　独立键盘控制电路（一）

任务操作

7.1.1.2　独立键盘控制 LED 点亮的设计方法

应用实例 1： 如图 7.4 所示，P1.0～P1.3 口连接了 4 个独立按键，P0.0～P0.3 口连接了 4 个 LED。要求当 K1 或 K2 被按下时 D1 或 D2 点亮，被释放时对应的 LED 熄灭；当 K3 或 K4 被按下时 D3 或 D4 点亮，被释放时对应的 LED 熄灭。

分析：由电路连接可知，K1～K4 连接 P1.0～P1.3 口，只要检测到 P1.0～P1.3 口上有“0”信号，就说明对应的按键被按下，根据题意点亮相应的 LED 即可。

源程序如下。

```
//***********************************************************
//宏定义
#include <reg51.h>
#define uchar unsigned char
#define uint unsigned int
//端口位定义
sbit D1=P0^0;
sbit D2=P0^1;
sbit D3=P0^2;
sbit D4=P0^3;
sbit K1=P1^0;
sbit K2=P1^1;
sbit K3=P1^2;
sbit K4=P1^3;
```

```
//************************************************************
//延时 1ms 子程序
void DelayMS（uint x)
{   uchar i;
    while(x--)
        for(i=0; i<120; i++);
}
//************************************************************
//主程序
void main（）
{ P1=0xFF;                        //让 P1 口处于高电平状态
  P0=0xFF;                        //让 P0 口处于高电平状态
  while(1)
   { D1=K1;                       //将 K1 按下后 P1.0 口的值直接送至 P0.0 口去点亮 D1
     D2=K2;                       //将 K2 按下后 P1.1 口的值直接送至 P0.1 口去点亮 D2
     if(K3==0)                    //判断 K3 是否被按下
        { while(K3==0);           //等待 K3 被释放
          D3=~D3;
        }
     if(K4==0)                    //判断 K4 是否被按下
        { while(K4==0);           //等待 K4 被释放
          D4=~D4;
        }
      DelayMS(10);
   }
}
//************************************************************
```

为了使程序简单、易懂，在程序开头将与按键和 LED 相连的 I/O 口定义为简单、直观的名称。在运行程序时首先将 P1 口和 P0 口全部设置为高电平，以便检查按键是否被按下，同时让 4 个 LED 都熄灭。由于当 K1 的电平为“1”时正好 D1 的电平也要求为“1”，K1 的电平为“0”时正好 D1 的电平也要求为“0”，所以可以直接把 P1.0 口的值赋给 P0.0 口，把 P1.1 口的值赋给 P0.1 口。当判断到 K3 的电平为“0”时，说明 K3 被按下了，只要 K3 的电平一直未为“0”，就执行空循环语句，直到 K3!=0 为止，此时 K3 被释放了，将 D3 取反使其闪烁。K4 和 D4 的控制同理。

注意：独立键盘在使用时是单个按键直接与单个 I/O 口相连，电路简单、编程方便，但是控制端口接入按键少，I/O 口占用较多。

应用实例 2：如图 7.5 所示，P1.0～P1.3 口连接了 4 个独立按键，P0.0～P0.7 口连接了 8 个 LED。要求按下 K1 逐个点亮 D1～D8，按下 K2 点亮 D1～D4，按下 K3 点亮 D5～D8，按下 K4 熄灭 D1～D8。

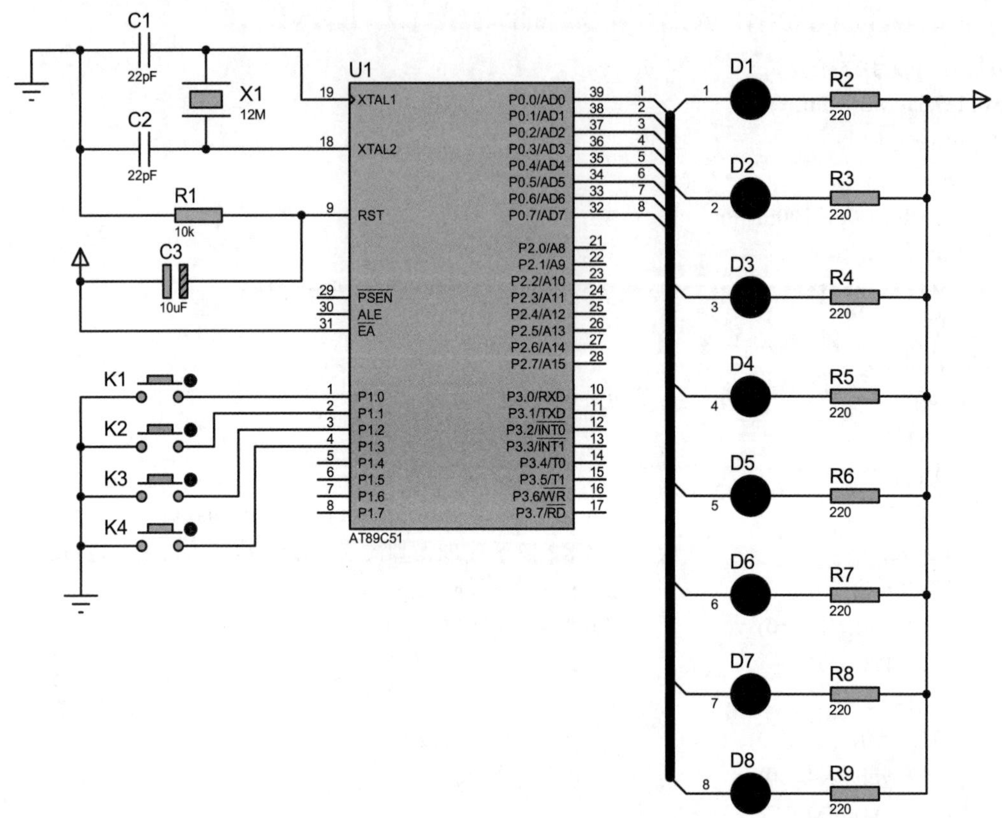

图 7.5 独立键盘控制电路（二）

分析：由电路连接可知，K1～K4 连接 P1.0～P1.3 口，只要检测到 P1.0～P1.3 口上有“0”信号，就说明对应的按键被按下，根据题意点亮相应的 LED 即可。

源程序如下。

```
//************************************************************
//宏定义
#include <reg51.h>
#define uchar unsigned char
#define uint unsigned int
//************************************************************
//延时 1ms 子程序
void DelayMS(uint x)
{ uchar i;
    while(x--) for(i=0; i<120; i++);}
//************************************************************
//按键控制 LED 主程序
void main()
{   uchar k,t,Key_State;
    P1=0xFF;
    P0=0xFF;
    while(1)
     { t=P1;                                    //将键值保存起来
```

```
        if(t !=0xFF)                        //判断有无按键被按下
         { DelayMS(10);                     //再次检查按键是否被按下，去抖动
           if(t !=P1)   continue;           //如果按键没有被按下，执行下一次循环
           Key_State = ~ t;                 //取得 4 位键值，由 1111xxxx 变为 0000xxxx
           k=0;                             //获取键号 k
           while(Key_State != 0)
             { k++ ;
               Key_State>> =1;
             }
           switch(k)
              { case 1: if (P0 == 0x00)
                            P0 = 0xFF ;
                        P0<<=1;             //逐个点亮 D1～D8
                        DelayMS(200);
                        break;
                case 2: P0 =0xF0; break;    //点亮 D1～D4
                case 3: P0 =0x0F; break;    //点亮 D5～D8
                case 4: P0 =0xFF;           //熄灭 D1～D8
              }
         }
     }
}
//************************************************************
```

在这个实例中我们对按键进行了去抖动处理，在确认有按键被按下后延时 10ms 再次检查当前的 P1 值与前面 t 中保存的有按键被按下时的 P1 值是否一样，若一样则说明此按键的确被按下了，即可进行下面的处理。此程序将每个按键对应设置成了不同的键号。为了识别被按下的按键对应哪一位，把读取的 P1 值取反后存入 Key_State，这样 Key_State 中的 1 在哪一位，被按下的按键就对应哪一位。定义变量 k 存放键号，将 Key_State 逐个右移，每移动一次 k 加 1，直到 Key_State 为 0 为止，这样 k 的值就是被按下的按键的键号。根据键号点亮对应的 LED 即可。

7.1.2 矩阵键盘控制 LED 数码管显示

任务准备

7.1.2.1 矩阵键盘的工作原理

当电路中的按键较多时，如有 16 个按键，若设计成独立键盘就需要 16 个 I/O 口，非常浪费端口，这时我们通常采用矩阵键盘。矩阵键盘中有行线和列线，按键位于行线、列线的交点上。如图 7.6 所示，1 个 4×4 的行、列结构可以构成 1 个含有 16 个按键的矩阵键盘。很明显，在按键数量较多的场合，矩阵键盘与独立键盘相比可少用很多 I/O 口。

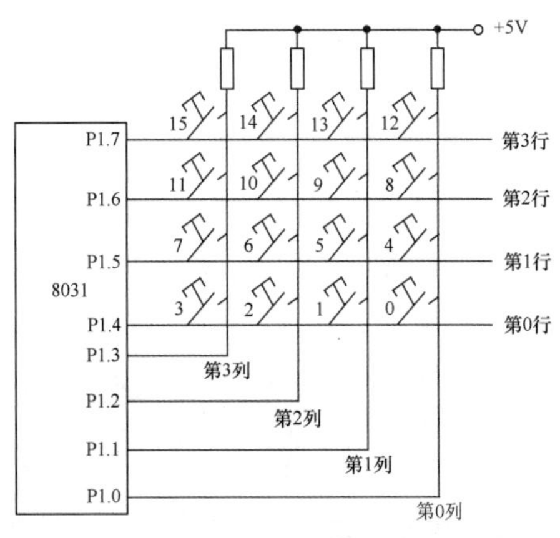

图 7.6 矩阵键盘电路

按键设置在行线、列线的交点上，行线、列线分别连接按键的两端，列线（或行线）通过上拉电阻接+5V 电源。平时在无按键动作时，列线处于高电平状态，而当有按键被按下时，行线电平状态将由与此行线相连的列线的电平决定。由于矩阵键盘中行线、列线为多个按键共用的，各按键均影响该按键所在行线和列线的电平，所以只有将行线、列线信号配合起来并进行适当的处理，才能确定闭合按键的位置。

矩阵键盘的按键识别方法有扫描法和线反转法。

1．扫描法

当有按键被按下时，令所有列线处于低电平状态，该按键所在行的行线电平将被拉成低电平，根据行线电平的变化，便能判断此行有无按键被按下。为了判断是哪一列的按键被按下，可让列线依次处于低电平，而其余列线处于高电平，按键所在列的列线电平将被拉成低电平，根据列线电平的变化，便能判断按键所在的列。

通过分析，很容易得出矩阵键盘的按键识别方法。

第一步：识别矩阵键盘中是否有按键被按下。让所有列线均处于低电平状态，检查各行线电平是否有变化，如果有变化，则说明有按键被按下；如果没有变化，则说明无按键被按下（在实际编程时应考虑按键抖动的影响，通常采用软件去抖动的方法进行处理）。

第二步：识别具体被按下的按键（扫描法）。令列线依次为低电平，其余各列线为高电平，检查各行线电平的变化，便可确定被按下的按键是哪一个。

单片机对键盘的扫描采取程序控制的方式，一旦进入扫描状态，就会反复地扫描键盘，等待用户利用键盘输入命令或数据。键盘扫描识别流程图如图 7.7 所示。

注意：在实际应用中扫描法是比较常用的按键识别方法。

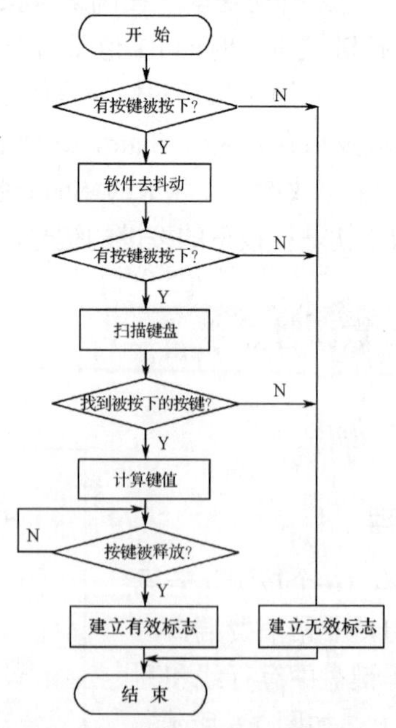

图 7.7　按键扫描识别流程图

2．线反转法

扫描法要逐行扫描查询，当被按下的按键处于最后一列时，要经过多次扫描才能得出此按键所处的位置。而线反转法则显得很简练，无论被按下的按键是处于第 1 列还是处于最后 1 列，均只需要经过两步便能得出此按键所在的位置，线反转法的原理图如图 7.8 所示。

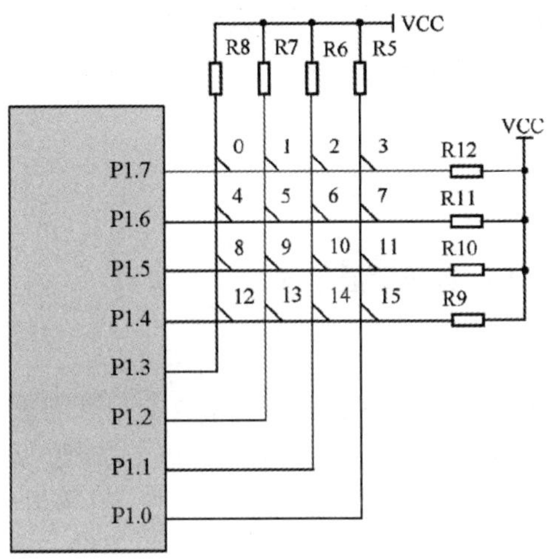

图 7.8　线反转法的原理图

第一步：将行线编程为输入线，列线编程为输出线，并使输出线输出电平全为 0，则行线中电平最低的行为按键所在行。

第二步：同第一步完全相反，将行线编程为输出线，列线编程为输入线，并使输出线电平全为 0，则列线中电平最低的列为按键所在列。

综合第一步和第二步的结果可确定按键所在的行和列，从而可识别出被按下的按键是哪一个。假设 3 号按键被按下，那么第一步让 P1.0～P1.3 口输出全为 0，读入 P1.4～P1.7 口的值，结果 P1.7 口的电平为 0，而 P1.4 口、P1.5 口和 P1.6 口的电平均为 1，说明第 1 行有按键被按下；第二步让 P1.4～P1.7 口输出全为 0，然后读入 P1.0～P1.3 口的值，结果 P1.0 口的电平为 0，而 P1.1 口、P1.2 口和 P1.3 口的电平均为 1，说明第 4 列有按键被按下。综合第一步、第二步，可知第 1 行第 4 列的按键被按下，此按键为 3 号按键。

对于矩阵键盘，由于按键的数目较多，需要对按键进行编码。编码有多种方式，常用的有以下 2 种。

（1）对于矩阵键盘，按键的位置由行号和列号确定，分别对行号和列号进行二进制数编码，然后将两值合成 1 个字节，高 4 位表示行号，低 4 位表示列号，如 12H 表示第 1 行第 2 列的按键。

（2）采用依次排列键号的方式对按键进行编码。以 4×4 的矩阵键盘为例，可以将键号编码为 0x00,0x01,0x02,…,0x0D,0x0E,0x0F。

由于键盘是由人来控制的，CPU 较难预测何时会有按键被按下，所以及时、准确地获取按键信息非常重要。既然按键被按下是随机的，在程序控制上就要不断读取与按键相连的 I/O 口的状态，这样做就会占用 CPU 大量的时间，使得 CPU 无暇做其他的事情。所以，对键盘进行控制主要有定时扫描、中断扫描两种方式。

定时扫描是指每隔一定的时间读取一次与按键相连的 I/O 口的状态，可以利用单片机内部的定时/计数器来控制扫描的时间间隔，当定时时间到时，在中断服务子程序中进行扫描，若有按键被按下，则进行按键识别之后，再对按键进行处理。

采用定时扫描方式不管是否有按键被按下，只要定时时间到就会去扫描键盘，很多时候没有按键被按下，那就相当于在进行空扫描，为了提高 CPU 的工作效率，可以利用中断扫描方式扫描键盘。在这种方式下，键盘的接口电路也会有点改变，键盘的 4 条行线经过与门连接到外部中断源上，当系统工作时，让所有的列线都为低电平，行线都为高电平，当有按键被按下时，就会有一根行线被拉为低电平，经过与门之后会触发一次外部中断，此时在中断服务子程序中进行按键识别，判断具体是哪个按键被按下。采用这种方式避免了对键盘的空扫描，可以提高 CPU 的工作效率。

任务操作

7.1.2.2 矩阵键盘控制 LED 数码管显示的设计方法

1. 任务要求

设计一个电路，令 AT89C51 的 P1 口连接一个 4×4 的矩阵键盘，其中 P1.0～P1.3 口连接行线，P1.4～P1.7 口连接列线，P0 口连接一个 1 位共阴极 LED 数码管，要求在按下一个按键时 LED 数码管上显示对应的键号，如按下 K1 显示“1”，按下 K2 显示“2”，按下 KF 显示“F”。

2. 任务分析

P1 口连接的是一个矩阵键盘，我们可以用扫描法来识别按键，扫描的过程如下。

首先判断是否有按键被按下。为了判断 16 个按键中是否有被按下的，在程序中首先在 4 条行线上放置 4 个 0，即 P1 口输出 0xF0，如果有任意一个按键被按下，则 4 条列线上必有一位为 0。

如果已经有按键被按下，则判断按键所在的行、列，并返回键号。代码中行扫描码 sCode 初值为 0xFE（11111110），通过将该值循环左移，可以对 P1.0～P1.3 口对应的 4 行逐行发送 0，每次发送扫描码后即判断高 4 位中是否有 0 出现，如果出现 0 则说明按键在该行，这时可将发送的低 4 位与读取的高 4 位取反，也就是 P1 口中将出现 2 个 1，其余位均变为 0，2 个 1 分别处于低 4 位和高 4 位中，高 4 位和低 4 位中 1 所处的位置各有 4 种可能，共有 16 种可能，对应 16 个按键，根据取反后的值查询矩阵键盘按键的特征码值表，即可得到键号。

根据图 7.9 连接电路，当 K0 被按下时，向 P1.0 口发送 0，则 P1.4 口电平为 0，而其他口电平都为 1，所以 K0 的键值是 11101110，由于值较大，将其逐位取反，则为 00010001，所以算出的键值为 0x11。以此类推，可以计算出 16 个按键的特征码值，如表 7.1 所示。

表 7.1 矩阵键盘按键的特征码值表

按　键	二进制键值	取反的二进制键值	取反的十六进制键值
K0	11101110	00010001	0x11
K1	11101101	00010010	0x12
K2	11101011	00010100	0x14
K3	11100111	00011000	0x18
K4	11011110	00100001	0x21
K5	11011101	00100010	0x22
K6	11011011	00100100	0x24
K7	11010111	00101000	0x28
K8	10111110	01000001	0x41
K9	10111101	01000010	0x42
KA	10111011	01000100	0x44

续表

按　键	二进制键值	取反的二进制键值	取反的十六进制键值
KB	10110111	01001000	0x48
KC	01111110	10000001	0x81
KD	01111101	10000010	0x82
KE	01111011	10000100	0x84
KF	01110111	10001000	0x88

3．任务设计

（1）元器件的选择。

单片机选用 AT89C51，矩阵键盘由 16 个轻触按键构成，用一个 1 位共阴极 LED 数码管来显示键号，加上单片机工作的外围电路，所需的元器件清单如表 7.2 所示。

表 7.2　矩阵键盘设计元器件清单

元器件名称	数量/个	元器件名称	数量/个
AT89C51	1	10kΩ 电阻	1
12MHz 晶振	1	1kΩ×8 排阻	1
22pF 瓷片电容	2	轻触按键	16
10μF 电解电容	1	1 位共阴极 LED 数码管	1

（2）硬件电路设计。

根据本任务的要求，AT89C51 的 P1 口连接矩阵键盘，P0 口连接 LED 数码管，因为采用的是共阴极 LED 数码管，所以段选线必须上拉，采用排阻将 7 根段选线上拉，电路原理图如图 7.9 所示。

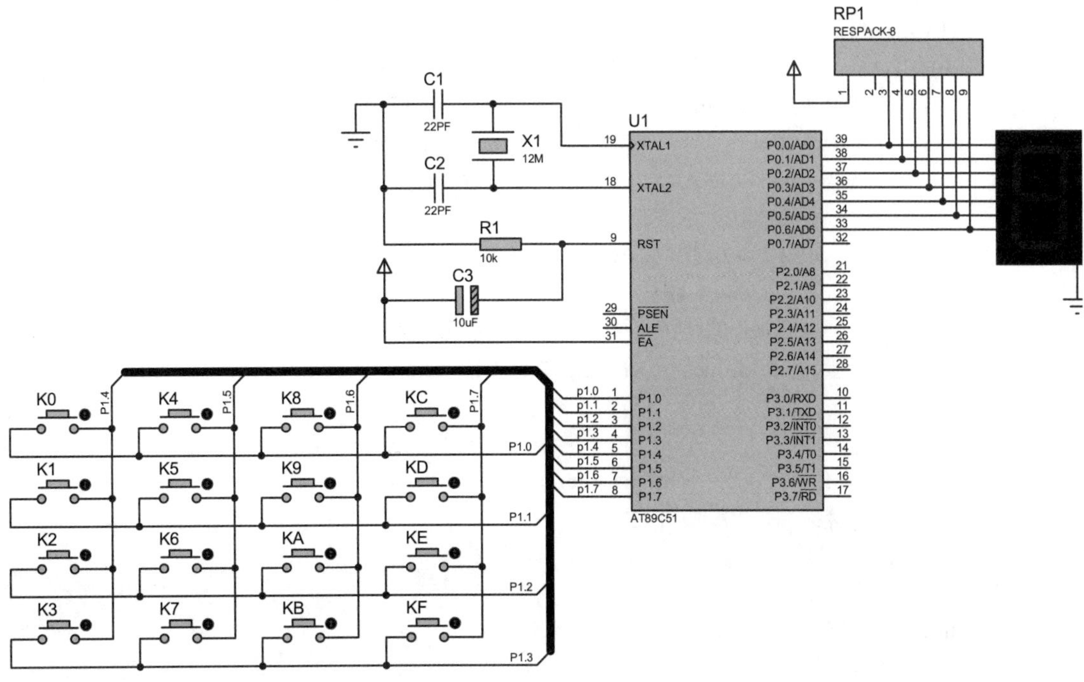

图 7.9　矩阵键盘控制 LED 数码管显示的电路原理图

（3）软件程序设计。

源程序如下。

```
//************************************************************
//宏定义
#include <reg51.h>
#include <intrins.h>
#define uchar unsigned char
//************************************************************
//共阴极 LED 数码管段码表
uchar   code DSY_CODE[]={0x3F, 0x06, 0x5B, 0x4F, 0x66, 0x6D, 0x7D, 0x07,
                         0x7F, 0x6F, 0x77 , 0x7C , 0x 39, 0x5E , 0x79 , 0x71 };
//矩阵键盘按键特征码表
uchar   code KeyCodeTable[]={0x11,0x12,0x14,0x18,0x21,0x22,0x24, 0x28,
                             0x41,0x42,0x44,0x48,0x81,0x82,0x84,0x88};
//************************************************************
//延时子程序
void Delay( )
{    uchar i ;
     for(i = 0; i<200;i++);
}
//************************************************************
//矩阵键盘扫描子程序
uchar   Keys_Scan( )
{   uchar sCode, kCode, i, k;
    P1=0xF0;                                  //低 4 位置 0，放入 4 行
    if   ((P1 & 0xF0) != 0xF0)
        { Delay( );
          if ((P1 & 0xF0) != 0xF0)
            {   sCode = 0xFE;                 //行扫描码初值
                for(k = 0;k<4; k++)           //对 4 行分别进行扫描
                  { P1= sCode;
                    if ((P1 & 0xF0) != 0xF0)
                       { kCode = ~P1;
                        for(i=0; i<16; i++)   //查表得到键号并返回
                        if (kCode = = KeyCodeTable[i])   return i;
                       }
                    else
                        sCode = _crol_(sCode,1);
                  }
            }
        }
     return -1;
}
//************************************************************
```

```
//显示主程序
void   main ( )
{ uchar   KeyNo = -1;                        //键号为-1 表示无按键被按下
   while (1)
      {    KeyNo = Keys_Scan( );             //扫描键盘获取键号 KeyNo
           if (KeyNo != -1)
               P0 = DSY_CODE[KeyNo];         //LED 数码管显示键号
       }
}
//************************************************************
```

先将需要显示的共阴极 LED 数码管的段码和矩阵键盘的键值放到相应的数组中以便于后面调用。本程序中最主要的部分是矩阵键盘扫描子程序，在进行过按键去抖动之后，将行扫描码初值 0xFE 逐次左移，对矩阵键盘的 4 行分别进行扫描，如果读取的 P1 口的值与表 7.1 中的键值相同，就说明对应的按键被按下了，返回此键号。主程序在不断进行扫描的过程中得到返回的键号，正好是需要显示的数字的序号，直接调用段码送至 P2 口显示即可。

注意： 对所有 4×4 的矩阵键盘的识别都可以调用本程序中的矩阵键盘扫描子程序。

（4）软件、硬件联合调试。

将编写好的源程序利用 Keil C51 软件编译成*.hex 文件后下载到 Proteus 软件中的硬件电路原理图中的 AT89C51 上运行，按下矩阵键盘中的任意一个按键，LED 数码管就显示相应的键号。在调试过程中如果遇到出现错误的情况，要注意区分是硬件的问题还是软件的问题，在多次练习后积累一定的经验。

任务 7.2 电子秒表的设计

任务操作

1. 任务要求

设计一个电子秒表，从 0s 计时到 59s，并用两个 1 位共阴极 LED 数码管显示当前的秒数，用按键控制电子秒表的启动和清零。

2. 任务分析

任务要求设计一个电子秒表，也就是每经过 1s，LED 数码管上显示的数字要加 1，为了使计数准确，我们采用单片机的定时/计数器来定时，可以采用定时/计数器的查询方式，也可以采用定时/计数器的中断方式。我们采用 T0 的工作方式 1，故 TMOD=0x01，晶振频率为 12MHz，机器周期为 1μs，设置定时时间为 50 000μs（50ms），反复计数 20 次就是 1s。

把计数的实时数值用两个 1 位共阴极 LED 数码管显示出来，采用静态显示方式，计数值的十位和个位分别显示在不同的 LED 数码管上。在任意的两个端口上分别连接一个轻触按键，分别控制电子秒表的启动和清零。

3．任务设计

（1）元器件的选择。

单片机选用 AT89C51，用 1 个轻触按键来控制电子秒表，用两个 1 位共阴极 LED 数码管来显示秒数，加上单片机工作的外围电路，所需的元器件清单如表 7.3 所示。

表 7.3　电子秒表设计元器件清单

元器件名称	数量/个	元器件名称	数量/个
AT89C51	1	10kΩ 电阻	1
12MHz 晶振	1	1kΩ×8 排阻	1
22pF 瓷片电容	2	轻触按键	2
10μF 电解电容	1	1 位共阴极 LED 数码管	2

（2）硬件电路设计。

根据任务要求和任务分析，单片机选用 AT89C51，在其 P0 口和 P2 口分别连接一个共阴极 LED 数码管，P0 口要用排阻上拉，两个轻触按键接在 P3.2 口和 P3.3 口上，一个用于控制电子秒表的启动，另一个用于控制电子秒表的清零，如图 7.10 所示。

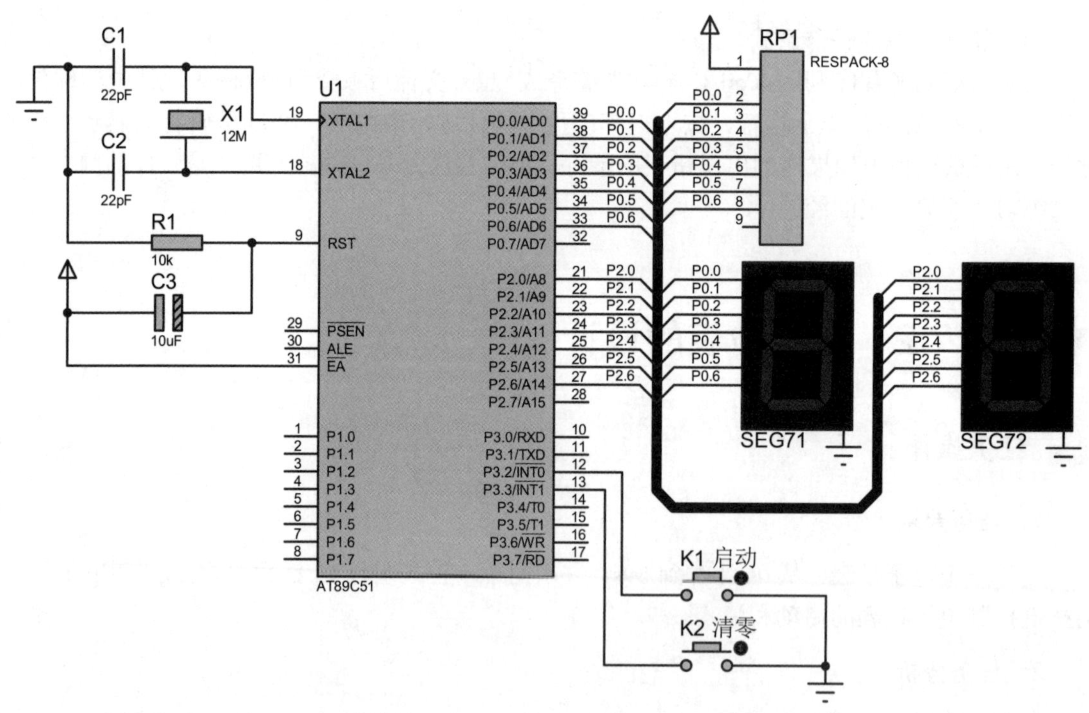

图 7.10　电子秒表的硬件电路原理图

（3）软件程序设计。

采用定时/计数器的查询方式计时的源程序如下。

```
//************************************************************
//宏定义
#include<reg51.h>
#define uchar unsigned char
```

```
#define uint unsigned int
sbit K1=P3^2;
sbit K2=P3^3;
//**********************************************************
//共阴极 LED 数码管段码表
uchar   code DSY_CODE[]={0x3F, 0x06, 0x5B, 0x4F, 0x66, 0x6D,
                          0x7D, 0x07,0x7F, 0x6F};
//**********************************************************
//延时 1ms 子程序
void DelayMS(uint x)
{   uchar i;
    while(x--)
        for(i=0; i<120; i++);
 }
//**********************************************************
//定时 1s 子程序
void   sTime ( )
{     uint i;
          TMOD=0x01;                              //设置 T0 工作于方式 1
          TH0=(65536-50000)/256;                  //置 T0 初值
          TL0=(65536-50000)%256;
          TR0=1;                                  //启动 T0
          for(i=0; i<=20 ; )
              {   if ( TF0 == 1)                  //查询计数溢出
                      { i++;
                        TF0=0;
                        TH0=(65536-50000)/256;    //重新置定时器初值
                        TL0=(65536-50000)%256;
                      }
              }
          return ;
 }
//**********************************************************
//电子秒表主程序
void main()
{ uchar s;
  P0= DSY_CODE[0];
  P2= DSY_CODE[0];
  K1=1;
  K2=1;
  while(1)
   { if(K1==0)                                    //K1 被按下
        {DelayMS(10);                             //按键去抖动
         if(K1==0)                                //再次检查按键
            { for (s=0;s<=59;s++)                 //从 0 到 59 显示秒数
```

```
                {P0= DSY_CODE[s/10];                    //显示秒的十位
                P2= DSY_CODE[s%10];                     //显示秒的个位
                sTime ();                               //调用定时 1s 子程序
                 }
            }
          }
    if(K2==0)
       { DelayMS（10);                                  //按键去抖动
        if(K2==0)                                       //再次检查按键
          { P0= DSY_CODE[0];                            //十位清零
           P2=DSY_CODE[0]; }                            //个位清零
          }
       }
}
//************************************************************
```

将两个按键设置为 K1 和 K2，把 T0 工作在方式 1 的定时 1s 子程序写在 sTime()函数中。主程序一开始让两个 LED 数码管都显示 0，K1 和 K2 的电平保证为 1，这样，一旦 K1 的电平为 0，表明 K1 被按下，LED 数码管从 1 开始显示，每显示一个数调用一次定时 1s 子程序，也就是延时了 1s，之后加 1，直到加到 60 为止，正好是 0～60s 的显示。如果 K2 被按下，则将 LED 数码管的显示都清零。

这个程序采用的是定时/计数器的查询方式，如果用中断方式来完成，我们该怎样编写程序呢？

（4）软件、硬件联合调试。

将编写好的源程序利用 Keil C51 软件编译成*.hex 文件后下载到 Proteus 软件中的硬件电路原理图中的 AT89C51 上运行，LED 数码管显示为“00”，按下 K1，LED 数码管就会从“01”到“60”按 1s 的时间间隔逐个显示数字，完成电子秒表的计数过程；当显示停止在“60”后，按下 K2，显示清零，即显示“00”，又可以重新计数。

大家可以思考一下，如果在电子秒表计数的过程中要停止并从头计数，我们该怎样进行设计呢？更进一步，如果改为 2 位 LED 数码管动态显示又该怎样改进设计呢？

注意：在电子秒表的设计过程中需要注意定时/计数器定时的方法、按键的识别方法和 LED 数码管的显示方式。

任务 7.3 矩阵键盘控制模拟电子闹钟的设计

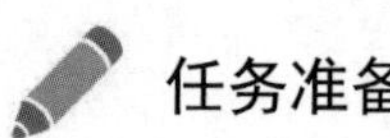

任务准备

闹钟在定时时间到了时需要报警通知定时的人，所以需要一个发声的元器件，一般我们选用蜂鸣器。下面先对蜂鸣器进行简单介绍。

蜂鸣器是一种一体化结构的电子讯响器，采用直流电压供电，广泛应用在计算机、打印机、复印机、报警器、电子玩具、汽车电子设备、定时器等电子产品中作为发声元器件。蜂鸣器实物图如图 7.11 所示。

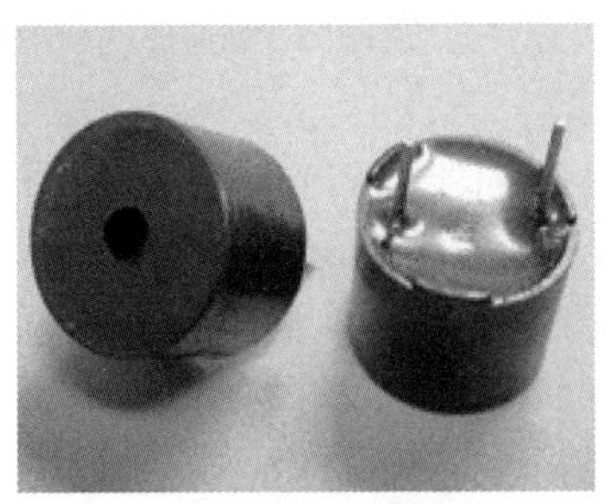

图 7.11　蜂鸣器实物图

蜂鸣器主要分为压电式蜂鸣器和电磁式蜂鸣器两种类型。

压电式蜂鸣器主要由多谐振荡器、压电蜂鸣片、阻抗匹配器、共鸣箱及外壳组成。有的压电式蜂鸣器外壳上还装有 LED。多谐振荡器由晶体管或集成电路构成。在接通电源（1.5～15V 直流工作电压）后，多谐振荡器起振，输出 1.5kHz～2.5kHz 的音频信号，阻抗匹配器推动压电蜂鸣片发声。压电蜂鸣片由锆钛酸铅或铌镁酸铅压电陶瓷材料制成。陶瓷片的两面镀有银电极，经极化和老化处理后，再与黄铜片或不锈钢片粘在一起。

电磁式蜂鸣器主要由振荡器、电磁线圈、磁铁、振动膜片及外壳组成。在接通电源后，振荡器产生的音频信号电流通过电磁线圈，使电磁线圈周围产生磁场。振动膜片在电磁线圈和磁铁的相互作用下，周期性地振动发声。

按照是否带有震荡源，蜂鸣器又分为有源蜂鸣器与无源蜂鸣器。有源蜂鸣器内部带震荡源，所以只要一通电就会鸣叫。有源蜂鸣器的优点是程序控制方便。无源蜂鸣器内部不带震荡源，所以用直流信号无法令其鸣叫，必须用 2kHz～5kHz 的方波信号去驱动它。无源蜂鸣器的优点较多，如便宜，声音频率可控，在一些特例中可以和 LED 复用一个控制端口等。

蜂鸣器的驱动电路一般包含以下几个部分：三极管、蜂鸣器、续流二极管和电源滤波电容。蜂鸣器的驱动电路如图 7.12 所示。

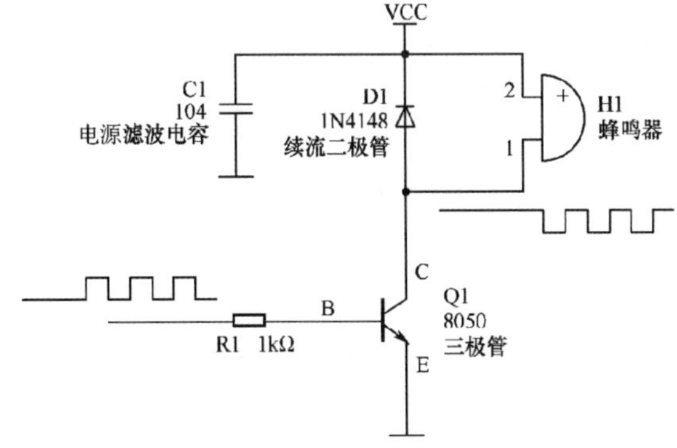

图 7.12　蜂鸣器的驱动电路

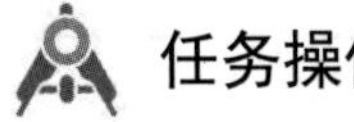

任务操作

1. 任务要求

设计一个模拟电子闹钟，要求用矩阵键盘实现输入设置，用 4 位共阳极 LED 数码管显示模拟时间，用蜂鸣器提醒设置的时间已到，具体要求如下。

（1）用按键 K0、K1、K2、K3、K4、K5、K6、K7、K8、K9 输入 0000～9999 中的任意一个数值作为设定的时间，数值 1 表示 1s，如输入 0060 表示 60s，即 1min；输入 0600 表示 600s，即 10min。

（2）用 4 位共阳极 LED 数码管实时显示当前的数值（时间）。

（3）将 K10 作为开始键，按下该按键后设置的数值以 1s 的时间间隔减 1 倒数。

（4）将 K11 作为取消键，按下该按键后取消前面的输入重新设置。

（5）当设置的数值减到 0 时蜂鸣器报警。

2．任务分析

根据任务要求，设计的模拟电子闹钟用矩阵键盘实现输入设置，所以可以沿用前面介绍过的矩阵键盘扫描子程序进行按键扫描。用 AT89C51 的 P1.0～P1.3 口连接矩阵键盘的行线，P1.4～P1.7 口连接矩阵键盘的列线。

LED 数码管是 4 位共阳极 LED 数码管，动态地显示模拟的时间，由于 4 位最大只能显示 9999，所以显示的时间范围是 0～9999s。用 AT89C51 的 P0 口连接 LED 数码管的段选线，用 P2.0～P2.3 口连接 LED 数码管位选线。

由于显示的数值每加 1 表示加 1s，所以加 1 或减 1 时要定时为 1s，由定时/计数器的中断来实现。可以采用 T1 的工作方式 2（自动重装计数初值），TMOD 为 0x20，采用 12MHz 晶振，设置定时时间为 250μs，中断 4000 次就为 1s。

键盘一位一位地输入需要设置的时间数值，按下开始键后，定时/计数器开始计数，每过 1s 数值减 1，直到数值减为 0 时启动蜂鸣器报警。

本任务的功能相对比较复杂，所以控制软件要采用模块化设计，将各个相对独立的小功能模块写入不同的子程序，主程序只要调用子程序即可。

3．任务设计

（1）元器件的选择。

单片机选用 AT89C51，矩阵键盘用 16 个轻触按键构成，用 1 个 4 位共阳极 LED 数码管来显示时间数值，LED 数码管位选线端加 NPN 型三极管驱动电路，选择一个蜂鸣器作为定时报警器，加上单片机工作的外围电路，所需的元器件清单如表 7.4 所示。

表 7.4 模拟电子闹钟设计元器件清单

元器件名称	数量/个	元器件名称	数量/个
AT89C51	1	轻触按键	16
12MHz 晶振	1	4 位共阳极 LED 数码管	1
22pF 瓷片电容	2	BC850B 三极管	4
10μF 电解电容	1	BC858B 三极管	1
10kΩ 电阻	1	有源蜂鸣器	1
510Ω 电阻	1		

（2）硬件电路设计。

根据任务要求和任务分析，设计模拟电子闹钟的硬件电路，电路原理图如图 7.13 所示。AT89C51 的 P1.0～P1.3 口连接矩阵键盘的行线，P1.4～P1.7 口连接矩阵键盘的列线，P0.0～

P0.7 口分别连接 LED 数码管段选线的 a～dp，P2.0～P2.3 口分别通过 Q1～Q4 正向驱动 LED 数码管的位选线 1～4，P2.7 口通过 Q5 反向驱动蜂鸣器，当 P2.7 口的电平为 0 时，Q5 的 C 极输出高电平，使蜂鸣器发声。这里用 Q5 反向驱动是为了不让蜂鸣器在一开机就发声。

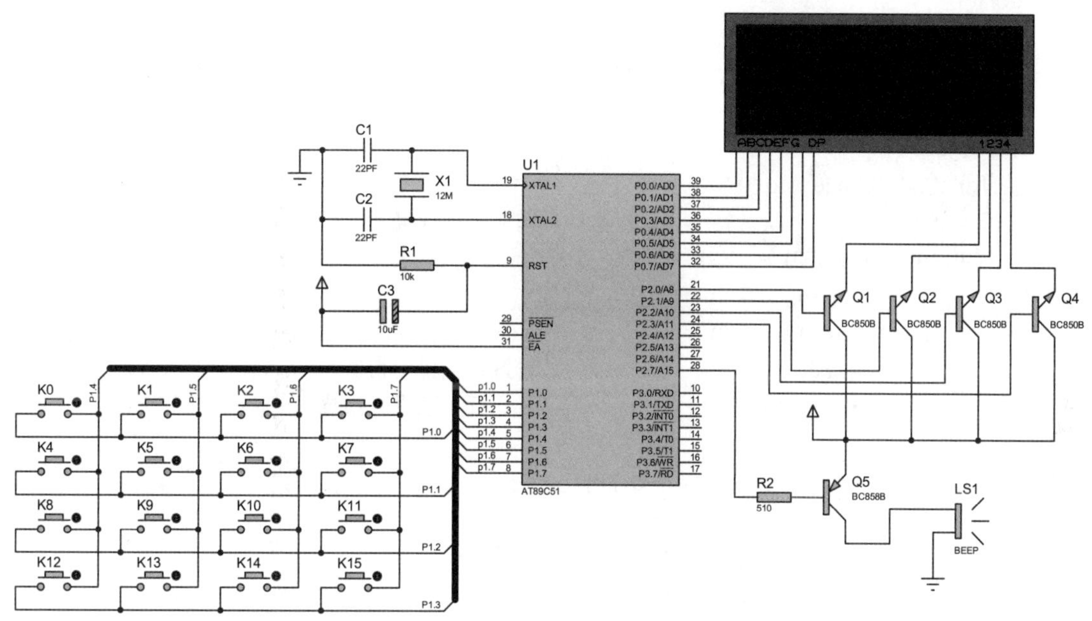

图 7.13　模拟电子闹钟的硬件电路原理图

（3）软件程序设计。

源程序如下。

```
//************************************************************************
//宏定义
#include<reg51.h>
#include<intrins.h>
#define uchar unsigned char
#define uint unsigned int
sbit BEEP=P2^7;
//************************************************************************
//矩阵键盘键值表
uchar    code KeyCodeTable[]={0x11,0x21,0x41,0x81,0x12,0x22,0x42,0x82,
                               0x14,0x24,0x44,0x84,0x18,0x28,0x48,0x88};

//共阳极 LED 数码管段码表
uchar code DisplayTable[]={0xc0,0xF9,0xA4,0xB0,0x99,0x92,0x82,0xF8, 0x80,0x90};
//************************************************************************
//定义全局变量
uchar digbit;                         //字位
uchar wordbuf[4];                     //字形码缓冲区
uchar count;                          //字形码缓冲区计数
int t1count;                          //T1 计数
```

```
//*****************************************************************
//延时 1ms 子程序
void DelayMS(uint x)
{ uchar i;
   while(x--) for(i=0; i<120; i++);}
//*****************************************************************
//矩阵键盘扫描子程序
uchar keyscan()
 { uchar sCode, kCode, i, k;
   P1=0xF0;                              //低 4 位行线置 0
   if ((P1&0xF0)!=0xF0)
        { DelayMS (10);
          if ((P1&0xF0)!=0xF0)
              {   sCode = 0xFE;          //设置行扫描码初值
                  for (k=0;k<4;k++)      //对 4 行分别进行扫描
                      {P1= sCode;
                       if ((P1&0xF0)!=0xF0)
                          { kCode =~P1;
                            do{P1=0xF0;}        //等待按键弹起
                            while((P1&0xF0)!=0xF0);
                            for (i=0;i<16;i++)  //查表得到键号并返回
                                if (kCode==KeyCodeTable[i])    return i ;
                            }
                       else sCode = _crol_(sCode,1);
                      }
              }
        }
      return -1;
 }
//*****************************************************************
//减 1 子程序
void plus()
{ int i;
  //将千位、百位、十位、个位的数合成一个整数
  i=wordbuf[0]*1000+wordbuf[1]*100+wordbuf[2]*10+wordbuf[3];
   i--;
  if(i<=0)                               //当数值减为 0 时蜂鸣器响
  {BEEP=0; i=0;}
  wordbuf[0]=i/1000;                     //减 1 后的数值一位一位地放入数组去显示
  wordbuf[1]=i%1000/100;
  wordbuf[2]=i%100/10;
  wordbuf[3]=i%10;
}
//*****************************************************************
//T1 初始化子程序（T1 工作于方式 2，250 次计数）
```

```
void init_time1()
  {
    TMOD=0x20;
    TH1=0x06;
    TL1=0x06;
    EA=1;
    ET1=1;
    TR1=1;
   }
//************************************************************************
//T1 的定时 1s 减 1 中断子程序
 timer1() interrupt 3
 {       t1count++;
         if(t1count==4000)                    //进入中断 4000 次为 1s
            {t1count=0;
             plus();                           //调用减 1 子程序
            }
  }
//************************************************************************
//LED 数码管实时显示子程序
void display()
{     uchar i;
      switch (digbit)
      {     case 1: i=0; break;
            case 2: i=1; break;
            case 4: i=2; break;
            case 8: i=3; break;
            default:    break;
      }
      P2= 0x00;                               //关闭显示
      P0 = DisplayTable[wordbuf[i]];          //送字形码
      P2= digbit;                             //送字位码
      DelayMS (2);
      if (digbit<0x08)                        //共 4 位
          digbit = digbit*2;                  //左移一位
      else
          digbit = 0x01;
}
//************************************************************************
//主程序
void main()
{
      int m, j,key;
      count = 0;                              //初始没有输入，T0 设为 0
      for (j=0;j<4;j++)                       //在刚通电时，初始值为 0000
```

```
        wordbuf[j] =0;
    while(count<5)
    {
      key = keyscan();                      //调用矩阵键盘扫描子程序
      if(key>=0&&key<10) m=1;               //输入 0～9
      else if(key==10) m=2;                 //开始倒计时键
      else if(key==11) m=3;                 //取消键
      else m=4;                             //其他按键
      switch(m)
      {
         case 1:  if (count<4)
                  {  wordbuf[count]=key;    //将键号即数字存入数组
                     P0=DisplayTable[key];  //在每次输入一个数字时 4 位都显示该数
                     count++;
                  }
                  break;
         case 2:  count=5;                  //按下开始键就跳出此循环
                  break;
         case 3:  count = 0;                //计数清零
                  for (j=0;j<4;j++)
                  {  wordbuf[j] = 0;        //LED 数码管显示 0000
                     P0=DisplayTable[0];
                  }
                  break;
         default: break;
      }
    }

    digbit = 0x01;
    init_time1();                           //打开 T1 的 1s 计时
    while(1)
       {  display();                        //调用 LED 数码管实时显示子程序
       }
}
//***************************************************************************
```

本程序包含比较多的模块，我们分别加以分析。

① 主程序：首先将存放需要显示的字形码缓冲区数组 wordbuf[4]中的 4 个元素清零，count 用来对输入数字的个数进行计数，只能计数到 4。将矩阵键盘扫描子程序返回的键号放到 key 中，根据返回值将按键分为 4 种类型：m=1 表示输入数字，只要 count<4，就把输入的键号（正好对应数字）放到数组 wordbuf[4]中，同时把输入的数字显示在 LED 数码管上；m=2 表示开始倒计时，跳出输入数字的循环；m=3 表示取消前面的输入，count 清零， wordbuf[4]也全清零；m=4 表示其他按键不作用。将字位 digbit 设为 1，开启 T1 计数，不断调用 LED 数码管实时显示子程序。

② T1 初始化子程序：T1 工作于方式 2，TMOD 为 0x20，250 次计数，机器周期为 1μs，

所以每计数一次为250μs，初值设为6。开启T1中断。

③ T1的定时1s减1中断子程序：每次T1计数值溢出，TF1为1后进入此中断子程序，t1count就加1，当t1count加到4000时，250μs×4000=1s，调用减1子程序。

④ 减1子程序：首先把数组wordbuf[4]中的各元素按千位、百位、十位、个位合成一个整数，该整数即输入的定时时间，将其减1之后再按千位、百位、十位、个位的顺序放回数组wordbuf[4]中去实时显示当前时间数值。如果整数减为0，则表明定时的时间到了，BEEP=0，启动蜂鸣器。

⑤ LED数码管实时显示子程序：按照字位digbit的值为1、2、4、8分别对应千位、百位、十位、个位，把数组wordbuf[4]中存放的千位、百位、十位、个位的数值分别动态地显示在LED数码管的相应位，段码送至P0口，位码送至P2口。

⑥ 矩阵键盘扫描子程序：此子程序沿用前面介绍过的矩阵键盘扫描子程序，此处不再累述。

⑦ 延时1ms子程序：当采用12MHz的晶振时，该子程序中的x为1就表示延时1ms。

（4）软件、硬件联合调试。

将编写好的源程序利用Keil C51软件编译成*.hex文件后下载到Proteus软件中的硬件电路原理图中的AT89C51上运行，就能实现模拟电子闹钟的功能。由于本任务的程序相对较大，建议大家在调试时分模块进行。根据模块的功能，简单地修改程序，以便能够在运行中直观地检查出本模块是否有问题。我们也可以采用软件仿真调试的方法，将Keil软件和Proteus软件联合在一起调试。

经过调试后，运行电路，利用K0～K9任意输入4个数字，如“0060”，按下开始键，输入的数字就按1s的时间间隔倒数减1，显示“0059”“0058”…“0000”，蜂鸣器响，说明定时的1min到了，实现了模拟电子闹钟的功能。

注意：在综合性的程序设计中，一定要按功能分模块编写程序，这样有利于调试和移植。例如，本程序中的矩阵键盘扫描子程序，只要用4×4的矩阵键盘就可以移植它。

 项目拓展 STC89C52实验板简易电子琴的设计

要设计简易的电子琴，首先要了解一些简单的音乐知识。乐谱主要是由音符和节拍组成的，音符“1、2、3、4、5、6、7”对应于不同的声波频率，而节拍表达的是声音持续的时间。通过控制单片机定时器的定时时间可以产生不同频率的方波，用于驱动无源蜂鸣器发出不同的声音，然后利用延时子程序来控制发音时间的长短，即控制节拍。把乐谱中的音符和相应的节拍变换成定时常数和延时常数，做成数据表格的形式存放在存储器中。由程序查表法得到定时常数和延时常数，用定时子程序控制产生方波的频率，用延时子程序控制发出该频率方波的持续时间。当延时时间到后再查询下一个音符的定时常数和延时常数，依次进行下去即可。

在本项目拓展中，我们只要了解音频脉冲的产生即可。利用单片机的内部定时器，在工作方式1的定时状态下，改变定时器的计数初值来产生不同的频率。

若单片机采用12MHz的晶振，要产生频率为523Hz的C调1音频脉冲，则可利用单片机的T0工作在方式1实现。T0的计数初值计算方法如下。

根据机器周期与时钟周期的定义可知，单片机内部的计时时间为1μs，故其频率为1MHz。

音调要求的频率用f_m表示，单片机的内部计时频率用f_{osc}表示。当要产生523Hz的音频脉冲时，其音频信号的周期T_m=1/523s，取半周期为1/(2×523)s，使T0每计数满半周期数后将输

出端口取反，即可得到 C 调 1 音。

所以 1 音的简谱码值也就是 T0 的初值，即 T=65 536−10^6/(2×523)=64 580s，其他频率音调的取值以此类推。

设晶振频率为 12MHz，乐谱中的音符、频率、简谱码的关系表如表 7.5 所示。

表 7.5　乐谱中的音符、频率、简谱码的关系表

音符（低音）	频率/Hz	简谱码（T值）	音符（中音）	频率/Hz	简谱码（T值）	音符（高音）	频率/Hz	简谱码（T值）
低 1	262	63 628	1	523	64 580	高 1	1047	65 058
低 2	294	63 835	2	587	64 684	高 2	1175	65 110
低 3	330	64 021	3	659	64 777	高 3	1319	65 157
低 4	349	64 103	4	699	64 820	高 4	1397	65 178
低 5	392	64 260	5	784	64 898	高 5	1569	65 127
低 6	440	64 400	6	880	64 968	高 6	1760	65 252
低 7	494	64 524	7	988	65 030	高 7	1976	65 283

本项目在实验板上设计，相关电路原理图见附录 B。这里的发声用一个喇叭 B1 实现，如图 B.26 所示，喇叭根据接收的方波频率不同发出不同的声音。用杜邦线将单片机外围的 J22 的引脚 3 与 J42 的引脚 7 连接，即可通过 P1.2 口控制喇叭发声；J26 连接 8 个独立按键 K1～K8，如图 B.10 所示，用杜邦线将 J22 的引脚 10～17 与 J26 相连，这样即可通过 P3 口控制 8 个独立按键。设计要求按下如图 B.10 所示 K1 时喇叭发出 1 音，按下 K2 时喇叭发出 2 音，以此类推，按下 K8 时喇叭发出高 1 音。

源程序如下。

```
/*****************************************************************************
   名称：电子琴
   内容：8 个独立按键控制 8 个音符
*****************************************************************************/
//宏定义
#include<reg52.h>
#define KeyPort    P3
//*****************************************************************************
//定义全局变量
unsigned char High,Low;           //定时器预装值的高 8 位和低 8 位
sbit SPK=P1^2;                    //定义喇叭接口

unsigned char code freq[][2]={
   0x44,0xFC,                     //523Hz  “1”
   0xAC,0xFC,                     //587 Hz “2”
   0x09,0xFD,                     //659 Hz “3”
   0x34,0xFD,                     //699 Hz “4”
   0x82,0xFD,                     //784 Hz “5”
   0xC8,0xFD,                     //880 Hz “6”
   0x06,0xFE,                     //988 Hz “7”
   0x22,0xFE,                     //1047 Hz “高 1”
```

```
};
//************************************************************************
//函数声明
void Init_Timer0(void);            //初始化 T0
//************************************************************************
//主程序
void main (void)
{   unsigned char num;
    Init_Timer0();                 //初始化 T0
    SPK=0;                         //在未按下按键时，喇叭为低电平，防止长期高电平损坏喇叭
    while (1)                      //主循环
    {   switch(KeyPort)
        { case   0xfe: num= 1; break;
          case   0xfd: num= 2; break;
          case   0xfb: num= 3; break;
          case   0xf7: num= 4; break;
          case   0xef: num= 5; break;
          case   0xdf: num= 6; break;
          case   0xbf: num= 7; break;
          case   0x7f: num= 8; break;
          default: num= 0; break;
        }
        if(num==0)
            { TR0=0;
              SPK=0;               //在未按下按键时，喇叭为低电平，防止长期高电平损坏喇叭
            }
        else
            { High=freq[num-1][1];
              Low =freq[num-1][0];
              TR0=1;
            }
    }
}
//************************************************************************
//T0 初始化子程序
void Init_Timer0(void)
{ TMOD = 0x01;                     //使用工作方式 1，16 位 T0
  EA=1;                            //总中断打开
  ET0=1;                           //T0 中断打开
  TR0=1;                           // T0 开关打开
}
//************************************************************************
//T0 中断子程序
void Timer0_isr(void) interrupt 1
{ TH0=High;
```

```
 TL0=Low;
 SPK=!SPK;
}
//************************************************************************
```

根据表 7.5 中 C 调 1～高 1 的频率和简谱码（定时初值），将 8 个音符的简谱码分别存放在二维数组 freq[][2]中，每行的第一个数是低 8 位简谱码，第二个数是高 8 位简谱码。主程序中首先调用 T0 初始化子程序，设置 T0 为工作方式 1，开启 T0 中断和 T0 定时。在未按下按键时，要求喇叭为低电平，防止长期高电平损坏喇叭，所以 SPK=0。不断检测 KeyPort(P3)，如果有按键被按下，根据键值对应的 num 值，也就是对应的 C 调各音，查询二维数组 freq[][2]中音的简谱码值，把高 8 位放入 High 变量，把低 8 位放入 Low 变量，开启 T0。如果没有按键被按下（num=0），就将 SPK 清 0，将 T0 关闭。T0 计数溢出后进入 T0 中断子程序，将简谱码赋给 TH0 和 TL0，这时 SPK（P1.2）的低电平持续的时间正好是一个音符的半周期，将 SPK 取反后持续一个音符的半个周期高电平，形成对应音的完整周期方波，蜂鸣器就发出相应的音调。

这样，将编写好的源程序利用 Keil C51 软件编译成*.hex 文件，通过串行口下载到实验板的 STC89C52 中，简易的电子琴就设计完成了。按 K1 发 1 音，按 K2 发 2 音，以此类推，按 K8 发高 1 音，这样就可以通过 8 个按键演奏出简单的乐曲。

项目小结

本项目主要介绍了人与机器对话所使用的键盘的工作原理和应用方法。键盘可分为编码键盘和非编码键盘。非编码键盘又可分为独立键盘和矩阵（行列式）键盘，是单片机应用中使用比较普遍的键盘。

在键盘的应用中重要的就是对按键的识别。独立键盘的按键识别比较简单，通过判断按键端口的电位即可识别按键操作，但独立键盘比较浪费 I/O 口。矩阵键盘节约了 I/O 口，如 8 个 I/O 口就可以控制 16 个按键，但是它的识别方法相对复杂。矩阵键盘的按键识别方法有扫描法和线反转法。

在应用按键时一定要去抖动，一般有硬件去抖动和软件去抖动两种方法。我们一般采用软件去抖动的方法，在识别按键后延时 10ms 再次进行识别。

在本项目中，我们学习了应用键盘、LED 数码管和单片机的定时/计数器等设计电子秒表和模拟电子闹钟方法。在项目拓展中学习了运用单片机的定时/计数器和蜂鸣器设计简易电子琴的方法。

知识思考与项目训练

（一）选择题

1．轻触按键在被按下和释放时，在机械触点闭合和断开瞬间会产生接触不稳定现象，消除抖动产生的不良影响常采用的方法有____________。

A）硬件去抖动　　B）软件去抖动

C）硬件、软件结合去抖动　　D）单稳态电路去抖

2．以下对判断按键是否被释放的说法错误的是____________。

A）与判断按键是否被按下的条件相反

B）也需要消抖动处理

C）需要用循环等待按键被释放

D）判断按键是否被释放对按键的应用没影响

3．某单片机系统需要 12 个功能键，通常采用____________方式更合适。

A）独立键盘　　B）矩阵键盘　　C）动态键盘　　D）静态键盘

4．以下对矩阵键盘的描述错误的是____________。

A）一个 I/O 口控制一个按键

B）也需要进行去抖动处理

C）按键位于行线和列线的交点上

D）编程较复杂，需要采用扫描法或线反转法识别按键

5．采用软件去抖动，只要在识别按键后延时____________再次识别按键即可。

A）1ms　　B）10ms　　C）0.1s　　D）1s

（二）填空题

1．按照按键识别方法不同键盘可分为__________键盘和__________键盘两种。

2．非编码键盘可分为__________键盘和__________键盘两种。

3．矩阵键盘的识别有__________和__________两种方式。

4．按键去抖动可以采用__________和__________两种方法。

5．按键软件去抖动的方法是采用__________来实现的。

（三）简答题

1．简述矩阵键盘的工作原理。

2．矩阵键盘的按键有几种识别方法？它们各是怎样识别按键的？

3．按键的去抖动有哪几种方式？单片机通常采用哪种方式？

4．简述有源蜂鸣器和无源蜂鸣器的控制方法。

（四）项目训练

1．采用如图 7.5 所示的硬件电路，用 K1～K4 分组控制 8 个 LED，要求按 K1 轮流点亮 D1～D8；按 K2 点亮 D1、D3、D5、D7；按 K3 点亮 D2、D4、D6、D8；按 K4 熄灭 D1～D8。请编写程序并调试。

2．采用 AT89C51 设计一个电子秒表，可以正计时，也可以倒计时。要求用一个 2 位共阳极 LED 数码管动态显示秒数，定时采用 T1 的工作方式 2，并且用中断方式实现。在 Proteus 环境下绘制电路原理图，编程调试实现功能。

3．用 MCS-51 系列单片机设计一个模拟电子闹钟：用 8 位共阴极 LED 数码管动态显示时间，从左到右第 1、第 2 位显示时，第 4、第 5 位显示分，第 7、第 8 位显示秒，中间用“-”隔开。例如，设置“01-30-00”，表示定时 1 小时 30 分钟，开始计时后以倒数的方式显示“01-29-59”“01-29-58”…直到显示“00-00-00”时蜂鸣器发出闹铃声。具体要求如下。

（1）用 4×4 的矩阵键盘的数字键输入设定时间。

（2）用 8 位共阴极 LED 数码管实时显示当前的数值（剩余时间）。

（3）用“A”键作为开始键，按下后设置的数值以 1s 的时间间隔减 1 倒数。

（4）用“B”键作为取消键，按下后取消前面的输入重新设置。

（5）当设置的数值减到 0 时蜂鸣器报警。

请编写程序并调试。

项目 8

单片机通信系统的设计

✧ 学习目标

- ➢ 了解串行通信的基本知识。
- ➢ 了解 RS-232C 接口。
- ➢ 了解 MCS-51 系列单片机串行口的组成。
- ➢ 掌握 MCS-51 系列单片机串行口的工作原理及应用方法。
- ➢ 掌握 MCS-51 系列单片机串行口工作电路的分析与设计方法。
- ➢ 掌握单片机与计算机串行口通信系统的设计方法。
- ➢ 能熟练编写单片机串行口通信的发送和接收数据的程序。
- ➢ 能独立分析和解决硬件设计和软件设计中的问题。
- ➢ 能利用团队的力量完成任务，培养团队合作精神。

✧ 工作任务

- ➢ 叙述 RS-232C 接口的基本内容。
- ➢ 叙述 MCS-51 系列单片机串行口的工作原理。
- ➢ 设计单片机与单片机之间的通信电路和工作软件。
- ➢ 设计单片机与计算机之间的通信电路和工作软件。

项目引入

由单片机组成的电子产品在开发时怎样与计算机进行通信呢？我们怎样用计算机来检查和监测单片机的工作呢？用计算机编译好的软件怎样下载到单片机中呢？两个不同的单片机系统可以互通信息吗？这些问题都涉及单片机的通信。

单片机与计算机进行数据通信可以通过并行口来实现，也可以通过串行口来实现。通常，单片机与外围芯片（如存储器、I/O 口等）之间的通信采用并行通信方式；单片机与外部系统（如单片机、计算机等）之间的通信采用串行通信方式。

本项目实现的就是单片机与计算机之间的双向串行通信，利用单片机的串行口连接单片机和计算机，使双方可以进行通信。要求学生通过学习本项目掌握单片机串行口的工作方式，以及单片机与单片机之间和单片机与计算机之间进行通信的方法。

本项目包含两个任务：MCS-51 系列单片机之间的串行通信设计；单片机与计算机通信系统的设计。

任务 8.1 MCS-51 系列单片机之间的串行通信设计

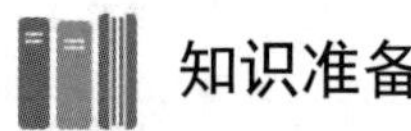

知识准备

8.1.1 RS-232C 串行通信标准

8.1.1.1 串行通信

CPU 与外部系统的信息交换称为通信，基本的通信方式有并行通信和串行通信两种。

并行通信是数据字符的所有位同时传送的通信方式，其优点是传送速度快；缺点是要传送的数据有多少位，就需要多少根数据线。并行通信不适用于传送数据位数多、传送距离远的通信场合。

串行通信是组成数据的所有位通过一根数据线一位一位地传送的通信方式，其突出优点是只需要一根数据线，大大降低了传送成本；其缺点是传送速度相对较慢。串行通信适用于远距离通信场合。

单片机广泛用于工业控制和数据采集领域，它们通常远离系统主机，采用串行通信方式可以大大降低成本，并可提高系统的可靠性（数据线根数减少，降低了线路故障的概率）。

1. 串行通信的分类

按照串行数据的时钟控制方式，串行通信可分为同步通信和异步通信两类。

（1）异步通信。

在异步通信过程中，数据通常是以字符为单位组成字符帧传送的。字符帧也称数据帧，由起始位、数据位、奇偶校验位和停止位 4 部分组成，异步通信的字符帧格式如图 8.1 所示。

① 起始位：位于字符帧开头，只占 1 位，为低电平“0”，用来通知接收设备发送端开始发送数据。线路上在不传送字符时应保持为“1”。接收端不断检测线路的状态，若连续为“1”以后又测到 1 个“0”，就知道发来 1 个新字符，应马上准备接收。

② 数据位（D0～D7）：紧接在起始位后面，通常为 5～8 位，依据数据位由低到高的顺序依次传送数据。

③ 奇偶校验位：紧接在数据位后面，只占 1 位，表征串行通信中采用奇校验还是偶校验，也可用该位来确定这一帧中的字符所代表信息的性质（地址/数据等）。

④ 停止位：位于字符帧的最后，表征字符的结束，它一定为高电平“1”。停止位可以是 1 位、1.5 位或 2 位。接收端在接收到停止位后，知道上一个字符已传送完，同时为接收下一个字符做好准备（只要再收到“0”就是新的字符的起始位）。若停止位以后不是紧接着传送下一

个字符，则让线路上保持为“1”。图 8.1（a）表示一个字符紧接一个字符传送，上一个字符的停止位和下一个字符的起始位是相邻的；图 8.1（b）表示两个字符间有空闲位，空闲位为“1”，线路处于等待状态。存在空闲位正是异步通信的特征之一。

在异步通信中，字符帧由发送端一帧一帧地发送，每一帧字符均是低位在前、高位在后，通过数据线被接收端一帧一帧地接收的。两帧字符之间可以是连续的，也可以是间断的，这完全由发送方根据需要来决定。在进行异步通信时，发送端和接收端可以由各自独立的时钟脉冲控制数据的发送和接收，这两个时钟彼此独立、互不同步。由于发送端不需要传送同步时钟到接收端，异步通信对硬件要求较低，实现起来比较简单、灵活，适用于随机发送/接收数据的场合，但因每个字节都要建立一次同步，即每个字符都要额外附加两位，所以工作速度较低，在单片机中主要采用异步通信方式。

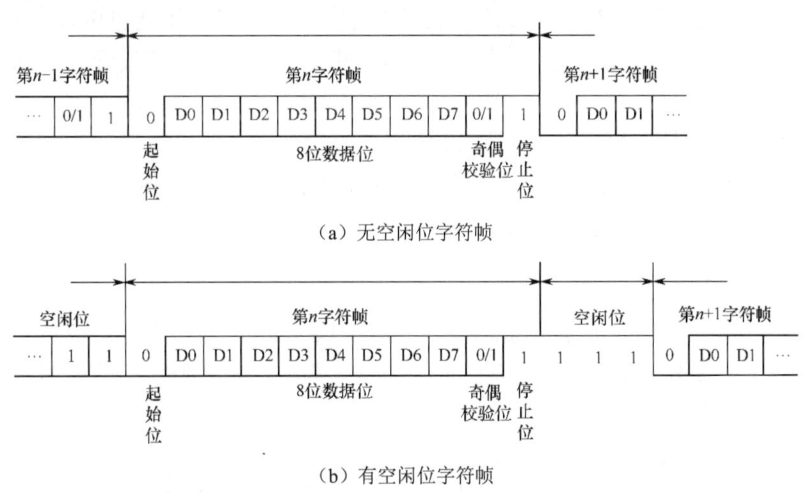

图 8.1 异步通信的字符帧格式

（2）同步通信。

同步通信是指在发送设备和接收设备的时钟频率同步的情况下，发送设备先向接收设备发送同步字符，接收设备接收到同步字符后，开始进行串行数据块的传送，当串行数据块传送完毕时，发送设备向接收设备发送结束串行通信同步数据，停止串行通信。同步通信的数据块格式如图 8.2 所示。同步通信一次发送的数据量大，但需要发送设备和接收设备的时钟频率保持严格的同步，这在实际中是较难实现且不经济的。

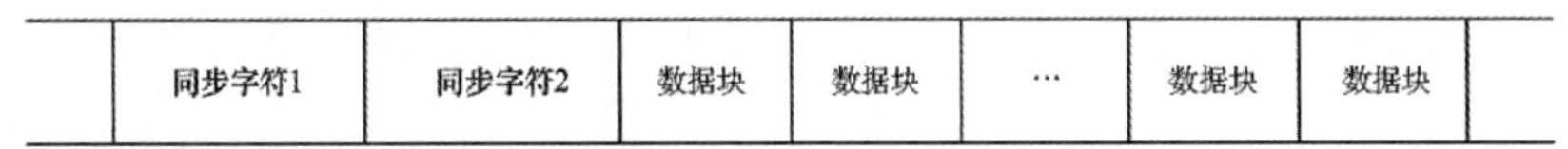

图 8.2 同步通信的数据块格式

2. 串行通信的波特率

在串行通信过程中，数据是按位进行传送的，每秒传送二进制数的位数就是波特率。单位是位/秒，用 bit/s 表示。例如，某串行通信系统的波特率为 9600bit/s，表示该串行通信系统每秒传送 9600 位二进制数。如果每个字符帧格式包含 10 位代码位（1 位起始位、1 位停止位和 8 位数据位），则该串行通信系统每秒传送 960 个字符。

波特率是串行通信的重要指标，用于表征数据传输的速度。波特率越高，数据的传输速率越大。异步通信方式的波特率一般为 50～9600bit/s，同步通信方式的波特率可达 56kbit/s 或者更大。

3．串行通信方式

串行通信根据数据传送的方向及时间关系可分为单工、半双工和全双工三种制式，如图 8.3 所示。

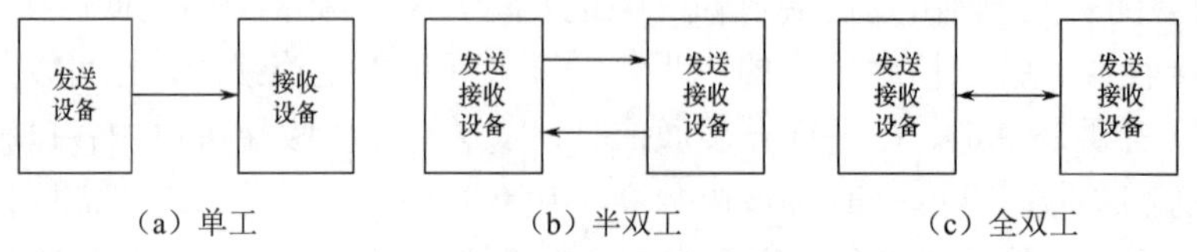

（a）单工　（b）半双工　（c）全双工

图 8.3　串行通信的三种制式

单工制式是指通信双方只能单向传送数据，发送方和接收方固定，如图 8.3（a）所示。

半双工制式是指通信双方都设有发送设备和接收设备，既可以发送也可以接收，但不能同时接收和发送，即发送时不能接收，接收时不能发送，其传送方向可以通过开关控制，如图 8.3（b）所示。

全双工制式是指通信双方均设有发送设备和接收设备，并且信道划分为发送信道和接收信道，因此全双工制式可实现通信双方同时发送和接收数据，即发送时能接收，接收时也能发送，数据可以同时进行双向传输，如图 8.3（c）所示。

4．串行通信协议

通信协议是指单片机之间进行信息传送的一些约定，包括通信方式、波特率、双机之间握手信号的约定等。为了保证准确、可靠地通信，通信双方必须遵循统一的通信协议，在通信之前一定要设置好通信协议。

由于串行通信的格式及约定（如同步方式、通信速率、数据块格式、信号电平等）不同，所以形成了多种不同的串行通信的协议与接口标准，其中常见的有通用异步收发器（Universal Asynchronous Receiver/Transmitter，UART）协议、通用串行总线（USB）协议、I^2C 总线协议、CAN 总线协议、SPI 总线协议、RS-485、RS-232C、RS-449、RS-422A 等。

UART 是串行口的核心部件。同步通信的接口电路称为 USRT。异步通信和同步通信共用的接口电路称为 USART（Universal Synchronous Asynchronous Receiver/Transmitter）。

注意：单片机对外通信通常采用全双工的串行异步通信方式。

8.1.1.2　RS-232C 简介

除满足约定的波特率、工作方式和特殊功能寄存器的设定之外，串行通信的双方还必须采用相同的通信协议和相同的接口标准，才能进行正常的通信。不同串行口的信号线定义、电气特性等不同，所以要使这些设备能够互相连接，需要统一的串行口。RS-232C 为比较常用的串行通信接口标准。

RS-232C 的全称是 EIA-RS-232C，其中 EIA（Electronic Industry Association）代表美国电子工业协会，RS（Recommended Standard）代表 EIA 的“推荐标准”，232 为标识号，C 表示修改次数。

RS-232C 的定义是计算机系统的一些数据终端设备（DTE）和数据通信设备（DCE）之间的物理接口标准。例如，CRT、打印机与 CPU 的通信大都采用 RS-232C 标准，MCS-51 系列单片机与计算机的通信也采用这种类型的标准。由于 MCS-51 系列单片机本身有一个全双工的串行口，所以该系列单片机使用 RS-232C 标准非常方便。

通常的标准串行口都要满足可靠传输时的最大传输速率和通信距离指标要求，这两个指标具有相关性，适当降低传输速率，可以加长通信距离。RS-232C 标准适用于通信距离不大于 15 m、传输速率不大于 20 kbit/s 的设备之间的通信。

1. RS-232C 信息格式标准

RS-232C 信息格式采用串行格式。其标准规定：信息的开始为起始位，信息的结束为停止位；信息本身可以是 5～8 位再加一位奇偶校验位，如图 8.4 所示。如果两个信息之间无信息，则写“1”，表示空。

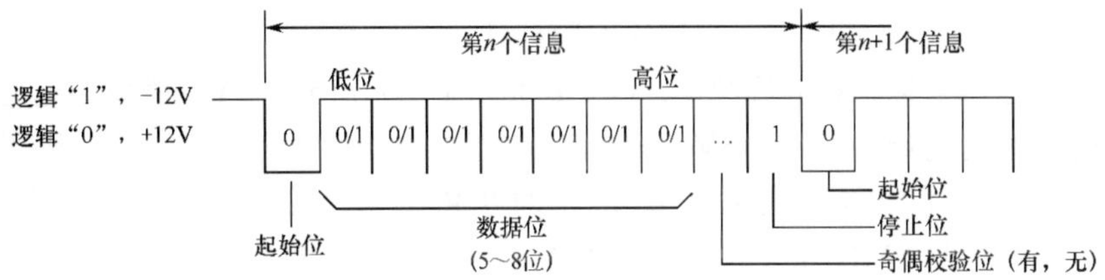

图 8.4　RS-232C 信息格式

2. RS-232C 接口的引脚定义

RS-232C 接口规定使用 25 针“D”形口连接器，连接器的尺寸及每个插针的排列位置都有明确的定义。在微型计算机通信中常使用的信号引脚有 9 个，所以常用 9 针“D”形口（DB9）连接器替代 25 针“D”形口连接器。DB9 连接器的引脚排列如图 8.5 所示。RS-232C 接口主要引脚的定义如表 8.1 所示。

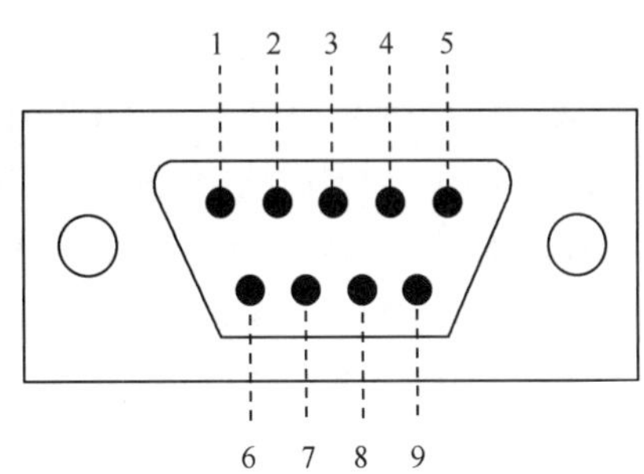

图 8.5　DB9 连接器的引脚排列

表 8.1　RS-232C 接口主要引脚的定义

引脚序号	引脚名称	功　能
1	PGND	保护接地
2（3）	TXD	发送数据（串行输出）
3（2）	RXD	接收数据（串行输入）
4（7）	RTS	请求发送 RTS（输出）
5（8）	CTS	消除发送 CTS（输入）
6（6）	DSR	DCE 就绪（数据建立就绪）
7（5）	SGND	信号接地
8（1）	DCD	载波检测
20（4）	DRT	DTE 就绪（数据终端准备就绪）
22（9）	RI	振铃指示

注意：引脚序号列括号内为 9 针非标准连接器的引脚序号。

在最简单的全双工系统中，仅用发送数据、接收数据和信号地 3 个引脚就可以实现数据的串行通信。对于 MCS-51 系列单片机，利用其 RXD、TXD 和 SGND 这 3 个引脚，就可以构成符合 RS-232C 的全双工通信接口。

3. RS-232C 接口的电气特性

RS-232C 接口采用单端连接方式，所以其接口电路采用一根信号接地线。由于通过地线的串音干扰大，所以为了提高该接口的抗干扰能力，规定了较高的信号电平。RS-232C 规定驱动器的输出电压为±(5～15)V，接收器的输入门限电压为-3V～+3V。

RS-232C 规定信号电平采用负逻辑，规定逻辑“1”为-15～-5V，负载端电压要小于-3V，一般选用-12V；规定逻辑“0”为+5V～+15V，负载端电压要大于+3V，一般选用+12V。它要求的电平与 TTL 电平不兼容。因此，当计算机通过 RS-232C 接口与外设进行通信时，必须经过相应的电平转换电路。MC1488 和 MC1489 芯片可以完成这种电平转换功能。

MC1488 是总线驱动器（发送器），内部有 3 个与非门和 1 个反相器，可将 TTL 电平转换为 RS-232C 电平；MC1489 是总线接收器，内部有 4 个反相器，可将 RS-232C 电平转换为 TTL 电平。

目前使用较多的电平转换电路有 MAX220、MAX232、MAX232A 等，它们均集成了 RS-232C 电平与 TTL 电平的互换电路。如图 8.6 所示，其第一部分是电荷泵电路，由引脚 1、2、3、4、5、6 和 5 个电容构成，功能是产生+12V 和-12V 的电源，满足 RS-232C 电平的需要；第二部分是数据转换通道，由引脚 7、8、9、10、11、12、13、14 构成两个数据通道，其中引脚 13（R1IN）、引脚 12（R1OUT）、引脚 11（T1IN）、引脚 14（T1OUT）构成第一数据通道，引脚 8（R2IN）、引脚 9（R2OUT）、引脚 10（T2IN）、引脚 7（T2OUT）构成第二数据通道，TTL/CMOS 数据从 T1IN、T2IN 输入，转换成 RS-232C 数据后从 T1OUT、T2OUT 送到计算机 DB9 连接器，DB9 连接器的 RS-232C 数据从 R1IN、R2IN 输入，转换成 TTL/CMOS 数据后从 R1OUT、R2OUT 输出；第三部分是供电电路，由引脚 15（GND）、引脚 16（VCC）构成。

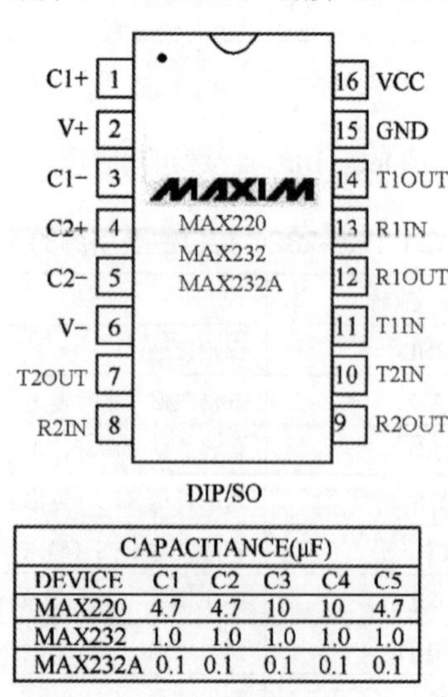

CAPACITANCE(μF)					
DEVICE	C1	C2	C3	C4	C5
MAX220	4.7	4.7	10	10	4.7
MAX232	1.0	1.0	1.0	1.0	1.0
MAX232A	0.1	0.1	0.1	0.1	0.1

图 8.6 电平转换芯片

由 MAX232A 组成的通信接口电路如图 8.7 所示。

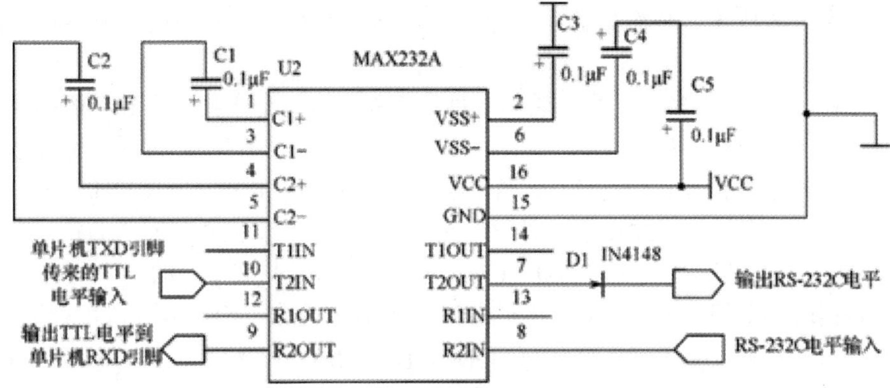

图 8.7 由 MAX232A 组成的通信接口电路

注意：单片机在与其他 CPU（包括单片机）系统、上位机或者计算机进行通信时大都采用 RS-232C 接口，RS-232C 接口采用负逻辑电平，所以在通信时要用相应的电平转换电路完成电平转换。

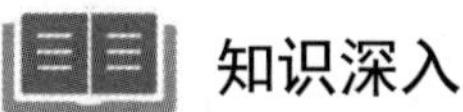 知识深入

8.1.2 MCS-51 系列单片机串行口的工作原理

MCS-51 系列单片机内部有一个可编程全双工的异步串行口，它通过数据接收引脚 RXD（P3.0）和数据发送引脚 TXD（P3.1）与外设进行串行通信，可以同时发送和接收数据。这个串行口既可以实现异步通信，又可以用于网络通信，还可以用作同步移位寄存器，其字符帧格式可以为 8 位、10 位和 11 位，并能设置各种波特率。

1. 串行口的内部结构

MCS-51 系列单片机内部有两个独立的 SBUF，一个为接收缓冲器，另一个为发送缓冲器。SBUF 属于特殊功能寄存器。发送缓冲器只能写入不能读出，接收缓冲器只能读出不能写入，两者共用一个字节地址（99H）。MCS-51 系列单片机串行口的结构框图如图 8.8 所示。

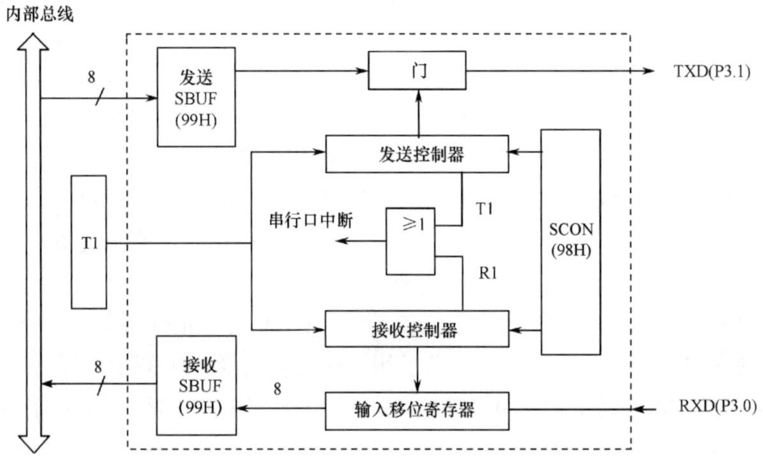

图 8.8 MCS-51 系列单片机串行口的结构框图

与串行口有关的特殊功能寄存器为SBUF、SCON、PCON，下面对它们分别讨论。

（1）SBUF。

SBUF是串行口数据缓冲器，属于特殊功能寄存器，有两个在物理上独立的接收缓冲器与发送缓冲器。发送缓冲器只能写入不能读出，写入SBUF的数据存储在发送缓冲器中，用于串行发送；接收缓冲器只能读出不能写入。两个缓冲器共用一个字节地址（99H），通过对SBUF的读写指令来区别是对接收缓冲器还是对发送缓冲器进行操作。接收或发送数据，是通过串行口对外的两个独立收、发信号引脚RXD（P3.0）、TXD（P3.1）来实现的。

在发送数据时，只需要将发送数据输入SBUF，CPU就会自动启动和完成串行数据的发送：

```
SBUF=0xFF;          //启动一次数据发送，可向SBUF发送下一个数据
```

在接收数据时，CPU将自动把接收到的数据存入SBUF，用户只需要从SBUF中读出接收数据即可：

```
P1=SBUF;            //完成一次数据接收，SBUF可再接收下一个数据
```

注意：单片机的SBUF有接收和发送功能，但它只是一个缓冲器，只有一个地址。

（2）SCON。

SCON是串行口控制寄存器，用来控制串行口的工作方式和工作状态，其字节地址为98H，可位寻址，位地址为9FH～98H。在单片机复位时，SCON的所有位全为0。SCON各位的定义如图8.9所示。

SCON	9FH	9EH	9DH	9CH	9BH	9AH	99H	98H
	SM0	SM1	SM2	REN	TB8	RB8	TI	RI

图8.9 SCON各位的定义

SM0、SM1：串行工作方式选择位，其定义如表8.2所示。

表8.2 串行工作方式的定义

SM0 SM1	工作方式	功能	波特率
0 0	0	8位同步移位寄存器	$f_{osc}/12$
0 1	1	10位UART	可变
1 0	2	11位UART	$f_{osc}/64$ 或 $f_{osc}/32$
1 1	3	11位UART	可变

SM2：多机通信控制位，用于工作方式2和工作方式3。在工作方式2、工作方式3处于接收方式时，若SM2=1且RB8=0，则不激活RI；若SM2=1且RB8=1，则置RI=1。在工作方式2、工作方式3处于接收或发送方式时，若SM2=0，则不论RB8是为0还是为1，TI、RI都以正常方式被激活。在工作方式1处于接收方式时，若SM2=1，则只有在收到有效的停止位后，RI才置1。在工作方式0中，SM2应为0。

REN：允许串行接收位。它由软件置位或清零。REN=1，允许接收；REN=0，禁止接收。

TB8：发送数据的第9位。在工作方式2和工作方式3下，TB8由软件置位或清零，可用作奇偶校验位。在多机通信中，TB8可作为区别地址帧和数据帧的标识位：在地址帧中TB8为1；在数据帧中TB8为0。

RB8：接收数据的第9位。功能同TB8，在工作方式2和工作方式3下，RB8是第9位接

收数据。

TI：发送中断标志位。在工作方式 0 下，发送完 8 位数据后，TI 由硬件置位；在其他工作方式下，TI 在发送停止位之初由硬件置位。TI 是发送完一帧数据的标志位，可以通过指令查询发送是否结束。当 TI=1 时，也可向 CPU 申请中断，在 CPU 响应中断后，必须由软件清除 TI。

RI：接收中断标志位。在工作方式 0 下，接收完 8 位数据后，RI 由硬件置位；在其他工作方式下，RI 在接收停止位的中间由硬件置位。同 TI 一样，RI 也可以通过指令查询是否接收完一帧数据。当 RI=1 时，也向 CPU 可申请中断，在 CPU 响应中断后，必须由软件清除 RI。

注意： *在接收/发送数据时，无论是否采用中断方式工作，每接收/发送一个数据都必须用指令对 RI/TI 清零，以备下一次接收/发送数据。*

（3）PCON。

PCON 是电源及波特率选择寄存器，主要是为 HMOS 型单片机的电源控制而设置的专用寄存器，其各位的定义如图 8.10 所示，其不可位寻址，字节地址为 87H。在 HMOS 型 8051 单片机中，PCON 除最高位以外，其他位都是虚设的。

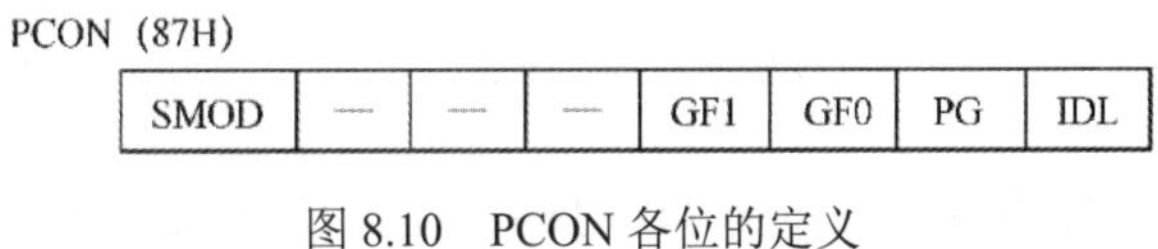

图 8.10 PCON 各位的定义

与串行通信有关的位只有 SMOD。SMOD 为波特率选择位。在工作方式 1、工作方式 2 和工作方式 3 下，串行通信的波特率与 SMOD 有关。当 SMOD=1 时，波特率乘 2；当 SMOD=0 时，波特率不变。在系统复位时，SMOD=0。其他各位为掉电方式控制位，此处不再赘述。

2. 串行口的工作方式

MCS-51 系列单片机的串行口有 4 种工作方式，分别是工作方式 0、工作方式 1、工作方式 2 和工作方式 3，这些工作方式由 SCON 中的 SM0、SM1 两位编码决定。

（1）工作方式 0。

在工作方式 0 下，串行口用作同步移位寄存器。移位数据的发送和接收以 8 位数据为一帧，不设起始位和停止位，无论是输入还是输出，均低位在前高位在后，每个机器周期发送或接收一位数据，所以工作方式 0 的波特率是固定的，为晶振频率的 1/12。波特率计算公式为

$$波特率=f_{osc}/12$$

式中，f_{osc} 为晶振频率。若 f_{osc}＝12MHz，则波特率＝f_{osc}/12＝12/12＝1Mbit/s。

在工作方式 0 下，串行数据从 RXD（P3.0）端输入或输出，同步移位脉冲由 TXD（P3.1）端送出。这种工作方式常用于扩展 I/O 口。当工作方式 0 用于扩展并行输出口时，要有“串入并出”的移位寄存器（如 74LS164 或 CD4094）配合；当工作方式 0 用于扩展并行输入口时，要有“并入串出”的移位寄存器（如 74LS165）配合。

① 工作方式 0 用于扩展并行输出口。

工作方式 0 的输出时序如图 8.11 所示。

工作方式 0 用于扩展并行输出口的电路如图 8.12 所示。当一个数据写入串行口发送缓冲器时，串行口 TXD 引脚输出的移位脉冲将 8 位数据以 f_{osc}/12 的波特率从 RXD 引脚输出，数据（低位在前）逐位移入 74LS164。发送完置 TI 为 1，请求中断。在再次发送数据之前，必须用软件将 TI 清 0。74LS164 为串入并出移位寄存器（SIPO)。

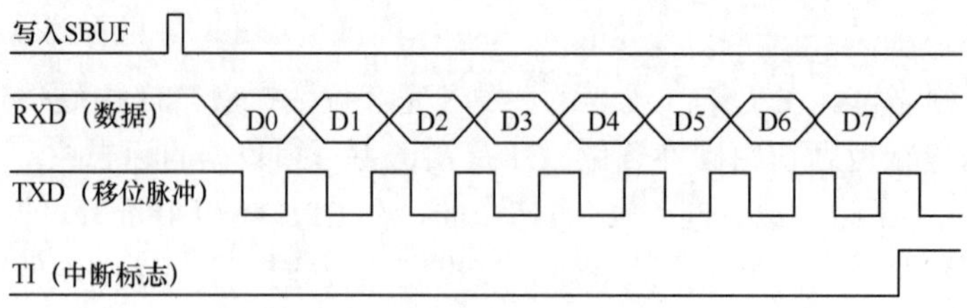

图 8.11 工作方式 0 的输出时序

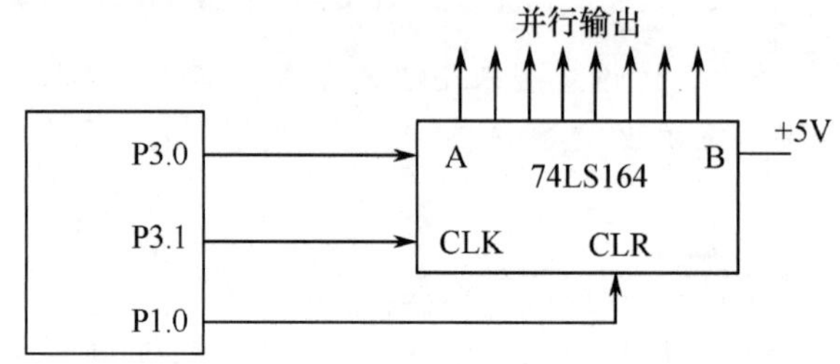

图 8.12 工作方式 0 用于扩展并行输出口的电路

任务操作

应用实例 1：用单片机的串行口外接 74LS164，控制 8 个 LED 滚动点亮，用 Proteus 软件绘制电路原理图，如图 8.13 所示。

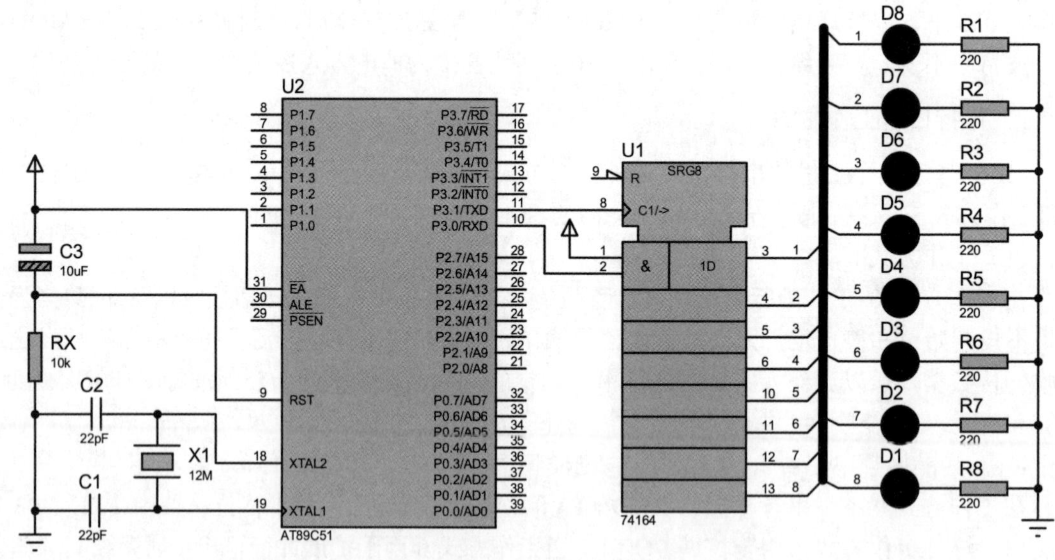

图 8.13 应用实例 1 电路原理图

源程序如下。

```
//***********************************************************
//宏定义
#include<reg51.h>
#include<intrins.h>
#define uchar unsigned char
#define uint unsigned int
```

```
//************************************************************
//延时 1ms 子程序
void DelayMS(uint x)
{   uchar i;
    while(x--)
        for(i=0; i<120; i++);
}
//************************************************************
//控制 8 个 LED 滚动点亮主程序
void main( )
{     uchar c = 0x80;
      SCON = 0x00;          //串行工作方式 0
      TI = 0;               //TI 清 0
      while(1)
        { c = _crol_(c,1);
          SBUF = c;
          while(TI = = 0);
          TI = 0;
          DelayMS(400);
        }
}
//************************************************************
```

程序中由于调用了循环左移函数，所以包含了 intrins.h 库函数。本实例是要将 P3.0（RXD）口和 P3.1（TXD）口扩展为 8 位的输出口，所以串行口工作在方式 0，作为同步移位寄存器，SCON 设置为 0x00，TI 置 1，将要发送的数据初值设置为 0x80。将发送数据每循环左移一位就向 SBUF 写入一次，单片机就会将 SBUF 中的数据通过 TXD 发送给 74LS164，数据在 74LS164 中进行串并转换之后以并行数据的方式传送给 D1～D8，每 8 位数据传送完单片机会自动将 TI 置 1，所以这时需要将 TI 清 0 一次。这样，D1～D8 就会以 400ms 的时间间隔轮流点亮。

② 工作方式 0 用于扩展并行输入口。

工作方式 0 的输入时序如图 8.14 所示。

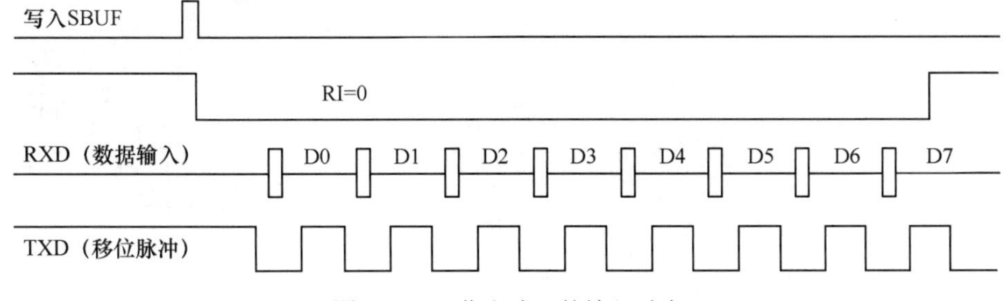

图 8.14　工作方式 0 的输入时序

工作方式 0 用于扩展并行输入口的电路如图 8.15 所示。在满足 REN=1 和 RI=0 的条件下，串行口开始从 RXD 端以 $f_{osc}/12$ 的波特率输入数据（低位在前），当接收完 8 位数据后，RI 置 1，请求中断。在再次接收数据之前，必须用软件将 RI 清 0。其中，74LS165 为并入串出移位寄存器（PISO）。

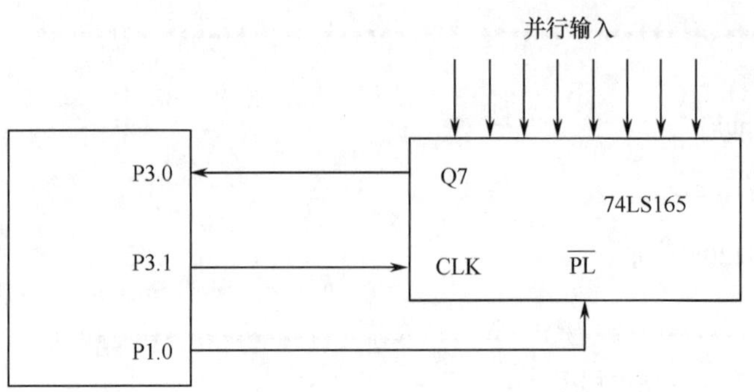

图 8.15　工作方式 0 用于扩展并行输入口的电路

SCON 中的 TB8 和 RB8 在工作方式 0 中未用。值得注意的是，每当发送或接收完 8 位数据后，硬件会自动将 TI 或 RI 置 1，在 CPU 响应 TI 或 RI 中断后，必须由用户用软件将其清 0。在工作方式 0 中，SM2 必须为 0。

应用实例 2：用 74LS165 连接的 8 位拨码开关通过单片机串行口控制 8 个 LED 的点亮，用 Proteus 软件绘制电路原理图，如图 8.16 所示。

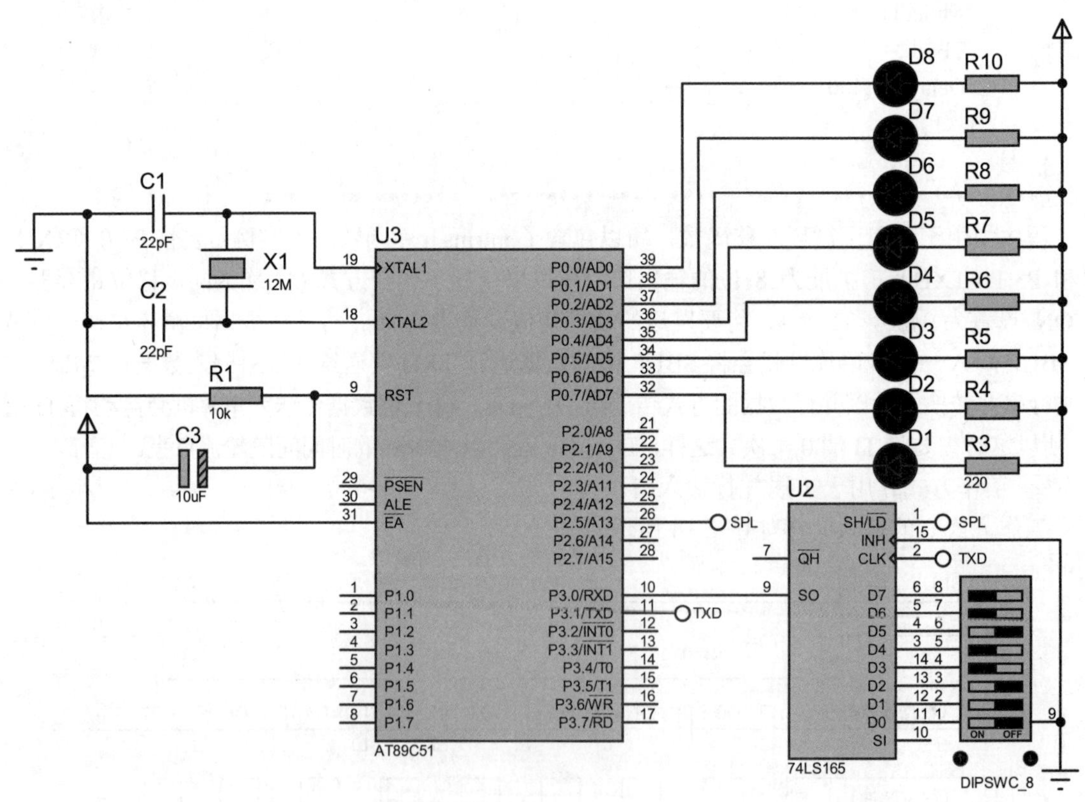

图 8.16　应用实例 2 电路原理图

源程序如下。

```
//*************************************************************
#include<reg51.h>
#include<intrins.h>
#include<stdio.h>
```

```
#define uchar unsigned char
#define uint unsigned int
sbit    SPL = P2^5;
//*************************************************************
//延时 1ms 子程序
void DelayMS(uint x)
{ uchar i;
   while(x--)      for(i=0; i<120; i++);
}
//*************************************************************
//8 位拨码开关控制 8 个 LED 点亮主程序
void main( )
{   SCON = 0x10;                 //串行工作方式 0，允许串行口接收
    while(1)
    { SPL = 0;                   //置数，读入并行输入 8 位数据
      SPL = 1;                   //移位，输入封锁，串行转换
      while (RI ==0);            //未收到等待
      RI = 0;
      P0 = SBUF;
      DelayMS(20);
    }
}
//*************************************************************
```

本实例是要将 P3.0（RXD）口和 P3.1（TXD）口扩展为 8 位的并行输入口，所以令串行口工作在方式 0，为同步移位寄存器输入方式，SCON 设置为 0x10，允许串行口接收。74LS165 的 D0～D7 连接着 8 位拨码开关，拨码开关的状态决定了 D0～D7 的值，图 8.16 中拨码开关对应 0x27（00100111），0x27 在 74LS165 中转换为串行数据传送至单片机的 RXD 口。当 RI 为 1 时，单片机的 RXD 口就接收到了 8 位串行数据，将数据写入 SBUF，同时将 RI 清 0 等待下一次接收，并将 SBUF 接收的数据传送给 P0 口。P0 口连接 8 个 LED，当 P0 口接收到的数据为 0x27 时，D4、D5、D7 和 D8 点亮。由此可见，通过 8 位拨码开关能够控制 8 个 LED 的点亮，也就说明已将单片机的 P3.0 口和 P3.1 口扩展为 8 位的并行输入口。

注意：单片机串行口的工作方式 0 通常用于移位寄存器或扩展 I/O 口。

（2）工作方式 1。

在串行口工作于方式 1 时，为波特率可调的 10 位 UART。TXD 为数据发送引脚，RXD 为数据接收引脚。串行口工作方式 1 的数据格式如图 8.17 所示，一帧数据包括 1 位起始位、8 位数据位和 1 位停止位。

① 发送数据。

在发送数据时，数据从 TXD 端输出，当数据写入发送缓冲器后，启动发送。当发送完一帧数据后，TI 置 1。工作方式 1 的波特率取决于 T1 的溢出率和 PCON 中的 SMOD 位。工作方式 1 的发送时序如图 8.18 所示。

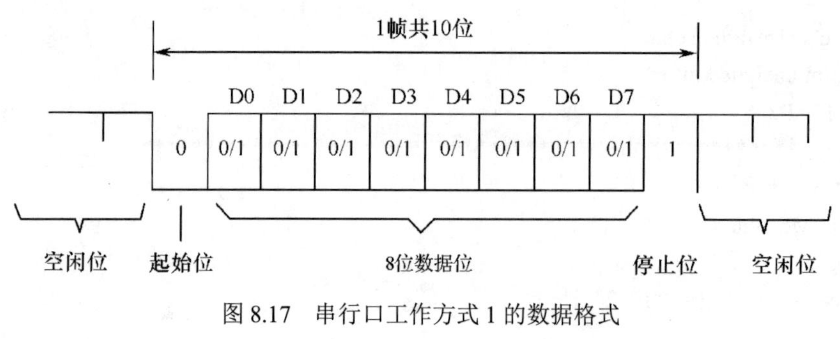

图 8.17 串行口工作方式 1 的数据格式

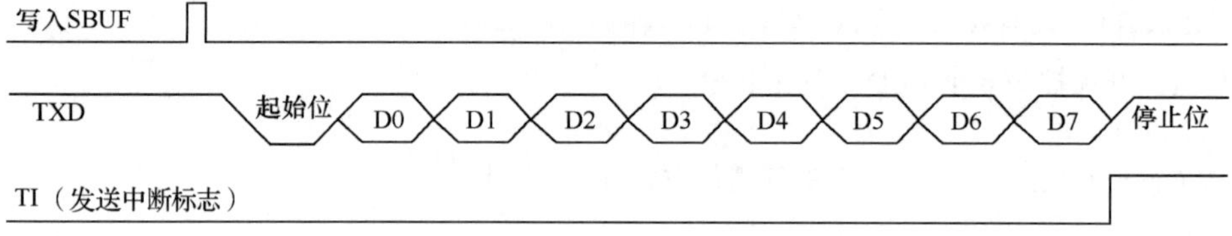

图 8.18 工作方式 1 的发送时序

② 接收数据。

在接收数据时，REN 置 1，允许接收，串行口采样引脚的电平状态，当采样电平由 1 到 0 跳变时，确认是起始位，开始接收一帧数据。当 RI=0 且停止位为 1 或 SM2=0 时，停止位进入 RB8 位，同时置位 RI，否则信息将丢失。所以，在采用工作方式 1 接收数据时，应先用软件清除 RI 或 SM2 标志位。工作方式 1 的接收时序如图 8.19 所示。

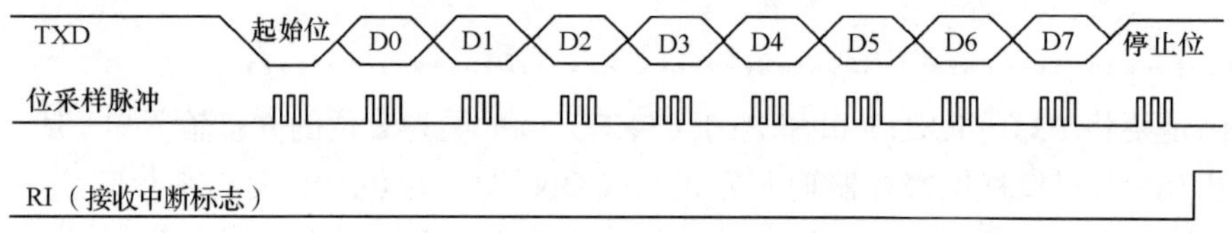

图 8.19 工作方式 1 的接收时序

③ 波特率。

工作方式 1 的波特率可变，由 T1 的计数溢出率来决定：

$$波特率 = 2^{SMOD} \times (T1\ 的计数溢出率)/ 32$$

式中，SMOD 为 PCON 中最高位的值，SMOD=1 表示波特率倍增；T1 的计数溢出率为溢出周期的倒数，和所采用的工作方式有关。当 T1 用作波特率发生器时，通常采用工作方式 2，这是由于工作方式 2 可以自动装入定时时间常数（计数初值），可避免通过程序反复装入计数初值引起定时误差，还可使波特率更加稳定，因此这是一种最常用的方法。

设计数初值为 X，那么每过 $256-X$ 个机器周期，T1 溢出一次。为了避免因溢出而产生不必要的中断，此时应禁止 T1 中断。溢出周期为

$$12/f_{osc} \times (256 - X)$$

溢出率为溢出周期的倒数，所以：

$$波特率 = 2^{SMOD}/32 \times f_{osc} / [12 \times (256 - X)]$$

在实际使用时，通常先确定波特率，再计算 T1 的计数初值（在这种场合中常称其为时间常数）：

$$X = 256 - 2^{SMOD}/32 \times f_{osc} / (12 \times 波特率)$$

然后进行 T1 的初始化。

T1 产生的常用波特率如表 8.3 所示。

表 8.3　T1 产生的常用波特率

波特率/（bit/s）	f_{soc}/MHz	SMOD	T1		
			C / $\overline{T}$	模式	初值
工作方式 0：1M	12	×	×	×	×
工作方式 2：375k	12	1	×	×	×
工作方式 1、工作方式 3：62.5k	12	1	0	2	0FFH
19.2k	11.0592	1	0	2	0FDH
9.6k	11.0592	0	0	2	0FDH
4.8k	11.0592	0	0	2	0FAH
2.4k	11.0592	0	0	2	0F4H
1.2k	11.0592	0	0	2	0E8H
137.5k	11.986	0	0	2	1DH
110	6	0	0	2	72H
110	12	0	0	1	0FEEBH

注意：单片机在与其他 CPU 进行双机通信时常常采用串行口的工作方式 1。

（3）工作方式 2。

在工作方式 2 下，串行口为 11 位 UART，其波特率与 SMOD 有关。发送或接收的一帧数据包括 1 位起始位，9 位数据位（含 1 位附加的第 9 位，发送时为 SCON 中的 TB8，接收时为 RB8）和 1 位停止位。工作方式 2 的数据格式如图 8.20 所示。

可编程位 TB8/RB8 既可用作奇偶校验位，也可用作控制位（多机通信），其功能由用户确定。

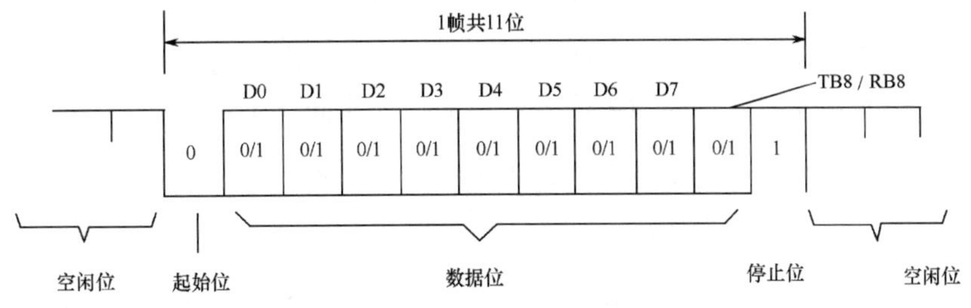

图 8.20　工作方式 2 的数据格式

① 发送数据。

在 CPU 向 SBUF 写入数据时，就启动了串行口的发送过程。SCON 中的 TB8 写入输出移位寄存器的第 9 位，8 位装入 SBUF。工作方式 2 的发送时序如图 8.21 所示。

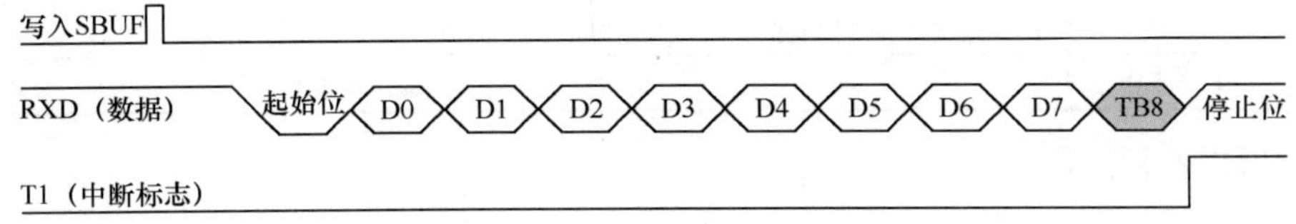

图 8.21　工作方式 2 的发送时序

在发送开始时，先把起始位的 0 输出到 TXD 引脚，然后发送移位寄存器的输出位（D0）到 TXD 引脚。每一位移位脉冲都使输出移位寄存器的各位右移一位，并由 TXD 引脚输出。

在第一次移位时，停止位的 1 移入输出移位寄存器的第 9 位，以后每次移位，左边的位都移入 0。当停止位移至输出位时，左边其余位全为 0，检测电路在检测到这一条件时，使控制电路进行最后一次移位，并置 TI 为 1，向 CPU 请求中断。

② 接收数据。

在通过软件使 REN 为 1 后，接收器就以所选频率的 16 倍速率开始采样 RXD 引脚的电平状态，当检测到 RXD 引脚上的电平发生负跳变时，说明起始位有效，将其移入输入移位寄存器，开始接收这一帧数据。工作方式 2 的接收时序如图 8.22 所示。

在接收数据时，数据从右边移入输入移位寄存器，在起始位的 0 移到最左边时，控制电路进行最后一位移位。当 RI=0 且 SM2=0（或接收到的第 9 位数据为 1）时，接收到的数据装入接收缓冲器和 RB8（接收数据的第 9 位），置 RI 为 1，向 CPU 请求中断。如果条件不满足，则数据丢失，且不置位 RI，继续搜索 RXD 引脚的负跳变。

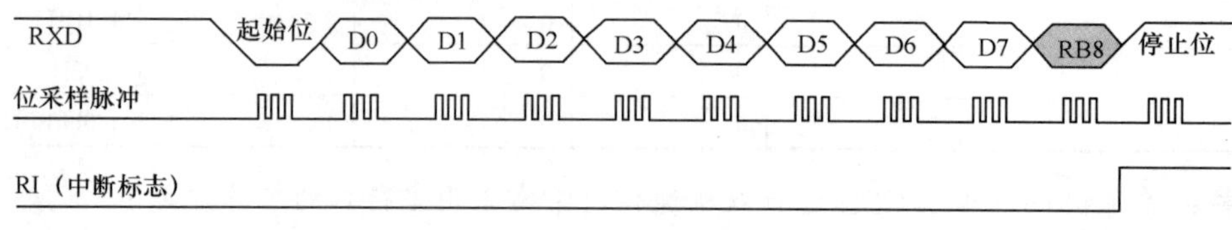

图 8.22 工作方式 2 的接收时序

③ 波特率。

工作方式 2 的波特率固定，为 $f_{osc}/32$ 或 $f_{osc}/64$，用公式表示为

$$波特率 = 2^{SMOD} \times f_{osc}/64$$

当 SMOD=0 时，波特率 $= 2^0 \times f_{osc}/64 = f_{osc}/64$

当 SMOD=1 时，波特率 $= 2^1 \times f_{osc}/64 = f_{osc}/32$

（4）工作方式 3。

工作方式 3 为波特率可变的 11 位 UART 通信方式。工作方式 3 的工作过程和工作方式 2 的完全相同。工作方式 3 的波特率与工作方式 1 的完全相同。

注意：单片机在进行多机通信时常常采用串行口的工作方式 2 或工作方式 3。

（5）串行口 4 种工作方式的比较。

串行口 4 种工作方式的区别主要表现在帧格式及波特率两个方面，如表 8.4 所示。

表 8.4 串行口 4 种工作方式的比较

工作方式	帧格式	波特率
0	8 位全是数据位，没有起始位、停止位	固定，每个机器周期传送一位数据
1	10 位，其中有 1 位起始位，8 位数据位，1 位停止位	不固定，取决于 T1 的计数溢出率和 SMOD
2	11 位，其中有 1 位起始位，9 位数据位，1 位停止位	固定，即 $2^{SMOD} \times f_{osc}/64$
3	同工作方式 2	同工作方式 1

3. 串行口的初始化

MCS-51 系列单片机的串行口只有进行完初始化后，才能完成数据的输入、输出，其初始化过程如下。

（1）按选定串行口的工作方式设定 SCON 的 SM0、SM1 两位的二进制编码。

（2）对于工作方式 2 或工作方式 3，应根据需要在 TB8 中写入待发送的第 9 位数据。

（3）若选定的工作方式不是方式 0，则还需要设定接收/发送的波特率。

（4）设定 SMOD 的状态，以控制波特率加倍或不加倍。

（5）若选定工作方式 1 或工作方式 3，则应对 T1 进行初始化以设定其溢出率。

例：MCS-51 系列单片机的晶振频率为 11.0592MHz，波特率为 1200bit/s，要求用串行口发送 8 位数据，试编写它的初始化程序。

解：假设 SMOD=1，T1 工作于方式 2。初始化程序如下：

```
SCON=0x50;          //串行口工作于方式 1
PCON=0x80;          //SMOD=1
TMOD=0x20;          //T1 工作于方式 2 定时方式
TH1=0xD0;           //设置时间常数（根据公式计算或查表得出）
TL1=0xD0;           //自动重装时间常数
TR1=1;              //启动 T1
```

注意：单片机串行口的初始化非常重要，它决定了串行口的工作方式、波特率等重要参数，所以一定要掌握初始化的方法。

8.1.3　单片机之间的双机串行通信的设计方法

任务准备

8.1.3.1　单片机之间的通信

1．双机通信

可以将距离较近的两个单片机的串行口直接相连，实现双机通信，如图 8.23 所示。为了增加通信距离，减少通道和电源干扰，可以在通信线路上利用 RS-232C 接口等标准接口进行双机通信。

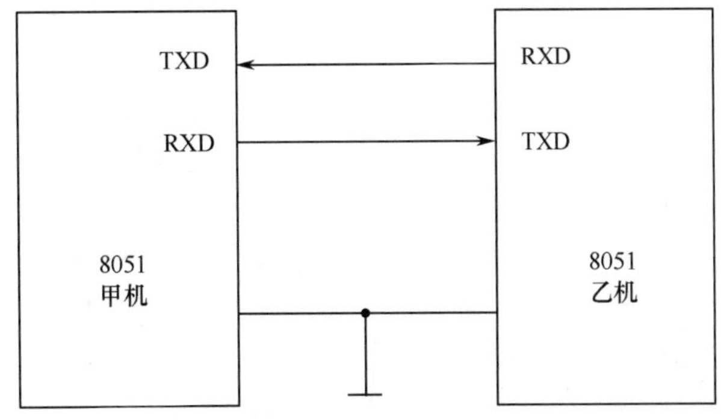

图 8.23　单片机双机通信系统

2．多机通信

单片机串行口的工作方式 2 和工作方式 3 有一个专门的应用领域，即多机通信。所谓多机通信，是指一台主机和多台从机之间的通信，它们构成主从式多机通信系统，如图 8.24 所示。主机发送的信息可以传输到各个从机，各从机只能向主机发送信息，从机之间不能进行通信。

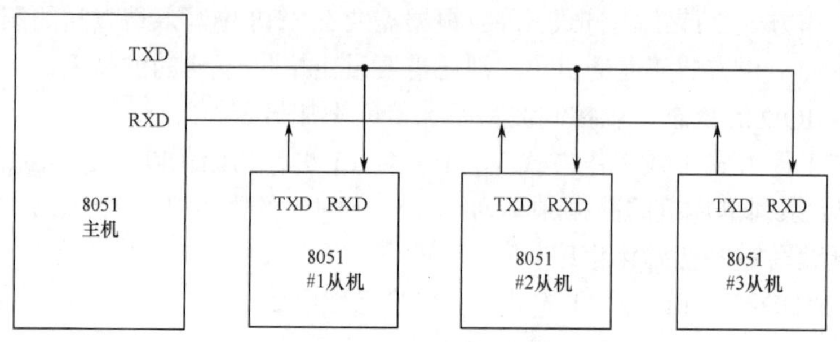

图 8.24 单片机多机通信系统

多机通信主要是依靠主机、从机之间正确设置与判断 SM2 和发送或接收的第 9 位数据（TB8 或 RB8）来实现的。多机通信过程如下。

（1）使所有从机的 SM2 置 1，处于只接收地址帧的状态。

（2）主机发送一帧地址信息，与需要进行通信的从机联络。主机应置 RB8 为 1，表示发送的是地址信息。

（3）各从机接收到地址信息后，因 RB8 为 1，置位 RI，向 CPU 申请中断。在 CPU 响应中断后，将所接收到地址信息与本从机的地址信息进行比较，对于地址信息相符的从机，使 SM2 清 0 以接收主机随后发来的所有信息；对于地址信息不相符的从机，仍保持 SM2 为 1 的状态，对从机随后发送的数据不予接收，直至发送新的地址帧。

（4）主机发送控制命令和数据信息给被寻址的从机。此时，主机置 RB8 为 0，表示发送的是数据信息或控制命令。对于没被选中的从机，因为 SM2=1、RB8=0，所以不会产生中断，不接收主机发送的信息。

3. 单片机和计算机之间的通信

单片机具有控制能力强的优点，但不适于进行大量的数据处理、查询等。在实际应用中常将单片机作为下位机使用，以实现数据采集、检测与控制等功能。计算机通常作为上位机使用，以接收下位机采集的各种数据，并进行数据运算、处理与管理等，同时向下位机发出各种指令。通常计算机工作于查询方式，而单片机既可以工作于查询方式，又可以工作于中断方式。因此，实现单片机与计算机之间的数据通信是十分重要的。

单片机与计算机之间可以由 RS-232C 接口、RS-422A 接口或 RS-423 接口等标准接口相连。

在计算机系统内都装有异步通信适配器，利用它可以实现异步串行通信。该适配器的核心元器件是可编程的 Intel 8250 芯片，它使计算机有能力与其他具有标准接口（如 RS-232C 接口）的计算机或设备进行通信。而 MCS-51 系列单片机本身具有一个全双工的串行口，因此只要配以电平转换的驱动电路、隔离电路就可组成一个简单可行的通信接口。同样，单片机和计算机之间的通信也分为双机通信和多机通信。

任务操作

8.1.3.2 MCS-51 系列单片机之间的双机串行通信的设计

单片机与单片机之间、单片机与计算机之间的通信常采用串行通信方式。下面我们对 MCS-51

系列单片机之间的双机串行通信系统进行设计。

1. 任务要求

要求实现 MCS-51 系列单片机之间的双机通信，采用两个 MCS-51 系列单片机进行设计，原理框图如图 8.23 所示。由于甲机和乙机的距离很近，或者就在同一块电路板上，所以可以将甲机的通信线直接与乙机的相连。本任务的主要元器件是 AT89C51。为了检验通信是否成功，我们要用甲机的按键控制乙机的 LED 点亮。

任务的具体要求如下：甲机发送数据，乙机接收数据，甲机的 K1 通过串行口发送信息控制乙机的 D3 和 D4 闪烁。

① 第一次按下 K1，甲机发送字符“A”，甲机的 D1 和乙机的 D3 都闪烁。

② 第二次按下 K1，甲机发送字符“B”，甲机的 D2 和乙机的 D4 都闪烁。

③ 第三次按下 K1，甲机发送字符“C”，甲机的 D1、D2 和乙机的 D3、D4 都闪烁。

④ 第四次按下 K1，甲机停止发送，甲机的 D1、D2 和乙机的 D3、D4 都熄灭。

2. 任务分析

我们首先要根据任务要求将甲机和乙机串行口的工作方式和其中的参数设置好。

甲机和乙机的串行口采用工作方式 1，使用 11.0592MHz 的晶振，甲机在本任务中只需要发送数据，所以甲机的 SCON=0x40，而乙机要接收数据，所以乙机的 SCON=0x50，T1 用作波特率发生器，工作于方式 2，其初值 TH1=TL1=0xFD（253），PCON=0x00（SMOD=0），故有

$$
\begin{aligned}
\text{波特率} &= \frac{2^{\text{SMOD}}}{32}\cdot\frac{f_{\text{osc}}}{12\times(256-X)} \\
&= 2^{0}\times 11.0592\times 10^{6} / [32\times 12\times(256-253)] = 9600\text{bit/s}
\end{aligned}
$$

将以上参数设置好之后，即可设计两机通信的具体程序。

注意： *在实际应用中，我们通常首先规定通信时数据传输的波特率，然后设置 SCON 以确定工作方式，最后运用公式计算出 T1 用作波特率发生器的初值。*

3. 任务设计

（1）元器件的选择。

按照任务要求和任务分析，需要两个 AT89C51，甲机连接一个轻触按键和两个 LED，乙机连接两个 LED，所要用到的元器件清单如表 8.5 所示。

表 8.5　双机通信设计元器件清单

元器件名称	数量/个	元器件名称	数量/个
AT89C51	2	1kΩ 电阻	2
11.0592MHz 晶振	2	220Ω 电阻	4
22pF 瓷片电容	4	轻触按键	1
22μF 电解电容	2	LED	4

（2）硬件电路设计。

根据任务要求，双机通信的电路原理图如图 8.25 所示（注意：图中省略了两个单片机的时钟电路和复位电路）。U1 是甲机，其 P1.0 口连接一个接地的轻触按键，P0.0 口和 P0.3 口分别

控制 2 个 LED。U2 是乙机，其 P0.0 口和 P0.3 口分别控制 2 个 LED。由于两机距离很近，我们将甲机的 TXD 引脚直接与乙机的 RXD 引脚相连，甲机的 RXD 引脚直接与乙机的 TXD 引脚相连，这样两机就可以进行通信了。

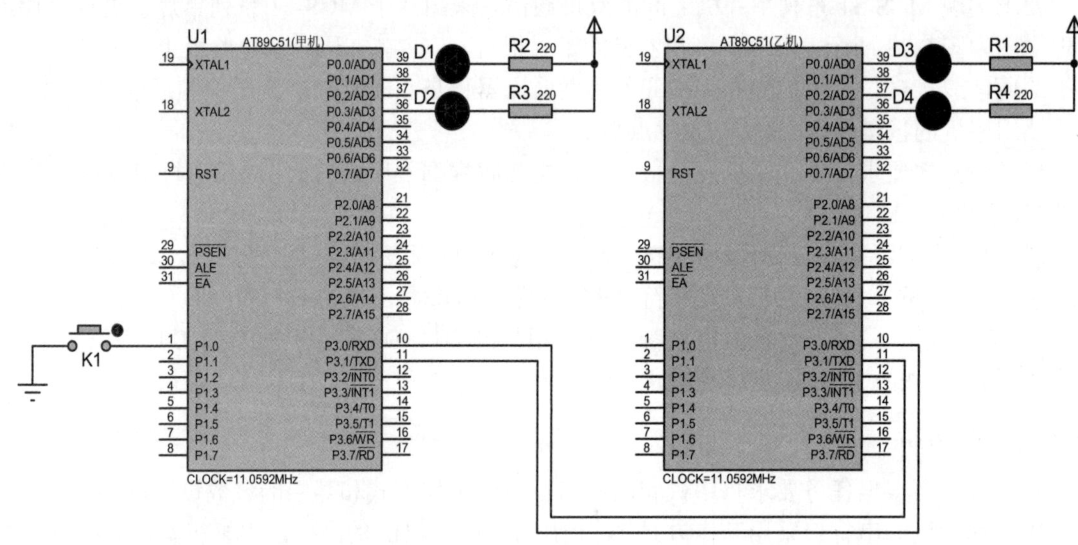

图 8.25 双机通信的电路原理图

（3）软件程序设计。

双机通信的软件程序由甲机发送数据的源程序和乙机接收数据的源程序组成。

甲机发送数据的源程序如下。

```
//************************************************************************
#include<reg51.h>
#define uchar unsigned char
#define uint unsigned int
sbit   K1 = P1^0;
sbit   D1 = P0^0;
sbit   D2 = P0^3;
//************************************************************************
//延时 1ms 子程序
void Delay(uint x)
{   uchar i;
    while(x--)       for(i=0; i<120; i++);
}
//************************************************************************
//甲机串行口发送字符
void putc_to_SerialPort(uchar c)
{   SBUF = c ;
    while (TI == 0) ;
    TI = 0;
}
//************************************************************************
//主程序
```

```
void main( )
{   uchar Operation_NO = 0;
    SCON = 0x40;           //串行口工作方式 1
    TMOD=0x20;             //T1 工作方式 2
    PCON=0x00;
    TH1=0xFD;              //波特率为 9600bit/s
    TL1=0xFD;
    TI= 0;
    TR1=1;
    while(1)
    {   if(K1==0)
            {   while (K1==0);
              Operation_NO=(Operation_NO+1)%4;
            }
        switch(Operation_NO)
            { case 0:   D1= D2=1; break;
              case 1:   putc_to_SerialPort（'A'）;
                        D1=~ D1;
                        D2=1;
                        break;
              case 2:   putc_to_SerialPort（'B'）;
                        D2=~D2;
                        D1=1;
                        break;
              case 3:   putc_to_SerialPort（'C'）;
                        D1=~D1;
                        D2=~D2;
                        break;
             }
          Delay(100);
    }
}
//*************************************************************************
```

甲机串行口发送字符的程序编写在 putc_to_SerialPort 函数中，把字符 c 送至 SBUF，等待 TI 置 1，一个字节发送完成后由硬件将 TI 置 1，之后将 TI 清 0。主程序首先完成甲机串行口工作方式和 T1 工作方式的初始化，TI 清 0，开启 T1，由于要求的 4 种类型的操作是要能反复执行的，所以放入 while 无限循环中。K1 一旦为 0，表明按键按下，检测 Operation_NO 的值是几按键就是第几次按下。Operation_NO 初始化为 0，按键第一次按下时 Operation_NO 为 1，执行第一种操作：调用 putc_to_SerialPort 函数，串行口发送‘A’字符，甲机的 D1 闪烁，D2 熄灭。Operation_NO 为 2，执行第二种操作：调用 putc_to_SerialPort 函数，串行口发送‘B’字符，甲机的 D2 闪烁，D1 熄灭。Operation_NO 为 3，执行第三种操作：调用 putc_to_SerialPort 函数，串行口发送‘C’字符，甲机的 D1 和 D2 都闪烁。Operation_NO 为 0，执行第四种操作：甲机的 D1 和 D2 都熄灭。要求甲机的 LED 的设置与乙机的一致，是为了检验甲机的发送数据和乙机的接收数据是否正确。

乙机接收数据的源程序如下。

```
//**********************************************************************
#include<reg51.h>
#define uchar unsigned char
#define uint unsigned int
sbit   D1 = P0^0;
sbit   D2 = P0^3;
//**********************************************************************
//延时 1ms 子程序
void Delay（uint x)
{   uchar i;
    while(x--)      for(i=0; i<120; i++);
}
//**********************************************************************
//主程序
void main( )
{     SCON = 0x50;
      TMOD=0x20;
      PCON=0x00;
      TH1=0xFD;       //波特率为 9600bit/s
      TL1=0xFD;
      RI= 0;
      TR1=1;
      D1=D2=1;
      while(1)
        {   if(RI)
                  {RI=0;
                    switch   (SBUF)
                          {    case 'A': D1=~D1;
                                         D2=1;
                                         break;
                               case 'B': D2=~D2;
                                         D1=1;
                                         break;
                               case 'C': D1=~D1;
                                         D2=~D2;
                                         break;
                          }
                  }
             else   D1=D2=1;
             Delay(100);
        }
}
//**********************************************************************
```

乙机在本任务中作用是接收数据。主程序首先对乙机的串行口工作方式和 T1 工作方式进行初始化，RI 清 0，开启 T1，先将乙机的 D4 和 D5 熄灭。查询到 RI 为 1 表明接收完一字节数据，将 RI 清 0，检查 SBUF 接收的数据是什么，若为‘A’，则乙机的 D3 闪烁，D4 熄灭；若为‘B’，则乙机的 D4 闪烁，D3 熄灭；若为‘C’，则乙机的 D3 和 D4 都闪烁；若串行口没有接收到数据，则 D3 和 D4 熄灭。可见如果操作 K1，乙机的 D3 和 D4 与甲机 D1 和 D2 工作情况一致，则表明乙机通过串行口正确地接收到了甲机发送的数据，两机通信成功。

（4）软件、硬件联合调试。

将甲机发送数据源程序编译成甲机.hex 文件下载到甲实验板的单片机中，将乙机接收数据源程序编译成乙机.hex 文件下载到乙实验板的单片机中，两机同时通电，按任务要求检验是否通信成功。

注意： 单片机的双机通信要对两机的串行通信程序分别编写，分清楚其发送和接收过程，不要混淆。单片机发送数据就是向 SBUF 写数据的过程，单片机接收数据就是从 SBUF 读取数据的过程。

任务 8.2　单片机与计算机通信系统的设计

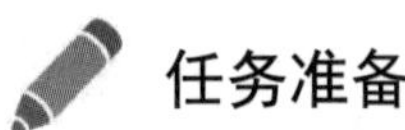

任务准备

8.2.1　STC-ISP（V6.85H）串行口调试助手

我们直接运用宏晶科技的 STC-ISP（V6.85H）在线下载软件作为串行口调试助手来进行单片机与计算机之间的通信。STC-ISP（V6.85H）串行口调试助手的使用十分简单，其界面如图 8.26 所示。

图 8.26　STC-ISP（V6.85H）的界面

将实验板的串行口与计算机连接好，在计算机上打开 STC-ISP（V6.85H）通信界面右边的“串口助手”选项卡，对“串口”“波特率”“校验位”“停止位”进行设置，通常分别选择“COM1”“9600”“无校验”“1 位”，如果想以十六进制数的形式发送和显示，就将“HEX 模式”单选按钮选中，如果想以文本的形式直接发送和显示，就将“文本模式”单选按钮选中。单击“打开串口”按钮后，在中间的发送缓冲区的空白框中输入要发送的数据，单击“发送数据”按钮即可将数据发送到实验板；如果实验板有数据传送过来，则自动接收并显示在接收缓冲区的空白框中。如果选择“自动发送”，则会自动不停地发送数据。

我们也可以用串行口调试助手进行两台计算机之间的通信，这时两台计算机的“波特率”“校验位”“停止位”要设置为一致的。如果要用串行口调试助手进行一台计算机的两个串行口之间通信，就要将“串口”设置为不同的端口。

任务操作

8.2.2 单片机与计算机通信系统的设计方法

单片机系统在进行设计和调试时，通常都要和计算机进行通信，以便下载软件或者进行软件运行监控，所以在单片机的实际应用中，与计算机的通信设计非常重要。

1. 任务要求

计算机系统内部装有异步通信适配器，该适配器的核心元器件是可编程的 Intel 8250 芯片，能够与具有 RS-232C 接口、RS-422 接口、RS-485 接口等标准接口的计算机或设备进行通信。MCS-51 系列单片机本身具有全双工的串行口，再配以电平转换电路就可以与计算机组成 1 个简单可行的通信系统，前面已对此进行了介绍。通常计算机工作于查询方式，而 MCS-51 系列单片机既可以工作于查询方式，又可以工作于中断方式。

将实验板的串行口与计算机连接好，打开计算机上的 STC-ISP（V6.85H）串行口调试助手。将通过计算机键盘输入的 1 个字符发送给单片机，单片机接收到计算机发来的字符后，回送同一字符给计算机，并在计算机屏幕上显示出来。只要计算机屏幕上显示的字符与键入的字符相同，就表明计算机与单片机之间通信正常。

通信协议：波特率为 9600bit/s；无奇偶校验位；8 位数据位；1 位停止位。

2. 任务分析

先根据任务要求将单片机串行口的工作方式和其中的参数设置好。

单片机的串行口采用工作方式 1，采用 22.1184MHz 的晶振，单片机在本任务中既要发送数据又要接收数据，所以 REN=1，T1 用作波特率发生器，工作于方式 2，由于其波特率为 9600bit/s，所以其初值 TH1=TL1=0xFA（250）。

3. 任务设计

（1）元器件的选择。

因为要实现 MCS-51 系列单片机与计算机的通信，所以需要准备一个 MCS-51 系列单片机、一台计算机和一根 RS-232C 串行通信线。这里我们运用实验板，实验板上的单片机采用的是 STC89C52。计算机上要求安装 STC-ISP（V6.85H）串行口调试助手，以便与单片机进行通信。

（2）硬件电路设计。

本任务采用一个单片机实验板和一台计算机进行硬件电路设计。实验板上的串行口通信电路如附录 B 中的图 B.17 所示，用串行口线将实验板的 DB9 串行口与计算机的 DB9 串行口连接好即可。

（3）软件程序设计。

在进行单片机与计算机通信设计时，计算机上的程序就用 STC-ISP（V6.85H）串行口调试助手中的成熟程序即可，而对于单片机，我们要给 STC89C52 编写接收计算机发送过来的数据和发送数据到计算机的程序。

STC89C52 串行口通信源程序如下。

```
//***************************************************************************
#include <AT89X51.h>
#define   uchar   unsigned char
#define   uint   unsigned int
unsigned   char   a;
bit flag=0;
char str[14]="I receive ' '!";
//***************************************************************************
//T1 及串行口初始化子程序
void init()
{    TMOD=0x20;           //T1 工作于方式 2
     TH1=0xFA;
     TL1=0xFA;
     TR1=1;               //开启 T1
     SM0=0;               //串行口工作于方式 1
     SM1=1;
     REN=1;               //允许串行口接收
     EA=1;                //开启总中断
     ES=1;                //开启串行口中断
     RI=0;
}
//***************************************************************************
//串行口发送数据子程序
void send()
{   int i;
    ES=0;
    str[11]=a;
    for(i=0;i<14;i++)
        { SBUF=str[i];
          while(!TI);
          TI=0;
        }
     flag=0;
     ES=1;
}
```

```
//************************************************************************
//串行口接收数据子程序
void receive() interrupt 4
{    a=SBUF;
     RI=0;
     flag=1;
}
//************************************************************************
//主程序
void main()
{    init();
     while(1)
     {   if(flag==1)
             send();
     }
}
//************************************************************************
```

程序首先定义了全局变量 a 和 flag 及数组 str[14]，对 T1 和串行口的初始化由函数 init()完成，接收由计算机发送来的数据由函数 receive()完成，将接收到的数据再次发送给计算机由函数 send()完成。程序从主程序开始执行，先调用 T1 及串行口初始化子程序，设置好 T1 和串行口的工作方式及初值，开启 T1，开启串行口中断，将 RI 清 0。只要计算机向单片机的 RXD 端发送了数据，在接收完一个字符之后 RI 就会自动置 1，同时触发串行口中断，进入串行口接收数据子程序，将 SBUF 接收的数据赋给 a，将 RI 清 0，将 flag 置 1。主程序中只要 flag 为 1，就表明接收完一个字符，调用函数 send()，此时暂时将串行口中断关闭，将接收到的数据（放在 a 中）赋给数组元素 str[11]，也就是将接收到的字符放入字符串"I receive ' '!"的空格处，如计算机发送的是字符 y，则此时字符数组 str[14]中会装入"I receive ' y '!" 字符串。将此字符串逐字送给 SBUF，从单片机的 TXD 端发送给计算机，每发送完一个字符将 TI 清 0，之后再次开启串行口中断等待下一次接收数据，同时将 flag 清 0。这样，我们可以在串行口调试助手中发送字符，然后会在串行口调试助手中接收到实验板单片机回送的字符。

（4）软件、硬件联合调试。

将编写好的单片机与计算机通信的源程序编译成*.hex 文件后下载到实验板中，用串行口线连接好实验板和计算机就可以进行调试了。如图 8.27 所示，设置好串行口调试助手中的参数，在发送缓冲区输入字符“y”，则数据送至实验板单片机之后，单片机将接收到的数据又回送给计算机，在接收缓冲区显示“I receive ‘y’!”。这样就说明单片机与计算机之间的通信成功。

如果我们要用计算机串行口调试助手发送“How are you!”，希望在接收缓冲区同样显示“How are you!”，程序怎样编写呢？请同学们自己思考。

注意：对于单片机与计算机的通信，我们在设置好计算机的串行口调试助手中的参数后，只要编写单片机的通信程序就可以了，重点依然是对于串行口的设置。

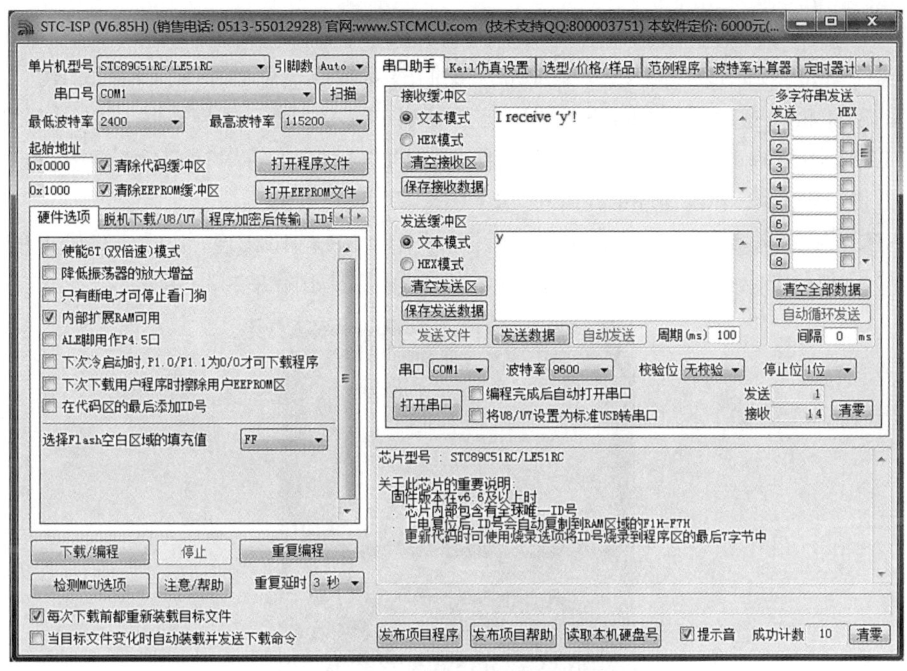

图 8.27　串行口调试界面

 项目拓展　STC89C52 实验板串行口和 USB 口软件下载的设计

我们编写好程序并将其编译成*.hex 文件下载到单片机中，可以选用 STC-ISP 下载编程软件。不管安装的是什么版本的 STC-ISP 软件，操作过程基本是相同的。此处计算机中安装的是 STC-ISP（6.85H）版本软件，该软件的界面如图 8.28 所示。

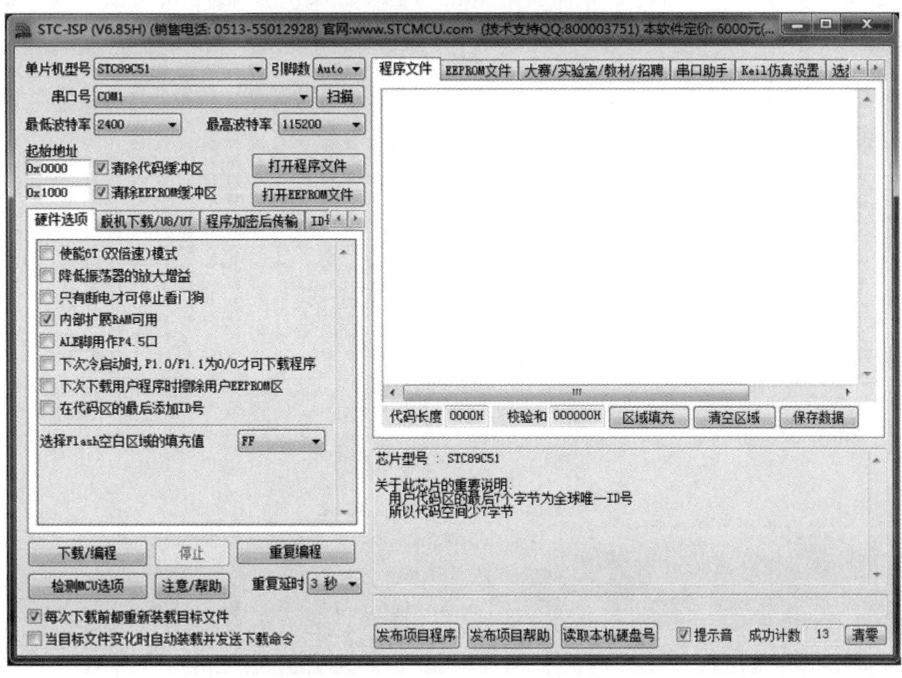

图 8.28　STC-ISP（V6.85H）的界面

STC-ISP 软件是在线下载软件，所以实验板上的单片机必须选用支持在线下载的单片机，STC-ISP 软件支持全部 STC- 51 系列单片机，我们的实验板选用的是 STC89C52RC。

我们的实验板串行口可以用 DB9 端口与计算机的 DB9 端口相连，也可以用 USB 端口与计算机的 USB 端口相连，因为实验板采用了一个 CH340 芯片将串行口信号转换为了 USB 信号。为了方便，我们在下载程序时通常使用 USB 端口。

用 USB 连接线将实验板的 USB 端口与计算机的 USB 端口相连，运行计算机上的 STC-ISP 软件，实验板电源指示灯点亮。实验板与计算机的连接图如图 8.29 所示。

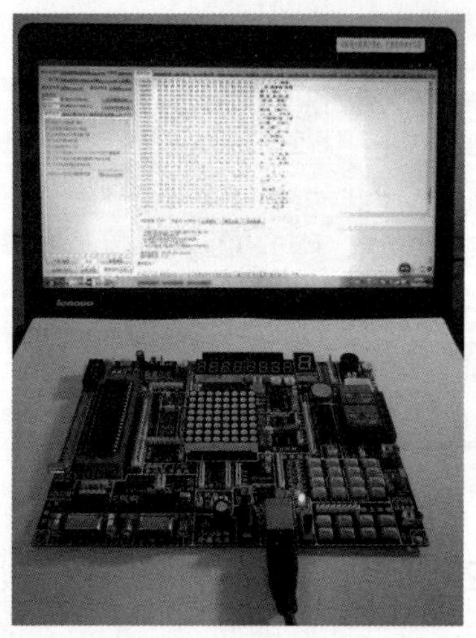

图 8.29　实验板与计算机的连接图

下面来设置 STC_ISP 的运行参数，如图 8.30 所示。

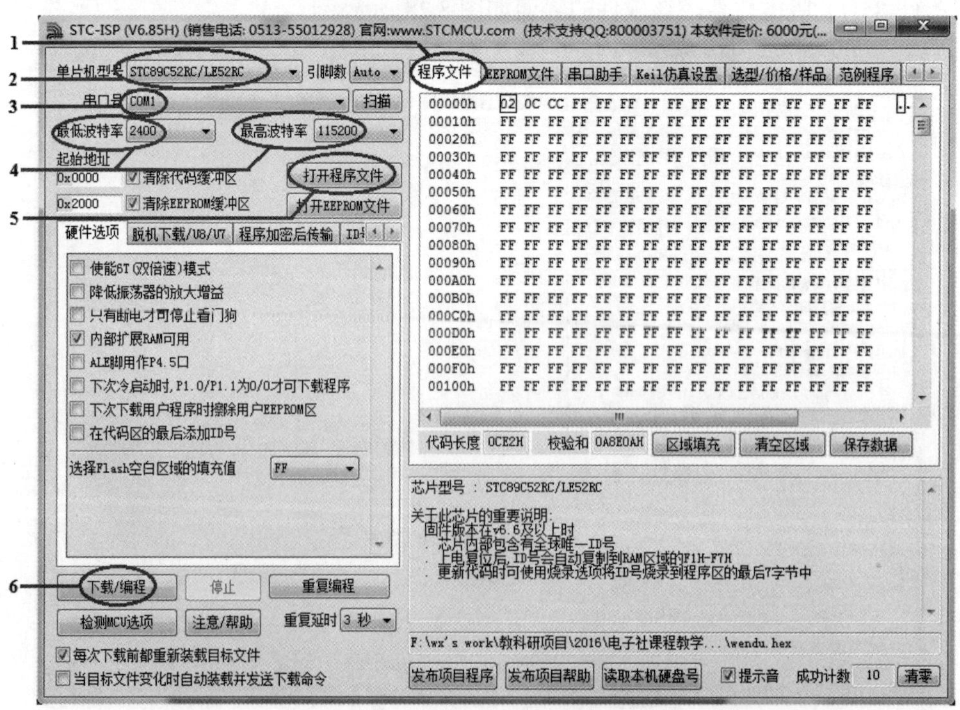

图 8.30　STC-ISP（6.85H）的运行设置

（1）选择下载的单片机型号，这里我们选择“STC89C52RC/LE52RC”，如图 8.30 中的“2”所示。

（2）选择将要被下载的*.hex 机器码文件（事先在 Keil C51 软件中编译好的文件），如图 8.30 中的“5”所示。选好了文件后，大家会发现右边的数据区“程序文件”（见 8.30 中的“1”）中的数据发生了变化。可以通过观察数据是否变化来确定打开文件是否成功，或者文件是否刷新。

（3）设置串行口和串行口通信速度。“串口号”选择“COM1”，如图 8.30 中的“3”所示，然后选择适合运行的最高和最低波特率，如图 8.30 中的“4”所示。

（4）下载软件。单击“下载/编程”按钮，如图 8.30 中的“6”所示，就可以进入下载状态，这时软件会提示“正在检测目标单片机...”，将实验板的电源开关 SW3 重新打开，所选软件开始下载到 STC89C52RC 中，直到信息框中出现“操作成功！”，说明软件下载完成，如图 8.31 所示。

我们运用 STC-ISP 软件可以将编译好的软件文件下载到单片机中，也可以运用 STC-ISP 软件中的串行口调试助手进行单片机系统与计算机之间的串行通信调试。

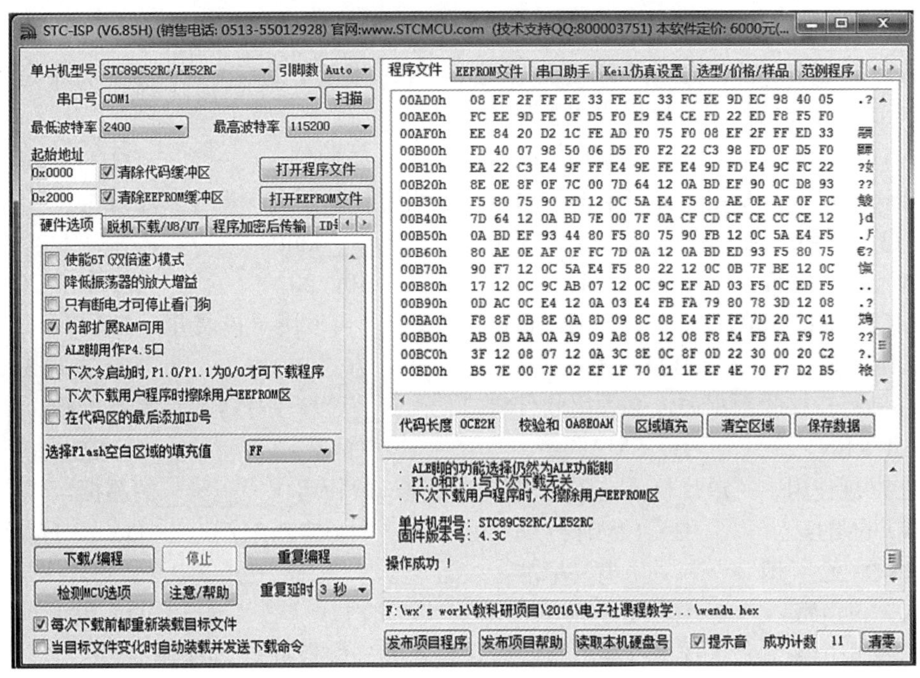

图 8.31　STC-ISP 软件下载完成状态

注意：在整个下载过程中，不要用手或者导体接触单片机集成电路的引脚或者电路，因为这样很可能会永久性地损坏单片机实验板或者集成电路或者计算机，因为大多数计算机没有采取良好的接地措施。

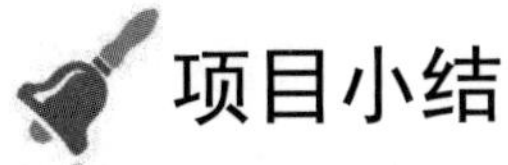

项目小结

本项目主要介绍了串行通信的基本概念和 MCS-51 系列单片机的串行口，通过两个任务完成了两个单片机之间、单片机与计算机之间的串行通信。

MCS-51 系列单片机的串行口为 UART。通过其内部的控制寄存器，可在 4 种工作方式中选择：工作方式 0 为移位寄存器方式，用于数据的串/并和并/串转换；工作方式 1 为 8 位 UART 方式，主要用于双机通信；工作方式 2、工作方式 3 为 9 位 UART 方式，主要用于多机通信。

串行通信由于所用传送线较少，所以适用于远程数据通信。在单片机中，单片机与单片机、单片机与计算机、单片机多机之间通常都采用串行通信方式。

知识思考与项目训练

（一）选择题

1．MCS-51 系列单片机的串行口是__________。

A）单工的　B）全双工的　C）半双工的　D）都不是

2．异步串行通信的字符帧格式位于开头的是__________。

A）起始位　B）数据位　C）校验位　D）停止位

3．RS-232C 总线受电容允许值的约束，在使用时传输距离一般不要超过_______m（线路条件好时也不要超过几十米）。最高传送速率为__________kbit/s。

A）15，1000　B）20，15　C）30，20　D）15，20

4．MCS-51 系列单片机的串行口工作于__________可以用于扩展并行 I/O 口。

A）方式 0　B）方式 1　C）方式 2　D）方式 3

5．在串行口接收数据前，必须用软件将__________位置 1 才能允许串行接收。

A）REN　B）SM2　C）TI　D）RI

6．在常规使用中，单片机系统采用串行口通信一般使用__________的晶振。

A）6MHz　B）12MHz　C）11.0592MHz　D）22.1184MHz

7．RS-232C 采用__________电气标准。

A）正逻辑　B）负逻辑　C）TTL　D）ECL

8．当采用中断方式进行串行数据接收时，接收完一帧数据后，RI 要用__________。

A）软件清 0　B）硬件自动清 0　C）软件置 1　D）硬件自动置 1

（二）填空题

1．CPU 与其他设备之间进行通信的方式有两种：__________和__________。

2．异步串行通信的字符帧格式包括：__________、__________、__________、__________。

3．单片机串行口发送数据的引脚是__________，接收数据的引脚是__________。

4．在 MCS-51 系列单片机的串行通信中，串行口的发送数据和接收数据都是通过对特殊功能寄存器__________进行读/写实现的。

5．当串行口工作于方式 0 时，用作串行数据输入或输出的引脚是__________。

6．芯片 MAX232 在单片机与计算机的通信电路中的作用是__________。

（三）简答题

1．什么是串行通信？它有哪些特点？有哪几种帧格式？

2．MCS-51 系列单片机的串行口由哪些功能部件组成？各有什么作用？

3．MCS-51 系列单片机的串行口有几种工作方式？各工作方式的波特率如何确定？

4．若晶振频率为 11.0592 MHz，采用串行口工作方式 1，波特率为 4800 bit/s，计算出用 T1 作为波特率发生器的方式字和计数初值。

（四）项目训练

1．设 f_{osc}=11.0592 MHz，试编写一段程序，对串行口进行初始化，使之工作于方式 1，波特率为 1200 bit/s，用查询串行口状态的方法读出接收缓冲器的数据并将其回送到发送缓冲器。

2．用 Proteus 软件设计一个两个单片机通信的电路，甲机连接一个按键和一个 LED，乙机连接一个按键和一个一位的 LED 数码管，编写两个单片机通信的程序，甲机的按键通过串行口通信控制乙机的 LED 数码管显示“A”“B”“C”“D”；乙机的按键通过串行口通信控制甲机的 LED 闪烁。

3．利用串行口调试助手进行实验板与计算机的通信，计算机发送一段英文，如“How are you!”，希望在接收缓冲区显示同样的一段英文，请编写单片机串行口通信程序。

信号发生器的设计

✧ 学习目标

- 了解 D/A 转换器的相关技术性能指标。
- 了解行业标准中电子元器件的规范。
- 掌握 DAC0832 的工作原理及其与 MCS-51 系列单片机的接口电路的设计方法。
- 掌握信号发生器的硬件电路和软件程序的设计方法。
- 能独立分析和解决硬件设计和软件设计中的问题。
- 掌握完成工作项目的完整步骤和具体实施方法。
- 能利用团队的力量完成任务，培养团队合作精神。

✧ 工作任务

- 叙述 D/A 转换器的技术性能指标要求。
- 叙述 DAC0832 的工作原理。
- 设计单片机控制信号发生器的工作电路。
- 编写使信号发生器产生各种波形信号的单片机控制程序。

项目引入

在计算机应用领域，尤其是在实时控制系统中，经常需要将作为计算机计算结果的数字量转换为连续变化的模拟量，用来控制、调节一些电路，实现对被控对象的控制。能够实现数字量转换为模拟量的元器件通常称作 D/A（数/模）转换器。

本项目的目的就是实现 MCS-51 系列单片机与 DAC0832 的配合，构成一个信号发生器，用以产生任意模拟波形信号。要求学生通过学习本项目掌握 D/A 转换器的技术性能指标及其工作原理，以及运用单片机与 DAC0832 设计灯光亮度调节器和信号发生器并实现其功能的方法。

本项目包含两个任务：灯光亮度调节器的设计；多种波形信号发生器的设计。

任务 9.1　灯光亮度调节器的设计

知识准备

9.1.1　D/A 转换器的基本原理

D/A 转换器的功能是将数字量转换成模拟量。D/A 转换器是单片机系统中常用的模拟输出电路。

1．D/A 转换器的分类

D/A 转换器按工作方式不同可分为并行 D/A 转换器、串行 D/A 转换器和间接 D/A 转换器等。并行 D/A 转换器又可分为权电阻 D/A 转换器和 *R*-2*R* T 形 D/A 转换器。

D/A 转换器按模拟量输出形式不同可分为电流输出 D/A 转换器和电压输出 D/A 转换器。

D/A 转换器按 D/A 转换的分辨率不同可分为低分辨率 D/A 转换器、中分辨率 D/A 转换器和高分辨率 D/A 转换器。

D/A 转换器按模拟电子开关电路不同可分为 CMOS 开关型 D/A 转换器（转换速度不高）、双极开关型 D/A 转换器、电流开关型 D/A 转换器（转换速度较高）和 ECL 电流开关型 D/A 转换器（转换速度更高）。

2．D/A 转换器的组成

D/A 转换器由数码寄存器、模拟电子开关电路、解码网络、求和电路及基准电压等几部分组成。

以 *R*-2*R* T 形 D/A 转换器为例，其由基准电压 Vref、*R*-2*R* T 形电阻网络、位切换开关和运算放大器组成。

3．D/A 转换器的工作原理

数字量是用代码按数位组合起来表示的，对于有权码，每位代码都有一定的位权。为了将数字量转换成模拟量，必须将每位代码按其位权的大小转换成相应的模拟量，然后将这些模拟量相加，得到与数字量成正比的总模拟量，从而可实现数字量到模拟量的转换。这就是组成 D/A 转换器的基本指导思想。

数字量以串行或并行方式输入，存储在数码寄存器中，数码寄存器输出的各位数码，分别控制对应位的模拟电子开关，使数码为 1 的位在位权网络上产生与其权值成正比的电流值，再由求和电路将各权值相加，即可得到与数字量对应的模拟量。

我们以 *R*-2*R* T 形 D/A 转换器为例简要介绍 D/A 转换器的工作原理。*R*-2*R* T 形 D/A 转换器的电路原理图如图 9.1 所示。

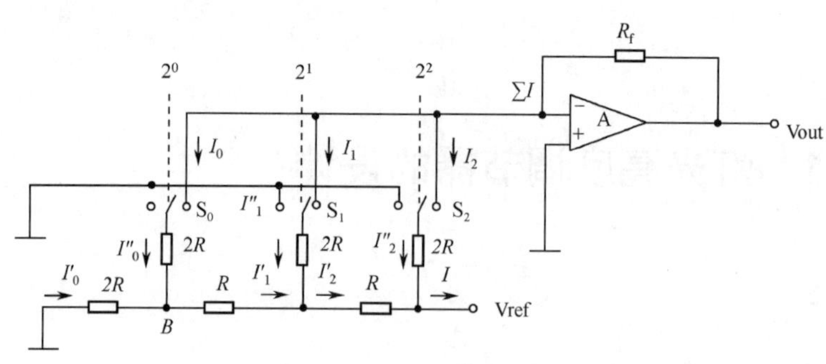

图 9.1　R-2R T 形 D/A 转换器的电路原理图

如图 9.1 所示的电路是一个 3 位二进制数的 D/A 转换电路，每位二进制数控制一个开关 S。当第 i 位的数码为“0”时，开关 S_i 打向左边；当第 i 位的数码为“1”时，开关 S_i 打向右边。当 S_0 接通时，由图 9.1 可知：

$$I_0' = I_0'' = I_0$$

$$I_1' = I_0' + I_0'' = 2I_0$$

由于 B 点对地电阻相当于两个阻值为 $2R$ 的电阻并联，阻值等于 R，所以：

$$I_1' = I_1'' = I_1\ ,\ I_2' = 2I_1$$

同理可以推出：

$$I_2' = I_2'' = I_2\ ,\ I = 2I_2$$

则

$$I_0 = I/8,\ I_1 = I/4,\ I_2 = I/2$$

$$\Sigma I = I_0 + I_1 + I_2 = (1/8 + 1/4 + 1/2)I$$

$$= -\text{Vref}(1/8 + 1/4 + 1/2)/R$$

将上式推广到 n 位二进制数的转换中，可得一般表达式：

$$\Sigma I = -\text{Vref}(a_0/2^n + a_1/2^{n-1} + \cdots + a_{n-1}/2^1 + a_n/2^0)/R$$

则输出电压为

$$\text{Vout} = (\Sigma I)R_f = -\text{Vref}(a_0/2^n + a_1/2^{n-1} + \cdots + a_{n-1}/2^1 + a_n/2^0)R_f/R$$

输出电压会因元器件误差、集成运算放大器的非理想特性而产生一定的转换误差。

D/A 转换器框图如图 9.2 所示，其中输入量与输出量的关系为

$$\text{Vout} = B\times\text{Vr}$$

式中，Vr 为常量，由 Vref 决定；B 为输入数字量，常为一个二进制数。B 的位数由 DAC 芯片型号决定，一般为 8 位、12 位、16 位等。B 为 n 位时的通式为

$$B = b_{n-1}b_{n-2}\cdots b_1b_0 = b_{n-1}\times2^{n-1} + b_{n-2}\times2^{n-2} + \cdots + b_1\times2^1 + b_0\times2^0$$

式中，b_{n-1} 为最高位数；b_0 为最低位数。

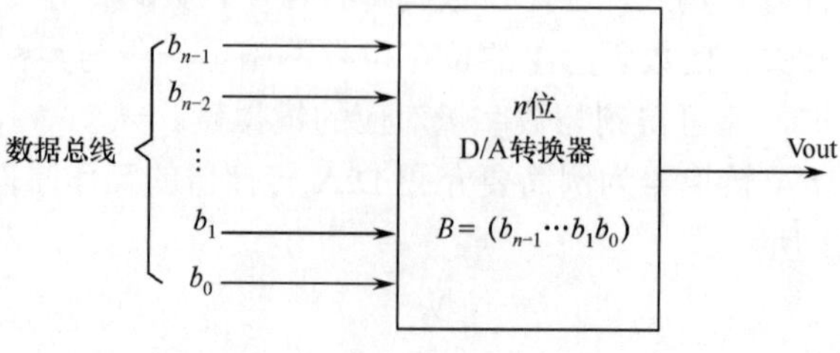

图 9.2　D/A 转换器框图

注意： 在实际应用中选择 D/A 转换器时通常将其输入方式（串行/并行）、输出形式（电流/电压）及其分辨率作为主要选择依据。

9.1.2 D/A 转换器的技术性能指标

D/A 转换器输入的是数字量，经 D/A 转换后输出的是模拟量。D/A 转换器的技术性能指标有很多，如分辨率、精度、转换速度、建立时间、输入数字代码种类、线性度、输出电压范围、尖峰等。

1. 分辨率

分辨率是描述 D/A 转换器对输入数字量变化敏感程度的指标，与输入数字量的位数有关。如果输入数字量的位数为 n，则 D/A 转换器的分辨率为 $1/2^n$，这就意味着 D/A 转换器能对 $1/2^n$ 的输出模拟量的满量程值做出反应，即

$$分辨率=输出模拟量的满量程值/2^n$$

通常用 D/A 转换器输入数字量的位数来表示分辨率。例如，能对 8 位二进制数进行 D/A 转换的 D/A 转换器的分辨率为 8 位，它能对 1/256 的输出模拟量的满量程值做出反应。又如，能对 10 位二进制数进行 D/A 转换的 D/A 转换器的分辨率为 10 位，它能对 1/1024 的输出模拟量的满量程值做出反应。因此，D/A 转换器能转换的数字量的位数越多，其分辨率也就越高。在使用时，应根据分辨率的需求来选择 D/A 转换器。D/A 转换器的分辨率通常为 8 位、10 位或 12 位。

2. 精度

如果不考虑 D/A 转换器的转换误差，则其 D/A 转换的精度等于其分辨率。因此，要获得一定精度的 D/A 转换结果，首要条件是选择分辨率足够大的 D/A 转换器。当然，D/A 转换的精度不仅与 D/A 转换器本身有关，还与外围电路及电源有关。

3. 转换速度

转换速度是指 D/A 转换器每秒可以转换的次数，其倒数为转换时间。转换时间是指从输入数字量到将其转换为模拟量输出所需的时间。当 D/A 转换器的输出形式为电流时，转换时间较短；当 D/A 转换器的输出形式为电压时，由于转换时间还要加上运算放大器的延迟时间，所以转换时间要长一点，一般在几十微秒内。

4. 建立时间

建立时间是衡量 D/A 转换速度快慢的一个重要指标，是指从输入数字量变化到输出模拟量达到终值误差±(1/2)LSB（最低有效位）所需的时间，即输入数字量变化后，输出模拟量稳定到相应的数字范围内所需的时间。

通常用建立时间来描述转换速度。当 D/A 转换器的输出形式为电流时，建立时间较短；当 D/A 转换器的输出形式为电压时，由于还要加上运算放大器的延迟时间，所以建立时间要长一点。但总体来说，D/A 转换速度远快于 A/D 转换速度，如快速的 D/A 转换器的建立时间只需 1μs。

5．输入数字代码种类

输入数字代码种类是指 D/A 转换电路输入数字量的形式，如二进制数、BCD 码等。

6．线性度

线性度是指 D/A 转换器的实际转换特性曲线与理想直线之间的最大误差，或最大偏移。通常给出一定温度下的最大非线性度，一般为 0.01%～0.03%。

7．输出电压范围

不同型号的 D/A 转换器的输出电压范围相差很大。大部分 D/A 转换器是电压输出型的，其输出电压范围一般为 5～10V，高压输出型的 D/A 转换器的输出电压范围为 24～30V。也有一些 D/A 转换器是电流输出型的，低者输出电流为 20mA 左右，高者输出电流可达 3A。

8．尖峰

尖峰是指输入数字量发生变化时产生的瞬时误差。通常尖峰的转换时间很短，但幅度很大。在许多场合中是不允许存在尖峰的，应采取措施予以消除。

了解 D/A 转换器的技术性能指标，对于合理选用 D/A 转换器、正确设计接口电路十分重要。但是目前各 D/A 转换器生产厂家会对同一参数给出不相同的定义，在使用时要注意。

实际上在选择 D/A 转换器时，不仅要考虑上述技术性能指标，还要考虑如下所示的 D/A 转换器的结构特性和应用特性。

（1）数字量输入特性：是串行输入还是并行输入，以及逻辑电平等。

（2）模拟量输出特性：是输出电流还是输出电压，以及输出值的范围等。

（3）锁存特性及转换特性：是否具有锁存功能，是单缓冲还是双缓冲，以及如何启动转换等。

（4）参考电压：是内部参考电压还是外部参考电压，以及其大小和极性等。

（5）电源：功耗的大小，是否具有低功耗的模式，正常工作时需要几组电源，以及电压的高低等。

注意： D/A 转换器的技术性能指标有很多，但在选用合适的 D/A 转换器时主要考虑的是其分辨率、精度和转换速度。

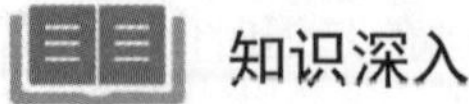

知识深入

9.1.3 DAC0832 与单片机的接口电路

我们将集成的 D/A 转换器称为 D/A 转换芯片，其有多种型号。D/A 转换芯片根据是否可采用总线形式的接口直接与单片机相接可以分为两类：一类在芯片内部只有完成 D/A 转换功能的基本电路，不带数据锁存器，如 DAC0808，这类 D/A 转换芯片内部结构简单，价格较低，但是与单片机连接不太方便，为了保存来自单片机的转换数据，在设计接口时需要另外加数据锁存器；另一类在芯片内部除了有完成 D/A 转换功能的基本电路，还带有数据锁存器，如 DAC0832，这类 D/A 转换芯片可以看作一个输出口，可直接连接在数据总线上，不需要另外加数据锁存器，目前这类 D/A 转换芯片应用比较广泛。

目前单片机系统中常用的D/A转换器的分辨率为有8位、10位、12位等，与单片机的接口有并行口，也有串行口。我们以国内应用较为普遍的8位并行D/A转换器——DAC0832为例，介绍D/A转换芯片与单片机的接口电路。

1．DAC0832的概述

（1）DAC0832的性能。

DAC0832是由美国国家半导体公司研制的，同系列芯片还有DAC0830和DAC0831，它们都是8位D/A转换芯片，可以互换。DAC0832是采用COMS/Si-Cr工艺制成的双列直插式单片8位D/A转换芯片。它可以直接与CPU相连，也可以与单片机相连，以电流形式输出。当需要转换为电压输出时，可外接运算放大器。其主要特性如下。

- 输出电流线性度可在满量程下调节。
- 转换时间（建立时间）为1 μs。
- 数据输入可采用双缓冲、单缓冲或直通方式。
- 增益温度补偿为0.02%FS/℃。
- 每次输入数字为8位二进制数。
- 功耗低，约为20mW。
- 逻辑电平与TTL电平兼容。
- 基准电压的范围为±10V。
- 单电源供电，可在+5～+15V范围内正常工作。

（2）DAC0832的内部结构。

DAC0832由两个8位数据寄存器（输入寄存器和DAC寄存器）、一个8位D/A转换器和控制电路等组成。DAC0832的内部结构图如图9.3所示。

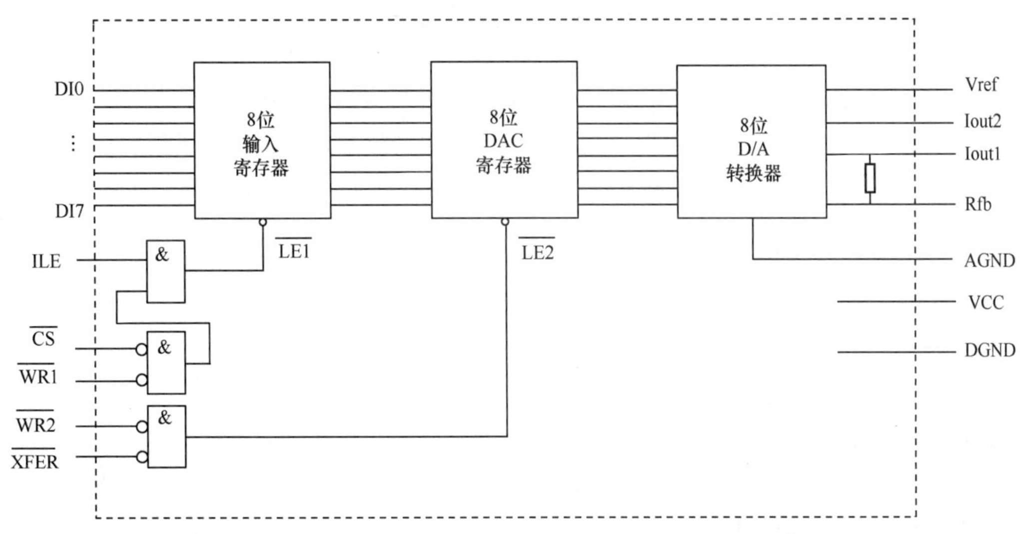

图9.3 DAC0832 的内部结构图

8位输入寄存器由8个D锁存器组成。它的8条输入线可以直接和单片机的数据总线相连。$\overline{LE1}$为其控制输入端，当$\overline{LE1}=1$时，输入寄存器处于发送数据状态；当$\overline{LE1}=0$时，输入寄存器处于锁存状态。

8位DAC寄存器也由8个D锁存器组成。8位输入数据只有经过DAC寄存器才能送到D/A

转换器进行转换。它的控制端为$\overline{LE2}$，当$\overline{LE2}$=1 时，DAC 寄存器处于发送数据状态；当$\overline{LE2}$=0 时，DAC 寄存器处于锁存状态。DAC 寄存器输出的数据直接送到 D/A 转换器进行 D/A 转换。

8 位 D/A 转换器是采用一个 *R*-2*R* T 形电阻网络构成的 D/A 转换电路，其输出量为与数字量成一定比例的电流。为了得到电压信号还需要外接运算放大器。控制逻辑部分接收外来的控制信号以控制 DAC0832 的工作。当 ILE、$\overline{CS}$、$\overline{WR1}$都有效时，输入寄存器处于发送数据状态，数据由输入寄存器的输入端传送到其输出端。当$\overline{XFER}$、$\overline{WR2}$都有效时，DAC 寄存器处于发送数据状态，数据由 DAC 寄存器的输入端传送到其输出端，然后进行 D/A 转换。

（3）DAC0832 的引脚。

DAC0832 采用 20 引脚的双列直插式封装。DAC0832 的引脚如图 9.4 所示。

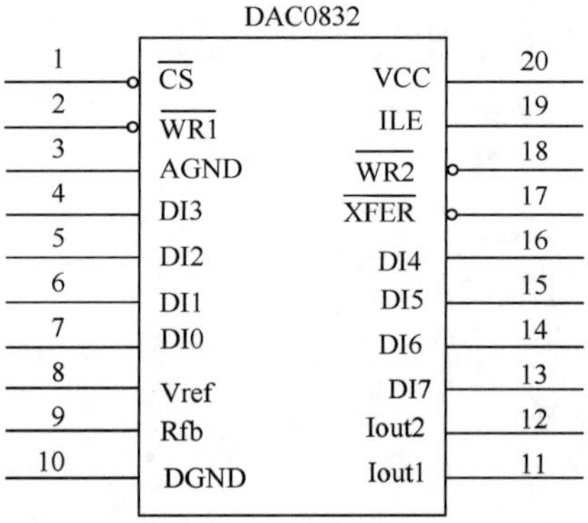

DAC0832

引脚	名称	名称	引脚
1	$\overline{CS}$	VCC	20
2	$\overline{WR1}$	ILE	19
3	AGND	$\overline{WR2}$	18
4	DI3	$\overline{XFER}$	17
5	DI2	DI4	16
6	DI1	DI5	15
7	DI0	DI6	14
8	Vref	DI7	13
9	Rfb	Iout2	12
10	DGND	Iout1	11

图 9.4　DAC0832 的引脚

DAC0832 各引脚信号说明如下。

VCC：电源。DAC0832 的电源电压为+5～+15V，典型值为+15V。

AGND 和 DGND：AGND 为模拟量地，DGND 为数字量地。在使用时，这两个接地端应始终连在一起。

$\overline{CS}$：片选输入信号，低电平有效。只有当$\overline{CS}$ = 0 时，DAC0832 才被选中。

DI0～DI7：8 位数字量输入引脚。在应用时，如果数据不足 8 位，则不用的位一般接地。

ILE：输入锁存允许信号，高电平有效。只有当 ILE=1 时，输入数字量才可能进入输入寄存器。

$\overline{WR1}$：写信号 1，低电平有效，控制输入寄存器的写入。ILE 和$\overline{WR1}$用于控制输入寄存器的工作方式是直通方式或锁存方式：当 ILE=1 且$\overline{WR1}$=0 时，输入寄存器的工作方式是直通方式；当 ILE=1 且$\overline{WR1}$=1 时，输入寄存器的工作方式是锁存方式。

$\overline{WR2}$：写信号 2，低电平有效，控制 DAC 寄存器的写入。

$\overline{XFER}$：数据传送控制输入信号，低电平有效，控制数据从输入寄存器到 DAC 寄存器的传送。$\overline{WR2}$和$\overline{XFER}$用于控制 DAC 寄存器是直通方式或锁存方式：当$\overline{WR2}$=0 且$\overline{XFER}$=0 时，DAC 寄存器的工作方式是直通方式；当$\overline{WR2}$=1 或$\overline{XFER}$=1 时，DAC 寄存器的工作方式是锁存方式。

Vref：参考电压。Vref 端接外部的标准电源，与芯片内的电阻网络相连，Vref 可正可负，范围为-10～+10V。

Iout1 和 Iout2：输出电流。Iout1 为输出电流 1，当 DAC 寄存器中的数据为 0xFF 时，Iout1 最大；当 DAC 寄存器中的数据为 0x00 时，Iout1 为 0。Iout2 为输出电流 2。DAC 转换器的特性之一是 Iout1+Iout2=常数。在实际使用时，总是将电流转换为电压，即将 Iout1 和 Iout2 加到一个运算放大器的输入端。

Rfb：运算放大器的反馈电阻，电阻（15kΩ）已固化在芯片中。因为 DAC0832 是电流输出型 D/A 转换器，为得到转换输出的电压，在使用时需要在两个电流输出端接运算放大器，Rfb 为运算放大器的反馈电阻。运算放大器的接法如图 9.5 所示。

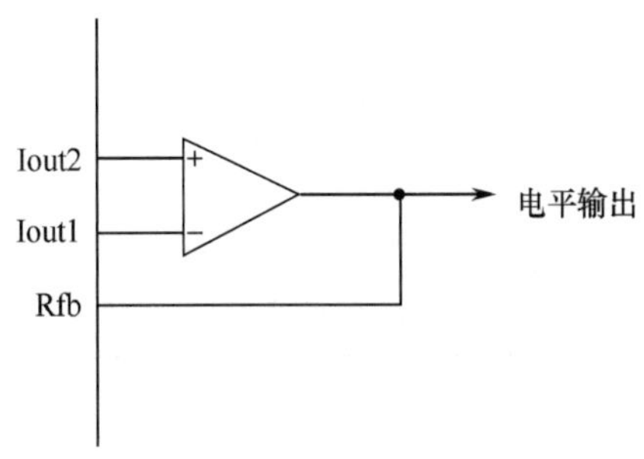

图 9.5 运算放大器的接法

DAC0832 要求写信号（$\overline{WR1}$ 或 $\overline{WR2}$）的宽度不小于 500ns，若 VCC=+15V，则写信号的宽度可为 100ns。对于输入数据的保持时间亦不应小于 100ns。这在与单片机接口连接时都不难得到满足。

注意：在使用 DAC0832 时一定要注意 DGND 和 AGND 的分隔，以免影响电路的工作质量。

（4）DAC0832 的工作原理。

DAC0832 可以直接从单片机输入数字量，并经一定的方式转换成模拟量。通常情况下，D/A 转换器输出的模拟量与输入的数字量是成正比的。

DAC0832 的工作原理很简单，它将数字量的每一位按权值分别转换成模拟量，再通过运算放大器求和，因此 D/A 转换器内部有一个解码网络，以实现按权值分别进行 D/A 转换。

（5）DAC0832 的输出。

DAC0832 是电流输出型 D/A 转换器，为了得到电压输出，在使用时需要在两个电流输出端连接运算放大器。根据运算放大器和 DAC0832 的连接方法，运算放大器的电压输出可以分为单极性电压输出和双极性电压输出两种。DAC0832 单极性电压输出电路如图 9.6 所示。

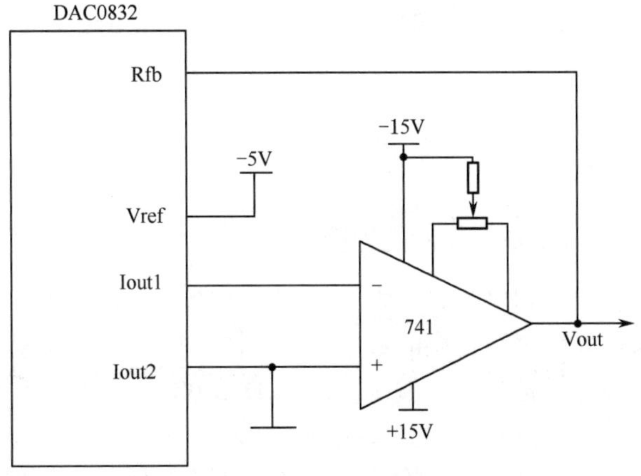

图 9.6 DAC0832 单极性电压输出电路

在图 9.6 中，DAC0832 的 Iout2 端接地，Iout1 端输出的电流经运算放大器 741 输出一个单极性电压。运算放大器的输出电压为

$$\begin{aligned}\text{Vout} &= -\text{Iout1}\times\text{Rfb}\\ &= -B\times\text{Vref}/256\end{aligned}$$

式中，B 为 DAC0832 的输入数字量。由于 Vref 接-5V 的基准电压，所以单极性电压的范围为 0～＋5V。

在单极性电压输出电路中再加一个加法器，便可构成双极性电压输出电路，如图 9.7 所示。

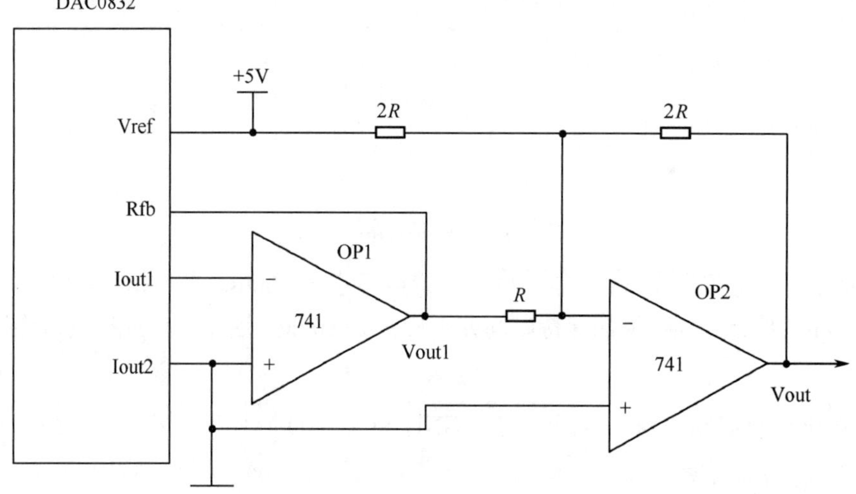

图 9.7　DAC0832 双极性电压输出电路

由以上运算放大器的连接方法，可以导出输出电压与输入数据的关系。假设运算放大器 OP1 的 输出电压为 Vout1，OP2 的输出电压为 Vout，则

$$\begin{aligned}\text{Vout} &= -(\text{Vout1}/R+\text{Vref}/2R)\times 2R\\ &= -2\,\text{Vout1}-\text{Vref}\\ &= 2B\times\text{Vref}/256-\text{Vref}\\ &= B\times\text{Vref}/128-\text{Vref}\\ &= \text{Vref}\times(B-128)/128\end{aligned}$$

根据上式，当 Vref 为正值，B 为 0x01～0x7F 时，Vout 为负值；当 Vref 为正值，B 为 0x80～0xFF 时，Vout 为正值。

注意：DAC0832 是电流输出型 D/A 转换器，在使用时若要得到电压输出信号需要在两个电流输出端连接运算放大器。

2. DAC0832 与 MCS-51 系列单片机的接口电路

DAC0832 由输入寄存器和 DAC 寄存器构成两级数据输入锁存器，可以实现两次缓冲，即在输出的同时，还可以存放一个待转换的数字量，这样就提高了转换速度。当多个芯片同时工作时，可用同步信号实现各模拟量同时输出。所以 DAC0832 有 3 种工作方式：直通方式、单缓冲方式和双缓冲方式。直通方式是数据直接输入（两级直通）的工作方式，单缓冲方式是数据单级锁存（一级锁存，另一级直通）的工作方式，双缓冲方式是两级锁存（双锁存）的工作方式。在不同的工作方式下，DAC0832 与 MCS-51 系列单片机的接口也不同。

（1）直通方式下的接口电路。

在直通方式下，两个 8 位数据寄存器都处于接收数据状态，即 $\overline{\text{LE1}}$ 和 $\overline{\text{LE2}}$ 都为 1。为此，ILE =1，而 $\overline{\text{WR1}}$、$\overline{\text{WR2}}$、$\overline{\text{CS}}$ 和 $\overline{\text{XFER}}$ 均为 0。输入数据直接送到 D/A 转换器去转换。

直通方式下 89C51 与 DAC0832 的连接图如图 9.8 所示。

用指令 P1= 0xFF;就可以将一个数字量（0xFF）转换为模拟量。

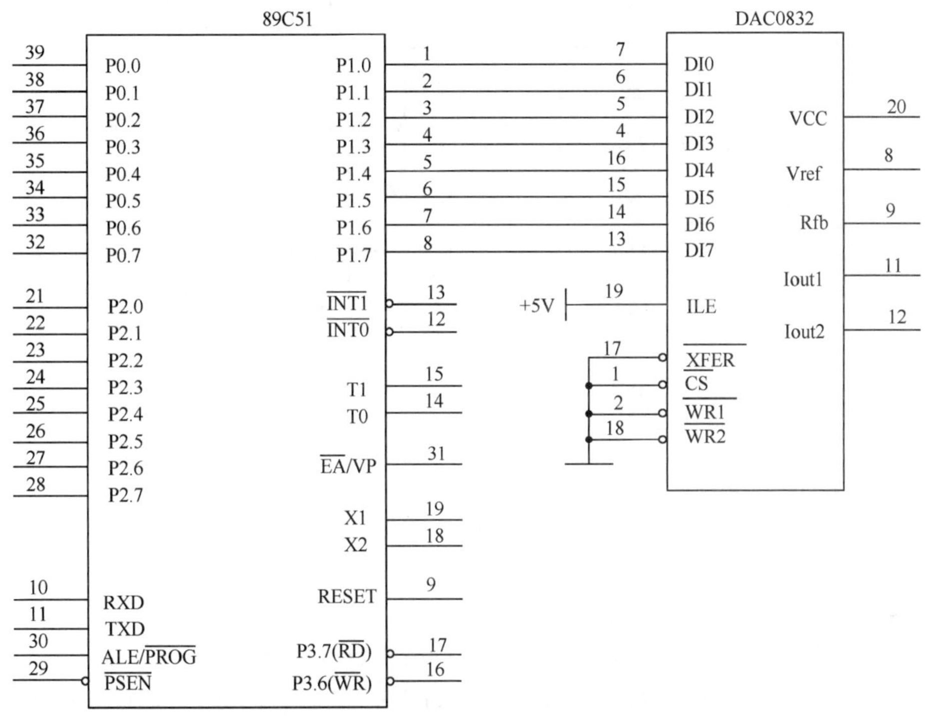

图 9.8 直通方式下 89C51 与 DAC0832 的连接图

（2）单缓冲方式下的接口电路。

所谓单缓冲方式，是指使 DAC0832 的两个 8 位数据寄存器中一个处于直通方式，而另一个处于受控的锁存方式，或者两个 8 位数据寄存器处于同时受控的方式，即同时发送数据、同时锁存。在实际应用中，如果只有一路模拟量输出或虽有几路模拟量但并不要求同步输出，就可采用单缓冲方式。

例如，在单缓冲方式下，可以将 DAC 寄存器置于直通方式。为此，应将 $\overline{\text{WR2}}$ 和 $\overline{\text{XFER}}$ 接地，而输入寄存器的工作状态受单片机的控制。单缓冲方式下 89C51 与 DAC0832 的一种连接图如图 9.9 所示。

当单片机的 $\overline{\text{WR}}$ 和 P2.7 都为 0 时，DAC0832 的输入寄存器处于发送数据状态，如果将未使用到的地址线都置 1，则可以得到 DAC0832 的地址为 0x7FFF，用以下两条语句就可以将数字量（如 0x08）转换为模拟量：

```
#define   DAC0832   XBYTE[0x7FFF]
DAC0832=0x08;
```

或

```
output(0x7FFF, 0x08);
```

当 89C51 执行指令时，将产生 $\overline{\text{WR}}$ 信号，并通过 P0 口和 P2 口送出地址码，以此来控制

DAC0832 的 $\overline{WR1}$ 和 $\overline{CS}$，从而实现对输入寄存器的写入控制。可见在单缓冲方式下，DAC 芯片对于 MCS-51 系列单片机来说，相当于一个片外 RAM 单元，用一条赋值语句就可以将单片机中的数据送至 DAC 芯片进行 D/A 转换。

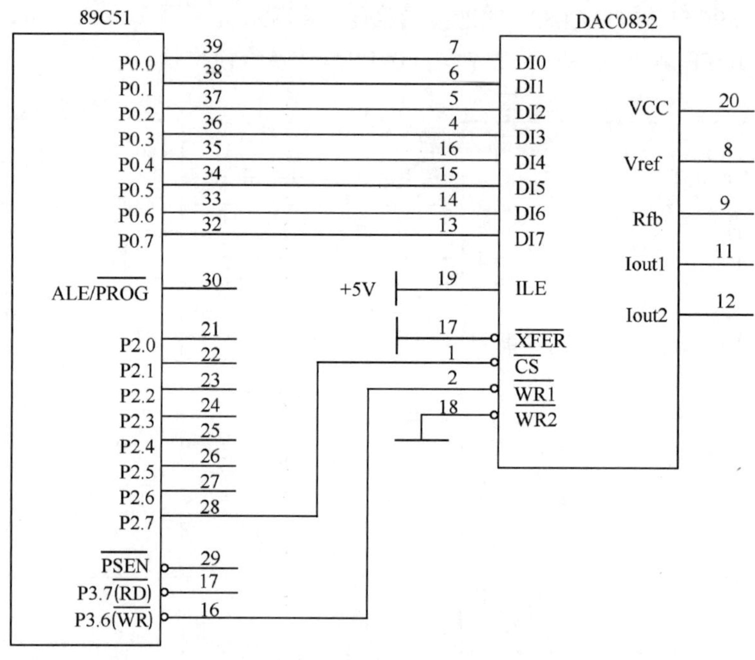

图 9.9　单缓冲方式下 89C51 与 DAC0832 的一种连接图

单缓冲方式下 89C51 与 DAC0832 的另一种连接图如图 9.10 所示。这是两个输入寄存器同时受控的连接方法，$\overline{WR1}$ 和 $\overline{WR2}$ 一起接 89C51 的 $\overline{WR}$，$\overline{CS}$ 和 $\overline{XFER}$ 一起接 89C51 的 P2.7，因此两个寄存器的地址相同。

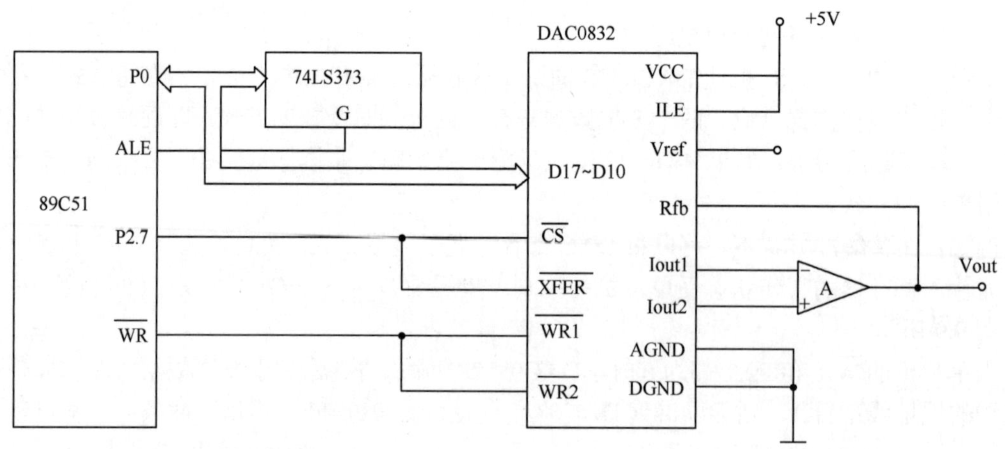

图 9.10　单缓冲方式下 89C51 与 DAC0832 的另一种连接图

（3）双缓冲方式下的接口电路。

所谓双缓冲方式，是指把 DAC0832 的两个寄存器都接成受控的锁存方式。DAC0832 的 $\overline{WR1}$、$\overline{WR2}$、$\overline{CS}$ 和 $\overline{XFER}$ 都受单片机送来的信号的控制。双缓冲方式下 89C51 与两个 DAC0832 的连接图如图 9.11 所示。

当 89C51 的 $\overline{WR}$ 和 P2.7 为 0、P2.6 为 1 时，DAC0832 的输入寄存器处于发送数据状态，输入端数据送到其输出端，而 DAC 寄存器处于锁存状态，故不能对输入的数据进行 D/A 转换。如果将未使用到的地址线都置 1，则可以得到 DAC0832 的输入寄存器的地址为 0x7FFF。当 89C51 的 $\overline{WR}$ 和 P2.6 为 0、P2.7 为 1 时，DAC0832 的 DAC 寄存器处于发送数据状态，其输入端的数据送到输出端，开始进行 D/A 转换，而输入寄存器处于锁存状态，不能接收外界的输入数据。如果将未使用到的地址线都置 1，则可以得到 DAC0832 的 DAC 寄存器的地址为 0xBFFF。用以下几条语句可以将数字量转换为模拟量：

```
#define   DAC0832_1   XBYTE[0xBFFF]
#define   DAC0832_2   XBYTE[0x7FFF]
DAC0832_1=0x08;
DAC0832_2=0x08;
```

或

```
output(0xBFFF, 0x08);
output(0x7FFF, 0x08);
```

由此可见，在双缓冲方式下，单片机必须送两次写信号才能完成一次 D/A 转换。第一次送写信号可将数据送到输入寄存器中锁存，第二次送写信号可将此数据送入 DAC 寄存器锁存并输出进行 D/A 转换。这时 DAC0832 被看作片外 RAM 的两个单元而不是一个单元。所以应分配给 DAC0832 两个 RAM 地址，然后使用两条赋值语句，才能将一个数字量转换成模拟量。具体来说，一个地址分配给输入寄存器，另一个地址分配给 DAC 寄存器。双缓冲方式适用于多个模拟量同时输出的场合，如示波器的 *X*、*Y* 方向需要同时获得模拟量的场合。

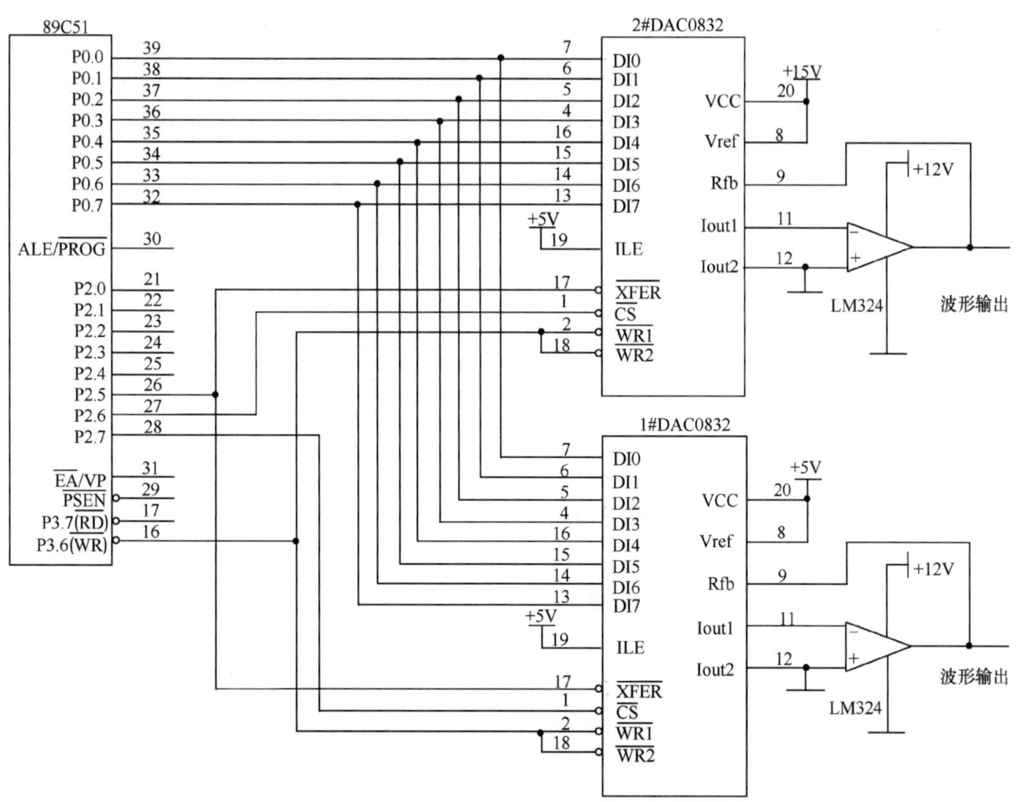

图 9.11 双缓冲方式下 89C51 与两个 DAC0832 的连接图

注意：在使用 DAC0832 时必须熟悉其内部结构，然后才能根据设计目的正确选择其工作方式。

任务操作

9.1.4 灯光亮度调节器的设计方法

1. 任务要求

用 AT89C51 和 DAC0832 控制一个 LED，使 LED 的亮度先逐渐变暗，再逐渐变亮，不断循环。

2. 任务分析

若要改变 LED 的亮度，则必须改变通过 LED 的电流。改变通过 LED 的电流的方法有很多，本节利用 AT89C51 控制 DAC0832，再将 DAC0832 的输出量转换成电压，以电压的形式驱动 LED。当 DAC0832 的输入数字量发生变化时，其输出电压也改变，从而使通过 LED 的电流发生变化，LED 的亮度也就随之改变。

3. 任务设计

（1）元器件的选择。

关于点亮 LED 的电路在前面的实验中已经设计过，用一个电阻的一端连接 LED 的正极，另一端连接电源，LED 的负极接地就可以点亮 LED。当其分压电阻的阻值固定时，改变电源的电压值就可以改变 LED 的亮度。所以，我们用单片机控制 DAC0832 以产生不同的模拟电压作为 LED 的电源，就能制成一个灯光亮度调节器，所要用到的元器件清单如表 9.1 所示。

表 9.1　灯光亮度调节器设计元器件清单

元器件名称	数量/个	元器件名称	数量/个
AT89C51	1	470Ω 电阻	1
6MHz 晶振	1	UA741	1
22pF 瓷片电容	2	DAC0832	1
10μF 电解电容	1	LED	1
10kΩ 电阻	1		

（2）硬件电路设计。

灯光亮度调节器的硬件电路原理图如图 9.12 所示。

DAC0832 工作于单缓冲方式，地址由 P2 口和 P0 口决定，由于片选信号（$\overline{CS}$）低电平有效，所以 P2.7 须为 0，这样 DAC0832 的地址为 0x7FFF。由于 DAC0832 的 Vref 端接−5V 的基准电压，所以其输出的单极性电压可在 0V 到+5V 之间变化。

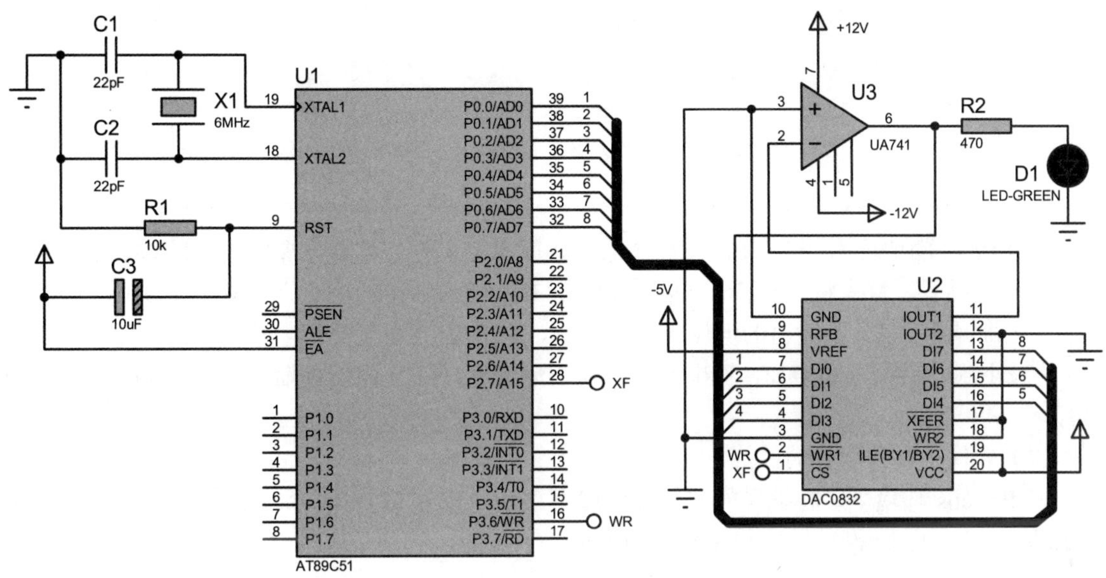

图 9.12 灯光亮度调节器的硬件电路原理图

（3）软件程序设计。

根据任务要求，可以将 AT89C51 内部单元中的数据从 0xFF 逐渐变到 0x00，再由 0x00 逐渐变到 0xFF，并逐一送至 DAC0832，经过 D/A 转换后输出的模拟电压就可以使 LED 的亮暗程度发生变化，先由亮逐渐变暗，再由暗逐渐变亮。

源程序如下。

```
//**************************************************************************
#include <reg51.h>
#include <absacc.h>
#define uint unsigned int
#define uchar unsigned char
#define   DAC0832   XBYTE[0x7FFF]
//**************************************************************************
//延时子程序
void DelayMS(uint x)
{ uchar t;
  while(x--) for(t=0;t<120;t++);
}
//**************************************************************************
//主程序
void main()
{ uchar i;
  while(1)
    { for(i=256;i>0;i--)
        { DAC0832=i;
        DelayMS(1);
        }
    for(i=0;i<256;i++)
```

```
        { DAC0832=i;
         DelayMS(1);
        }
    }
}
//*****************************************************************************
```

DAC0832 的地址为 0x7FFF，在程序的开始就已定义好，这样只要将传送的数字信号送到该地址就可以了。首先将“i=256”送入 DAC0832，转换输出的电压为+5V，LED 处于最亮的状况，逐渐减小 i 值，则输出的电压也逐渐减小，LED 由亮逐渐变暗，每次改变 i 值延时 1ms，当 i 值减小到 0 后又逐渐增加，输出的电压就逐渐增大，LED 由暗逐渐变亮，用 while(1) 反复执行。

（4）软件、硬件联合调试。

在 Proteus 环境下，将编译好的软件程序下载到 AT89C51 中运行，可以看到 LED 如任务要求的一样先由亮逐渐变暗，再由暗逐渐变亮。

任务 9.2　多种波形信号发生器的设计

任务操作

1. 任务要求

用由 AT89C51 和 DAC0832 组成的信号发生器生成一定周期和幅度（0～+5V）的锯齿波、三角波、方波或正弦波。

2. 任务分析

锯齿波、三角波和方波的生成比较简单：向 DAC0832 反复送入 0x00～0xFF 的数据，就会生成幅度为 0～+5V 的锯齿波；向 DAC0832 反复送入 0x00～0xFF 和 0xFF～0x00 的数据，就会生成幅度为 0～+5V 的三角波；向 DAC0832 送入一定时长的 0x00 的数据和一定时长的 0xFF 的数据，就会生成幅度为 0～+5V 的方波，其周期与单片机的机器周期和程序中的延时长短相关。

正弦波的生成相对复杂一些。如果把正弦信号按等时间间隔进行分割，计算出分割时刻的信号幅值，将这些幅值对应的数字量存储到 ROM 中，然后用查表法取出这些取样值，送到 DAC0832 转换后输出，那么输出信号波形就是正弦波。例如，要生成频率为 50Hz 的正弦波，其波形如图 9.13 所示。如果将正弦波信号以 5°作为 1 个阶梯，则共分割成 360°/5°=72 份，时间间隔应该为 20ms/72＝0.278ms。当参考电压为 −5V 时，正弦波数据表如表 9.2 所示。

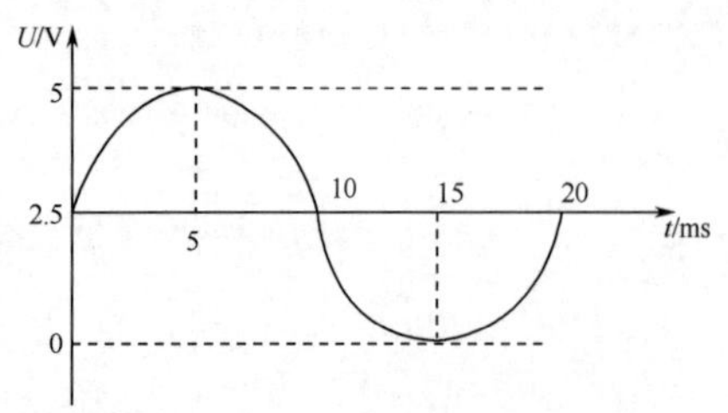

图 9.13　频率为 50Hz 的正弦波

表 9.2　正弦波数据表

X	sinX	输出电压/V	输入数字量			
			0°～90°	90°～180°	180°～270°	270°～360°
0°	0.0000	2.500	0x7F	0xFF	0x7F	0x00
5°	0.0872	2.718	0x8A	0xFE	0x75	0x01
10°	0.1736	2.934	0x95	0xFD	0x6A	0x02
15°	0.2588	3.147	0xA0	0xFA	0x5F	0x04
20°	0.3420	3.355	0xAB	0xF7	0x54	0x07
25°	0.4226	3.557	0xB5	0xF3	0x4A	0x0C
30°	0.5000	3.750	0xBF	0xED	0x40	0x11
35°	0.5736	3.934	0xC8	0xE7	0x36	0x17
40°	0.6428	4.107	0xD1	0xE1	0x2D	0x1E
45°	0.7071	4.268	0xD9	0xD9	0x25	0x25
50°	0.7660	4.415	0xE1	0xD1	0x1E	0x2D
55°	0.8192	4.548	0xE7	0xC8	0x17	0x36
60°	0.8660	4.665	0xED	0xBF	0x11	0x40
65°	0.9093	4.773	0xF3	0xB5	0x0C	0x4A
70°	0.9397	4.849	0XF7	0xAB	0x07	0x54
75°	0.9659	4.915	0xFA	0xA0	0x04	0x5F
80°	0.9848	4.962	0xFD	0x95	0x02	0x6A
85°	0.9962	4.991	0xFE	0x8A	0x01	0x75
90°	1.0000	5.000	0xFF	0x7F	0x00	0x7F

3．任务设计

（1）元器件的选择。

我们可以利用单片机和 DAC0832 设计信号发生器，编写不同的程序以生成不同的波形，如锯齿波、三角波、方波、正弦波等，其周期和幅度可以任意设定。

我们运用实验板中的 D/A 转换部分就可以设计简易的信号发生器，所要用到的元器件清单如表 9.3 所示。

表 9.3　信号发生器设计元器件清单

元器件名称	数量/个	元器件名称	数量/个
AT89C51	1	1kΩ 电阻	1
6MHz 晶振	1	UA741	1
22pF 瓷片电容	2	DAC0832	1
10μF 电解电容	1	数字电压表	1
10kΩ 电阻	1	示波器	1
10kΩ 可变电阻	1		

（2）硬件电路设计。

信号发生器的硬件电路原理图如图 9.14 所示。DAC0832 工作于单缓冲方式，地址为 0x7FFF。由于 DAC0832 的 Vref 端接-5V 的基准电压，用 UA741 将电流转换为电压，所以其输出的单极性电压可在 0V 到+5V 之间变化。在电压输出端加入一个虚拟示波器和一个电压表用于观察结果。

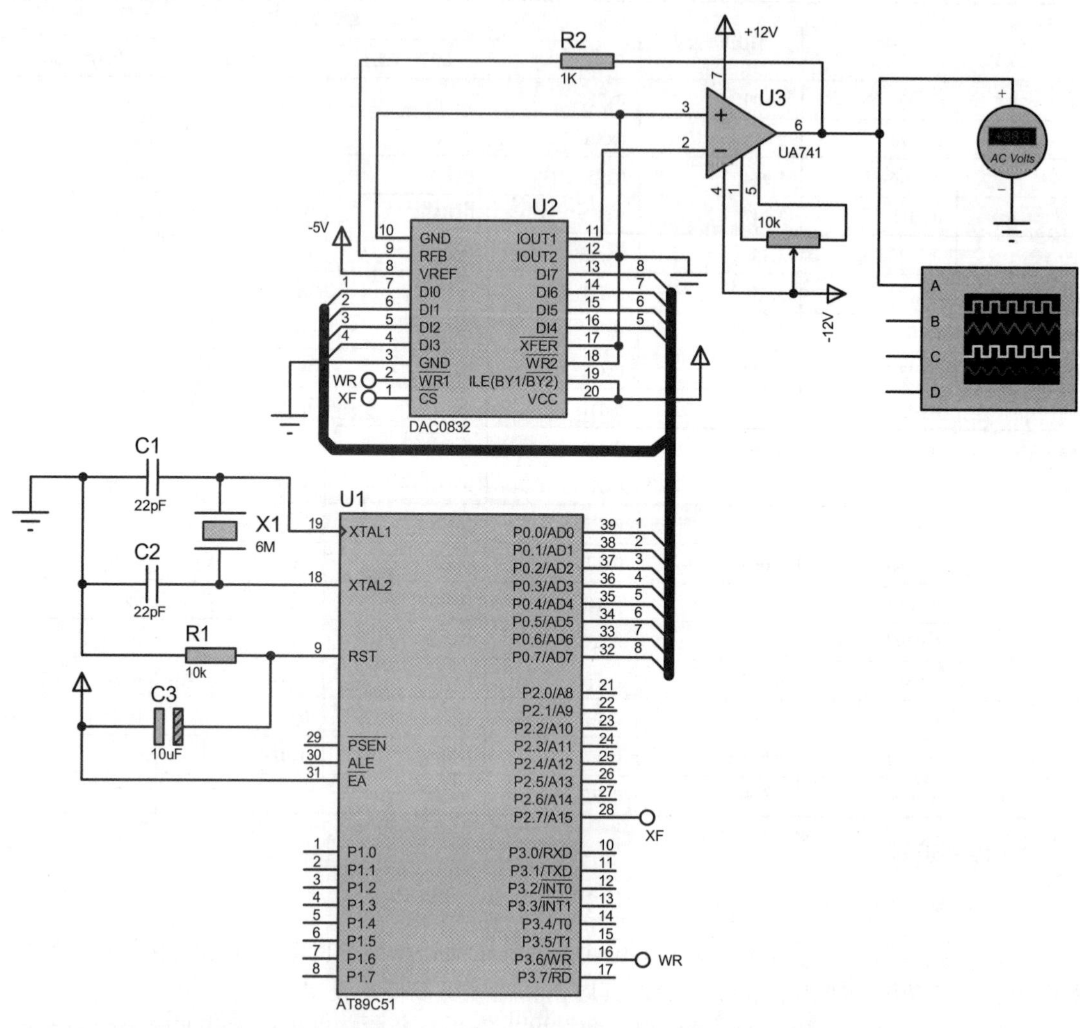

图 9.14　信号发生器的硬件电路原理图

（3）软件程序设计。

由于任务要求生成的波形不同，所以程序也有所区别，我们分别加以介绍。

① 产生锯齿波的源程序如下。

```
//**************************************************************************
#include <reg51.h>
#include <absacc.h>
#define uint unsigned int
#define uchar unsigned char
#define   DAC0832   XBYTE[0x7FFF]
//**************************************************************************
//延时子程序
void DelayMS(uint x)
{ uchar t;
  while(x--)
```

```
        for(t=0;t<120;t++);
}
//*************************************************************************
//主程序
void main()
{ uchar i;
  while(1)
     {   for(i=0;i<256;i++)
             DAC0832=i;
         DelayMS(1);
     }
}
//*************************************************************************
```

程序每循环一次，i 值加 1，因此实际上锯齿波的上升边是由 256 个小阶梯构成的。但因为阶梯很小，所以从宏观上看就如同线性增长一样。可根据循环程序段的机器周期数，计算出锯齿波的周期，并可根据需要通过延时来改变波形周期。当需要的延时时间较短时，可用空操作来实现（本程序就是如此）；当需要的延时时间较长时，可用一个延时子程序实现。延时时间不同，波形周期不同，锯齿波的斜率就不同。通过 i 值加 1，可得到正向的锯齿波。如果要得到负向的锯齿波，则可用减 1 指令实现。程序中 i 值的变化范围是 0～255，因此得到的锯齿波是满幅度的。如果要求得到非满幅度的锯齿波，则可通过计算求得数字量的初值和终值，然后在程序中通过置初值判终值的办法实现。

② 产生三角波的源程序如下。

```
//*************************************************************************
#include <reg51.h>
#include <absacc.h>
#define uint unsigned int
#define uchar unsigned char
#define   DAC0832   XBYTE[0x7FFF]
//*************************************************************************
//延时子程序
void DelayMS(uint x)
{ uchar t;
  while(x--)
     for(t=0;t<120;t++);
}
//*************************************************************************
//主程序
void main()
{ uchar i;
  while(1)
     {   for(i=0;i<256;i++)
              DAC0832=i;
         for(i=254;i>0;i--)
              DAC0832=i;
```

```
            DelayMS(1);
        }
    }
    //************************************************************************
```

程序中将数字从 0 到 255 逐个增大送入 DAC0832 进行转换，输出的电压会从 0V 到+5V 上升，之后又将数字从 255 到 0 逐个减小送入 DAC0832 进行转换，输出的电压会从+5V 到 0V 下降，形成三角波。

③ 产生正弦波的源程序如下。

```
//************************************************************************
#include <reg51.h>
#include <absacc.h>
#define uchar unsigned char
#define    DAC0832    XBYTE[0x7FFF]
//************************************************************************
//初始化正弦波波形数据数组
uchar code data[ ]={0x7F,0x8A,0x95,0xA0,0xAB,0XB5,0xBF,0xC8,0xD1,0xD9,0xE1,0xE7,0xED,0xF3,
                   0xF7,0xFA,0xFD,0xFE,0xFF,0xFE,0xFD,0xFA,0xF7,0xF3,0xED,0xE7,0xE1,0xD9,0xD
                   1,0xC8,0xBF,0xB5,0xAB,0xA0,0x95,0x8A,0x7F,0x75,0x6A,0x5F,0x54,0x4A,0x40,0x3
                   6,0x2D,0x25,0x1E,0x17,0x11,0x0C,0x07,0x04,0x02,0x01,0x00,0x01,0x02,0x04,0x07,0
                   x0C,0x11,0x17,0x1E,0x25,0x2D,0x36,0x40,0x4A,0x54,0x5F,0x6A,0x75};
//************************************************************************
//主程序
void main()
{ uchar i;
  while(1)
    {for(i=0;i<72;i++)
         DAC0832= data[i];
    }
}
//************************************************************************
```

我们把表 9.2 中计算好的正弦波各点的数值存放在数组data[72]中，这样只要在程序中将这一个周期的数值反复送入 DAC0832 进行转换，就可以得到连续的正弦波信号。

（4）软件、硬件联合调试。

将上面相应波形的源程序编译为*.hex 文件后下载到 AT89C51 中运行，在虚拟示波器上可以看到对应的波形图。在 Proteus 仿真运行过程中可能会提示 CPU 过载，这时虚拟示波器可能会无法实时显示波形，可将虚拟示波器通道 A 中指向 1 的黄色旋钮从 1 开始先正向旋转一圈，再反向旋转一圈，便可使虚拟示波器尽快刷新显示波形。

上面的软件只能逐一生成单一的波形，请考虑如果要在一个程序中通过选择生成不同波形，硬件和软件设计该如何更改？

注意：用单片机和 D/A 转换器设计信号发生器其实就是生成连续的模拟电压点，再将其连接以形成各种波形。

项目拓展　串行 D/A 转换芯片 PCF8591 在实验板上的应用

1. PCF8591 简介

PCF8591 是一个单片集成的具有 I²C 总线接口的 8 位 A/D 及 D/A 转换器，具有 4 路 A/D 输入通道，1 路 D/A 输出通道。在 PCF8591 上输入和输出的地址信号、控制信号和数据信号都是通过 I²C 总线以串行的方式进行传输的。PCF8591 的功能包括多路模拟输入、内置跟踪保持、8 位 A/D 转换和 8 位 D/A 转换。PCF8591 的最大转化速率由 I²C 总线的最大传输速率决定。

PCF8591 的主要特性如下。

- 单独供电。
- 操作电压范围为+2.5～+6V。
- 待机电流低。
- 通过 I²C 总线串行输入、输出。
- 通过 3 个硬件地址引脚寻址。
- 采样率由 I²C 总线的传输速率决定。
- 4 路模拟量输入通道可编程为单端型或差分输入通道。
- 自动增量频道选择。
- 模拟电压范围为从 VSS 到 VDD。
- 内置跟踪保持电路。
- 内置 8 位逐次逼近式 A/D 转换器。
- 通过 1 路模拟输出通道实现 DAC 增益。

2. PCF8591 的内部结构框图

PCF8591 的内部结构框图如图 9.15 所示。

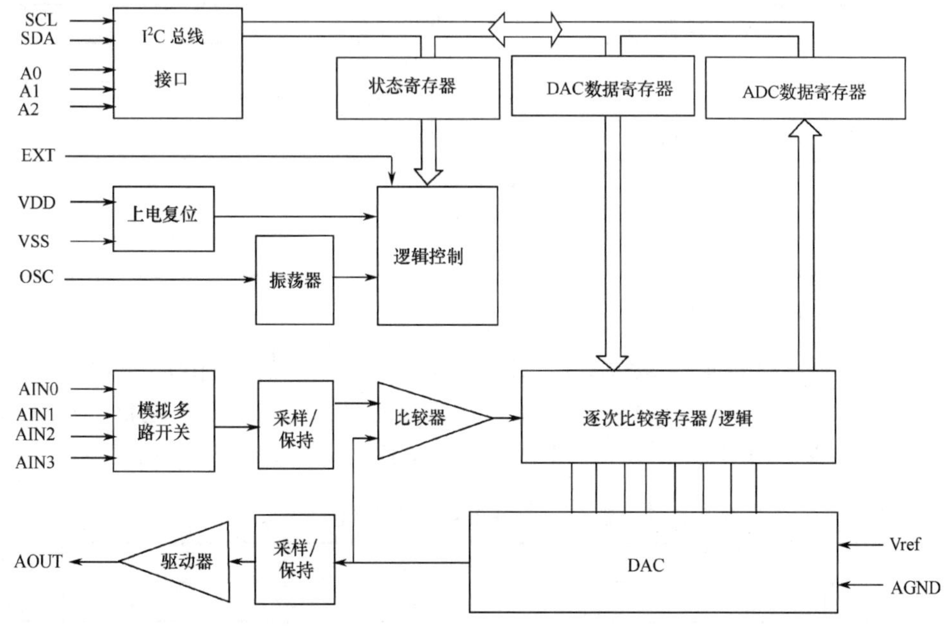

图 9.15　PCF8591 的内部结构框图

3．PCF8591 的引脚功能

PCF8591 的引脚如图 9.16 所示，其引脚介绍如表 9.4 所示。

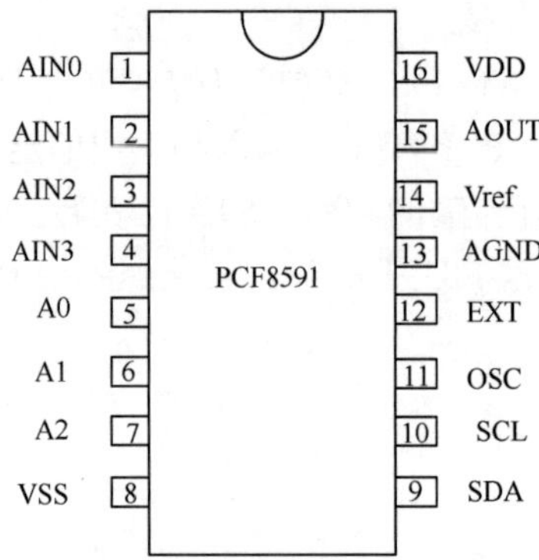

图 9.16　PCF8591 的引脚

表 9.4　PCF8591 的引脚介绍

引脚序号	引脚名称	引脚介绍
1	AIN0	模拟量输入端
2	AIN1	
3	AIN2	
4	AIN3	
5	A0	模拟通道选择地址
6	A1	
7	A2	
8	VSS	负电源电压
9	SDA	I^2C 总线数据信号
10	SCL	I^2C 总线时钟信号
11	OSC	外部时钟输入端，内部时钟输出端
12	EXT	内部、外部时钟选择线。在使用内部时钟时，EXT 接地
13	AGND	模拟信号地
14	Vref	基准电源电压
15	AOUT	模拟量输出端
16	VDD	正电源电压

4．PCF8591 的工作原理

PCF8591 采用典型的 I^2C 总线接口元器件寻址方法，即总线地址由元器件地址（1001）、引脚地址（由 A0～A2 接地或接+5V 电源来确定，接地代表 0，接+5V 电源代表 1）、方向位（R/W）组成，如表 9.5 所示。因此，在 I^2C 总线系统中最多可接 8 个这样的元器件。

表 9.5　PCF8591 总线地址

D7	D6	D5	D4	D3	D2	D1	D0
1	0	0	1	A2	A1	A0	R/W

R/W=1 表示读操作，R/W=0 表示写操作。如果将 A0～A2 接地，则读地址为 91H，写地址

为 90H。

地址字节：由元器件地址、引脚地址、方向位组成，它是通信时主机发送的第一字节数据。

控制字节：用于控制 PCF8591 的输入方式、输入通道、D/A 转换等，是通信时主机发送的第二字节数据，其格式如表 9.6 所示。

表 9.6　第二字节数据格式

D7	D6	D5	D4	D3	D2	D1	D0
未用（写 0）	D/A 输出允许位：D6=0 表示禁止；D6=1 表示允许	A/D 输入方式选择位：D4D5=00 表示 4 路单端输入；D4D=501 表示 3 路差分输入；D4D=510 表示单端与差分输入；D4D=511 表示 2 路差分输入		未用（写 0）	自动增益选择位：D2=0 表示禁用；D2=1 表示启用	AD 通道选择位：D0D1=00 表示选择通道 0；D0D1=01 表示选择通道 1；D0D1=10 表示选择通道 2；D0D1=11 表示选择通道 3	

D/A 转换的数据输入和 A/D 转换的数据输出都是通过 I²C 总线串行输入和输出实现的。因此 PCF8591 中 I²C 总线的通信格式包括写数据格式和读数据格式，分别如表 9.7 和表 9.8 所示。

表 9.7　PCF8591 的 I²C 总线写数据格式

第 一 字 节	第 二 字 节	第 三 字 节
写入元器件地址（90H）	写入控制字节	要写入的数据
向 PCF8591 写入数据格式（高位在前）		

表 9.8　PCF8591 的 I²C 总线读数据格式

第 一 字 节	第 二 字 节	第 三 字 节	第 四 字 节
写入元器件地址（90H 写）	写入控制字节	写入元器件地址（91H 读）	读出一字节数据
从 PCF8591 读出数据格式（高位在前）			

5. I²C 总线

（1）I²C 总线数据位的传输。

I²C 总线由 2 根线，即串行数据线（SDA）和串行时钟线（SCL）组成。连接到 I²C 总线上的每个元器件都有一个唯一的地址，而且都可以作为一个发生器或接收器，SDA 和 SCL 都是双向线，分别通过一个电阻连接到电源（+5V）端。连接到 I²C 总线上的元器件必须是漏极开路或集电极开路的。I²C 总线上的数据传输速率在标准模式下可达 100kbit/s，在快速模式下可达 400kbit/s，在高速模式下可达 3.4Mbit/s。连接到 I²C 总线上的元器件数量只由总线的电容（400pF）决定。

I²C 总线上每传输一个数据位必须产生一个时钟脉冲，I²C 总线上数据传输的有效性要求 SDA 上的数据必须在 SCL 的高电平期间保持稳定，SDA 上的数据的改变只能发生在 SCL 为低电平期间。在标准模式下，高、低电平宽度必须大于 4.7μs，即每次 SCL 的电平需要延时 4.7μs 后才能改变。

（2）I²C 总线数据的传输。

数据传输的字节格式。发送到 SDA 上的每一字节必须为 8 位，每次发送的字节数量不受限制，从机在接收完一字节数据后向主机发送一个应答位，主机在接收到从机发来的应答位后才会发送第二字节数据，在发送数据时先发数据的最高位。

数据传输中的应答。相应的应答位由接收方（从机）产生，在应答的时钟脉冲期间，发送方（主机）应释放SDA（使其为高电平）。在应答过程中，接收方（从机）必须将SDA的电平拉低，使它在这个时钟脉冲的高电平期间保持为稳定的低电平。

（3）I^2C 总线的传输协议。

寻址字节。主机产生起始条件后，发送的第一字节为寻址字节，该字节的前7位为从机地址，最低位决定传输的方向，最低位为“0”表示主机写数据到从机，为“1”表示主机从从机中读数据。从机地址由一个固定的部分（如高4位1001）、可编程部分（如低3位A0～A2）及一个方向位（R/W）组成。

传输格式。主机产生起始条件后，首先发送一个寻址字节，在接收到从机发来的应答位后，就传输数据，数据传输一般由主机产生的停止位终止。如果主机仍希望在 I^2C 总线上通信，那么它可以产生重复起始条件和寻址另一个从机，而不必产生一个停止条件。

I^2C 总线写通信格式如表9.9所示。

表 9.9　I^2C 总线写通信格式

1	2	3	4	5	6	7	*N*	*N*-1
主机产生起始位	发送从机地址 90H	等待从机应答	发送数据	等待从机应答	发送数据	等待从机应答	…	停止位

I^2C 总线读通信格式如表9.10所示。

表 9.10　I^2C 总线读通信格式

1	2	3	4	5	6	7	*N*	*N*-1
主机产生起始位	发送从机地址 91H	等待从机应答	接收从机发出的数据	向从机应答	接收从机发出的数据	向从机应答	…	主机产生停止位

任务操作

6. STC89C52实验板上锯齿波信号的输出

（1）硬件电路设计。

我们将实验板上的STC89C52作为主控制芯片，用它控制PCF8591进行D/A转换、生成锯齿波信号，其电路连接如附录B中的图B.13所示，将U15（STC89C52）的J23的引脚19和20用杜邦线与J8的SDA和SCL连接，这样U15生成的数字信号通过 I^2C 总线送给U18（PCF8591），编程使其进行D/A转换，从U18的AOUT引脚生成锯齿波信号。

（2）软件程序设计。

我们把整个软件程序模块化，按照不同的功能分别写出几个小程序。

① 主程序。

```
****************************************************************
// PCF8591 的D/A转换程序
//**************************************************************
//宏定义
    #include <reg52.h>
    #include "i2c.h"
    #define AddWr 0x90                    //写数据地址
```

```
    #define AddRd 0x91                  //读数据地址
//*********************************************************************
//锯齿波数据表，表格数值越多，波形越平滑
    unsigned char code tab[]={ 0,10,20,30,40,50,60,70,80,90,100,110,120,130,140,150,160,170,
                               180,190,200,210,220,230,240,250
                              };
//*********************************************************************
//定义全局变量
    extern bit ack;
//*********************************************************************
//写入 D/A 转换数值，dat 表示需要输入的 D/A 转换数值，范围是 0～255
    bit WriteDAC(unsigned char dat,unsigned char num)
    {   unsigned char i;
       Start_I2c();                     //启动 I2C 总线
       SendByte(AddWr);                 //发送元器件地址
       if(ack==0)
         return(0);
       SendByte(0x40);                  //发送元器件子地址
       if(ack==0)
         return(0);
       for(i=0;i<num;i++)
          { SendByte(dat);              //发送数据
            if(ack==0)
              return(0);
          }
       Stop_I2c();
    }
//*************************************************************************
//主程序
    main()
    { unsigned char i;
      while (1)                         //主循环
        {   for(i=0;i<26;i++)
                  writeDAC(tab1[i],1);
        }
    }
//*************************************************************************
```

② I^2C 总线头文件。

```
//*************************************************************************
    #ifndef __I2C_H__
    #define __I2C_H__
    #include <reg52.h>                  //头文件的包含
    #include <intrins.h>
    #define   _Nop()   _nop_()          //定义空指令
```

```
//****************************************************************************
    //启动 I²C 总线
    void Start_I2c();
//****************************************************************************
    //结束 I²C 总线
    void Stop_I2c();
//****************************************************************************
    /*字节数据传送函数
    将数据 c 发送出去（可以是地址，也可以是数据），发送完后等待应答，并对此状态位进行操作。
    ack=1，发送数据正常；ack=0，被控元器件无应答或损坏。*/
    void   SendByte(unsigned char c);
//****************************************************************************
    #endif
//****************************************************************************
```

③ I²C 总线子程序。

```
//****************************************************************************
    //采用软件延时的方法产生 SCL 脉冲，晶振频率是 12MHz，即机器周期为 1μs
    //宏定义
    #include "i2c.h"
    #define   _Nop()   _nop_()              //定义空指令
//****************************************************************************
    bit ack;                                //应答标志位
    sbit SDA=P2^1;
    sbit SCL=P2^0;
//****************************************************************************
    //启动 I²C 总线
    void Start_I2c()
    {   SDA=1;                              //发送起始条件的数据信号
      _Nop();
      SCL=1;
      _Nop();                               //起始条件建立时间大于 4.7μs，延时
      _Nop();
      _Nop();
      _Nop();
      _Nop();
      SDA=0;                                //发送起始信号
      _Nop();                               //起始条件锁定时间大于 4μs
      _Nop();
      _Nop();
      _Nop();
      _Nop();
      SCL=0;                                //钳住 I²C 总线，准备发送或接收数据
      _Nop();
      _Nop();
```

```
    }
//**************************************************************************
    //结束 I2C 总线
    void Stop_I2c()
    {SDA=0;                              //发送结束条件的数据信号
      _Nop();                            //发送结束条件的时钟信号
      SCL=1;                             //结束条件建立时间大于 4μs
      _Nop();
      _Nop();
      _Nop();
      _Nop();
      _Nop();
      SDA=1;                             //发送 I2C 总线结束信号
      _Nop();
      _Nop();
      _Nop();
      _Nop();
    }
//**************************************************************************
    //字节数据传送函数
    void   SendByte(unsigned char c)
    { unsigned char BitCnt;
     for(BitCnt=0;BitCnt<8;BitCnt++)    //要传送的数据长度为 8 位
    {   if((c<<BitCnt)&0x80)
              SDA=1;                     //判断发送位
              else    SDA=0;
             _Nop();
              SCL=1;                     //置 SCL 为高电平，通知被控器开始接收数据位
             _Nop();
             _Nop();                     //保证时钟高电平周期大于 4μs
             _Nop();
             _Nop();
             _Nop();
             SCL=0;
    }
    _Nop();
    _Nop();
    SDA=1;                               //8 位数据发送完后释放数据线，准备接收应答位
    _Nop();
    _Nop();
    SCL=1;
    _Nop();
    _Nop();
    _Nop();
    if(SDA==1)
```

```
    ack=0;
else ack=1;                          //判断是否接收到应答信号
SCL=0;
_Nop();
_Nop();
}
//***************************************************************************
```

将上面的几个小程序放到 Keil C51 的一个工程文件中进行编译，生成*.hex 文件后，通过 USB 口下载到实验板中。程序运行之后，用示波器测量 J33 上的一个 OUT 引脚，调节示波器，可以清晰地看到锯齿波波形。

注意：在使用 PCF8591 进行 D/A 转换时，硬件电路连接非常简单，软件程序设计相对复杂一些，单片机通过 I^2C 总线发送数据信号，所以一定要严格按照 I^2C 总线的通信格式要求发送数据。

项目小结

本项目介绍了 DAC0832 的工作原理和应用方法，并通过两个任务介绍了采用单片机和 DAC0832 设计各种信号发生器的方法。

DAC0832 在完成数字量到模拟量的转换后输出的是电流，必须外接运算放大器把电流转换成电压。根据与单片机接口方式不同 DAC0832 有 3 种工作方式：直通方式、单缓冲方式和双缓冲方式。在实际应用中应根据实际情况选择合适的工作方式。

本项目在介绍了并行 D/A 转换芯片的应用之后，以 PCF8591 为例介绍了串行 D/A 转换芯片的特点、工作原理及其在实验板上的应用方法。

知识思考与项目训练

（一）选择题

1．MCS-51 系列单片机只能输出__________量。

A）数字　　B）模拟　　C）并行　　D）串行

2．D/A 转换器的主要参数有__________、精度和转换速度。

A）输出阻抗　　B）参考电压　　C）参考电流　　D）分辨率

3．D/A 转换器按工作方式可分为并行 D/A 转换器、串行 D/A 转换器和间接 D/A 转换器等。__________转换器又分为权电阻 D/A 转换器和 *R*-2*R* T 形 D/A 转换器。

A）串行 D/A　　B）并行 D/A　　C）间接 D/A　　D）直接 D/A

4．DAC0832 由两个数据锁存器、一个__________位 D/A 转换器和控制电路等组成。

A）8　　B）12　　C）16　　D）24

5．PCF8591 与单片机通信的总线是__________。

A）RS232　　B）I^2C　　C）SPI　　D）USB

6．I^2C 总线在通信时，用于传输数据的引脚是__________。

A）SCK　　B）DATA　　C）SDA　　D）EA

7．对于 8 位 D/A 转换器，当输入数字量只有最低位为 1 时，输出电压为 0.02V；当输入数字量只有最高位为 1 时，输出电压为__________V。

A）0.039　　B）1.27　　C）2.56　　D）1.28

8．I^2C 总线共有__________根信号线。

A）1　　B）2　　C）4　　D）8

（二）填空题

1．描述 D/A 转换器性能的主要指标有__________、__________和__________。

2．D/A 转换器按模拟量输出方式可分为__________转换器和__________转换器。

3．如果数字量的位数为 n，则 D/A 转换器的分辨率为__________。

4．DAC0832 有 3 种工作方式：__________、__________、__________。

5．I^2C 总线上每传输一个数据位必须产生一个时钟脉冲，I^2C 总线上数据传输的有效性要求 SDA 上的数据必须在 SCL 的__________期间保持稳定，SDA 上的数据的改变只能发生在 SCL 为__________期间。

（三）简答题

1．在单片机应用系统中为什么要进行 A/D 转换和 D/A 转换，它们的作用是什么？

2．在使用 DAC0832 时，单缓冲方式如何工作？双缓冲方式如何工作？软件编程有什么区别？

3．PCF8591 的主要特点是什么？简述其工作原理。

4．I^2C 总线的特点和通信格式是怎样的？

（四）项目训练

1．试采用 DAC0832 设计单缓冲方式的 D/A 转换器接口电路，并编写程序，使 DAC0832 输出 15 个正向阶梯波。

2．参照任务 2，对如图 9.14 所示的硬件电路进行修改，设计一个完整的信号发生器，通过按键控制输出锯齿波、三角波、方波或正弦波，并写出完整的程序。

项目10 数字温度采集系统的设计

✧ 学习目标

- 了解 A/D 转换器的主要性能指标。
- 了解行业标准中电子元器件的规范。
- 掌握 ADC0809 的工作原理及其与 MCS-51 系列单片机的接口设计方法。
- 掌握 DS18B20 的工作原理和应用方法。
- 掌握数字温度采集系统的硬件电路和控制软件的设计方法。
- 能独立分析和解决硬件设计和软件设计中的问题。
- 掌握完成工作项目的完整步骤和具体实施方法。
- 能利用团队的力量完成任务，培养团队合作精神。

✧ 工作任务

- 叙述 A/D 转换器的主要性能指标。
- 叙述 ADC0809 的工作原理。
- 叙述 DS18B20 的工作原理。
- 设计用单片机控制的数字温度采集系统的工作电路。
- 编写数字温度采集系统的单片机控制程序。

项目引入

在工业控制领域和智能化仪器仪表中，被控制的对象往往是一些连续变化的模拟量，如温度、压力、形变、位移、流量等。单片机是一个数字芯片，它的 I/O 口只能接收数字量“0”和“1”。但是我们常常需要用单片机去接收或控制模拟量，如空调中的控制单片机，它需要先检测环境中的温度，当这个温度值与设定的值不同时，单片机才能发出升温或降温的命令。那么模拟量，如 25℃，怎样被单片机接收呢？这就需要先将非电的模拟量通过传感器转换成电模拟量，再通过 A/D 转换器将其转换成数字量，这样就可把 25℃转换成一串二进制的数字量，从而使其能被单片机接收。

本项目首先介绍常用的 A/D 转换芯片 ADC0809 的工作原理及应用方法，用它来实现数字电压表的设计；其次学习 DS18B20 的工作原理及应用方法，用它来实现数字温度采集系统的设计。

本项目包含两个任务：数字电压表的设计；采用 DS18B20 数字温度采集系统的设计。

任务 10.1　数字电压表的设计

知识准备

10.1.1　A/D 转换器的基本原理

能够将模拟量转换成数字量的元器件称为 A/D 转换器。目前 A/D 转换器都已实现集成化，具有体积小、功能强、可靠性高、误差小、功耗低等特点，并且能够很方便地与单片机进行连接。

1. A/D 转换器的主要性能指标

A/D 转换器用于实现模拟量向数字量的转换。描述 A/D 转换器性能的指标很多，主要有以下几个。

（1）分辨率。

分辨率是指 A/D 转换器能分辨的最小输入模拟量，也就是指使输出数字量变化一个相邻数码所需输入模拟量的变化量。通常用能转换成的数字量的位数来表示，如 8 位、10 位、12 位、16 位等。位数越高，A/D 转换器的分辨率越高。例如，对于 8 位 A/D 转换器，当输入电压满刻度值为 5V 时，其输出数字量的变化范围为 0～255，转换电路对输入模拟电压的分辨能力为 5V/255≈19.6mV。分辨率越高，A/D 转换器在进行 A/D 转换时对输入模拟量的微小变化的反应越灵敏。

（2）转换时间。

转换时间是指 A/D 转换器完成一次 A/D 转换所需的时间。转换时间是编程时必须考虑的指标。若 CPU 采用无条件传送方式输入 A/D 转换后的数据，则从启动 A/D 转换器进行转换开始到 A/D 转换结束，需要一定的时间，此时间为延时等待时间，实现延时等待的一段延时程序要放在启动转换程序之后，此延时等待时间必须大于或等于转换时间。

（3）量程。

量程是指 A/D 转换器所能转换的输入模拟量的范围，如 0～5V、0～10V 等。

（4）精度。

精度是指与输出数字量所对应的输入模拟量的实际值与理论值之间的差值。精度有绝对精度和相对精度两种表示方法。常用数字量的位数作为度量绝对精度的单位，如绝对精度为 ±1/2LSB，而用百分比值来表示满量程时的相对精度，如±0.05%。注意，精度和分辨率是不同的概念。精度指的是转换后所得结果相对于实际值的准确度，而分辨率指的是对转换结果产生影响的最小输入量。分辨率很高的 A/D 转换器可能由于温度漂移、线性不良等原因而并不具有很高的精度。

注意：在选用 A/D 转换器时，主要关心的性能指标是分辨率、转换时间、转换速度及量程。分辨率主要由位数来决定；转换时间的差别很大，可为几微秒到 100 微秒。一般情况下，位数增加，转换速度提高，A/D 转换器的价格也急剧上升。所以要根据实际需要选择合适的 A/D 转换器。

2．A/D 转换器的分类

A/D 转换器的种类很多，按其转换原理可分为逐次逼近（比较）式 A/D 转换器、双积分式 A/D 转换器、计数式 A/D 转换器和并行式 A/D 转换器；按其分辨率可分为 8～16 位的 A/D 转换器。目前最常用的是逐次逼近式 A/D 转换器和双积分式 A/D 转换器。

逐次逼近式 A/D 转换器是一种转换速度较快、精度较高的 A/D 转换器，其转换时间在几微秒到几百微秒之间。常用的产品有 ADC0801～ADC0805、ADC0808/0809、ADC0816/0817、AD574。

双积分式 A/D 转换器的优点是精度高，抗干扰性强，价格便宜；其缺点是转换速度较慢。因此这种 A/D 转换器主要用于对转换速度要求不高的场合。常用的产品有 ICL7106、ICL7107、ICL7126、MC14433/5G14433、ICL7135 等。

3．A/D 转换器与单片机的接口设计方法

A/D 转换器与单片机的接口设计要考虑硬件、软件的配合。一般来说，A/D 转换器与单片机的接口设计主要考虑的是数字量输出线的连接、A/D 转换器的启动方式、转换结束信号处理方法，以及时钟的提供方法等。

A/D 转换器数字量输出线与单片机的连接方法与其内部结构有关。内部带有三态输出锁存器的 A/D 转换器（如 ADC0809、AD574 等），可直接与单片机相连；内部不带三态输出锁存器的 A/D 转换器，一般通过三态输出锁存器或并行 I/O 口与单片机相连。在某些情况下，为了增强控制功能，内部带有三态输出锁存器的 A/D 转换器也常通过 I/O 口与单片机相连。随着位数的不同，A/D 转换器与单片机的连接方法也不同。对于 8 位 A/D 转换器，其数字量输出线可与 8 位单片机数据总线对应相连。对于 8 位以上的 A/D 转换器，必须增加读取控制逻辑，把 8 位以上的数据分两次或多次读取。为了便于连接，一些 A/D 转换器内部带有读取控制逻辑，而内部不带读取控制逻辑的 A/D 转换器在和 8 位单片机连接时，应增设三态输出锁存器对转换后的数据进行锁存。

当 A/D 转换器开始转换时，必须加一个启动转换信号，这个启动转换信号由单片机提供。不同型号的 A/D 转换器，对于启动转换信号的要求也不同。A/D 转换器一般分为脉冲启动型 A/D 转换器和电平启动型 A/D 转换器两种。对于脉冲启动型 A/D 转换器，如 ADC0809、AD574 等，只要给其启动控制端上加一个符合要求的脉冲信号即可。通常用 $\overline{WR}$ 和地址译码器的输出加一定的逻辑电路进行控制。对于电平启动型 A/D 转换器，当把符合要求的电平加到其启动控制端时，立即开始转换，在转换过程中，必须保持这一电平，否则会中止转换。因此，在这种启动方式下，单片机的控制信号必须锁存一段时间，一般采用 D 触发器、三态输出锁存器或并行 I/O 口等来实现。AD570、AD571 等都属于电平启动型 A/D 转换器。

当 A/D 转换结束时，A/D 转换器输出一个转换结束信号，通知单片机读取转换结果。单片机检查并判断 A/D 转换结束一般采用中断方式或查询方式。若采用中断方式，则可将转换结束

信号送到单片机的中断请求输入线上或允许中断的 I/O 口的相应引脚上，作为中断请求信号；若采用查询方式，则可把转换结束信号经三态输出锁存器送到单片机的某一位 I/O 口线上，作为查询状态信号。

A/D 转换器的另一个重要连接信号是时钟，其频率决定了 A/D 转换器的转换速度。整个 A/D 转换过程都是在时钟的作用下完成的。A/D 转换时钟的提供方法有两种：一种是由内部提供（如 AD574），一般不需外加电路；另一种是由外部提供，有的用单独的振荡电路产生，更多的则是把单片机输出时钟经分频后，送到 A/D 转换器的相应时钟端。

知识深入

10.1.2　ADC0809 简介

ADC0809 是单片机接收模拟量应用较为普遍的逐次逼近式 A/D 转换芯片。

1．ADC0809 的性能

ADC0809 采用+5V 电源供电。

转换时间：取决于芯片的工作时钟。ADC0809 采用外接时钟，转换一次的时间为 64 个时钟周期，当工作时钟频率为 500kHz 时，转换时间为 128μs，工作时钟频率最大允许值为 800kHz。

类型：8 位 CMOS 型逐次逼近式 A/D 转换器。

输出：三态锁定输出。

分辨率：8 位。

精度：±1LSB。

输入模拟电压范围：单极性 0～5V。

2．ADC0809 的内部结构

ADC0809 内部有 8 路模拟开关、8 位 A/D 转换器、三态输出锁存器，以及相应的地址锁存器与译码器，可实现 8 路模拟信号的分时采集，转换后输出的数字量是三态的（总线型输出），可直接与单片机数据总线相连接。

ADC0809 的内部结构图如图 10.1 所示。8 位 A/D 转换器是逐次逼近式 A/D 转换器，由控制与时序电路、逐次逼近寄存器、树状开关及 256*R* 电阻阶梯网络等组成。三态输出锁存器用于存放和输出转换得到的数字量。

ADC0809 有 8 路模拟量输入通道 IN0～IN7，在某一时刻，模拟开关只能与 1 路模拟量输入通道接通，对该通道中的模拟量进行 A/D 转换。8 路模拟开关与模拟量输入通道的关系如表 10.1 所示。

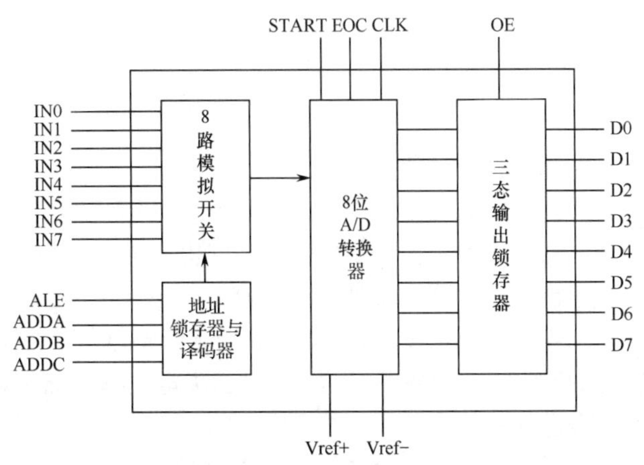

图 10.1　ADC0809 的内部结构图

表 10.1　8 路模拟开关与模拟量输入通道的关系

ADDC	ADDB	ADDA	模拟量输入通道
0	0	0	IN0
0	0	1	IN1
0	1	0	IN2
0	1	1	IN3
1	0	0	IN4
1	0	1	IN5
1	1	0	IN6
1	1	1	IN7

表 10.1 中 ADDC、ADDB、ADDA 是 3 路通道选择地址线。当 ALE=1 时，ADDC、ADDB、ADDA 上的数据送入 ADC0809 内部的地址锁存器，经过译码器译码后选中某一路通道。当 ALE=0 时，地址锁存器处于锁存状态，模拟开关始终与刚才选中的通道接通。ADC0809 是分时处理 8 路模拟量输入信号的。

注意：ADC0809 通道的选择比较灵活，根据应用的需要，可以固定选择，也可以用 CPU 的端口动态选择，故适合在进行多路转换时应用。

3．ADC0809 的引脚

ADC0809 采用 28 引脚的双列直插式封装，其引脚排列如图 10.2 所示。

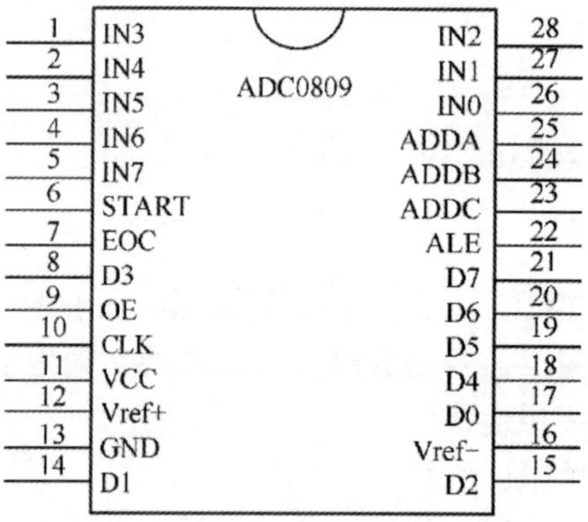

ADC0809

引脚	名称	引脚	名称
1	IN3	28	IN2
2	IN4	27	IN1
3	IN5	26	IN0
4	IN6	25	ADDA
5	IN7	24	ADDB
6	START	23	ADDC
7	EOC	22	ALE
8	D3	21	D7
9	OE	20	D6
10	CLK	19	D5
11	VCC	18	D4
12	Vref+	17	D0
13	GND	16	Vref−
14	D1	15	D2

图 10.2　ADC0809 的引脚排列

ADC0809 各引脚的介绍如下。

IN7～IN0：模拟量输入通道。ADC0809 对输入模拟量的主要要求：信号单极性；电压范围为 0～5V。另外，在 A/D 转换过程中，输入模拟量不应变化得太快，对于变化速度快的模拟量，在输入前应增加采样保持电路。

ADDA、ADDB、ADDC：通道选择地址线。ADC0809 可以处理 8 路模拟输入信号而不是 1 路。ADDA、ADDB 和 ADDC 用于决定是哪一路模拟输入信号被选中并被送到内部的 A/D 转换器中进行转换。

ALE：地址锁存允许信号。在 ALE 的上升沿，将 ADDA、ADDB、ADDC 端的信号锁存到地址锁存器中。

START：启动转换信号。当 START 处于上升沿时，所有内部寄存器清 0；当 START 处于下降沿时，启动内部控制逻辑，使 ADC0809 内部的 A/D 转换器开始进行 A/D 转换，在 A/D 转换期间，START 应保持低电平。需要注意的是，在选中通道的模拟量到达 A/D 转换器时，A/D 转换器并未对其进行 A/D 转换，只有当 START 端出现下降沿并延迟 T_{eoc} 后，才启动 ADC0809 进行 A/D 转换。

D0～D7：数字量输出线。其为三态缓冲输出形式，可以和单片机的数据线直接相连。

OE：输出允许信号。用于控制三态输出锁存器向单片机输出转换得到的数据。当 OE=0 时，输出数据线呈高阻态；当 OE=1 时，输出转换得到的数据。需要注意的是，在 A/D 转换结束后，A/D 转换的结果（8 位数字量）被送到三态输出锁存器中，此时 A/D 转换结果还没有出现在数字量输出线 D0～D7 上，单片机不能获取它。单片机要想读到 A/D 转换结果，必须使 ADC0809 的 OE 为高电平，打开三态输出锁存器，因为只有这样 A/D 转换结果才能出现在 D0～D7 上。

CLK：时钟信号。ADC0809 的 A/D 转换是在时钟信号的协调下进行的。ADC0809 的内部没有时钟电路，所需时钟信号由外界提供，因此有时钟信号引脚。ADC0809 的时钟信号从 CLK 端送入，该时钟信号的频率决定了 A/D 转换器的转换速度，其最高频率为 800kHz。当 ADC0809 用于 MCS-51 系统单片机时，若单片机采用 6MHz 的晶振，则 ADC0809 的时钟信号可以由单片机的 ALE 端经过一个二分频电路获取。这时 ADC0809 的时钟频率为 500kHz，A/D 转换时间为 128μs。

EOC：转换结束信号。在 A/D 转换过程中，EOC 维持低电平；当 A/D 转换结束时，EOC 变成高电平。该信号既可作为查询的状态标志，又可作为中断请求信号。需要注意的是，当 ADC0809 的 START 端接收到下降沿信号后，并没有立即进行 A/D 转换，此时 EOC=1，在延迟 10μs 后，ADC0809 才开始进行 A/D 转换，此时 EOC 才变为低电平。

VCC：+5V 电源电压。

GND：地。

Vref+、Vref−：参考电压。参考电压用来与输入的模拟电压进行比较，作为逐次逼近的基准。一般情况下，它们与本机的电源和地连接，即 Vref+为+5V，Vref−为 0V。它们也可以不与本机电源和地相连，但 Vref−不得为负值，Vref+不得高于 VCC，且 1/2［(Vref+)+(Vref−)］与 1/2VCC 之差不得大于 0.1V。

4．ADC0809 与 MCS-51 系列单片机的接口

当 ADC0809 与 MCS-51 系列单片机连接时，主要考虑 ADC0809 的数字量输出线、通道选择地址线、转换结束信号线、输出允许信号线和启动转换信号线与单片机的连接。

ADC0809 的数字量输出线 D0～D7 通常与单片机的数据总线 D0～D7 直接相连。

ADC0809 的通道选择地址线 ADDC、ADDB、ADDA 可以与单片机的数据总线 D0～D2 连接，也可以与单片机的地址总线 A0～A2 连接。

ADC0809 的转换结束信号线的连接方法取决于单片机判断 A/D 转换是否结束的方法。单片机在读取 A/D 转换结果之前，必须确保 A/D 转换已经结束。单片机判断 A/D 转换是否结束的方法有以下 3 种。

延时法：单片机启动 ADC0809 后，延迟 130μs 以上，可以读到正确的 A/D 转换结果。此时，EOC 端悬空。

查询法：单片机启动 ADC0809 后，延迟 10μs，检测 EOC，若 EOC=0，则 A/D 转换没有

结束，继续检测 EOC，直到 EOC=1 为止。若 EOC=1，则 A/D 转换已经结束，单片机可以读取 A/D 转换结果。此时，EOC 端必须接到单片机的一条 I/O 口线上。

中断法：EOC 端应该经过非门接到单片机的中断请求输入线 $\overline{\text{INT0}}$ 或 $\overline{\text{INT1}}$ 上。单片机启动 A/D 转换后可以做其他工作，当 A/D 转换结束时，ADC0809 的 EOC 端出现由 0 到 1 的跳变信号，这个跳变信号经过非门传到单片机的中断请求输入端，单片机接收到中断请求信号，若条件满足，则进入中断服务子程序，在中断服务子程序中读取 A/D 转换的结果。

ADC0809 与 MCS-51 系列单片机的连接图如图 10.3 所示。ADC0809 的转换时钟由单片机的 ALE 端提供。因为 ADC0809 的典型转换频率为 640kHz，ALE 的频率与晶振频率有关，如果晶振频率取 12MHz，则 ALE 的频率为 2MHz，所以 ADC0809 的 CLK 端与单片机的 ALE 端相接时，要考虑分频。MCS-51 系列单片机通过地址线（P2.0）和读、写控制线（$\overline{\text{RD}}$、$\overline{\text{WR}}$）来控制 ADC0809 的模拟量输入通道地址锁存、启动和输出允许。模拟量输入通道地址的译码输入由 P0.0～P0.2 提供，因 ADC0809 具有通道地址锁存功能，故 P0.0～P0.2 不需要经地址锁存器接入 ADDA～ADDC。根据 P2.0 和 P0.0～P0.2 的连接方法，8 路模拟量输入通道的地址按 IN0～IN7 顺序为 0xFEF8～0xFEFF。

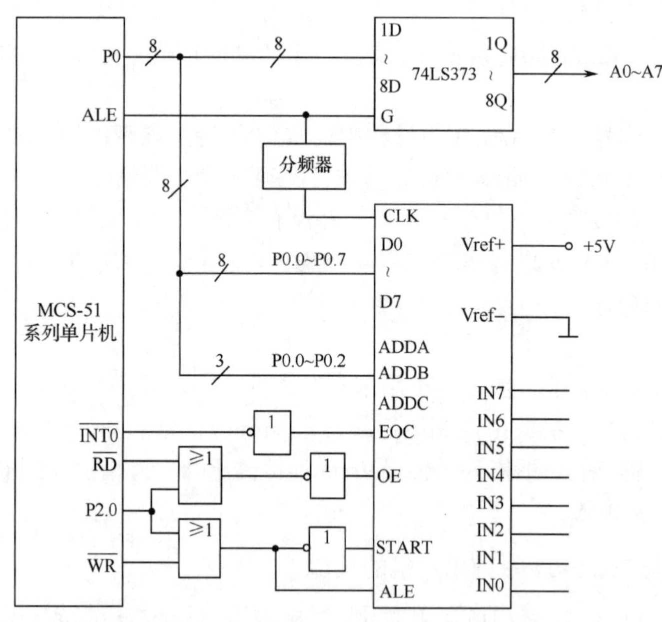

图 10.3　ADC0809 与 MCS-51 系列单片机的连接图

ADC0809 的工作时序如图 10.4 所示。在进行 A/D 转换时，通道地址应先送到 ADDA～ADDC 端。然后在 ALE 端加一个正跳变信号，将通道地址锁存到 ADC0809 内部的地址锁存器中，这样对应的模拟电压输入通道就和内部变换电路接通了。为了启动 ADC0809，必须在 START 端加一个负跳变信号。此后，转换工作就开始进行，标志 ADC0809 正在工作的状态信号 EOC 由高电平（空闲状态）变为低电平（工作状态）。一旦转换结束，EOC 就由低电平变成高电平，此时只要在 OE 端加一个高电平，就可打开数据线的三态输出锁存器从 D0～D7 读取一次转换后的数据。

注意：ADC0809 的几个控制引脚及其工作时序在应用时非常重要，一定要掌握，否则不能正确应用 ADC0809 来实现 A/D 转换。

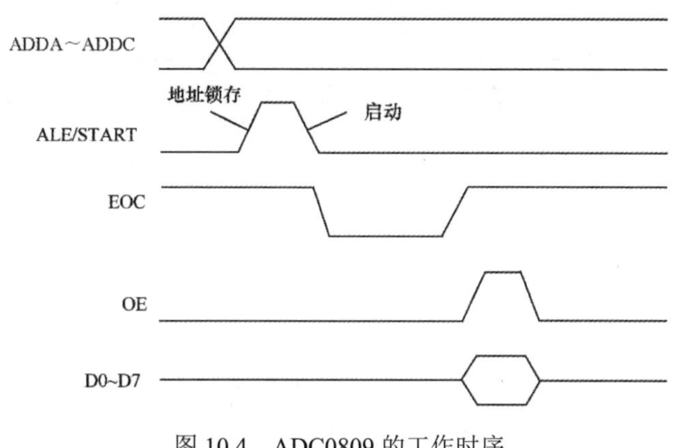

图 10.4 ADC0809 的工作时序

 任务操作

10.1.3 采用 ADC0809 的数字电压表的设计方法

1. 任务要求

用 AT89C51 和 ADC0809 设计一个简单的数字电压表，可以测量 0～+5V 的电压，并将测得的电压数值显示在一个 4 位共阴极 LED 数码管上，要求测量精度为 0.01V，即测量结果保留两位小数。

2. 任务分析

ADC0809 是用于读取模拟电压值的 A/D 转换芯片，在其模拟量输入通道 IN3 上接入被测电压。由于 ADC0809 的供电电压是+5V，所以其模拟量输入通道只能输入 0～+5V 的电压，正好与任务要求相符，我们可以选用一个简单的可调电阻，使其一端接+5V 电源，另一端接地，中间的可调脚接 ADC0809 的 IN3，只要滑动电阻的可调脚，IN3 上就能输出不同的电压，将该电压通过 ADC0809 转换成数字量后送至 AT89C51 的 P3 口，AT89C51 再将接收到的电压的数字量还原为模拟量显示在 4 位共阴极 LED 数码管上。

由于要将 0～+5V 的模拟电压转换为 8 位数字量 00000000～11111111（0～255），一个数字量对应的单位电压值是 5V/255，所以在将数字量还原为模拟量时只要将在 P3 口读取的数值乘以 5/255 即可。我们可以用 T0 的定时中断为 ADC0809 提供时钟信号。

3. 任务设计

（1）元器件的选择。

根据任务分析，选 AT89C51 作为 CPU，选 ADC0809 作为 A/D 转换芯片，一个可调电阻用于获取不同的电压，一个 4 位共阴极 LED 数码管用于显示电压，再加上 AT89C51 工作的外围电路，所用的元器件清单如表 10.2 所示。

表 10.2 数字电压表设计元器件清单

元器件名称	数量/个	元器件名称	数量/个
AT89C51	1	1kΩ 可调电阻	1
12MHz 晶振	1	1kΩ×8 排阻	1

续表

元器件名称	数量/个	元器件名称	数量/个
22pF 瓷片电容	2	4 位共阴极 LED 数码管	1
10μF 电解电容	1	ADC0809	1
10kΩ 电阻	1		

（2）硬件电路设计。

根据前面的分析，数字电压表的硬件电路原理图如图 10.5 所示。首先将 AT89C51 的基本工作电路（电源电路、时钟电路和复位电路）连接好，ADC0809 的 8 位数字量输出线接 AT89C51 的 P3 口，OE 接 P1.0 口，EOC 接 P1.1 口，ALE 接 P1.2 口，CLK 接 P1.3 口，ADDA～ADDC 接 P1.4～P1.6 口。IN3 接可调电阻 RV1 的可调脚，Vref+接+5V 电源，Vref−接地。4 位共阴极 LED 数码管的 3 位位选端由 P2.1～P2.3 口控制，段码接 P0 口，需要通过排阻上拉。

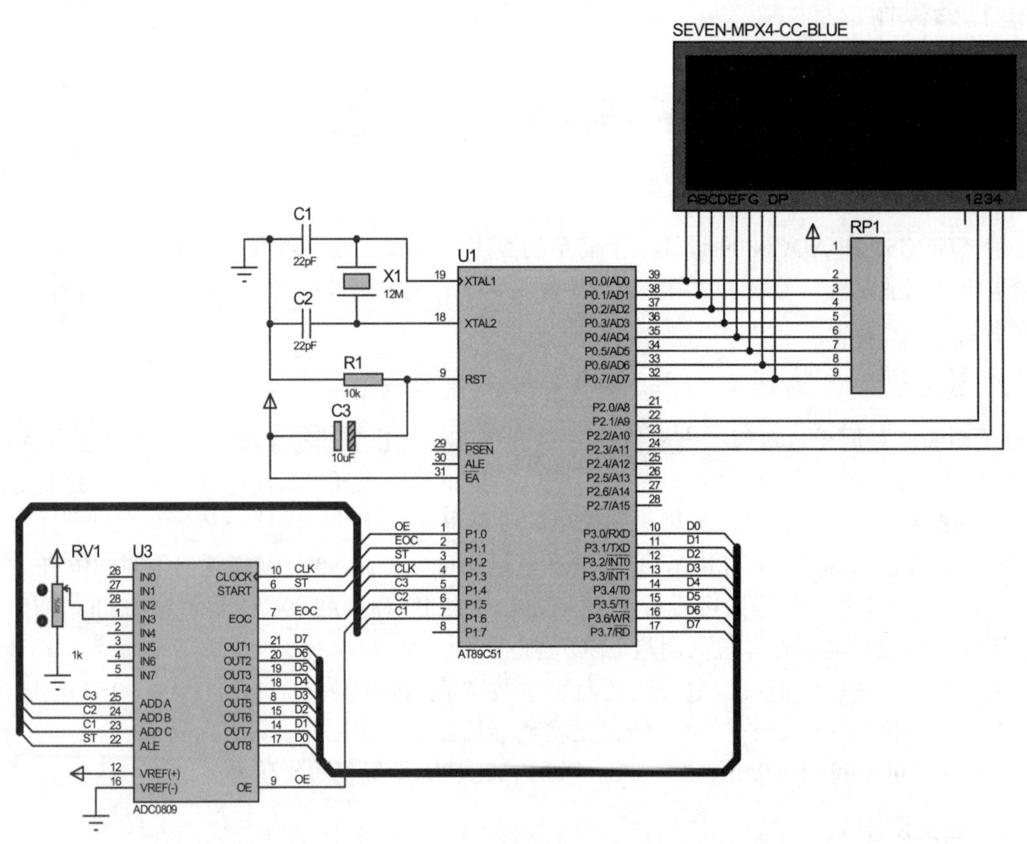

图 10.5　数字电压表的硬件电路原理图

（3）软件程序设计。

源程序如下。

```
//*************************************************************************
//宏定义
#include<reg51.h>
#define uchar unsigned char
#define uint unsigned int
//*************************************************************************
```

```
//共阴极 LED 数码管段码表
uchar   code LEDData[ ]={ 0x3F, 0x06, 0x5B, 0x4F, 0x66, 0x6D, 0x7D, 0x07, 0x7F, 0x6F};
//ADC0809 控制引脚定义
sbit   OE=P1^0;
sbit   EOC=P1^1;
sbit   ST=P1^2;
sbit   CLK=P1^3;
//*****************************************************************************
//延时 1ms 子程序
void DelayMS（uint x)
{ uchar i;
   while(x--)   for(i=0; i<120; i++);
}
//*****************************************************************************
//显示转换结果子程序
void Display(uchar d)
{   float a;
    uint b;
    a = d*5/255;                    //计算模拟电压值
    b = a*100+0.5 ;                 //电压值乘以 100，保留两位小数（四舍五入）
    P2=0xF7;                        //共阴极 LED 数码管第 4 位显示个位数
    P0= LEDData[ b%10];
    DelayMS(5);
    P0=0x00;
    P2=0xFB;                        //共阴极 LED 数码管第 3 位显示十位数
    P0= LEDData[ b%100/10];
    DelayMS(5);
    P0=0x00;
    P2=0xFD;                        //共阴极 LED 数码管第 2 位显示百位数和小数点
    P0= LEDData[ b/100]|0x80;       //把小数点加入段码
    DelayMS(5);
    P0=0x00;
}
//*****************************************************************************
//主程序
void main( )
{ TMOD=0x02;                        //T0 工作于方式 2
   TH0=0x14;
   TL0=0x14;
   IE=0x82;                         //开启 T0 中断
   TR0=1;
   P1=0x3F;                         //选择 ADC0809 的通道 3（011）
                                    //高 4 位设通道地址为 011（3），低 4 位为 ST、EOC、OE 等
   while(1)
     { ST=0;
```

```
        ST=1;
        ST=0;                       //启动转换
        while(EOC==0);              //等待转换结束
        OE=1;                       //允许输出
        Display(P3);                //显示 A/D 转换结果
        OE=0;                       //关闭输出
    }
}
//**********************************************************************
//T0 中断子程序
void Timer0_INT( ) interrupt 1
{
    CLK=!CLK;                       //ADC0809 时钟信号
}
//**********************************************************************
```

在程序中首先设置共阴极 LED 数码管的段码表 LEDData[]数组，对由 P1.0～P1.3 口控制 ADC0809 的信号进行定义。在主程序中设置 T0 的定时中断，由于采用的是 12MHz 的晶振，TH0=TL0=0x14，中断就是对 CLK 取反，两次中断得到一个 CLK 周期，所以 CLK 的周期是 472μs。P1 口设为 0x3F，表明模拟信号从 IN3 输入。启动 ADC0809 的转换后，等待其转换结束，将转换结果送去显示。转换的结果从 P3 口读出后，调用显示转换结果子程序。

在显示转换结果子程序中，首先要把从 P3 口读取的数字量转换为模拟量，乘以 5/255，由于要求测量结果保留两位小数，所以得到的电压值乘以 100 后赋给整型变量就把 3 位以下的小数位都去掉了，在这里加上 0.5 是为了四舍五入。然后把还原的模拟电压值送到共阴极 LED 数码管的相应位去显示即可，注意在第 2 位后要把小数点加上。

（4）软件、硬件联合调试。

将编写好的源程序利用 Keil C51 软件编译成*.hex 文件后下载到 Proteus 硬件电路原理图中的 AT89C51 上运行，就能实现简单的数字电压表的功能。运行程序后，调节 RV1 的可调脚，共阴极 LED 数码管会显示不同的电压值，测量范围为 0～+5V，精确度为 0.01V。

注意： *在运用 ADC0809 与 MCS-51 系列单片机配合完成 A/D 转换时要注意单片机对 ADC0809 的控制信号的控制过程。*

任务 10.2　采用 DS18B20 的数字温度采集系统的设计

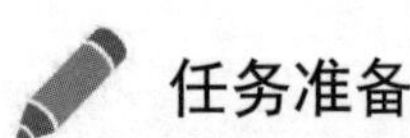

任务准备

10.2.1　DS18B20 的工作原理

DS18B20 是美国 DALLAS（达拉斯）公司生产的一款单总线（1-Wire）数字温度计，具有硬件电路简单、体积超小、功耗低、抗干扰能力强、精度高、附加功能强、易配微处理器等特点，可直接将温度转化成串行数字信号供处理器处理。DS18B20 集温度传感器、A/D 转换器等于一身，可从环境中采集模拟的温度，输出数字温度信号。DS18B20 具有唯一的序列号，在一根通信线上，可以挂接很多这样的数字温度计，十分方便。

DS18B20 的主要特征如下。

- 全数字温度转换及输出。
- 先进的单总线数据通信。
- 可编程分辨率 9～12 位可选，测量精度可达±0.5℃。
- 分辨率为 12 位时的最大工作周期为 750ms。
- 电压适应范围宽，为+3.3～+5.5V，可选择数据线寄生电源工作方式。
- 温度测量范围为-55～+125℃。
- 内置 EEPROM，具有限温报警功能。
- 具有 64 位光刻 ROM，内置产品序列号，方便多机挂接。
- 封装形式多样，适用于不同的硬件系统。

DS18B20 可用于电缆沟测温、高炉水循环测温、锅炉测温、机房测温、农业大棚测温、洁净室测温、弹药库测温等，且具有耐磨耐碰、体积小、使用方便、封装形式多样等优点，适用于各种狭小空间设备数字测温和控制领域。

1. DS18B20 的引脚

DS18B20 的引脚封装如图 10.6 所示。DS18B20 的引脚有 2 种封装形式：一种是 TO-92 直插式封装（使用最多、最普遍）；另一种是 8 引脚 SO 或 SOP 贴片式封装。DS18B20 的引脚定义如表 10.3 所示。

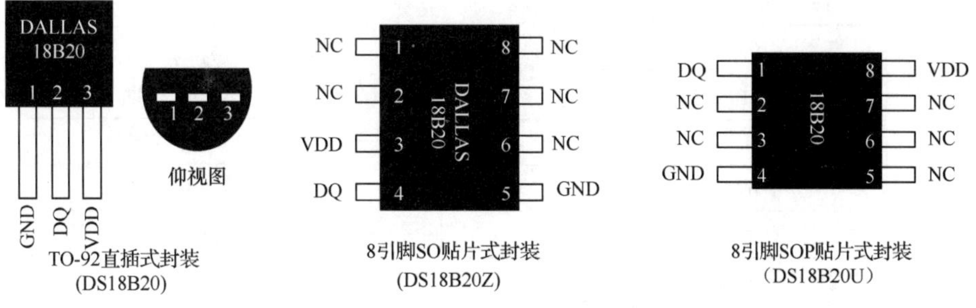

图 10.6 DS18B20 的引脚封装

表 10.3 DS18B20 的引脚定义

序 号	名 称	定 义
1	GND	电源地
2	DQ	数据（数字信号）输入/输出引脚，开漏单总线接口引脚，当工作在寄生电源方式时，也可以向元器件提供电源电压
3	VDD	外接供电电源输入引脚（在采用寄生电源接线方式时此引脚必须接地）

2. DS18B20 的内部结构

DS18B20 主要由 64 位光刻 ROM、高速缓存 RAM（Scratchpad）、温度传感器、非易失性温度报警触发器 TH 和 TL，以及 EEPROM 等组成，如图 10.7 所示。

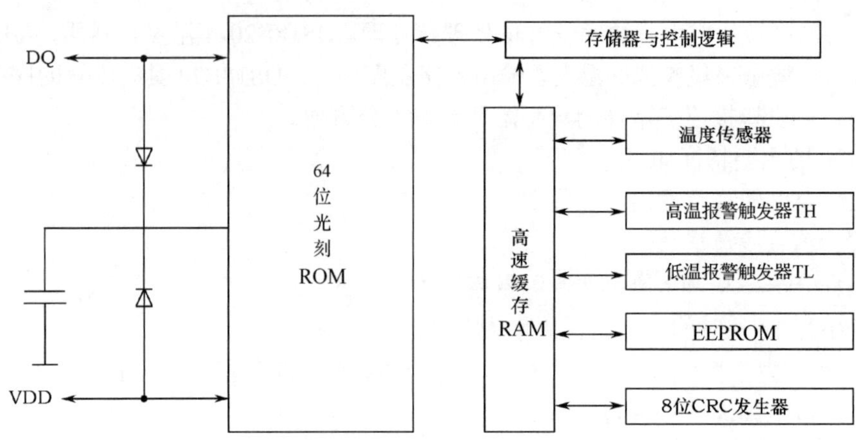

图 10.7 DS18B20 的内部结构图

（1）64 位光刻 ROM 的位结构如表 10.4 所示。开始的 8 位为产品类型编号（工厂代码）；接着是每个元器件的唯一序列号，共有 48 位；最后的 8 位是前面 56 位的 CRC 验证码。非易失性温度报警触发器 TH 与 TL，可通过软件程序写入报警上限和下限。

表 10.4 64 位光刻 ROM 的位结构

8 位 CRC 验证码	48 位序列号	8 位工厂代码（10H）

MSB LSB

（2）DS18B20 的内部存储器结构图如图 10.8 所示，其中包含一个 9 字节高速缓存 RAM 和一个 3 字节非易失性 EEPROM。

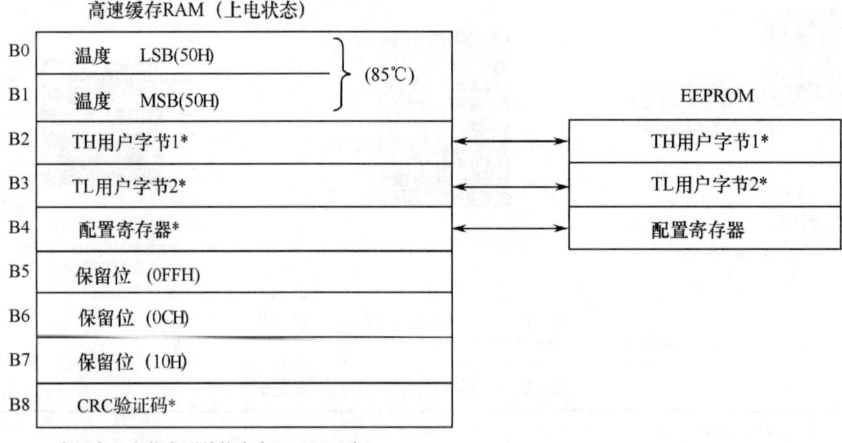

图 10.8 DS18B20 的内部存储器结构图

高速缓存 RAM 的第 1、第 2 字节为所测温度信息；第 3、第 4 字节为从 EEPROM 中复制的 TH 用户字节与 TL 用户字节，是易失性的，在单片机上电复位时被刷新；第 5 字节为配置寄存器，用于确定温度值的数字分辨率，该字节低 5 位始终为 1，其各位具体定义如表 10.5 所示，其中 R1、R0 为分辨率设置位，即温度转换的精度位数（详细情况见表 10.6），DS18B20 的温度转换时间与分辨率有关，分辨率越高，转换时间越长；第 6、第 7、第 8 字节保留未用；第 9 字节为读出前面 8 字节的 CRC 验证码，用来校验通信数据的正确性。

表 10.5 配置寄存器各位具体定义

0	R1	R0	1	1	1	1	1

表 10.6 DS18B20 分辨率设置表

R1	R0	分辨率/bit	温度最大转换时间/ms
0	0	9	93.75
0	1	10	187.5
1	0	11	375
1	1	12	750

EEPROM 是高速缓存 RAM 第 3、第 4、第 5 字节的镜像，用户可以将设置的温度报警值和分辨率通过指令复制到 EEPROM 中，也可以将 EEPROM 中的数据复制到高速缓存 RAM 的相应单元中。

（3）温度数据值格式。DS18B20 在接收到温度转换命令后，启动温度转换，并将转换后的温度值以 16 位带符号二进制补码形式存储到高速缓存 RAM 的第 1、第 2 字节，单片机可通过单线接口读到该数据，读取数据时低位在前、高位在后。

DS18B20 的温度值格式如图 10.9 所示，配置为 12 位分辨率，数据格式以 0.0625℃/LSB 形式表示。

	bit 7	bit 6	bit 5	bit 4	bit 3	bit 2	bit 1	bit 0
LSB	2^3	2^2	2^1	2^0	2^{-1}	2^{-2}	2^{-3}	2^{-4}

	bit 15	bit 14	bit 13	bit 12	bit 11	bit 10	bit 9	bit 8
MSB	S	S	S	S	S	2^6	2^5	2^4

图 10.9 DS18B20 的温度值格式

图 10.9 中“S”为标志位，对应的温度计算方式为，当 S=0 时，测得温度值为正数，可直接将二进制值转换为十进制值；当 S=1 时，测得温度值为负数，先将补码变换为原码，再计算十进制值。DS18B20 温度与数据对应表如表 10.7 所示。

表 10.7 DS18B20 的温度与数据对应表

温度/℃	二 进 制 数	十六进制数	温度/℃	二 进 制 数	十六进制数
+125	0000 0111 1101 0000	07D0	0	0000 0000 0000 0000	0000
+85	0000 0101 0101 0000	0550	−0.5	1111 1111 1111 1000	FFF8
+25.0625	0000 0001 1001 0001	0191	−10.125	1111 1111 0101 1110	FF5E
+10.125	0000 0000 1010 0010	00A2	−25.0625	1111 1110 0110 1111	FE6E
+0.5	0000 0000 0000 1000	0008	−55	1111 1100 1001 0000	FC90

DS18B20 在完成温度转换后，就把测得的温度值与 TH、TL 进行比较，若 T>TH 或 T<TL，则 DS18B20 将该元器件内的报警标志位置位，并对主机发出的报警搜索命令做出响应。

注意：将 DS18B20 读取的数字信号转换成温度值是我们应用 DS18B20 的关键。

3．DS18B20 的工作命令

DS18B20 在工作时，控制其工作的 CPU（单片机）可以使用各种命令对 DS18B20 进行操作，操作过程为初始化、发送功能命令、发送存储器操作命令。

（1）读 ROM［33H］。

读 ROM 命令允许总线控制器读取 DS18B20 的 8 位产品类型编号、48 位序列号和 8 位 CRC 验证码。只有在总线上存在单个 DS18B20 时才能使用这个命令。如果总线上有不止 1 个从机，那么当所有从机试图同时传送信号时会发生数据冲突。

（2）匹配 ROM［55H］。

匹配 ROM 命令后跟 64 位 ROM 序列，让总线控制器在多总线上定位 1 个特定的 DS18B20。只有和 64 位 ROM 序列完全匹配的 DS18B20 才能响应随后的存储器操作命令，所有和 64 位 ROM 序列不匹配的从机都将等待复位脉冲。匹配 ROM 命令在总线上有单个或多个从机时都可以使用。

（3）跳过 ROM［CCH］。

跳过 ROM 命令允许总线控制器不用提供 64 位 ROM 序列就使用存储器操作命令，在单线情况下，可以节省时间。如果总线上不止有 1 个从机，在跳过 ROM 命令之后跟着发 1 条读 ROM 命令，如果多个从机同时传送信号，总线上就会发生数据冲突。

（4）搜索 ROM［F0H］。

当 1 个系统初次启动时，总线控制器可能并不知道总线上有多少个从机或并不知道从机的 64 位 ROM 序列。搜索 ROM 命令允许总线控制器用排除法识别总线上所有从机的 64 位 ROM 序列。

（5）报警搜索［ECH］。

报警搜索命令的流程和搜索 ROM 命令的相同。然而，只有在最近一次测温后遇到符合报警条件的情况时，DS18B20 才会响应这条命令。报警条件定义为温度高于 TH 或低于 TL。只要 DS18B20 不掉电，报警状态就一直保持，直到再一次测得的温度值达不到报警条件为止。

（6）写暂存存储器［4EH］。

写暂存存储器命令向 DS18B20 的暂存器中写入数据，总线控制器可以在任何时刻发出复位命令来中止写入。

（7）读暂存器［BEH］。

读暂存器命令用于读取暂存器中的内容。读取将从第 1 字节开始，一直进行下去，直到第 9 字节（CRC 验证码）读完。如果不想读完所有字节，总线控制器可以在任何时间发出复位命令来中止读取。

（8）复制暂存器［48H］。

复制暂存器命令用于把暂存器中的内容复制到 DS18B20 的 EEPROM 中，即把温度报警触发字节存入非易失性存储器。如果总线控制器在这条命令之后发出读时间隙命令，而 DS18B20 又忙于把暂存器中的内容复制到 EEPROM 中，那么 DS18B20 将输出 0；如果复制结束，那么 DS18B20 将输出 1。如果使用寄生电源，那么总线控制器必须在这条命令发出后立即启动强上拉并最少保持 10ms。

（9）温度转换［44H］。

温度换换命令用于启动 1 次温度转换，无需其他数据。温度转换命令被执行后，DS18B20 保持等待状态。如果总线控制器在这条命令之后发出读时间隙命令，而 DS18B20 又忙于进行温度转换，那么 DS18B20 将输出 0；如果温度转换完成，那么 DS18B20 将输出 1。如果使用寄生电源，那么总线控制器必须在发出这条命令后立即启动强上拉并至少保持 500ms。

（10）重新调出［B8H］。

重新调出命令把报警触发器里的值复制回暂存器。这种复制操作在 DS18B20 上电时自动执行，这样 DS18B20 一上电暂存器里马上就存在有效的数据了。如果总线控制器在这条命令之后发出读数据隙命令，那么 DS18B20 会输出温度转换忙的标识：0 表示忙，1 表示完成。

（11）读电源［B4H］。

如果把读电源命令发送给 DS18B20 后，总线控制器发出读时间隙命令，DS18B20 就会返回它的电源模式：0 表示寄生电源，1 表示外部电源。

4．DS18B20 的工作时序

作为单总线元器件，DS18B20 与单片机之间采用串行数据传输方式，要求严格按照时序进行操作。单片机使用时间隙来读/写 DS18B20 的数据位和写命令字的位。

（1）初始化 DS18B20。

要对 DS18B20 进行操作首先要进行初始化：单片机发出复位脉冲，DS18B20 以存在脉冲响应。当 DS18B20 发出存在脉冲以响应复位脉冲时，表明该元器件已在总线上并做好了操作准备。

DS18B20 初始化时序图如图 10.10 所示。单片机发送一个复位脉冲（最短为 480μs 的低电平信号），接着释放总线并进入接收状态。DS18B20 在检测到总线的上升沿之后等待 15～60μs，接着 DS18B20 发出存在脉冲（低电平持续 60～240μs），单片机接收到高电平表示初始化成功。

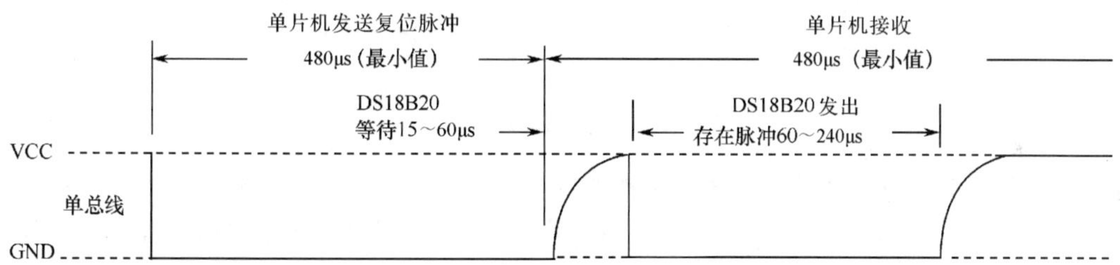

图 10.10　DS18B20 初始化时序图

（2）写 DS18B20。

DS18B20 有两种类型的写时间隙，即写“0”时间隙和写“1”时间隙，如图 10.11 所示。

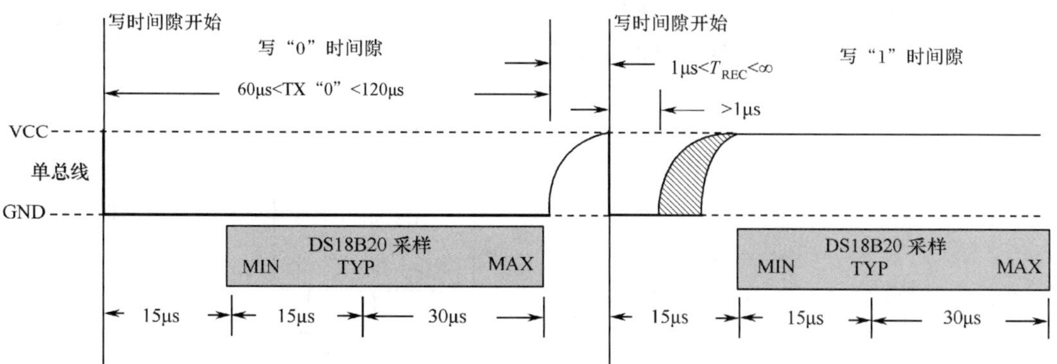

图 10.11　DS18B20 写时序图

当单片机将总线从高电平拉至低电平时就产生写时间隙。在写时间隙开始的 15μs 之内应将所需写的位送到总线上，DS18B20 在写时间隙开始后的 15～60μs 对总线采样，若为低电平，则写“0”；若为高电平，则写“1”。连续写 2 位的时间隙应大于 1μs。发送的每一位都应该有一个至少为 15μs 的低电平起始位，随后的数据“0”或“1”应该在 45μs 内写完。整个位的发送时间应该保持在 60～120μs，否则不能保证通信的正常。

（3）读 DS18B20。

当单片机发出读时间隙命令时，DS18B20 可发送数据到单片机。读时间隙时控制的采样时间应该更加精确，所有读时间隙必须持续 60μs 以上，每个时间隙之间必须有至少 1μs 的恢复时间。如图 10.12 所示，单片机在将总线从高电平拉至低电平后，至少在 1μs 后将总线拉为高电平，表示读时间隙的起始，随后在总线被释放后的 15μs 内 DS18B20 会发送内部数据位，这时总线控制器如果发现总线为高电平则读出“1”，如果发现总线为低电平则读出“0”，单片机必须在 45μs 内完成读位，并在 60～120μs 内释放总线。

只有在读间隙开始的 15μs 内读取数据位才可以保证通信的正常。

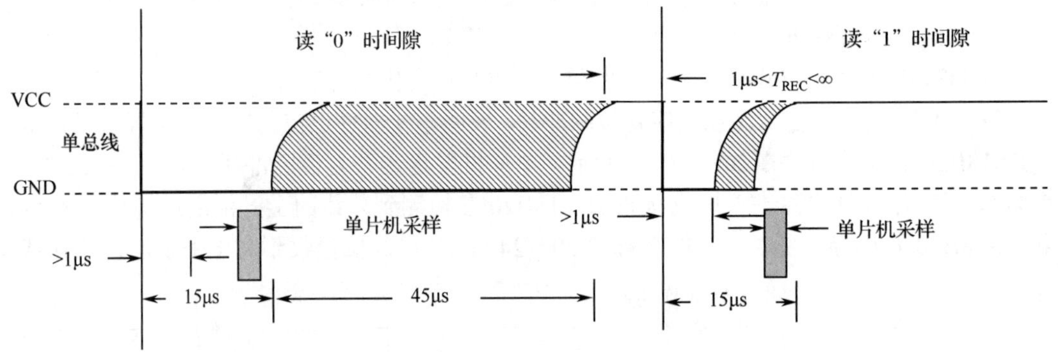

图 10.12　DS18B20 读时序图

注意：单片机对 DS18B20 的操作必须严格按照初始化、读时间隙和写时间隙的过程来完成，否则不能正常通信。在通信时以 8 位“0”或“1”为一字节，字节的读或写是从低位开始的，即从 D0 到 D7。

5．DS18B20 与单片机的连接

我们通常用单片机来控制 DS18B20，它们的连接非常简单，如图 10.13 所示，只要用单片机的 1 根 I/O 口线连接 DS18B20 的 DQ 引脚就可以了，但是需要 1 个上拉电阻。图 10.13 中的 DS18B20 采用外部供电方式，将 VDD 引脚接外部电源（+5V）。单总线上可以同时挂接其他单总线元器件。

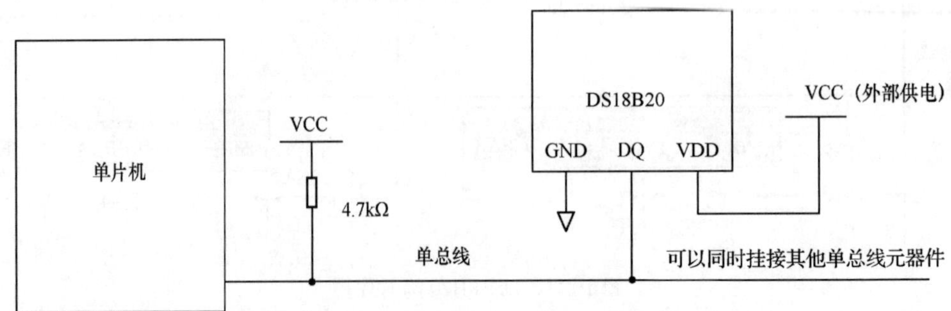

图 10.13　DS18B20 与单片机的连接图

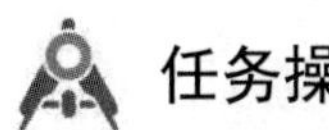

任务操作

10.2.2　采用 DS18B20 的数字温度采集系统的设计方法

1. 任务要求

设计一个数字温度采集系统，用 AT89C51 来控制 DS18B20 采集环境温度，用一个 4 位共阴极 LED 数码管显示采集的温度，要求显示的温度精确到 0.1℃，也就是保留一位小数。

2. 任务分析

根据任务要求，采用 AT89C51 来控制 DS18B20，用 AT89C51 的任意一个端口连接 DS18B20 的 DQ 引脚，这里我们用 P3.0 口，对 DS18B20 写数据和读数据都从 P3.0 口串行读、写。单片机的外接晶振采用实际中常用的 22.1184MHz 晶振，这样 1 个机器周期约为 0.54μs，在控制 DS18B20 的初始化、读数据和写数据时要注意时间隙的长短。

按照前面介绍的 DS18B20 的操作命令，AT89C51 从 P3.0 口将相应的命令字写给 DS18B20，在按照初始化的过程对 DS18B20 进行初始化之后，AT89C51 将温度数据从 P3.0 口读入，每次顺序将 8 位数据组合成 1 字节数据，温度数据的高 8 位和低 8 位都读出后组合成 16 位的温度数据，按照 12 位分辨率，将数据乘以 0.0625，就可得到实际的温度值。将温度值四舍五入保留一位小数后，按位送到共阴极 LED 数码管显示。

3. 任务设计

（1）元器件的选择。

根据任务分析，采用 AT89C51 作为 CPU，DS18B20 作为温度采集芯片，一个 4 位共阴极 LED 数码管用于显示温度，再加上 AT89C51 的外围工作电路，所用元器件清单如表 10.8 所示。

表 10.8　数字电压表设计元器件清单

元器件名称	数量/个	元器件名称	数量/个
AT89C51	1	4.7kΩ 电阻	1
22.1184MHz 晶振	1	1kΩ×8 排阻	1
22pF 瓷片电容	2	4 位共阴极 LED 数码管	1
10μF 电解电容	1	DS18B20	1
10kΩ 电阻	1		

（2）硬件电路设计。

我们用 Proteus 软件来绘制硬件电路原理图，首先将 AT89C51 的外围工作电路接好，DS18B20 的 DQ 引脚接 P3.0 口，VCC 引脚接+5V 电源，GND 引脚接地，DQ 引脚用 4.7kΩ 电阻上拉。4 位共阴极 LED 数码管的段选线接 P0 口，每一位通过排阻上拉，位选线接到 P2.0～P2.3 口，如图 10.14 所示。

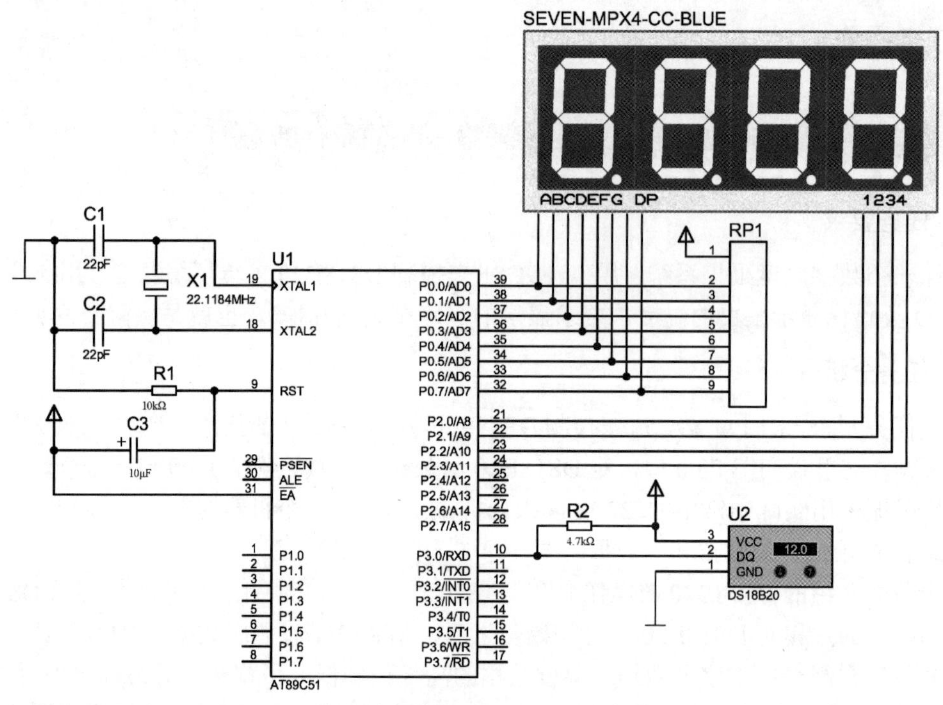

图 10.14　数字温度采集系统的硬件电路原理图

（3）软件程序设计。

在数字温度采集系统的硬件电路设计好之后，需要设计控制温度的软件程序。数字温度采集系统的软件程序流程图如图 10.15 所示。

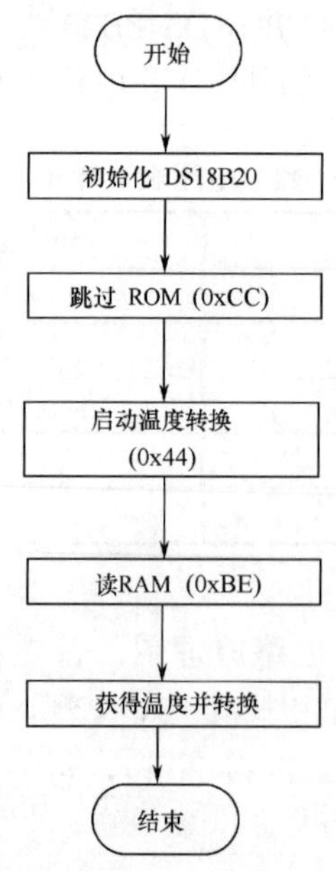

图 10.15　数字温度采集系统的软件程序流程图

软件源程序如下。

```
//******************************************************************************
//宏定义
```

```
#include<reg51.h>
#define uchar unsigned char
#define uint unsigned int
//************************************************************************
//测温口定义
sbit temp_ds=P3^0;
//定义全局变量
uint temp;                      //存储整型温度值
float f_temp;                   //存储浮点型温度值
//定义共阴极 LED 数码管的段码表
unsigned char code table[]={0x3F,0x06,0x5B,0x4F,0x66,0x6D,0x7D,0x07,0x7F,0x6F};
//************************************************************************
//毫秒延时子程序

void delay(uint x)
{    uint y;
     while(x--)
         for(y=160;y>0;y--);
}
//************************************************************************
//DS18B20 的初始化子程序，成功返回 1，否则返回 0
int DS18B20_init(void)
{ uint i;
  temp_ds=0;                    //发出复位脉冲
  i=160;
  while(i>0) i--;
  temp_ds=1;
  i=8;
  while(i>0)i--;
}
//************************************************************************
//从 DS18B20 读 1 位数据
bit tempreadbit(void)
{   uint i;
    bit dat;
    temp_ds=0;                  //拉低控制线
    i++;
    temp_ds=1;                  //拉高控制线
    i++;
    i++;
    dat=temp_ds;                //读 1 位数据
    i=10;
    while(i>0) i--;
    temp_ds=1;                  //拉高控制线
    return (dat);
```

```
}
//******************************************************************************
//从 DS18B20 读 1 字节数据
uchar tempreadbyte(void)
{ uchar i,j,dat;
  dat=0;
  for(i=1;i<=8;i++)              //将读取的 8 位数据组成 1 字节数据
    {  j=tempreadbit();
      dat=(j<<7)|(dat>>1);
    }
  return(dat);
}
//******************************************************************************
//向 DS18B20 写 1 位数据
void tempwritebit(bit instruc_data)
{   int time;
  if(instruc_data)
    { temp_ds=0;                //拉低控制线
      time=3;
      while(time>0) time--;
      temp_ds=1;                //拉高控制线
      time=8;
      while(time>0) time--;
    }
  else
      { temp_ds=0;              //拉低控制线
        time=14;
        while(time>0) time--;
        time--;
      }
  temp_ds=1;                    //拉高控制线
  time++ ;
  time++;
}
//******************************************************************************
//向 DS18B20 写 1 字节数据
 void   tempwritebyte(uchar instru)
 {   int i;
    for(i=1;i<=8;i++)           //将 1 字节数据拆分为 8 位，1 位 1 位地写给 DS18B20
      {   tempwritebit(instru&0x01);
          instru=instru>>1;
      }
}
//******************************************************************************
```

```
//读取寄存器中存储的温度数据
uint get_temp()
{ uchar temp_L,temp_H;
  DS18B20_init();
  delay(1);
  tempwritebyte(0xCC);        //写跳过 ROM 指令
  tempwritebyte(0xBE);        //写读暂存器指令
  temp_L=tempreadbyte();      //读温度低 8 位
  temp_H=tempreadbyte();      //读温度高 8 位
  temp=temp_H<<8|temp_L;      //获取温度数据
  f_temp=temp*0.0625;         //12 位温度数据，分辨率为 0.0625 位
  temp=f_temp*10+0.5;         //乘以 10 表示小数点后保留一位，加 0.5 表示减小误差
  return temp;
 }
//************************************************************************
//显示温度子程序
void dis_temp(uint t)
{ uint   i;
  i=t/100;                    //将百位数显示在共阴极 LED 数码管的第 2 位
  P0=table[i];
  P2=0xFD;
  delay(5);
  P0=0x00;                    //消隐
  i=t%100/10;                 //将十位数和小数位显示在共阴极 LED 数码管的第 3 位
  P0=table[i]|0x80;
  P2=0xFB;
  delay(5);
  P0=0x00;                    //消隐
  i=t%10;                     //将个位数显示在共阴极 LED 数码管的第 4 位
  P0=table[i];
  P2=0xF7;
  delay(5);
  P0=0x00;                    //消隐
}
//************************************************************************
//主程序
void main()
{ DS18B20_init();
    while(1)
     { DS18B20_init();
       delay(1);
       tempwritebyte(0xCC);     // 写跳过 ROM 指令
       tempwritebyte(0x44);     // 启动转换
       dis_temp(get_temp());    // 调用显示温度子程序
```

```
    }
}
//*************************************************************************
```

本次设计的软件程序是包含了许多功能模块子程序的比较大型的程序，其主程序非常简单。

由于 AT89C51 采用的是 22.1184MHz 晶振，必须估算出程序延时的时间，所以编写了毫秒延时子程序。主程序首先要对 DS18B20 进行初始化，DS18B20 的初始化子程序是严格按照其步骤和时间要求编写的。根据 DS18B20 的操作命令要求，由于单片机只挂接了这一个芯片，所以只要跳过 ROM 即可，调用 tempwritebyte()函数，把命令字节写入 DS18B20，在 tempwritebyte()函数中，又要调用写 1 位数据函数 tempwritebit()，将 8 位数据组成 1 字节数据。单片机给 DS18B20 发送了启动转换命令后，就可以从 DS18B20 中读温度数据。读 1 位数据函数 tempreadbit()是严格按照 DS18B20 的读时间隙过程来编写的，读取 8 位数据后 tempreadbyte()函数把它们组合成 1 字节数据。温度数据的高 8 位和低 8 位在 get_temp()函数中组合成 16 位的温度数据，按照分辨率计算出实际的温度值，四舍五入保留 1 位小数。利用显示温度子函数 dis_temp()，把计算好的温度值显示在共阴极 LED 数码管的相应位上。

（4）软件、硬件联合调试。

把编写好的源程序在 Keil C51 软件中编译成*.hex 文件后下载到用 Proteus 软件绘制的电路原理图中，仿真运行电路，看到共阴极 LED 数码管显示的温度与 DS18B20 上调节的温度一致，如图 10.16 所示。调节 DS18B20 上的“-”“+”两个按钮改变温度，共阴极 LED 数码管上的温度值会随之变化。

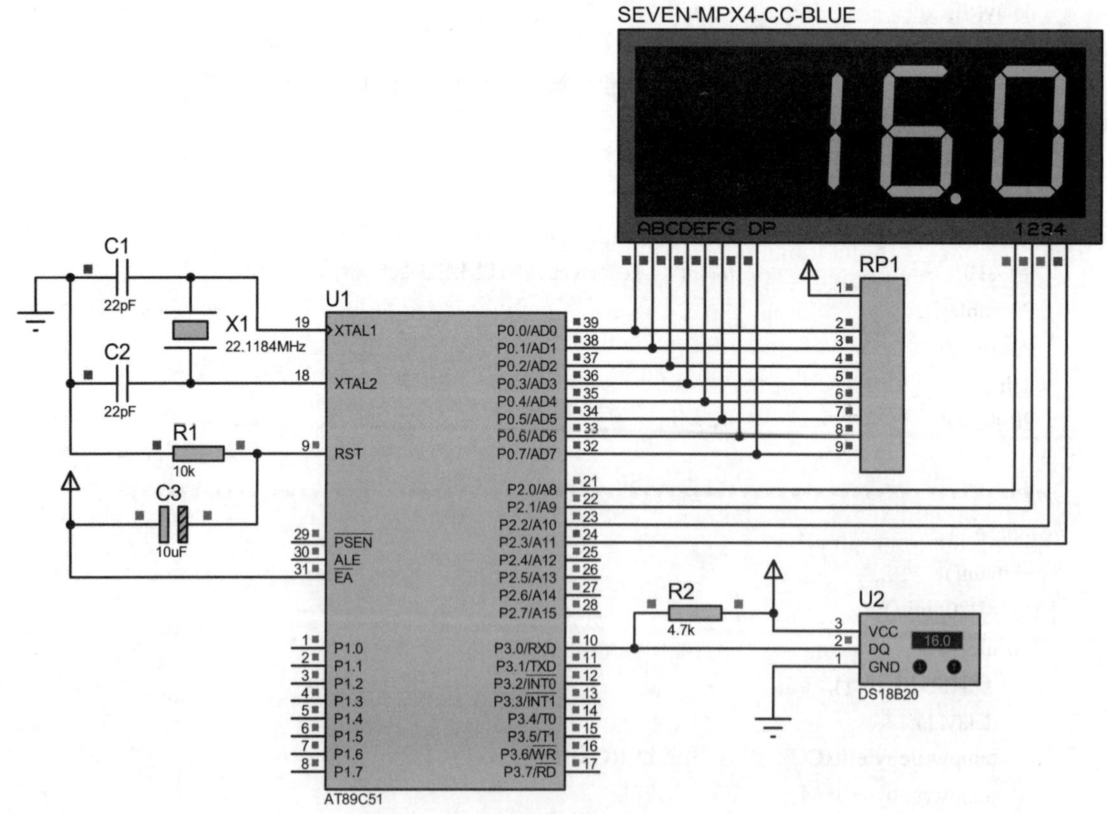

图 10.16　数字温度采集系统调试结果

注意：在数字温度采集系统中，单片机与 DS18B20 的硬件电路连接非常简单，但是软件程序相对复杂，要严格遵循 DS18B20 的工作时序。

 项目拓展　串行 A/D 转换芯片 PCF8591 在实验板上的应用

在项目 9 的项目拓展中我们用 STC89C52 实验板上的 PCF8591 设计了信号发生器，那时采用的是 PCF8591 的 D/A 转换功能。其实 PCF8591 是一个带有 1 路 D/A 转换通道和 4 路 A/D 转换通道的综合 D/A 及 A/D 转换芯片。在本项目拓展中我们运用它的 A/D 转换功能。

实验板上的 PCF8591 的连接图如附录 B 中的图 B.13 所示，虽然有 AIN0～AIN3 这 4 路模拟量输入通道，但只有 RW3 和 RW4 两个可调电阻用来改变输入的模拟电压值，所以每次只能有 2 路通道工作，由 J31 和 J32 来选择。

我们用 STC89C52 实验板的 PCF8591 来实现 1 路 A/D 转换，将 J31 的跳线连接引脚 2、3，经 RW4 调节的电压（0～+5V）从 AIN0 输入，经过 A/D 转换后的数字信号从 I^2C 总线上输出传送至 STC89C52 的 P2.0、P2.1，由 STC89C52 控制的共阴极 LED 数码管显示转换得到的数值（0～255）。

实验板的连接方法如下：用杜邦线将 J23 的 P2.0 与 J8 的 SCL 相连，J23 的 P2.1 与 J8 的 SDA 相连，J23 的 P0 与 J3 相连，J23 的 P2.2 与 J2 的 B 相连（段锁存），J23 的 P2.3 与 J2 的 A 相连（位锁存），J31 用跳线连接引脚 2、3 选择 AIN0 输入。用跳帽将 J50 连接至共阴极 LED 数码管电路（见图 B.3）。这样硬件电路就连接好了。

然后我们来编写 PCF8591 进行 A/D 转换并将转换得到的数值显示在共阴极 LED 数码管上的软件程序。

① 主程序

```
//******************************************************************************
//宏定义
#include <reg52.h>
#include "i2c.h"
#include "delay.h"
#include "display.h"

#define AddWr 0x90                    //写数据地址
#define AddRd 0x91                    //读数据地址

extern bit ack;
unsigned char ReadADC(unsigned char Chl);
bit WriteDAC(unsigned char dat);
//******************************************************************************
//A/D 转换主程序
main()
{ unsigned char num=0;
  Init_Timer0();
  while (1)                           //主循环
    {num=ReadADC(0);
     TempData[0]=dofly_DuanMa[num/100];
```

```
    TempData[1]=dofly_DuanMa[(num%100)/10];
    TempData[2]=dofly_DuanMa[(num%100)%10];
                                    //主循环中添加其他需要一直工作的程序
    DelayMs(100);
   }
}
//************************************************************************
//读 A/D 转换值程序，输入参数 Chl 表示需要转换的通道，范围为 0～3，返回值范围为 0～255
unsigned char ReadADC(unsigned char Chl)
 { unsigned char Val;
    Start_I2c();                    //启动总线
    SendByte(AddWr);                //发送元器件地址
    if(ack==0) return(0);
    SendByte(0x40|Chl);             //发送元器件子地址
    if(ack==0) return(0);
    Start_I2c();
    SendByte(AddWr+1);
    if(ack==0) return(0);
    Val=RcvByte();
    NoAck_I2c();                    //发送相应位
    Stop_I2c();                     //结束总线
   return(Val);
 }
//************************************************************************
```

② 延时子程序。

```
//************************************************************************
#include "delay.h"
//************************************************************************
//微秒延时子程序
void DelayUs2x(unsigned char t)
{   while(--t);
}
//************************************************************************
//毫秒延时子程序
void DelayMs(unsigned char t)
{ while(t--)
    { DelayUs2x(245);
      DelayUs2x(245);               //大致延时 1ms
    }
}
//************************************************************************
```

③ 共阴极 LED 数码管显示子程序。

```
//************************************************************************
#include"display.h"
```

```
#include"delay.h"
#define DataPort P0              //定义数据端口，若程序中遇到“DataPort”，则用 P0 口替换
sbit LATCH1=P2^0;                //定义锁存使能端口，段锁存
sbit LATCH2=P2^3;                //位锁存
//显示段码值 0～9
unsigned char code dofly_DuanMa[10]={0x3f,0x06,0x5b,0x4f,0x66,0x6d,0x7d,0x07,0x7f,0x6f};
//分别对应相应的共阴极 LED 数码管点亮，即位码
unsigned char code dofly_WeiMa[]={0xfe,0xfd,0xfb,0xf7, 0xef, 0xdf, 0xbf,0x7f};
unsigned char TempData[8];       //存储显示值的全局变量
//******************************************************************************
//显示函数，用于动态扫描 LED 数码管。
//输入参数 FirstBit 表示需要显示的第 1 位，如输入 2 表示从第 3 位开始显示，输入 0 表示从第 1 位
开始显示
//Num 表示需要显示的位数，如需要显示 99 则该值输入 2
void Display(unsigned char FirstBit,unsigned char Num)
{       static unsigned char i=0;

        DataPort=0;              //清空数据，防止有交替重影
        LATCH1=1;                //段锁存
        LATCH1=0;

        DataPort=dofly_WeiMa[i+FirstBit];    //取位码
        LATCH2=1;                            //位锁存
        LATCH2=0;

        DataPort=TempData[i];                //取显示数据，段码
        LATCH1=1;                            //段锁存
        LATCH1=0;

        i++;
        if(i==Num)   i=0;
}
//******************************************************************************
//定时器初始化子程序
void Init_Timer0(void)
{ TMOD = 0x01;                               //使用模式 1，16 位定时器
  TH0=0x00;                                  //给定初值
  TL0=0x00;
  EA=1;                                      //总中断打开
  ET0=1;                                     //定时器中断打开
  TR0=1;                                     //定时器开关打开
}
//******************************************************************************
//定时器中断子程序
void Timer0_isr(void) interrupt 1
```

```
{ TH0=(65536-2000)/256;                    //重新赋值 2ms
  TL0=(65536-2000)%256;
  Display(0,8);
}
//******************************************************************************
```

④ I^2C 总线子程序。

```
//******************************************************************************
#include "i2c.h"
#include "delay.h"
#define   _Nop()   _nop_()                  //定义空指令
bit ack;                                     //应答标志位
sbit SDA=P2^1;
sbit SCL=P2^0;
//******************************************************************************
//启动总线
void Start_I2c()
{ SDA=1;                                     //发送起始条件的数据信号
  _Nop();
  SCL=1;
  _Nop();                                    //起始条件建立时间大于 4.7μs，延时
  _Nop();
  _Nop();
  _Nop();
  _Nop();
  SDA=0;                                 //发送起始信号
  _Nop();                                //起始条件锁定时间大于 4μs
  _Nop();
  _Nop();
  _Nop();
  _Nop();
  SCL=0;                                 //钳住 I²C 总线，准备发送或接收数据
  _Nop();
  _Nop();
}
//******************************************************************************
//结束总线
void Stop_I2c()
{ SDA=0;                                 //发送结束条件的数据信号
  _Nop();                                //发送结束条件的时钟信号
  SCL=1;                                 //结束条件建立时间大于 4μs
  _Nop();
  _Nop();
  _Nop();
  _Nop();
  _Nop();
```

```
  SDA=1;                                  //发送 I²C 总线结束信号
  _Nop();
  _Nop();
  _Nop();
  _Nop();
}
//***********************************************************************
/* 字节数据传送函数
函数原型：void SendByte(unsigned char c);。
功能：将数据 c 发送出去，可以是地址，也可以是数据，发送完后等待应答，并对此状态位进行
操作（不应答或非应答都使 ack=0，假）。发送数据正常，ack=1；ack=0 表示被控元器件无应答或损坏*/
void  SendByte(unsigned char c)
{ unsigned char BitCnt;
 for(BitCnt=0;BitCnt<8;BitCnt++)          //要发送的数据长度为 8 位
   { if((c<<BitCnt)&0x80)
         SDA=1;                          //判断发送位
     else
         SDA=0;
     _Nop();
     SCL=1;                              //置时钟线为高电平，通知被控元器件开始接收数据位
     _Nop();
     _Nop();                             //保证时钟高电平周期大于 4μs
     _Nop();
     _Nop();
     _Nop();
     SCL=0;
   }
  _Nop();
  _Nop();
  SDA=1;                                  //8 位数据发送完后释放数据线，准备接收应答位
  _Nop();
  _Nop();
  SCL=1;
  _Nop();
  _Nop();
  _Nop();
  if(SDA==1)
       ack=0;
  else
       ack=1;                             //判断是否接收到应答信号
  SCL=0;
  _Nop();
  _Nop();
}
//***********************************************************************
```

```
/* 字节数据传送函数
函数原型：unsigned char  RcvByte();。
功能：用来接收从元器件传来的数据，并判断总线错误（不发应答信号），发完后请用应答函数*/
unsigned char  RcvByte()
{ unsigned char retc;
  unsigned char BitCnt;
  retc=0;
  SDA=1;                        //置数据线为输入方式
  for(BitCnt=0;BitCnt<8;BitCnt++)
      { _Nop();
        SCL=0;                  //置时钟线为低电平，准备接收数据位
        _Nop();
        _Nop();                 //时钟低电平周期大于 4.7μs
        _Nop();
        _Nop();
        _Nop();
        SCL=1;                  //置时钟线为高电平，使数据线上的数据有效
        _Nop();
        _Nop();
        retc=retc<<1;
        if(SDA==1)
              retc=retc+1;      //读数据位，将接收到的数据位放到 retc 中
        _Nop();
        _Nop();
      }
  SCL=0;
  _Nop();
  _Nop();
  return(retc);
}
//**************************************************************************
//非应答子程序
void NoAck_I2c(void)
{ SDA=1;
  _Nop();
  _Nop();
  _Nop();
  SCL=1;
  _Nop();
  _Nop();                       //时钟低电平周期大于 4μs
  _Nop();
  _Nop();
  _Nop();
  SCL=0;                        //清时钟线，钳住 I²C 总线以便继续接收
  _Nop();
```

```
    _Nop();
}
//*************************************************************************
```

将上面的几个程序在 Keil C51 软件中联合编译成*.hex 文件后，通过 USB 口下载到实验板上的单片机上运行，调节 RW4，共阴极 LED 数码管上就会从 0～255 显示转换好的相应电压值的数字值，如图 10.17 所示。

图 10.17　实验板 D/A 转换数值显示图

项目小结

本项目主要介绍了常与单片机连接用来进行 A/D 转换的 ADC0809 和常用的数字温度测量芯片 DS18B20 的性能、内部结构及应用方法。

A/D 转换器的主要性能指标包括分辨率、转换时间、量程和精度，这些都是选择 A/D 转换器要考虑的参数。A/D 转换器通常分为逐次逼近（比较）式 A/D 转换器、双积分式 A/D 转换器、计数式 A/D 转换器和并行式 A/D 转换器，ADC0809 是逐次逼近（比较）式 A/D 转换芯片。在用单片机控制 ADC0809 工作时要注意其控制信号的时序要求。

DS18B20 是单总线（1-Wire）的数字输出温度芯片，集温度传感器、A/D 转换器等于一身，直接将转换好的数字温度值传送给单片机。DS18B20 具有唯一的序列号，可以在一根通信线上挂接多个 DS18B20；最高分辨率为 12 位，测量精度达±0.5℃；抗干扰能力强；功耗低；线路设计简单；体积小，适用范围较广。DS18B20 主要由 64 位光刻 ROM、高速缓存 RAM、温度传感器、非易失性温度报警触发器 TH 和 TL，以及 EEPROM 等组成。要想应用 DS18B20 必须了解其内部结构，掌握其操作命令字和操作时序。在进行温度值读取时必须严格按照其初始化、读时间隙和写时间隙的过程正确读取温度值。

本项目中介绍了用 ADC0809 设计数字电压表和用 DS18B20 设计数字温度采集系统的方法。

知识思考与项目训练

（一）选择题

1．A/D 转换器的精度由__________确定。

A）转换位数　　B）转换时间

C）转换方式　　D）转换方法

2．在选用 A/D 转换器时，主要关心的指标是__________、转换时间、转换速度及量程。

A）转换方式　　B）参考电压　　C）精度　　D）分辨率

3．A/D 转换器的转换时间差别很大，可以在几微秒到__________之间选择。

A）几十微秒　　B）100μs　　C）几百微秒　　D）几毫秒

4．ADC0809 是一个__________A/D 转换芯片。

A）双积分式　　B）计数式　　C）逐次逼近式　　D）并行式

5．DS18B20 是一个__________数字温度计。

A）单总线　　B）双总线　　C）多总线　　D）I^2C 总线

6．DS18B20 的分辨率为 12 位，温度值的数据格式以__________℃/LSB 形式表示。

A）0.25　　B）0.125　　C）0.0625　　D）0.031 25

7. PCF8591 是一个带有__________路 D/A 转换通道和__________路 A/D 转换通道的综合 D/A 及 A/D 转换芯片。

A）1，2　　B）1，4　　C）2，2　　D）2，4

（二）填空题

1．描述 A/D 转换器性能的主要指标有__________、__________、__________和__________。

2．A/D 转换器按转换原理可分为__________、__________、计数式 A/D 转换器和并行式 A/D 转换器。

3．ADC0809 有__________路模拟量输入通道。

4．单片机判断 A/D 转换是否结束的方法有以下 3 种：__________、__________、__________。

5．DS18B20 主要由__________、高速缓存 RAM、__________、非易失性温度报警触发器 TH 和 TL，以及 EEPROM 等组成。

6．单片机对于 DS18B20 的操作都必须严格按照其初始化、读时间隙和写时间隙的过程来完成，在通信时是以 8 位“0”或“1”为 1 字节，字节的读或写是从__________（高位或低位）开始的。

（三）简答题

1．A/D 转换器主要性能指标有哪些？它们在选择 A/D 转换器起怎样的作用？

2．ADC0809 与 MCS-51 系列单片机怎样连接？画出电路原理图。

3．简述 DS18B20 的特点。

4．DS18B20 有哪些命令字？各有什么用处？

5．单片机是怎样控制 DS18B20 的？DS18B20 的初始化、写时间隙和读时间隙的工作时序是怎样的？

（四）项目训练

1．用 AT89C51 和 ADC0809 设计一个数字电压表，要求电压测量范围为 0～+5V，用一个 4 位共阳极 LED 数码管显示电压值，精确到 0.001V。

2．用 AT89C51 和 DS18B20 设计一个数字温度计，用一个 4 位共阳极 LED 数码管显示测量到的温度值，要求温度值保留两位小数。

项目 11 STC 高性能 51 单片机的应用设计

✧ 学习目标

➢ 了解 STC 高性能 51 单片机的分类。
➢ 了解行业标准中电子元器件的规范。
➢ 掌握 STC15F2K60S2 系列单片机的特性和工作原理。
➢ 能应用 STC15F2K60S2 系列单片机设计各种控制电路。
➢ 掌握单片机作为主控电路系统的硬件电路和软件程序的设计方法。
➢ 能独立分析和解决硬件设计和软件设计中的问题。
➢ 掌握完成工作项目的完整步骤和具体实施方法。
➢ 能利用团队的力量完成任务，培养团队合作精神。

✧ 工作任务

➢ 叙述 STC15F2K60S2 系列单片机的分类。
➢ 叙述 STC15F2K60S2 系列单片机的特性和工作原理。
➢ 设计用 STC15F2K60S2 单片机控制流水灯的硬件电路和软件程序。
➢ 设计用 STC15F2K60S2 单片机的定时/计数器模拟 PWM 的硬件电路和软件程序。
➢ 设计用 STC15F2K60S2 单片机的 A/D 转换器测量 MCU 工作电源电压的硬件电路和软件程序。

项目引入

宏晶科技是大型的 8051 单片机设计生产公司，其生产的 STC 系列单片机目前在中国的 51 单片机市场上占有较大比例，尤其是其 STC 高性能 51 单片机，目前正处于业内领先地位。其产品已通过国际权威认证机构 SGS（瑞士通用公证行）的多项认证：EFT 测试认证，通过 4kV 快速脉冲干扰测试；绿色环保认证；无铅认证。

本项目中要学习的就是 STC 高性能 51 单片机中的 STC15F2K60S2 系列单片机，从整个芯片的特性、引脚定义、内部结构和具体应用的学习过程中了解STC高性能51单片机的应用情况。

本项目包含三个任务：STC15F2K60S2系列单片机控制流水灯的设计；用STC15F2K60S2系列单片机的定时/计数器模拟PWM的设计；单片机电源电压测量系统的设计。

任务11.1 STC15F2K60S2系列单片机控制流水灯的设计

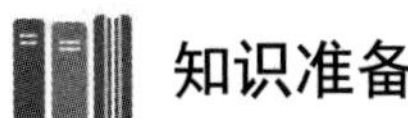

知识准备

11.1.1 STC系列51单片机的分类

宏晶科技生产的STC系列51单片机种类繁多，系列众多，本书只简单介绍3个常用系列，包括STC89XX系列、STC12XX系列、STC15XX系列，各系列单片机都有各自的特性和适用范围，都能采用前面学习过的STC在线下载软件进行软件下载，使用灵活方便。

1. STC89XX系列单片机

STC89XX系列单片机的显著性能特点：工作频率为0～40MHz（相当于普通8051单片机的0～80MHz），Flash程序存储空间为4KB～64KB，RAM数据存储空间为512B～1280B，内部集成了EEPROM（2KB～16KB）及WDT和专用复位电路。

STC89XX系列单片机的命名规则如图11.1所示，其常用型号列表如表11.1所示。

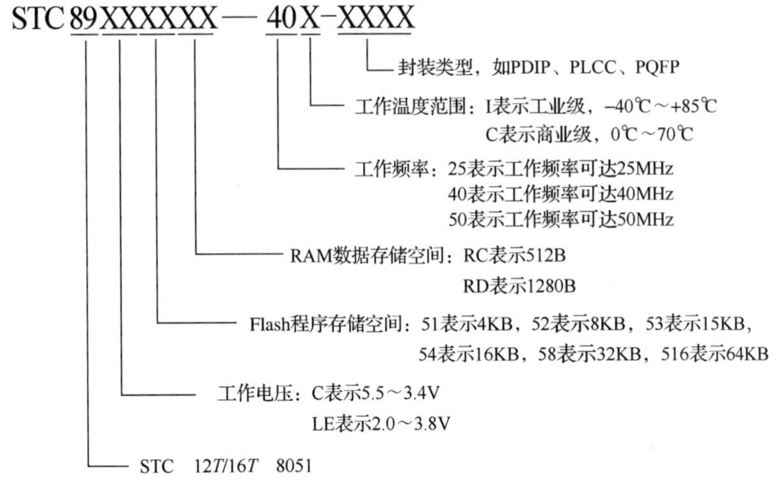

图11.1 STC89XX系列单片机的命名规则

表11.1 STC89XX系列单片机常用型号列表

分类	包含的型号
STC89C51系列	STC89C51、STC89C52、STC89C53、STC89C14、STC89LE51、STC89LE52、STC89LE53、STC89LE14
STC89C51RC系列	STC89C51RC/LE51RC、STC89C52RC/LE52RC、STC89C53RC/LE53RC、STC89C06RC/LE06RC、STC89C07RC/LE07RC、STC89C10RC/LE10RC、STC89C12RC/LE12RC

续表

分　类	包含的型号
STC89C58 系列	STC89C54、STC89C58、STC89C510、STC89C512、STC89C514、STC89C516、STC89LE54、STC89LE58、STC89LE510、STC89LE512、STC89LE514、STC89LE516
STC89C58RD+系列	STC89C51RD+/LE51RD+、STC89C52RD+/LE52RD+、STC89C54RD+/LE54RD+、STC89C55RD+/LE55RD+、STC89C58RD+/LE58RD+、STC89C510RD+/LE510RD+、STC89C512RD+/LE512RD+、STC89C513RD+/LE513RD+、STC89C514RD+/LE514RD+、STC89C516RD+/LE516RD+

2．STC12XX 系列单片机

STC12XX 系列单片机的显著性能特点：单时钟/机器周期，超小封装，有 2～4 路 PWM，可进行 8～10 位高速 A/D 转换，Flash 程序储存空间为 512B～60KB，RAM 数据储存空间为 256B～1280B，内部集成了 EEPROM 及 WDT，功耗低，有 ISP 和 IAP 功能及强抗干扰和降低 EMI 性能。

STC12XX 系列单片机的命名规则如图 11.2 所示，其常用型号列表如表 11.2 所示。该系列单片机的型号非常多，除了表 11.2 中所列的 STC12C5410AD 系列和 STC12C5A60S2 系列，还有 STC12C2052AD 系列、STC12C5204AD 系列和 STC12C5616AD 系列，这里就不一一列举了。

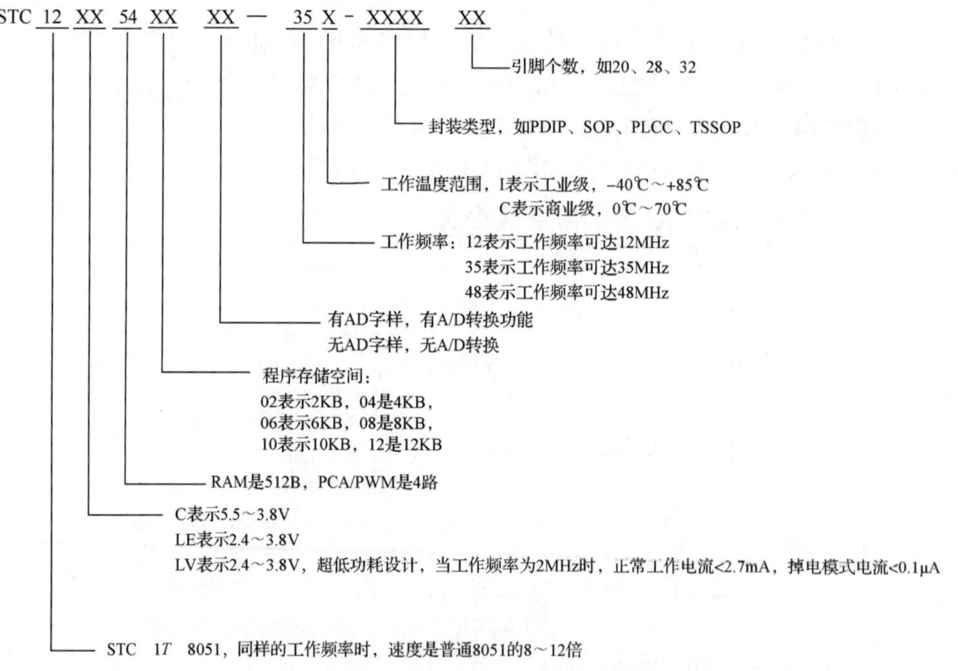

图 11.2　STC12XX 系列单片机的命名规则

表 11.2　STC12XX 系列单片机常用型号列表

分　类	包含的型号
STC12C5410AD 系列	STC12C5401AD、STC12C5402AD、STC12C54014AD、STC12C5406AD、STC12C5408AD、STC12C5410AD、STC12C5412AD、STC12C5416AD、STC12C5420AD、STC12C5424AD、STC12C5428AD、STC12C5401、STC12C5402、STC12C54014、STC12C5406、STC12C5408、STC12C5410、STC12C5412、STC12C5416、STC12C5420、STC12C5424、STC12C5428、

续表

分　类	包含的型号
STC12C5410AD 系列	STC12LE5401AD、STC12LE5402AD、STC12C54014AD、STC12C5406AD、STC12C5408AD、STC12C5410AD、STC12C54LE12AD、STC12LE5416AD、STC12LE5420AD、STC12LE5424AD、STC12LE5428AD、STC12LE5401、STC12LE5402、STC12LE54014、STC12LE5406、STC12LE5408、STC12LE5410、STC12LE5412、STC12LE5416、STC12LE5420、STC12LE5424、STC12LE5428
STC12C5A60S2 系列	STC12C5A08S2、STC12C5A16S2、STC12C5A32S2、STC12C540S2、STC12C5A48S2、STC12C5A52S2、STC12C5A56S2、STC12C5A60S2、STC12C5A08AD、STC12C5A16AD、STC12C5A32AD、STC12C540AD、STC12C5A48AD、STC12C5A52AD、STC12C5A56AD、STC12C5A60AD、STC12LE5A08S2、STC12LE5A16S2、STC12LE5A32S2、STC12LE540S2、STC12LE5A48S2、STC12LE5A52S2、STC12LE5A56S2、STC12C5A60S2、STC12C5A08AD、STC12LE5A16AD、STC12LE5A32AD、STC12LE540AD、STC12LE5A48AD、STC12LE5A52AD、STC12LE5A56AD、STC12LE5A60AD

注意：STC12C5A60S2 系列单片机中所列型号都有将“STC”改为“IAP”的型号，如 IAP12C5A08S2，表明用户可以将用户程序区的程序 Flash 当作 EEPROM 使用，这里就不列举了。

3. STC15XX 系列单片机

STC15XX 系列单片机的显著性能特点：工作频率范围为 5MHz～35MHz，相当于普通 8051 单片机的 60MHz～420MHz，片上集成了 2048B 的 SRAM，大容量片内 EEPROM 可擦写 10 万次以上，有 8 通道 10 位高速 A/D 转换功能和 3 路 PWM 或 D/A 转换功能，支持 ISP 在线下载。

STC15XX 系列单片机的命名规则如图 11.3 所示，其常用型号列表如表 11.3 所示。该系列单片机的型号非常多，除了表 11.3 中所列的 STC15F1K60S2 系列和 STC15F2K60S2 系列，还有 STC15F4K60S4 系列、STC15F1K20AD 系列、STC15F412EACS 系列、STC15F204EA 系列、STC15F104E 系列、STC15F408AD 系列、STC15W204S 系列（W 表示工作电压为 2.5～5.5V）、STC15W408S 系列、STC15W1K16S 系列等，这里就不一一列举了。

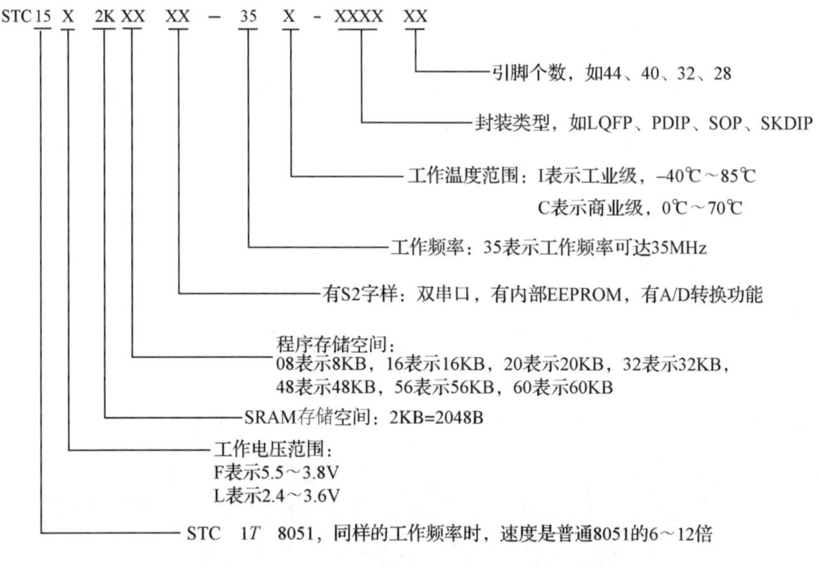

图 11.3　STC15XX 系列单片机的命名规则

表 11.3 STC15XX 系列单片机常用型号列表

分　类	包含的型号
STC15F1K60S2 系列	STC15F1K24S2、STC15F1K32S2、STC15F1K48S2、STC15L1K24S2、STC15L1K32S2、STC15L1K48S2、STC15F1K24AS、STC15F1K32AS、STC15F1K48AS、STC15L1K24AS、STC15L1K32AS、STC15L1K48AS
STC15F2K60S2 系列	STC15F2K08S2、STC15F2K16S2、STC15F2K24S2、STC15F2K32S2、STC15F2K40S2、STC15F2K48S2、STC15F2K56S2、STC15F2K60S2、IAP15F2K61S2、IRC15F2K63S2、STC15L2K08S2、STC15L2K16S2、STC15L2K24S2、STC15L2K32S2、STC15L2K40S2、STC15L2K48S2、STC15L2K56S2、STC15L2K60S2、IAP15F2K61S2、IRC15L2K63S2、STC15F2K24AS、STC15F2K32AS、STC15F2K48AS、STC15L2K24AS、STC15L2K32AS、STC15L2K48AS、STC15F2K32S、STC15F2K60S、IAP15F2K61S、STC15L2K32S、STC15L2K60S、IAP15L2K61S

注意：STC 系列 51 单片机种类非常多，这里我们只简单介绍了几个常用系列，大家在选择时要仔细查看芯片手册，寻找最合适的型号。

知识深入

11.1.2 STC15F2K60S2 系列单片机的基本知识

在众多 STC 高性能 51 系列单片机中，我们选择 STC15F2K60S2 系列单片机来完成本项目的任务。STC15F2K60S2 系列单片机是 STC 生产的单时钟/机器周期（1*T*）的单片机，是具有高速、高可靠性、低功耗、超强抗干扰性的新一代 8051 单片机，采用 STC 第八代加密技术，加密性超强，指令代码完全兼容传统 8051 单片机，但指令执行速度较传统 8051 单片机的指令执行速度快 8～12 倍，特别适用于电机控制等强干扰场合。

下面我们来介绍 STC15F2K60S2 系列单片机的特性、型号选择、内部结构和引脚等内容。

1. STC15F2K60S2 系列单片机的特性

（1）采用增强型 8051 CPU，单时钟/机器周期（1*T*），指令代码完全兼容传统 8051 单片机。

（2）STC15F2K6S2 系列单片机的工作电压范围为 4.2～5.5V（5V 单片机）；STC15L2K6S2 系列单片机的工作电压范围为 2.4～3.6V（3V 单片机）。

（3）内部高可靠复位，8 级可选复位门槛电压，彻底省掉外部复位电路。

（4）内部集成高精度 R/C 时钟，±1%温飘（-40～+85℃），常温下温飘为 5‰，内部时钟为 5MHz～35MHz 可选（5.5296MHz/11.0592MHz/22.1184MHz/33.1776MHz），可彻底省掉昂贵的外部晶振。

（5）工作频率范围为 5MHz～35MHz，相当于普通 8051 单片机的 60MHz～420MHz。

（6）低功耗设计，具有低速模式、空闲模式、掉电/停机模式。

（7）可将掉电/停机模式唤醒的资源：$\overline{\text{INT0}}$/P3.2，$\overline{\text{INT1}}$/P3.3（$\overline{\text{INT0}}$/$\overline{\text{INT1}}$ 上升沿、下降沿中断均可），$\overline{\text{INT2}}$/P3.6，$\overline{\text{INT3}}$/P3.7，$\overline{\text{INT4}}$/P3.0（$\overline{\text{INT2}}$/$\overline{\text{INT3}}$/$\overline{\text{INT4}}$ 仅可下降沿中断），CCP0/CCP1/CCP2，RxD/RxD2，内部低功耗掉电唤醒专用定时器。

（8）增加了内部低功耗掉电唤醒专用定时器，其也可将 MCU 从掉电/停机模式唤醒。

（9）用户应用程序空间：8KB/16KB/20KB/32KB/40KB/48KB/52KB/56KB/60KB/61KB/

63.5KB。

（10）片上集成了 2048B 的 SRAM。

（11）大容量片内 EEPROM，可擦写 10 万次以上。

（12）有 8 通道 10 位高速 A/D 转换器，转换速度可达 30 万次/s，3 路定时器还可当 3 路 PWM 或 D/A 转换器使用。

（13）有 ISP、IAP 功能，无需专用编程器，无需专用仿真器，可通过串行口（RxD/P3.0，TxD/P3.1）直接下载用户程序，数秒即可完成下载。

（14）有 3 通道捕获/比较单元（CCP/PWM/PCA），可用来再实现 3 个定时器或 3 个外部中断（支持上升沿/下降沿中断）。

（15）有 6 个定时器：2 个 16 位可重装计数初值定时器兼容普通 8051 单片机的定时器 T0/T1，并可实现时钟输出；3 路 CCP 还可实现 3 个定时器；定时器 T2 既可实现 1 个 16 位重装计数初值定时器，也可产生时钟输出 T2CLKO。

（16）可编程时钟输出功能：T0 在 P3.5 口输出时钟，T1 在 P3.4 口输出时钟（可 1～65 536 级分频输出），在 P5.4 口输内部高精度 R/C 时钟 IRC_CLKO（可分频 IRC_CLK/1，IRC_CLK/2，IRC_CLK/4），T2 在 P3.0 口输出时钟。

（17）内置 WDT。

（18）有高速 SPI 串行口，如果 I/O 口不够用，可外接 74HC595 来扩展 I/O 口。

（19）有两个完全独立的串行口/双串行口，分时切换可当 4 个串行口使用：串行口 1（RxD/P3.0，TxD/P3.1）可以切换到（RxD_2/P1.6，TxD_2/P1.7），还可以切换到（RxD_3/P3.6，TxD_3/P3.7）；串行口 2（RxD2/P1.0，TxD2/P1.1）可以切换到（RxD2_2/P4.6，TxD2_2/P4.7）。

（20）先进的指令集结构，兼容普通 8051 指令集，有硬件乘法/除法指令。

（21）通用 I/O 口（42 个或 38 个或 30 个或 26 个），复位后为准双向口/弱上拉（普通 8051 输出）模式。可设置成 4 种工作模式：准双向口/弱上拉模式，推挽输出/强上拉模式，仅为输入/高阻模式，开漏模式。每个 I/O 口驱动能力均可达 20mA，但 I/O 口个数为 40 及 40 以上的单片机的驱动能力不超过 120mA，I/O 口个数为 20 以上及 32 以下（包括 32）的单片机的驱动能力不超过 90mA。

（22）工作温度范围：-40～+85℃（工业级），0～75℃（商业级）。

（23）封装：LQFP44，LQFP32，SOP32，SOP28，SKDIP28，PDIP40，PLCC44（请尽量不要选择此封装）。

（24）开发环境：在 Keil C51 开发环境中，选择 Intel 8052 编译即可。

2．STC15F2K60S2 系列单片机的型号选择

STC15F2K60S2 系列单片机包含多种型号，各种型号的内部特性不同，表 11.4 列出了 STC15F2K60S2 系列单片机各型号的配置，大家可以根据需要选择合适的型号。

表 11.4　STC15F2K60S2 系列单片机选型表

型号	工作电压/V	Flash 程序存储空间/KB	大容量SRAM存储空间/KB	串行口/个	SPI	普通定时器/个	CCP/PCA/PWM/定时器	掉电唤醒专用定时器	A/D 转换器/位	WDT	内置复位电路	EEPROM	内部低压检测中断	内部可选复位门槛电压/级	支持掉电唤醒外部中断源/个
STC15F2K60S2 系列单片机															
STC15F2K08S2	3.8～5.5	8	2	2	有	3	3-ch	有	10	有	有	2KB	有	8	5
STC15F2K16S2	3.8～5.5	16	2	2	有	3	3-ch	有	10	有	有	45KB	有	8	5
STC15F2K20S2	3.8～5.5	20	2	2	有	3	3-ch	有	10	有	有	41KB	有	8	5
STC15F2K32S2	3.8～5.5	32	2	2	有	3	3-ch	有	10	有	有	29KB	有	8	5
STC15F2K40S2	3.8～5.5	40	2	2	有	3	3-ch	有	10	有	有	21KB	有	8	5
STC15F2K48S2	3.8～5.5	48	2	2	有	3	3-ch	有	10	有	有	13KB	有	8	5
STC15F2K52S2	3.8～5.5	52	2	2	有	3	3-ch	有	10	有	有	9KB	有	8	5
STC15F2K56S2	3.8～5.5	56	2	2	有	3	3-ch	有	10	有	有	5KB	有	8	5
STC15F2K60S2	3.8～5.5	60	2	2	有	3	3-ch	有	10	有	有	1KB	有	8	5
IAP15F2K62S2	3.8～5.5	62	2	2	有	3	3-ch	有	10	有	有	IAP	有	8	5
STC15L2K60S2 系列单片机															
STC15L2K08S2	2.4～3.6	8	2	2	有	3	3-ch	有	10	有	有	2KB	有	8	5
STC15L2K16S2	2.4～3.6	16	2	2	有	3	3-ch	有	10	有	有	45KB	有	8	5
STC15L2K20S2	2.4～3.6	20	2	2	有	3	3-ch	有	10	有	有	41KB	有	8	5
STC15L2K32S2	2.4～3.6	32	2	2	有	3	3-ch	有	10	有	有	29KB	有	8	5
STC15L2K40S2	2.4～3.6	40	2	2	有	3	3-ch	有	10	有	有	21KB	有	8	5
STC15L2K48S2	2.4～3.6	48	2	2	有	3	3-ch	有	10	有	有	13KB	有	8	5
STC15L2K52S2	2.4～3.6	52	2	2	有	3	3-ch	有	10	有	有	9KB	有	8	5
STC15L2K56S2	2.4～3.6	56	2	2	有	3	3-ch	有	10	有	有	5KB	有	8	5
STC15L2K60S2	2.4～3.6	60	2	2	有	3	3-ch	有	10	有	有	1KB	有	8	5
IAP15L2K62S2	2.4～3.6	62	2	2	有	3	3-ch	有	10	有	有	IAP	有	8	5

3．STC15F2K60S2 系列单片机的内部结构

STC15F2K60S2 系列单片机的内部结构框图如图 11.4 所示，STC15F2K60S2 系列单片机中几乎包含了数据采集和控制所需的所有单元模块，可称得上是一个片上系统。

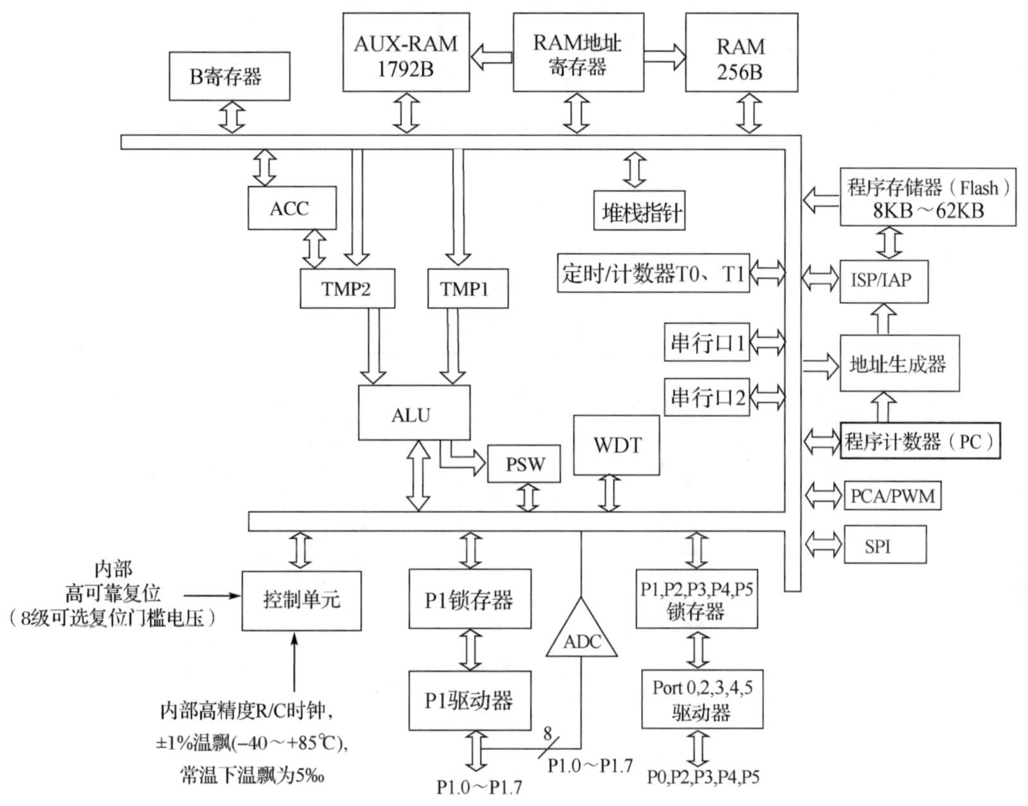

图 11.4　STC15F2K60S2 系列单片机的内部结构框图

4．STC15F2K60S2 系列单片机的引脚

STC15F2K60S2 系列单片机常用的封装形式有 PDIP40、LQFP44 和 PLCC44，PDIP40 封装的引脚图和 LQFP44 封装的引脚图分别如图 11.5 和图 11.6 所示。

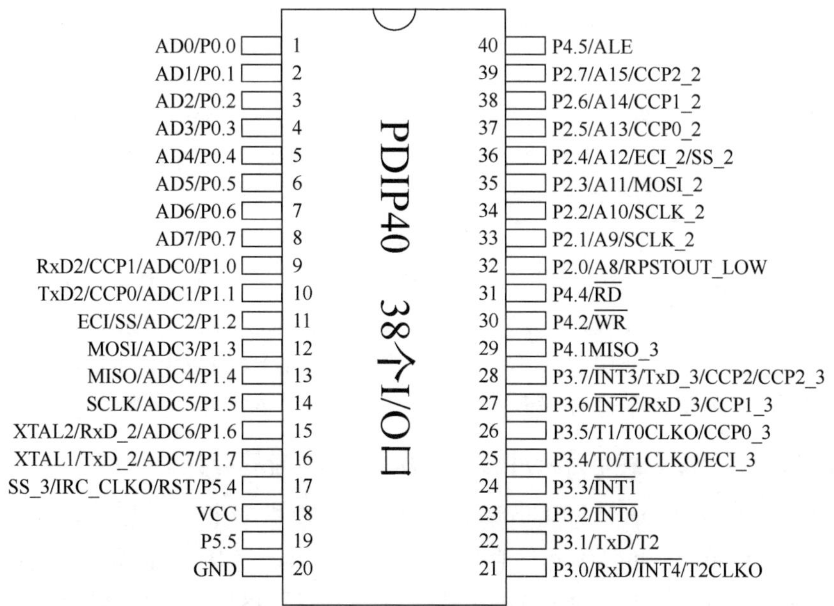

图 11.5　PDIP40 封装的引脚图

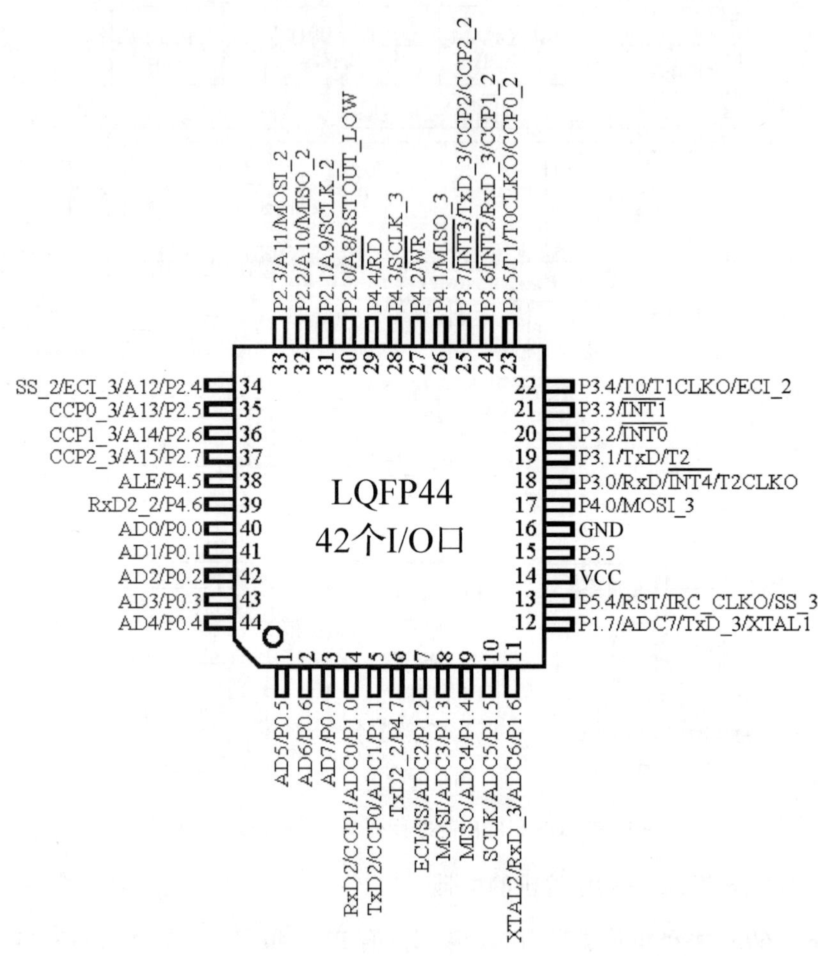

图 11.6　LQFP44 封装的引脚图

基于前面所学的关于 MCS-51 系列单片机的知识，我们很容易根据芯片的引脚图了解每个引脚的定义，这里只要说明以下几点。

（1）P0 口可作为地址/数据分时复用口使用，不可作为 A/D 转换通道使用，A/D 转换通道在 P1 口。因此，引脚图中 P0.*x*/AD*x* 是指 P0.*x* 口可作为地址/数据分时复用口使用，而 P1.*x*/ADC*x* 才是指 P1.*x* 口可作为 A/D 转换口使用。

（2）CCP 是 Capture（捕获）、Compare（比较）、PWM（脉宽调制）的缩写。

（3）T0CLKO 是指 T0 的时钟输出（与 CLKOUT0 相同，有时也写作 CLKOUT0）；T1CLKO 是指 T1 的时钟输出（与 CLKOUT1 相同，有时也写作 CLKOUT1）；T2CLKO 是指 T2 的时钟输出（与 CLKOUT2 相同，有时也写作 CLKOUT2）。T0CLKO/T1CLKO/T2CLKO 除了可以进行可编程时钟输出，还可以用作分频器。

5．STC15F2K60S2 系列单片机片内存储器和特殊功能寄存器

STC15F2K60S2 系列单片机的程序存储器和数据存储器是各自独立编址的。STC15F2K60S2 系列单片机的所有程序存储器都是片上 Flash 程序存储器，不能访问外部程序存储器，因为没有访问外部程序存储器的总线。STC15F2K60S2 系列单片机内部有 2048B 的数据存储器，其在物理和逻辑上都分为两个地址空间：内部 RAM（256B）和内部扩展 RAM

(1792B)。其中内部 RAM 的高 128 字节的数据存储器与特殊功能寄存器看似地址重叠，但在物理上是独立的，在实际使用时可通过不同的寻址方式加以区分。另外，STC15XX 系列单片机还可以访问在片外扩展的 64KB 外部数据存储器。

（1）程序存储器。

程序存储器用于存放用户程序、数据和表格等信息。STC15F2K60S2 系列单片机内部集成了 8KB～62KB 的 Flash 程序存储器，可在线反复编程擦写 10 万次以上，STC15F2K60S2 系列各种型号单片机的程序存储器的地址如表 11.5 所示。

表 11.5 STC15F2K60S2 系列各种型号单片机的程序存储器的地址

单片机型号	程序存储器的地址
STC15F/L2K08S2	0000H～1FFFH (8KB)
STC15F/L2K16S2	0000H～3FFFH (16KB)
STC15F/L2K20S2	0000H~4FFFH (20KB)
STC15F/L2K32S2	0000H~7FFFH (32KB)
STC15F/L2K40S2	0000H～9FFFH (40KB)
STC15F/L2K48S2	0000H~0BFFFH (48KB)
STC15F/L2K52S2	0000H~0CFFFH (52KB)
STC15F/L2K56S2	0000H~0DFFFH (56KB)
STC15F/L2K60S2	0000H~0EFFFH (60KB)
IAP15F/L2K62S2	0000H~0F7FFH (62KB)

单片机复位后，程序计数器中的内容为 0000H，从 0000H 单元开始执行程序。另外中断服务子程序的入口地址也位于程序存储器单元。在程序存储器中，每个中断都有一个固定的入口地址，当中断发生并得到响应后，单片机会自动跳转到相应的中断服务子程序的入口地址处去执行程序。外部中断 0 中断服务子程序的入口地址是 0003H，定时/计数器 0 中断服务子程序的入口地址是 000BH，外部中断 1 中断服务子程序的入口地址是 0013H，定时/计数器 1 中断服务子程序的入口地址是 001BH 等。由于相邻中断服务子程序的入口地址的间隔区间（8B）有限，一般情况下无法保存完整的中断服务子程序，因此，一般在中断响应的地址区域存放一条无条件转移指令，指向真正存放中断服务子程序的空间。

（2）数据存储器。

单片机内部集成了 2048B 的数据存储器，用于存放程序执行的中间结果和过程数据。内部数据存储器在物理和逻辑上都分为两个地址空间：内部 RAM（256B）和内部扩展 RAM（1792B）。此外，STC15XX 系列单片机还可以访问在片外扩展的 64KB 外部数据存储器。

内部 RAM 共 256B，可分为 3 个部分：低 128 字节 RAM（与传统 8051 单片机兼容）、高 128 字节 RAM（Intel 公司在 8052 单片机中扩展了高 128 字节 RAM）及特殊功能寄存器。低 128 字节 RAM 既可直接寻址也可间接寻址。高 128 字节 RAM 与特殊功能寄存器看似共用相同的地址（80H～FFH），但在物理上是独立的，在使用时可通过不同的寻址方式加以区分。高 128 字节 RAM 只可间接寻址，特殊功能寄存器只可直接寻址。内部 RAM 的结构图如图 11.7 所示，地址范围是 00H～FFH，与前面所学 MCS-51 系列单片机的相同。

STC15F2K60S2 单片机片内除集成了 256B 的内部 RAM 以外，还集成了 1792B 的扩展 RAM，地址范围是 0000H～06FFH。访问内部扩展 RAM 的方法和传统 8051 单片机访问外部扩展 RAM 的方法相同，但是不影响 P0、P2、P3.6、P3.7 和 ALE。

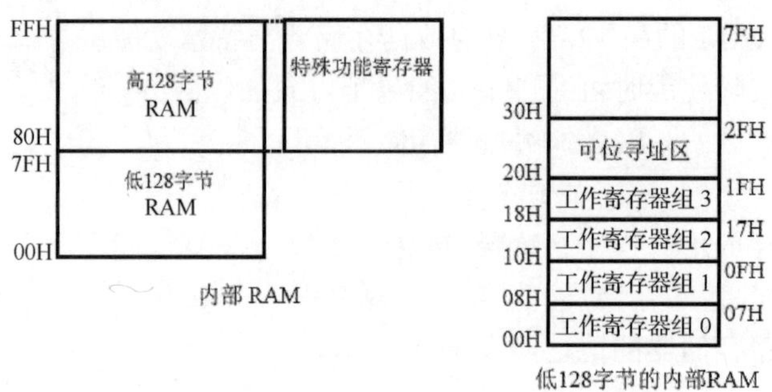

图 11.7　内部 RAM 的结构图

（3）特殊功能寄存器。

特殊功能寄存器是用来对片内各功能模块进行管理、控制、监视的控制寄存器和状态寄存器，是一个具有特殊功能的 RAM。STC15F2K60S2 系列单片机内的特殊功能寄存器与高 128 字节 RAM 共用相同的地址（80H～0FFH），特殊功能寄存器必须用直接寻址指令访问。

STC15F2K60S2 系列单片机内的特殊功能寄存器较多，其名称及地址如表 11.6 所示。

表 11.6　STC15F2K60S2 系列单片机内的特殊功能寄存器的名称及地址

符　号		描　述	地址	位地址及符号 MSB　LSB	复位值
P0		Port 0	80H	P0.7| P0.6 | P0.5 | P0.4 | P0.3 | P0.2 | P0.1 | P0.0	1111 1111B
SP		堆栈指针	81H		0000 0111B
DPTR	DPL	数据指针（低）	82H		0000 0000B
	DPH	数据指针（高）	83H		0000 0000B
PCON		电源控制寄存器	87H	SMOD | SMOD0 | LVDF | POF | GF1 | GF0 | PD | IDL	0011 0000B
TCON		定时/计数器控制寄存器	88H	TF1 | TR1 | TF0 | TR0 | IE1 | IT1 | IE0 | IT0	0000 0000B
TMOD		定时/计数器工作方式寄存器	89H	GATE | C/$\overline{T}$ | M1 | M0 |GATE|C/$\overline{T}$ |M1|M0	0000 0000B
TL0		定时/计数器 0 低 8 位寄存器	8AH		0000 0000B
TL1		定时/计数器 1 低 8 位寄存器	8BH		0000 0000B
TH0		定时/计数器 0 高 8 位寄存器	8CH		0000 0000B
TH1		定时/计数器 1 高 8 位寄存器	8DH		0000 0000B
AUXR		辅助寄存器	8EH	T0x12|T1x12|UART_M0x6|T2R|T2_C/$\overline{T}$ |T2x12|EXTRAM|S1BRS	0000 0000B
INT_CLKO（AUXR2）		外部中断允许和时钟输出寄存器	8FH	— |EX4|EX3|EX2|LVD_WAKE|T2CLKO|T1CLKO|T0CLKO	0000 0000B
P1		Port 1	90H	P1.7 | P1.6 | P1.5 | P1.4 | P1.3 | P1.2 | Pl.l | P1.0	1111 1111B
P1M1		P1 口模式配置寄存器 1	91H		0000 0000B
P1M0		P1 口模式配置寄存器 0	92H		0000 0000B
P0M1		P0 口模式配置寄存器 1	93H		0000 0000B
P0M0		P0 口模式配置寄存器 0	94H		0000 0000B
P2M1		P2 口模式配置寄存器 1	95H		0000 0000B

续表

符　号	描　述	地址	位地址及符号 MSB　LSB	复　位　值
P2M0	P2 口模式配置寄存器 0	96H		0000 0000B
CLK_DIV（PCON2）	时钟分频控制寄存器	97H	— | — | — | — | — | CLKS2 | CLKS1 | CLKS0	xxxx x000B
SCON	串行口 1 控制寄存器	98H	SM0/FE | SM1 | SM2 | REN | TB8 | RB8 | TI | RI	0000 0000B
SBUF	串行口 1 特殊功能寄存器	99H		xxxx xxxxB
S2CON	串行口 2 控制寄存器	9AH	S2SM0 | — |S2SM2|S2REN|S2TB8|S2RB8|S2TI|S2RI	0000 0000B
S2BUF	串行口 2 特殊功能寄存器	9BH		xxxx xxxxB
P1ASF	P1 口模拟功能控制寄存器	9DH	P17ASF|P16ASF|P15ASF|P14ASF|P13ASF|P12ASF|P11ASF|P10ASF	0000 0000B
P2	Port 2	A0H	P2.7 | P2.6 | P2.5 | P2.4 | P2.3 | P2.2 | P2.1 | P2.0	1111 1111B
BUS_SPEED	总线速度控制寄存器	A1H	— | — | — | — | — | — | EXRTS[1:0]	xxxx xx10B
AUXR1（P_SW1）	辅助寄存器 1	A2H	S1_S0 | CCP_S0 | SPI_S0 | S2_S0 | GF2 | ADRJ | — | DPS	0000 0000B
IE	中断允许控制寄存器	A8H	EA | ELVD | EADC | ES | ET1 | EX1 | ET0 | EX0	000x 0000B
SADDR	从机地址控制寄存器	A9H		0000 0000B
WKTCL WKTCL_CNT	掉电唤醒专用定时器控制寄存器低 8 位	AAH	— | — | — | — | — | — | — | —	0111 1111B
WKTCH WKTCH_CNT	掉电唤醒专用定时器控制寄存器高 8 位	ABH	WKTEN | — | — | — | — | — | — | —	0111 1111B
IE2	中断允许控制寄存器	AFH	— | — | — | — | — | ET2 | ESPI | ES2	xxxx x000B
P3	Port 3	B0H	P3.7 | P3.6 | P3.5 | P3.4 | P3.3 | P3.2 | P3.1 | P3.0	1111 1111B
P3M1	P3 口模式配置寄存器 1	B1H		0000 0000B
P3M0	P3 口模式配置寄存器 0	B2H		0000 0000B
P4M1	P4 口模式配置寄存器 1	B3H		0000 0000B
P4M0	P4 口模式配置寄存器 0	B4H		0000 0000B
IP2	第二中断优先级控制寄存器	B5H	— | — | — | — | — | — | PSPI | PS2	xxxx xx00B
IP	中断优先级控制寄存器	B8H	PPCA | PLVD | PADC | PS | PT1 | PX1 | PT0 | PX0	0000 0000B
SADEN	从机地址掩模寄存器	B9H		0000 0000B
P_SW2	外设功能切换控制寄存器	BAH	S1_S1 | CCP_S1 | SPI_S1| — | — | — | — | —	x00x xx00B
IRC_CLKO	内部高精度 R/C 时钟输出寄存器	BBH	— |— | ALE_P4.5 | — | — | — | IRCS1 | IRCS0	xx0x,xx00B
ADC_CONTR	A/D 转换控制寄存器	BCH	ADC_POWER|SPEED1|SPEED0|ADC_FLAG|ADC_START|CHS2|CHS1|CHS0	0000 0000B
ADC_RES	A/D 转换结果高 8 位寄存器	BDH		0000 0000B
ADC_RESL	A/D 转换结果低 2 位寄存器	BEH		0000 0000B
P4	Port 4	C0H	P4.7 | P4.6 | P4.5 | P4.4 | P4.3 | P4.2 | P4.1 | P4.0	1111 1111B
WDT_CONTR	WDT 控制寄存器	C1H	WDT_FLAG| — |EN_WDT|CLR_WDT|IDLE_WDT|PS2| PS1| PS0	0x00 0000B
IAP_DATA	ISP/IAP 数据寄存器	C2H		1111 1111B
IAP_ADDRH	ISP/IAP 高 8 位地址寄存器	C3H		0000 0000B

续表

符　号	描　述	地址	位地址及符号 MSB　LSB	复 位 值
IAP_ADDRL	ISP/IAP 低 8 位地址寄存器	C4H		0000 0000B
IAP_CMD	ISP/IAP 命令寄存器	C5H	—| — | — | — | — | — |MS1 | MS0	xxxx xx00B
IAP_TRIG	ISP/IAP 命令触发寄存器	C6H		xxxx xxxxB
IAP_CONTR	ISP/IAP 控制寄存器	C7H	IAPEN | SWBS | SWRST |CMD_FAIL| — | WT2| WT1| WT0	0000 x000B
P5	Port 5	C8H	—|—|—|—|—| P5.3 | P5.2 | P5.1 | P5.0	xxxx 1111B
P5M1	P5 口模式配置寄存器 1	C9H		xxxx 0000B
P5M0	P5 口模式配置寄存器 0	CAH		xxxx 0000B
SPSTAT	SPI 状态寄存器	CDH	SPIF | WCOL | —|—|—|—|—|—	00xx xxxxB
SPCTL	SPI 控制寄存器	CEH	SSIG| SPEN |DORD| MSTR |CPOL| CAPHA|SPR1| SPR0	0000 0100B
SPDAT	SPI 数据寄存器	CFH		0000 0000B
PSW	程序状态字寄存器	D0H	CY | AC | F0 | RS1 | RS0 | OV | — | P	0000 00x0B
T2H	定时器 2 高 8 位寄存器	D6H		0000 0000B
T2L	定时器 2 低 8 位寄存器	D7H		0000 0000B
CCON	PCA 控制寄存器	D8H	CF | CR | —|—|— | CCF2 | CCF1 | CCF0	00xx 0000B
CMOD	PCA 工作模式寄存器	D9H	CIDL | —|—|— | CPS2 | CPS1 | CPS0 | ECF	0xxx x000B
CCAPM0	PCA 模块 0 比较/捕获寄存器	DAH	—| ECOM0| CAPP0| CAPN0| MAT0| TOG0| PWM0| ECCF0	x000 0000B
CCAPM1	PCA 模块 1 比较/捕获寄存器	DBH	—| ECOM1| CAPP1| CAPN1| MAT1| TOG1| PWM1| ECCF1	x000 0000B
CCAPM2	PCA 模块 2 比较/捕获寄存器	DCH	—| ECOM2| CAPP2| CAPN2| MAT2| TOG2| PWM2| ECCF2	x000 0000B
ACC	累加器	E0H		0000 0000B
CL	PCA 基准定时器的低 8 位	E9H		0000 0000B
CCAP0L	PCA 模式 0 捕获/比较寄存器低位	EAH		0000 0000B
CCAP1L	PCA 模式 1 捕获/比较寄存器低位	EBH		0000 0000B
CCAP2L	PCA 模式 2 捕获/比较寄存器低位	ECH		0000 0000B
B	B 寄存器	F0H		0000 0000B
PCA_PWM0	PCA 模块 0 的 PWM 寄存器	F2H	EBS0_1 | EBS0_0 | —|—|—|— | EPC0H | EPC0L	xxxx xx00B
PCA_PWM1	PCA 模块 1 的 PWM 寄存器	F3H	EBS1_1 | EBS1_0 | —|—|—|— | EPC1H | EPC1L	xxxx xx00B
PCA_PWM2	PCA 模块 2 的 PWM 寄存器	F4H	EBS2_1 | EBS2_0 | —|—|—|— | EPC2H | EPC2L	xxxx xx00B
CH	PCA 基准定时器的高 8 位	F9H		0000 0000B
CCAP0H	PCA 模式 0 捕获/比较寄存器高位	FAH		0000 0000B
CCAP1H	PCA 模式 1 捕获/比较寄存器高位	FBH		0000 0000B
CCAP2H	PCA 模式 2 捕获/比较寄存器高位	FCH		0000 0000B

注意：地址能够被 8 整除的特殊功能寄存器才可以进行位操作，不能够被 8 整除的不可以进行位操作。

6. STC15F2K60S2 系列单片机的 I/O 口

（1）I/O 口的工作模式及配置。

STC15F2K60S2 系列单片机最多有 46 个 I/O 口：P0.0～P0.7，P1.0～P1.7，P2.0～P2.7，P3.0～P3.7，P4.0～P4.7，P5.0～P5.5。其所有 I/O 口（每个 I/O 口都有 2 个模式配置寄存器）均可由软件配置成 4 种工作模式之一。4 种工作模式分别为准双向口/弱上拉模式、推挽输出/强上拉模式、仅为输入/高阻模式和开漏模式。每个 I/O 口的工作模式由 2 个控制寄存器中的相应位控制。单片机上电复位后为准双向口/弱上拉模式。每个 I/O 口的驱动能力均可达到 20mA，但 I/O 口的个数为 40 及 40 以上的单片机的驱动能力不超过 120mA，I/O 口的个数为 20 以上及 32 以下（包括 32）的单片机的驱动能力不超过 90mA。

以 P0 口为例配置 4 种工作模式，其他端口工作模式的配置方法相同。P0 口包括 P0.7、P0.6、P0.5、P0.4、P0.3、P0.2、P0.1、P0.0（P0 口地址为 80H），P0 口的工作模式配置如表 11.7 所示。除 P1 口在开漏时不用加上拉电阻以外，其他端口都需要加上拉电阻。

表 11.7　P0 口的工作模式配置

P0M1 [1 : 0] 寄存器 P0M1 地址为 93H	P0M0 [1 : 0] 寄存器 P0M0 地址为 94H	P0 口的工作模式
0	0	准双向口/弱上拉模式（灌电流可达 20mA，拉电流为 270μA，由于制造误差，拉电流实际为 150μA～270μA）
0	1	推挽输出/强上拉模式（灌电流可达 20mA，要加限流电阻）
1	0	仅为输入/高阻模式
1	1	开漏模式（内部上拉电阻断开，要加上拉电阻）

注意：虽然每个 I/O 口在准双向口/弱上拉模式下都能承受 20mA 的灌电流（要加限流电阻，阻值为 1kΩ 或 560Ω 等），在推挽输出/强上拉模式下都能输出 20mA 的拉电流（也要加限流电阻），但是建议整个芯片的工作电流不要超过 90mA，即从 MCU-VCC 流入的电流不要超过 90mA，从 MCU-GND 流出电流不要超过 90mA，整体流入、流出电流都不要超过 90mA。

（2）引脚 P1.7/XTAL1 与 P1.6/XTAL2 的说明。

STC15F2K60S2 系列单片机的所有 I/O 口在单片机上电复位后均为准双向口/弱上拉模式。但是由于 P1.7 引脚和 P1.6 引脚还可以分别作为外部晶振或时钟电路的引脚 XTAL1 和 XTAL2，所以 P1.7/XTAL1 和 P1.6/XTAL2 在单片机上电复位后不一定是准双向口/弱上拉模式。当 P1.7 引脚和 P1.6 引脚分别作为外部晶振或时钟电路的引脚 XTAL1 和 XTAL2 时，在单片机上电复位后是仅为输入/高阻模式。

单片机每次在上电复位后，对 P1.7/XTAL1 和 P1.6/XTAL2 的工作模式按如下步骤进行设置：首先，单片机短时间（几十个时钟）内会将 P1.7/XTAL1 和 P1.6/XTAL2 设置成仅为输入/高阻模式。然后，单片机会自动判断上一次用户 ISP 编程时是将 P1.7/XTAL1 和 P1.6/XTAL2 设置成普通 I/O 引脚还是 XTAL1/XTAL2：如果上一次用户 ISP 编程时将 P1.7/XTAL1 和 P1.6/XTAL2 设置成普通 I/O 引脚，则单片机上电复位后会将 P1.7/XTAL1 和 P1.6/XTAL2 的工作模式设置成准双向口/弱上拉模式；如果上一次用户 ISP 编程时将 P1.7/XTAL1 和 P1.6/XTAL2 设置成 XTAL1/XTAL2，则单片机上电复位后会将 P1.7/XTAL1 和 P1.6/XTAL2 的工作模式设置成仅为输入/高阻模式。

（3）引脚 P5.4/RST 的说明。

P5.4/RST 既可用作普通 I/O 引脚，又可用作复位引脚。若用户 ISP 编程时将 P5.4/RST 设置成普通 I/O 引脚，则其在单片机上电复位后为准双向口/弱上拉模式。

每次上电时，单片机会自动判断上一次用户 ISP 编程时是将 P5.4/RST 设置成普通 I/O 引脚还是复位引脚。如果上一次用户 ISP 编程时将 P5.4/RST 设置成普通 I/O 引脚，则单片机上电/复位后，将 P5.4/RST 的工作模式设置成准双向口/弱上拉模式；如果上一次用户 ISP 编程时将 P5.4/RST 设置成复位引脚，则单片机上电复位后 P5.4/RST 仍为复位引脚。

（4）用 I/O 口控制三极管的电路。

用 I/O 口控制三极管的电路如图 11.8 所示。如果用准双向口/弱上拉模式控制，则建议加上拉电阻 R1（3.3kΩ～10kΩ）；如果不加上拉电阻 R1，则建议 R2 的阻值在 15kΩ 以上，或用推挽输出/强上拉模式控制。

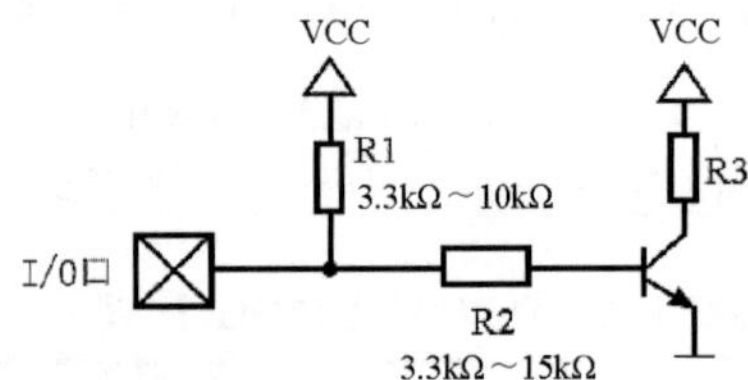

图 11.8 用 I/O 口控制三极管的电路

（5）用 I/O 口控制 LED 的电路。

用 I/O 口控制 LED 的电路如图 11.9 所示，限流电阻的阻值尽量大于 1kΩ，最小为 470Ω。

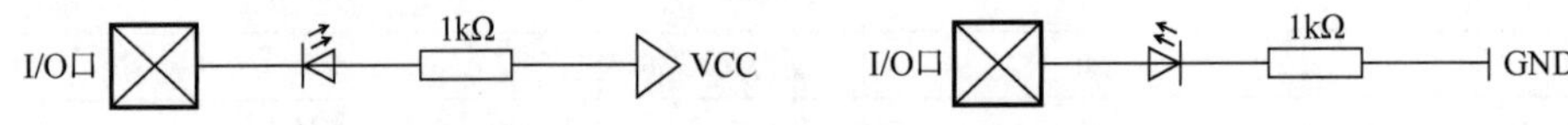

图 11.9 用 I/O 口控制 LED 的电路

7. STC15F2K60S2 系列单片机的时钟、复位和最小系统

（1）STC15F2K60S2 系列单片机的时钟。

STC15F2K60S2 系列单片机有两个时钟源：内部高精度 R/C 时钟和外部晶振时钟。内部高精度 R/C 时钟的温飘为±1%（-400～+850℃），常温下温飘为 5‰。

当采用内部高精度 R/C 时钟时可以设置好 IRC_CLKO 寄存器，也可以在 STC 在线下载软件中对时钟进行设置。

如果希望降低系统功耗，可对时钟进行分频。利用时钟分频控制寄存器 CLK_DIV（PCON2）可进行时钟分频，从而使单片机在较低频率下工作。CLK_DIV（PCON2）中的低 3 位定义了分频，如表 11.8 所示。

表 11.8 内部时钟分频设置

CLKS2	CLKS1	CLKS0	分频后 CPU 的实际工作时钟
0	0	0	内部高精度 R/C 时钟不分频
0	0	1	内部高精度 R/C 时钟 2 分频
0	1	0	内部高精度 R/C 时钟 4 分频
0	1	1	内部高精度 R/C 时钟 8 分频
1	0	0	内部高精度 R/C 时钟 16 分频

续表

CLKS2	CLKS1	CLKS0	分频后 CPU 的实际工作时钟
1	0	1	内部高精度 R/C 时钟 32 分频
1	1	0	内部高精度 R/C 时钟 64 分频
1	1	1	内部高精度 R/C 时钟 128 分频

（2）STC15F2K60S2 系列单片机的复位。

STC15F2K60S2 系列单片机在高电平下复位，有 6 种复位方式：外部 RST 引脚复位，软件复位，掉电/上电复位（可选择增加额外的复位延时 180ms，也叫作 MAX810 专用复位电路，其实就是在单片机上电复位后增加一个 180ms 的复位延时），内部低压检测复位，MAX810 专用复位电路复位，WDT 复位。

外部 RST 引脚复位就是从外部向 RST 引脚施加一定宽度的复位脉冲，从而实现单片机的复位。RST 引脚在出厂时被配置为 I/O 口，若要将其配置为复位引脚，可在 ISP 下载程序时设置。如果 RST 引脚已在 ISP 下载程序时被设置为复位引脚，那 RST 引脚就是芯片复位的输入引脚。将 RST 复位引脚的电平拉高并至少维持 24 个时钟加 20μs 后，单片机会进入复位状态，在将 RST 复位引脚拉回低电平后，单片机结束复位状态并从用户程序区的 0000H 处开始正常工作。

STC15F2K60S2 系列单片机增加了 IAP_CONTR 特殊功能寄存器，能实现软件复位功能。用户只需要简单地控制 IAP_CONTR 特殊功能寄存器中的两位（SWBS 和 SWRST）就可以实现系统复位。其中 SWBS 为 0 表示用户应用程序区，为 1 表示 ISP 监控程序区；SWRST 为 1 表示软件系统复位，为 0 表示硬件自动复位。

（3）STC15F2K60S2 系列单片机的最小系统。

单片机的最小系统应该具备电源电路、时钟电路和复位电路 3 个基本部分。我们可以采用 STC15F2K60S2 单片机内部的时钟电路和软件复位电路，这样若要构成单片机的最小系统只需要再加上电源即可，如图 11.10 所示。将采用 DIPD 封装的 STC15F2K60S2 的 VCC 引脚接+5V 电源，VCC 和 GND 之间连接一个 10μF 的低频滤波电容和一个 0.1μF 的高频滤波电容，再加上单片机内部的时钟电路和软件复位电路就可构成单片机的最小系统。

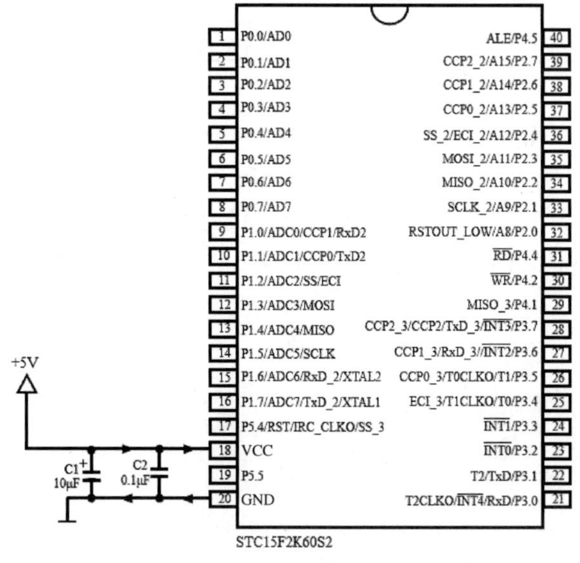

图 11.10　STC15F2K60S2 系列单片机的最小系统

注意：STC15F2K60S2 单片机最小系统的设计非常简单，但千万不要忘记在软件系统中设置时钟和复位程序。

任务操作

11.1.3 用 STC15F2K60S2 系列单片机控制流水灯的设计方法

1．任务要求

设计一个用 STC15F2K60S2 控制流水灯的电路，用单片机的 P1.6 口、P1.7 口、P4.6 口和 P4.7 口各连接一个 LED，使 4 个 LED 轮流点亮实现流水灯效果。

2．任务分析

根据任务要求，设计单片机控制电路，加上+5V 电源，P1.6 口、P1.7 口、P4.6 口和 P4.7 口各连接一个 LED，并用 3.3kΩ 的电阻限流，端口为低电平时点亮 LED。

3．任务设计

（1）元器件的选择。

根据任务的要求和分析，采用 STC15F2K60S2 单片机，再加上电源就可构成单片机的最小系统，因此加上 C1（47μF）和 C2（0.1μF）这两个电源滤波电容，再加入 4 个 LED 和 4 个 3.3kΩ 的限流电阻便可完成设计，所用元器件清单如表 11.9 所示。

表 11.9　单片机最小系统设计元器件清单

元器件名称	数量/个
STC15F2K60S2（LQFP44）	1
0.1μF 瓷片电容	1
47μF 电解电容	1
LED	4
3.3kΩ 电阻	4

（2）硬件电路设计。

根据前面的分析，用单片机控制流水灯的硬件电路原理图如图 11.11 所示，将 STC15F2K60S2 的 VCC 引脚接+5V 电源，VCC 引脚和 GND 引脚之间连接一个 47μF 的低频滤波电容和一个 0.1μF 的高频滤波电容，再加上单片机内部的时钟电路和复位电路就构成了单片机的最小系统。将 P1.6 口、P1.7 口、P4.6 口和 P4.7 口分别连接到 LED1～LED4 的负极，并用 3.3kΩ 的电阻限流。

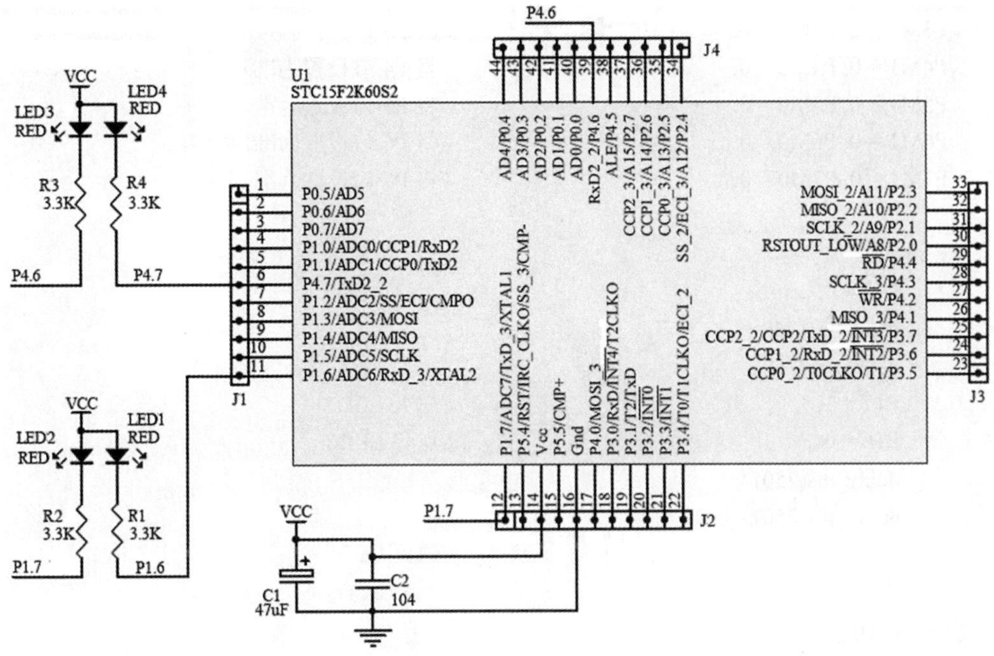

图 11.11　用单片机控制流水灯的硬件电路原理图

（3）软件程序设计。

为了让 4 个 LED 轮流点亮实现流水灯效果，需要给 P1.7 口、P1.6 口、P4.7 口和 P4.6 口轮流送低电平。程序中首先要把所有 I/O 口设置为准双向口，每个 LED 的点亮时间为 500ms，因为 void　delay_ms(u8 ms)函数最多只能延时 255ms，所以要调用该函数两次。

源程序如下。

```
//************************************************************************
#include "STC15Fxxxx.H"
#define   MAIN_Fosc   22118400L                    //定义主时钟
//************************************************************************
typedef   unsigned char u8;
typedef   unsigned int u16;
//************************************************************************
//延时 1ms 子程序（这里只支持 1～255ms）
void   delay_ms(u8 ms)
{     u16   i;
      do{   i = MAIN_Fosc / 13000;
            while(--i) ;                            //14T 1 个循环
      }while(--ms);
}
//************************************************************************
//主程序
void main(void)
{    P0M1 = 0; P0M0 = 0;                            //将 P0 口设置为准双向口
     P1M1 = 0; P1M0 = 0;                            //将 P1 口设置为准双向口
     P2M1 = 0; P2M0 = 0;                            //将 P2 口设置为准双向口
```

```
    P3M1 = 0; P3M0 = 0;                         //将 P3 口设置为准双向口
    P4M1 = 0; P4M0 = 0;                         //将 P4 口设置为准双向口
    P5M1 = 0; P5M0 = 0;                         //将 P5 口设置为准双向口
    P6M1 = 0; P6M0 = 0;                         //将 P6 口设置为准双向口
    P7M1 = 0; P7M0 = 0;                         //将 P7 口设置为准双向口

    while(1)
    {   P17 = 0;                                //点亮 LED7
        delay_ms(250);
        delay_ms(250);
        P17 = 1;                                //熄灭 LED7
        P16 = 0;                                //点亮 LED8
        delay_ms(250);
        delay_ms(250);
        P16 = 1;                                //熄灭 LED8
        P47 = 0;                                //点亮 LED9
        delay_ms(250);
        delay_ms(250);
        P47 = 1;                                //熄灭 LED9
        P46 = 0;                                //点亮 LED10
        delay_ms(250);
        delay_ms(250);
        P46 = 1;                                //熄灭 LED10
    }
}
//************************************************************************
```

（4）软件、硬件联合调试。

Proteus 软件不支持 STC 高性能 51 单片机，所以本任务只能在 STC15F2K60S2 实验板上完成。将编写好的源程序利用 Keil C51 软件编译成*.hex 文件，在 STC-ISP-15xx-V6.85H 编程软件中将*.hex 文件下载到 STC15F2K60S2 实验板（见附录 C 和附录 D）中运行即可实现 4 个 LED 轮流点亮的流水灯效果。

任务 11.2　用 STC15F2K60S2 系列单片机的定时/计数器模拟 PWM 的设计

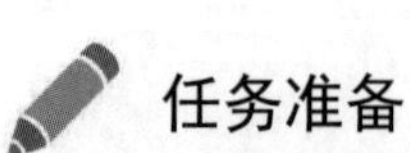

任务准备

11.2.1　STC15F2K60S2 系列单片机的中断系统、定时/计数器和串行口

在了解了 STC15F2K60S2 系列单片机的基本知识之后，我们再来深入学习其中断系统、定

时/计数器和串行口的应用。

1. STC15F2K60S2 系列单片机的中断系统

STC15F2K60S2 系列单片机提供了 14 个中断源，分别是外部中断 0（$\overline{\text{INT0}}$）、定时器/计数器 0（T0）中断、外部中断 1（$\overline{\text{INT1}}$）、定时器/计数 1（T1）中断、串行口 1 中断、A/D 转换器中断、低压检测（LVD）中断、PCA 中断、串行口 2 中断、SPI 中断、外部中断 2（$\overline{\text{INT2}}$）、外部中断 3（$\overline{\text{INT3}}$）、定时器/计数器 2（T2）中断及外部中断 4（$\overline{\text{INT4}}$）。除 $\overline{\text{INT2}}$、$\overline{\text{INT3}}$、T2 中断及 $\overline{\text{INT4}}$ 固定是最低中断优先级以外，其他中断都具有 2 个中断优先级，可实现 2 级中断服务子程序嵌套。用户可以通过关总中断允许位（EA/IE.7）或相应中断的允许位以屏蔽相应的中断请求，也可以通过打开相应的中断允许位来使 CPU 响应相应的中断请求。每个中断源可以用软件独立地控制为开中断或关中断状态。部分中断源的中断优先级可用软件设置。高中断优先级的中断可以打断低中断优先级的中断，低中断优先级的中断不可以打断高中断优先级的中断。当两个相同中断优先级的中断同时产生时，将由查询次序来决定系统先响应哪个中断。

（1）STC15F2K60S2 系列单片机中断系统的内部结构。

STC15F2K60S2 系列单片机中断系统的内部结构图如图 11.12 所示。

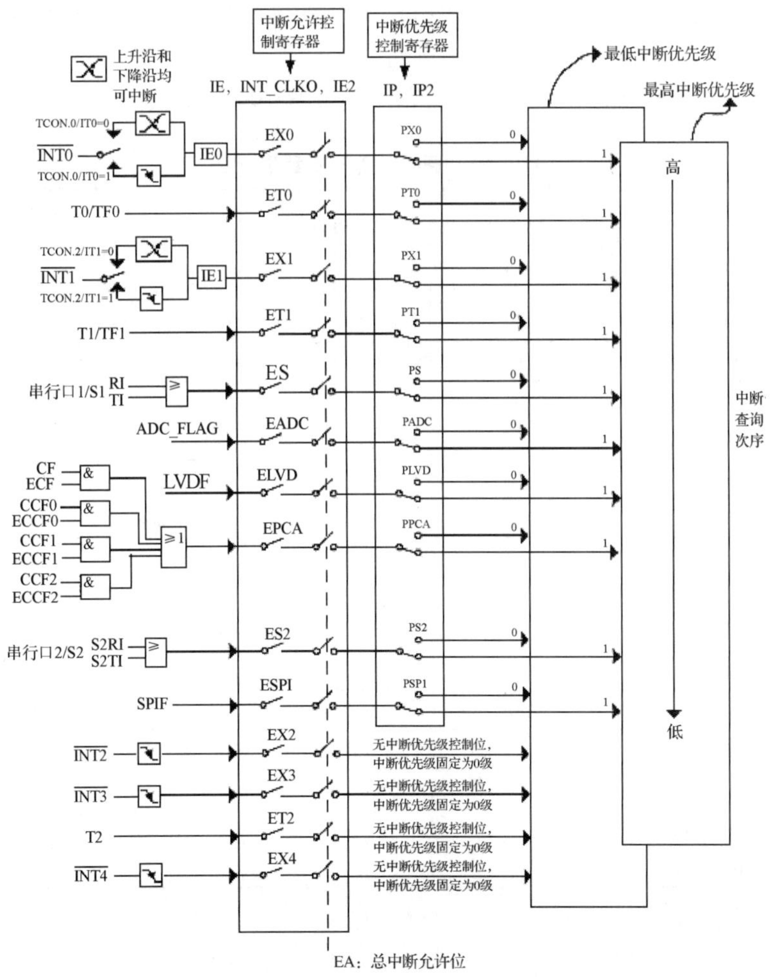

图 11.12　STC15F2K60S2 系列单片机中断系统的内部结构图

（2）STC15F2K60S2 系列单片机中断的触发。

$\overline{\mathrm{INT0}}$和$\overline{\mathrm{INT1}}$既可上升沿触发，又可下降沿触发。请求两个外部中断的标志位是位于 TCON 中的 IE0/TCON.1 和 IE1/TCON.3。当外部中断请求被响应后，中断标志位 IE0 和 IE1 会自动清 0。TCON 中的 IT0/TCON.0 和 IT1/TCON.2 决定了$\overline{\mathrm{INT0}}$和$\overline{\mathrm{INT1}}$是上升沿触发还是下降沿触发。如果 ITx = 0（x = 0,1），那么系统在$\overline{\mathrm{INT}x}$（x = 0,1）引脚探测到上升沿或下降沿后均可产生外部中断；如果 ITx = 1（x = 0,1），那么系统在$\overline{\mathrm{INT}x}$（x= 0,1）引脚探测到下降沿后才可产生外部中断。$\overline{\mathrm{INT0}}$和$\overline{\mathrm{INT1}}$还可以用于将单片机从掉电模式中唤醒。

T0 中断和 T1 中断的中断请求标志位是 TF0 和 TF1。当 THx/TLx（x = 0,1）溢出时，溢出标志位 TFx（x = 0,1）会被置位，定时/计数器中断发生。当单片机转去执行该定时/计数器中断时，定时/计数器的溢出标志位 TFx（x = 0,1）会被硬件清除。

A/D 转换器中断的中断请求标志位是 ADC_FLAG/ADC_CONTR.4。该位需要用软件清除。

LVD 中断是由 LVDF/PCON.5 请求产生的。该位也需要用软件清除。

$\overline{\mathrm{INT2}}$、$\overline{\mathrm{INT3}}$及$\overline{\mathrm{INT4}}$都只能下降沿触发。$\overline{\mathrm{INT2}}$～$\overline{\mathrm{INT4}}$的中断请求标志位被隐藏起来了，对用户不可见。当相应的中断服务子程序被执行后或当 EXn=0（n=2,3,4）时，这些中断请求标志位会自动清 0。$\overline{\mathrm{INT2}}$、$\overline{\mathrm{INT3}}$及$\overline{\mathrm{INT4}}$也可以用于将单片机从掉电模式中唤醒。

T2 中断的中断请求标志位被隐藏起来了，对用户不可见。当相应的中断服务子程序被执行后或当 ET2=0 时，该中断请求标志位会自动清 0。

各中断源请求中断的标志位和触发行为都不同，其中断情况表如表 11.10 所示。

表 11.10　各中断源的中断情况表

中断源	中断向量	相同中断优先级内的查询次序	中断优先级设置	优先级 0（最低）	优先级 1（最高）	中断请求标志位	中断允许控制位
$\overline{\mathrm{INT0}}$	0003H	（最高）	PX0	0	1	IE0	EX0/EA
T0 中断	000BH	1	PT0	0	1	TF0	ET0/EA
$\overline{\mathrm{INT1}}$	0013H	2	PX1	0	1	IE1	EX1/EA
T1 中断	001BH	3	PT1	0	1	TF1	ET1/EA
串行口 1 中断	0023B	4	PS	0	1	RI+TI	ES/EA
A/D 转换器中断	002BH	5	PADC	0	1	ADC_FLAG	EADC/EA
LVD 中断	0033H	6	PLVD	0	1	LVDF	ELVD/EA
PCA 中断	003BH	7	PPCA	0	1	CF+CCF0+CCF1+CCF2	(ECF+ECCF0+ECCF1+ECCF2+ELVD)/EA
串行口 2 中断	0043H	8	PS2	0	1	S2RI+S2TI	ES2/EA
SPI 中断	004BH	9	PSPI	0	1	SPIF	ESPI/EA
$\overline{\mathrm{INT2}}$	0053H	10	0	0			EX2/EA
$\overline{\mathrm{INT3}}$	005BH	11	0	0			EX3/EA
T2 中断	0063H	12	0	0			ET2/EA
$\overline{\mathrm{INT4}}$	0083H	16（最低）	0	0			EX4/EA

（3）STC15F2K60S2 系列单片机各中断源的中断号。

在使用 C 语言编写控制程序时，各中断查询次序号就是中断号，其分配如下。

```
void Int0_Routine(void)          interrupt 0;
```

```
void Timer0_Rountine(void)      interrupt 1;
void Int1_Routine(void)         interrupt 2;
void Timer 1_Rountine(void)     interrupt 3;
void UART 1 _Routine (void)     interrupt 4;
void ADC_Routine(void)          interrupt 5;
void LVD_Routine(void)          interrupt 6;
void PCA_Routine(void)          interrupt 7;
void UART2_Routine(void)        interrupt 8;
void SPI_Routine(void)          interrupt 9;
void Int2_Routine(void)         interrupt 10;
void Int3_Routine(void)         interrupt 11;
void Timer2_Routine(void)       interrupt 12;
void Int4_Routine(void)         interrupt 16;
```

（4）STC15F2K60S2 系列单片机的中断寄存器。

与中断相关的寄存器较多（见表 11.6），这里介绍几个重要的寄存器。

① IE：中断允许控制寄存器（可位寻址）。

B7	B6	B5	B4	B3	B2	B1	B0
EA	ELVD	EADC	ES	ET1	EX1	ET0	EX0

EA：CPU 的总中断允许位。EA=1，CPU 开放中断；EA=0，CPU 屏蔽所有的中断申请。

ELVD：低压检测中断允许位。ELVD=1，允许低压检测中断；ELVD=0，禁止低压检测中断。

EADC：A/D 转换器中断允许位。EADC=1，允许 A/D 转换器中断；EADC=0，禁止 A/D 转换器中断。

ES：串行口 1 中断允许位。ES=1，允许串行口 1 中断；ES=0，禁止串行口 1 中断。

ET1：T1 中断允许位。ET1=1，允许 T1 中断；ET1=0，禁止 T1 中断。

EX1：$\overline{\text{INT1}}$ 中断允许位。EX1=1，允许 $\overline{\text{INT1}}$ 中断；EX1=0，禁止 $\overline{\text{INT1}}$ 中断。

ET0：T0 中断允许位。ET0=1，允许 T0 中断；ET0=0，禁止 T0 中断。

EX0：$\overline{\text{INT0}}$ 中断允许位。EX0=1，允许 $\overline{\text{INT0}}$ 中断；EX0=0，禁止 $\overline{\text{INT0}}$ 中断。

② IE2：中断允许控制寄存器（不可位寻址）。

B7	B6	B5	B4	B3	B2	B1	B0
—	—	—	—	—	ET2	ESPI	ES2

ET2：T2 中断允许位。ET2=1，允许 T2 中断；ET2=0，禁止 T2 中断。

ESPI：SPI 中断允许位。ESPI=1，允许 SPI 中断；ESPI=0，禁止 SPI 中断。

ES2：串行口 2 中断允许位。ES2=1，允许串行口 2 中断；ES2=0，禁止串行口 2 中断。

③ INT_CLKO（AUXR2）：外部中断允许和时钟输出寄存器。

B7	B6	B5	B4	B3	B2	B1	B0
—	EX4	EX3	EX2	LVD_WAKE	T2CLKO	T1CLKO	T0CLKO

EX4：$\overline{\text{INT4}}$ 中断允许位。EX4=1，允许 $\overline{\text{INT4}}$ 中断；EX4=0，禁止 $\overline{\text{INT4}}$ 中断。只能下降沿触发。

EX3：$\overline{\text{INT3}}$ 中断允许位。EX3=1，允许 $\overline{\text{INT3}}$ 中断；EX3=0，禁止 $\overline{\text{INT3}}$ 中断。只能下降沿

触发。

EX2：$\overline{INT2}$中断允许位。EX2=1，允许$\overline{INT2}$中断；EX2=0，禁止$\overline{INT2}$中断。只能下降沿触发。

LVD_WAKE、T2CLKO、T1CLKO、T0CLKO 与中断无关，在此不进行介绍。

④ IP：中断优先级控制寄存器（可位寻址）。

B7	B6	B5	B4	B3	B2	B1	B0
PPCA	PLVD	PADC	PS	PT1	PX1	PT0	PX0

PPCA：PCA 中断的中断优先级控制位。

PLVD：LVD 中断的中断优先级控制位。

PADC：A/D 转换器中断的中断优先级控制位。

PS：串行口 1 中断的中断优先级控制位。

PT1/PT0：T1/T0 中断的中断优先级控制位。

PX1/PX0：$\overline{INT1}$ / $\overline{INT0}$的中断优先级控制位。

当相应位为 0 时，对应的中断源的中断优先级最低（优先级 0）；当相应位为 1 时，对应的中断源的中断优先级最高（优先级 1）。

⑤ IP2：第二中断优先级控制寄存器（不可位寻址）。

B7	B6	B5	B4	B3	B2	B1	B0
—	—	—	—	—	—	PSPI	PS2

PSPI：SPI 中断的中断优先级控制位。当 PSPI=0 时，SPI 中断的中断优先级最低（优先级 0）；当 PSPI=1 时，SPI 中断的中断优先级最高（优先级 1）。

PS2：串行口 2 中断的中断优先级控制位。当 PS2=0 时，串行口 2 中断的中断优先级最低（优先级 0）；当 PS2=1 时，串行口 2 中断的中断优先级最高（优先级 1）。

⑥ TCON：定时/计数器控制寄存器（可位寻址）。

B7	B6	B5	B4	B3	B2	B1	B0
TF1	TR1	TF0	TR0	IE1	IT1	IE0	IT0

TCON 各位的定义与 MCS-51 系列单片机的相同，在此不再累述。

⑦ SCON：串行口 1 控制寄存器（可位寻址）。

B7	B6	B5	B4	B3	B2	B1	B0
SM0/FE	SM1	SM2	REN	TB8	RB8	TI	RI

SCON 各位的定义与 MCS-51 系列单片机的相同，在此不再累述。

⑧ S2CON：串行口 2 控制寄存器（不可位寻址）。

B7	B6	B5	B4	B3	B2	B1	B0
S2SM0	—	S2SM2	S2REN	S2TB8	S2RB8	S2TI	S2RI

S2RI：串行口 2 接收中断标志位。若串行口 2 允许接收且以方式 0 工作，则每当接收到第 8 位数据时 S2RI 置 1；若串行口 2 以方式 1、方式 2 或方式 3 工作且 S2SM2=0，则每当接收到停止位的中间时 S2RI 置 1；若串行口 2 以方式 2 或方式 3 工作且 S2SM2=1，则仅当接收到第 9 位数据时 S2RB8 置 1，同时在接收到停止位的中间时 S2RI 置 1，表示串行口 2 正向 CPU 申请中断（接收中断）。S2RI 必须由用户在中断服务子程序中清 0。

S2TI：串行口 2 发送中断标志位。当串行口 2 以方式 0 工作时，每发送完 8 位数据，S2RI 由硬件置 1；当串行口 2 以方式 1、方式 2 或方式 3 工作时，在发送停止位的开始 S2TI 置 1，表示串行口 2 正在向 CPU 申请中断（发送中断）。值得注意的是，CPU 响应中断请求，转去执行中断服务子程序时并不将 S2TI 清 0，S2TI 必须由用户在中断服务子程序中清 0。

⑨ PCON：电源控制寄存器。

B7	B6	B5	B4	B3	B2	B1	B0
SMOD	SMOD0	LVDF	POF	GF1	GF0	PD	IDL

LVDF：LVD 标志位，同时也是 LVD 中断请求标志位。

⑩ ADC_CONTR：A/D 转换控制寄存器。

B7	B6	B5	B4	B3	B2	B1	B0
ADC_POWER	SPEED1	SPEED0	ADC_FLAG	ADC_START	CHS2	CHS1	CHS0

ADC_POWER：A/D 转换器电源控制位。当 ADC_POWER=0 时，关闭 A/D 转换器电源；当 ADC_PWOER=l 时，打开 A/D 转换器电源。

ADC_FLAG：A/D 转换结束标志位，可用于请求 A/D 转换的中断。当 A/D 转换完成后，ADC_FLAG=1，要用软件清 0。不管是 A/D 转换完成后由该位申请产生中断，还是由软件查询该标志位判断 A/D 转换是否结束，当 A/D 转换完成后，ADC_FLAG=1，一定要软件清 0。

ADC_START：A/D 转换启动控制位，当将该位设置为 1 时，开始 A/D 转换，A/D 转换结束后该位清 0。

2. STC15F2K60S2 系列单片机的定时/计数器

STC15F2K60S2 系列单片机内部设置了 3 个 16 位定时/计数器：T0、T1 和 T2。T0、T1 和 T2 都具有计数和定时两种工作方式。对于 T0 和 T1，在其特殊功能寄存器 TMOD 中都有一个控制位 $C/\overline{T}$ 用于选择 T0 或 T1 是作为定时器还是作为计数器。对于 T2，在其辅助寄存器 AUXR 中有一个控制位 $T2\_C/\overline{T}$ 用于选择 T2 是作为定时器还是作为计数器。定时/计数器的核心部件是一个加 1 计数器，其本质是对脉冲进行计数，只是计数脉冲来源不同：如果计数脉冲来自系统时钟，则为定时方式，此时定时/计数器每 12 个时钟或者每 1 个时钟得到一个计数脉冲，计数值加 1；如果计数脉冲来自单片机外部引脚（T0 为 P3.4，T1 为 P3.5，T2 为 P3.1），则为计数方式，每来一个脉冲，计数值加 1。

当 T0、T1 及 T2 工作在定时方式时，AUXR 中的 T0xl2、Tlxl2 和 T2xl2 分别用于决定是在系统时钟/12 后还是在系统时钟/1（不分频）后让 T0、T1 和 T2 进行计数。当 T0、T1 及 T2 工作在计数方式时，对外部脉冲计数，不分频。

T0 有 4 种工作方式：工作方式 0（16 位自动重装计数初值模式），工作方式 1（16 位不可重装计数初值模式），工作方式 2（8 位自动重装计数初值模式），工作方式 3（两个 8 位定时/计数器）。T1 除工作方式 3 以外，其他工作方式与 T0 的相同，T1 在工作方式 3 时无效，停止计数。T2 的工作方式固定为方式 0。T2 可以用作定时器，也可以用作串行口的波特率发生器和可编程时钟输出器。

与定时/计数器相关的寄存器（见表 11.6）中的 TCON 和 TMOD 与之前学过的 MCS-51 系列单片机的相同，这里介绍几个不同的寄存器。

① AUXR：辅助寄存器。

B7	B6	B5	B4	B3	B2	B1	B0
T0x12	T1x12	UART_M0x6	T2R	T2_C/$\overline{T}$	T2x12	EXTRAM	S1BRS

T0x12：T0 速度控制位。该位为 0，T0 的速度是传统 8051 单片机 T0 的速度，12 分频；该位为 1，T0 的速度是传统 8051 单片机 T0 速度的 12 倍，不分频。

T1x12：T1 速度控制位。同 T0x12 的设置。如果 UART1/串行口 1 将 T1 作为波特率发生器，则由 T1x12 决定 UART1/串行口 1 是 12*T* 的还是 1*T* 的。

UART_M0x6：串行口模式 0 的速度设置位。该位为 0，串行口模式 0 的速度是传统 8051 单片机串行口的速度，12 分频；该位为 1，串行口模式 0 的速度是传统 8051 单片机串行口速度的 6 倍，2 分频。

T2R：T2 允许控制位。该位为 0，不允许 T2 运行；该位为 1，允许 T2 运行。

T2_C/$\overline{T}$：T2 用作定时器或计数器的控制位。该位为 0，T2 用作定时器（计数脉冲来自内部系统时钟）；该位为 1，T2 用作计数器（计数脉冲来自 T2/P3.1 引脚）。

T2x12：T2 速度控制位。同 T0x12 的设置。如果串行口 1 或串行口 2 将 T2 作为波特率发生器，则由 T2x12 决定串行口 1 或串行口 2 是 12*T* 的还是 1*T* 的。

EXTRAM：内部/外部 RAM 存取控制位。该位为 0，允许使用 1792B 扩展 RAM；该位为 1，禁止使用 1792B 扩展 RAM。

S1BRS：串行口 1 的波特率发生器选择位。该位为 0，选择 T1 作为串行口 1 的波特率发生器；该位为 1，选择 T2 作为串行口 1 的波特率发生器，此时 T1 得到释放，可以用作独立定时器。

② INT_CLKO（AUXR2）：外部中断允许和时钟输出寄存器。

B7	B6	B5	B4	B3	B2	B1	B0
—	EX4	EX3	EX2	LVD_WAKE	T2CLKO	T1CLKO	T0CLKO

T0CLKO：将 P3.5/T1 引脚配置为 T0 的时钟输出 T0CLKO/CLKOUT0 引脚的允许控制位。该位为 1，允许将 P3.5/T1 引脚配置为 T0 的时钟输出 T0CLKO/CLKOUT0 引脚，输出时钟频率=T0 溢出率/2；该位为 0，不允许将 P3.5/T1 引脚配置为 T0 的时钟输出 T0CLKO/CLKOUT0 引脚。

T1CLKO：将 P3.4/T0 引脚配置为 T1 的时钟输出 T1CLKO/CLKOUT1 引脚的允许控制位。同 T0CLKO 的设置。

T2CLKO：将 P3.0 引脚配置为 T2 的时钟输出 T2CLKO/CLKOUT2 引脚的允许控制位。同 T0CLKO 的设置。

EX4：$\overline{\text{INT4}}$的中断允许控制位。该位为 1，允许$\overline{\text{INT4}}$中断；该位为 0，禁止$\overline{\text{INT4}}$中断。$\overline{\text{INT4}}$只能下降沿触发。

EX3：$\overline{\text{INT3}}$的中断允许控制位。该位为 1，允许$\overline{\text{INT3}}$中断；该位为 0，禁止$\overline{\text{INT3}}$中断。$\overline{\text{INT3}}$只能下降沿触发。

EX2：$\overline{\text{INT2}}$的中断允许控制位，该位为 1，允许$\overline{\text{INT2}}$中断；该位为 0，禁止$\overline{\text{INT2}}$中断。$\overline{\text{INT2}}$只能下降沿触发。

定时/计数器共有 4 种工作方式，在使用时通常采用工作方式 0，因此我们在这里只介绍工作方式 0。

在工作方式 0 下，T0 为可自动重装计数初值的 16 位计数器，如图 11.13 所示。

当 GATE=0（TMOD.3）时，若 TR0=1，则 T0 计数。当 GATE=1 时，允许由$\overline{\text{INT0}}$控制 T0，这样可实现脉宽测量。TR0 为 TCON 内的控制位。

当 C/$\overline{T}$=0 时，多路开关连接到系统时钟的分频输出端，T0 对内部系统时钟计数，T0 工作在定时方式。当 C/$\overline{T}$=1 时，多路开关连接到外部脉冲输入引脚 P3.4/T0，T0 工作在计数方式。

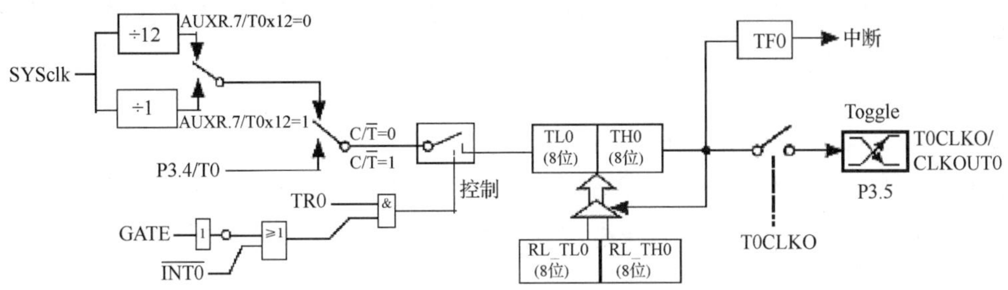

图 11.13 T0 工作方式 0 原理框图

T0 的速率由 AUXR 中的 T0xl2 决定，如果 T0xl2=0，则 T0 工作于 12*T* 模式；如果 T0xl2=l，则 T0 工作于 1*T* 模式。

T0 有 2 个隐藏的寄存器：RL_TH0 和 RL_TL0。RL_TH0 与 TH0 共用同一个地址，RL_TL0 与 TL0 共用同一个地址。当 TR0=0，即 T0 被禁止工作时，对 TL0 写入的内容会同时写入 RL_TL0，对 TH0 写入的内容也会同时写入 RL_TH0。当 TR0=1，即 T0 被允许工作时，对 TL0 写入内容实际上是写入 RL_TL0，对 TH0 写入内容实际上写入 RL_TH0。这样可以巧妙地实现 16 位自动重装计数初值的定时。读取时所读的内容就是 TH0 和 TL0 中的内容，而不是 RL_TH0 和 RL_TL0 中的内容。

当 T0 工作于方式 0（TMOD[1:0]/[M1,M0]=00B）时，[TL0,TH0]的溢出不仅会置位 TF0，而且会自动将[RL_TL0,RL_TH0]中的内容重新装入[TL0,TH0]。

当 T0CLKO/INT_CLKO.0=1 时，P3.5/T1 引脚配置为 T0 的时钟输出 T0CLKO/CLKOUT0 引脚。输出时钟频率=T0 溢出率/2。

如果 C/$\overline{T}$=0，T0 对内部系统时钟计数，则 T0 工作于 1*T* 模式（AUXR.7/T0x12=1）时的输出时钟频率=(SYSclk)/(65 536−[RL_TH0, RL_TL0])/2，T0 工作于 12*T* 模式（AUXR.7/T0x12=0）时的输出时钟频率=(SYSclk)/12/(65 536−[RL_TH0, RL_TL0])/2。

如果 C/$\overline{T}$=1，T0 对外部（P3.4/T0）输入脉冲计数，则输出时钟频率=(T0_Pin_CLK) / (65 536−[RL_TH0, RL_TL0])/2。

注意： STC15F2K60S2 系列单片机的 T0、T1 的 4 种工作方式相同，可以用作定时器也可以用作计数器，但 T2 只能用作定时器且工作方式固定为方式 0。

3．STC15F2K60S2 系列单片机的串行口

STC15F2K60S2 系列单片机具有 2 个采用 UART 工作方式的全双工串行口：串行口 1 和串行口 2。每个串行口由 2 个数据缓冲器、1 个移位寄存器、1 个串行控制寄存器和 1 个波特率发生器等组成。每个串行口的数据缓冲器由 2 个互相独立的缓冲器（接收缓冲器和发送缓冲器）构成，可以同时发送和接收数据。发送缓冲器只能写入而不能读出，接收缓冲器只能读出而不能写入，因而两个缓冲器可以共用一个地址。串行口 1 的两个缓冲器共用的地址是 99H；串行口 2 的两个缓冲器共用的地址是 9BH。串行口 1 的两个缓冲器统称串行口 1 特殊功能寄存器 SBUF；串行口 2 的两个缓冲器统称串行口 2 特殊功能寄存器 S2BUF。

STC15F2K60S2 系列单片机的工作原理与 MCS-51 系列单片机的基本一样，串行口 1 有 4

种工作方式，其中两种工作方式的波特率是可变的，另外两种工作方式的波特率是固定的，以供在不同场合选用。串行口 2 只有两种工作方式，这两种工作方式的波特率都是可变的。用户可通过软件设置不同的波特率和选择不同的工作方式。主机可通过查询方式或中断方式对接收/发送进行程序处理，使用十分灵活。

STC15F2K60S2 系列单片机还提供另一种高速串行口——SPI 接口。SPI 是一种全双工、高速、同步的通信总线，有两种操作模式：主模式和从模式。在主模式下支持高达 3Mbit/s 的速率（这是工作频率为 12MHz 时的传输速率，如果 CPU 的工作频率为 20MHz 到 36MHz，则其传输速率还可更高），还具有传输完成标志和写冲突标志保护功能。从模式下的传输速率无法太快，在 SYSclk/8 以内较好。

STC15F2K60S2 系列单片机的串行通信此处不多进行介绍，大家可在具体应用中自主学习。

任务操作

11.2.2 用单片机的定时/计数器模拟 PWM 的设计方法

1．任务要求

用 STC15F2K60S2 单片机的定时/计数器模拟高速 PWM，单片机工作频率为 24MHz，要求从单片机的 P3.5（T0CLKO）引脚高速输出占空比不断变化的 PWM 信号。PWM 可以是任意量程的，PWM 信号占空比最小为 32*T*/周期，最大为(周期−32*T*)/周期，其中 *T* 为时钟周期。

2．任务分析

根据任务要求，用 STC15F2K60S2 单片机的定时/计数器模拟高速 PWM，硬件电路只需要有单片机最小系统即可。用户可以通过修改宏来选择时钟频率，这里单片机的工作频率设置为 24MHz。

假设定义 PWM 的周期是 6000 个时钟周期，即 6000*T*，由于 *T* 是单片机工作频率的倒数，所以 PWM 的频率=1/6000*T*=24MHz/6000=4000Hz。

选用单片机的 T0 来模拟 PWM，设置 TMOD 为 0x00，T0 工作于方式 0，AUXR 设置为 0x80，T0 速度是 1*T*，不分频，设置 INT_CLKO 为 0x01，将 P3.5/T1 引脚配置为 T0 的时钟输出 T0CLKO/CLKOUT0 引脚。不断调整 PWM 的高电平时间，采用 T0 中断载入不同高电平或者低电平时间的方法在 P3.5 引脚输出不断变化的 PWM 信号波形。

3．任务设计

（1）元器件的选择。

根据任务要求和任务分析，采用 STC15F2K60S2 单片机作为 CPU，再加上单片机工作的简单外围电路即可完成设计，所用元器件清单如表 11.11 所示。

表 11.11　用 T0 模拟高速 PWM 的元器件清单

元器件名称	数量/个
STC15F2K60S2（LQFP44）	1
0.1μF 瓷片电容	1
47μF 电解电容	1

（2）硬件电路设计。

用 T0 模拟高速 PWM 的硬件电路原理图如图 11.14 所示，STC15F2K60S2 的 VCC 引脚接 +5V 电源，电源用一个 0.1μF 的瓷片电容和一个 47μF 的电解电容滤波，高速 PWM 信号从单片机的 P3. 5 引脚输出。

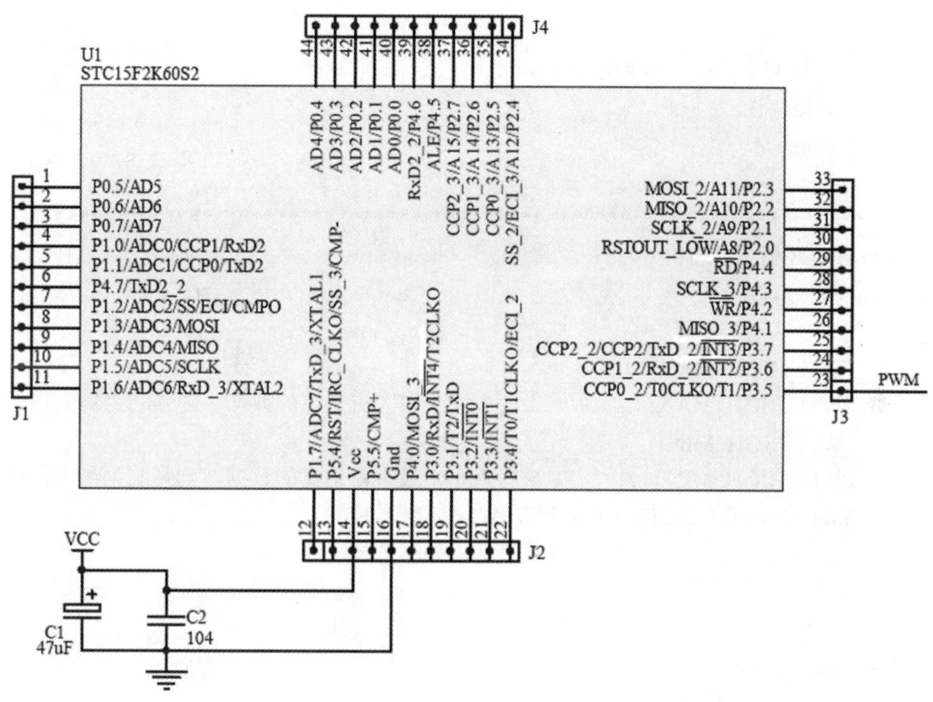

图 11.14　用 T0 模拟高速 PWM 的硬件电路原理图

（3）软件程序设计。

在将用 STC15F2K60S2 单片机的 T0 模拟高速 PWM 的电路设计好之后，需要编写控制软件。

源程序如下。

```
//*************************************************************************
#define    MAIN_Fosc    24000000UL              //定义单片机的工作频率为 24MHz
//定义 PWM 的周期为 6000T（T 为时钟周期）
//因为单片机的工作频率为 24MHz，故 PWM 的频率为 4000Hz
#define    PWM_DUTY    6000

#define PWM_HIGH_MIN    32                      //限制 PWM 的最小占空比
#define PWM_HIGH_MAX    (PWM_DUTY-PWM_HIGH_MIN)
                                                //限制 PWM 的最大占空比
//*************************************************************************
typedef    unsigned char u8;
typedef    unsigned int u16;
typedef    unsigned long u32;
//*************************************************************************
sbit P_PWM = P3^5;                              //定义 PWM 信号的输出引脚
```

```
u16 pwm;                //定义 PWM 输出高电平的时间的变量，用户操作 PWM 的变量
u16 PWM_high,PWM_low;                 //PWM 中间变量
//*********************************************************************
//延时子程序, 这里只支持 1～255ms 延时，自动适应主时钟
void   delay_ms(u8 ms)
{     u16 i;
      do{   i = MAIN_Fosc / 13000;
            while(--i) ;
      }while(--ms);
}
//*********************************************************************
//计算 PWM 重装值子程序
void   LoadPWM(u16 i)
{     u16 j;
      if(i > PWM_HIGH_MAX)
        i = PWM_HIGH_MAX;       //如果写入大于最大占空比的数据，则强制为最大占空比。
      if(i < PWM_HIGH_MIN)
        i = PWM_HIGH_MIN;       //如果写入小于最小占空比的数据，则强制为最小占空比。
      j = 65536UL - PWM_DUTY + i; //计算 PWM 低电平时间
      i = 65536UL - i;            //计算 PWM 高电平时间
      EA = 0;
      PWM_high = i;               //装载 PWM 高电平时间
      PWM_low   = j;              //装载 PWM 低电平时间
      EA = 1;
}
//*********************************************************************
//主程序
void main(void)
{     P0M1 = 0; P0M0 = 0;         //设置 P0 口为准双向口
      P1M1 = 0; P1M0 = 0;         //设置 P1 口为准双向口
      P2M1 = 0; P2M0 = 0;         //设置 P2 口为准双向口
      P3M1 = 0; P3M0 = 0;         //设置 P3 口为准双向口
      P4M1 = 0; P4M0 = 0;         //设置 P4 口为准双向口
      P5M1 = 0; P5M0 = 0;         //设置 P5 口为准双向口
      P6M1 = 0; P6M0 = 0;         //设置 P6 口为准双向口
      P7M1 = 0; P7M0 = 0;         //设置 P7 口为准双向口

      P_PWM = 0;
      P3M1 &= ~(1 << 5);          //P3.5 设置为 PWM 输出
      P3M0 |=   (1 << 5);

      TR0 = 0;                    //停止计数
      ET0 = 1;                    //允许中断
      PT0 = 1;                    //高中断优先级
      TMOD = 0x00;                //T0 为工作模式 0，定时
```

```
    AUXR |=   0x80;                    //1T，不分频
    INT_CLKO |=   0x01;                //P3.5 引脚输出时钟

    TH0 = 0;
    TL0 = 0;
    TR0 = 1;                           //T0 开始计数
    EA = 1;
    pwm = PWM_DUTY / 10;               //给 PWM 一个初值，这里占空比为 10%
    LoadPWM(pwm);                      //计算 PWM 重装值

    while (1)
    {   while(pwm < (PWM_HIGH_MAX-8))
        {   pwm += 8;                  //PWM 逐渐加到最大
            LoadPWM(pwm);
            delay_ms(8);
        }
        while(pwm > (PWM_HIGH_MIN+8))
        {   pwm -= 8;                  //PWM 逐渐减到最小
            LoadPWM(pwm);
            delay_ms(8);
        }
    }
}
//**************************************************************************
//T0 中断子程序
void timer0_int (void) interrupt 1
{   if(P_PWM)
    {   TH0 = (u8)(PWM_low >> 8);            //如果输出高电平，则装载低电平时间
        TL0 = (u8)PWM_low;
    }
    else
    {   TH0 = (u8)(PWM_high >> 8);           //如果输出低电平，则装载高电平时间
        TL0 = (u8)PWM_high;
    }
}
//**************************************************************************
```

本设计的软件程序包含 4 个功能模块。

① 主程序。

② 延时子程序。

③ 计算 PWM 重装值子程序。

④ T0 中断子程序。

程序一开始将单片机的工作频率设置为 24MHz，定义 PWM_DUTY 为 PWM 的周期并将其设置为 6000*T*，所以确定 PWM 的频率为 4000Hz。规定 PWM 的最小占空比为 32*T*/周期，最大占空比为(6000*T*−32*T*)/周期。在主程序中给 PWM 的高电平时间变量 pwm 一个初值 600，

LoadPWM(pwm)函数将这时的高电平时间装入 PWM_high 变量，低电平时间装入 PWM_low 变量，并开启 T0 中断。在 T0 中断子程序中完成的任务是，如果当前 PWM 处于高电平，就将后面的 PWM_low 时间装入 T0 初值；如果当前 PWM 处于低电平，就将后面的 PWM_high 时间装入 T0 初值，这样就确定了 PWM 每个周期的高、低电平时间。在主程序中判断 pwm 的大小，如果 pwm < (PWM_HIGH_MAX-8)，就加 8 逐渐增大到最大，如果 pwm > (PWM_HIGH_MIN+8)，就减 8 逐渐减小到最小，这样不断改变 PWM 的高、低电平值，让从 P3.5 引脚输出的 PWM 信号在最小占空比 32*T*/周期和最大占空比(6000*T*−32*T*)/周期之间变化。

4 个功能模块相互配合完成了用 STC15F2K60S2 单片机的 T0 模拟 PWM 后从 P3.5 引脚输出不同占空比的 PWM 信号的功能。

（4）软件、硬件联合调试。

把编写好的源程序用 Keil C51 软件编译成*.hex 文件，在 STC-ISP 编程软件中将*.hex 文件下载到 STC15F2K60S2 实验板（见附录 C 和附录 D）中即可用示波器从单片机的 P3.5 引脚测量到 PWM 信号。

任务 11.3　单片机电源电压测量系统的设计

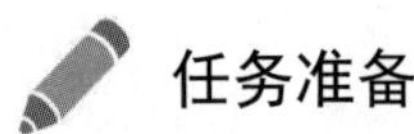

任务准备

11.3.1　STC15F2K60S2 系列单片机的 A/D 转换器和 PCA 模块

STC15F2K60S2 系列单片机有 8 路 A/D 转换器和 3 个可编程计数器阵列（PCA）模块，下面分别介绍它们的工作原理和应用方法。

1．STC15F2K60S2 系列单片机的 A/D 转换器

（1）STC15F2K60S2 系列单片机 A/D 转换器的工作原理。

STC15F2K60S2 系列单片机 A/D 转换器的结构图如图 11.15 所示。STC15F2K60S2 系列单片机的 A/D 转换器由多路模拟量输入通道选择开关、比较器、逐次逼近寄存器、10 位 D/A 转换器、A/D 转换结果寄存器（ADC_RES 和 ADC_RESL）及 A/D 转换控制寄存器（ADC_CONTR）构成。

STC15F2K60S2 系列单片机的 A/D 转换器是逐次逼近式 A/D 转换器。逐次逼近式 A/D 转换器主要由一个比较器和一个 D/A 转换器构成，通过逐次比较逻辑，从最高位（MSB）开始，顺序地对每个输入电压值与内置 D/A 转换器输出值进行比较，经过多次比较，使转换所得的数字量逐次逼近输入模拟量对应值。逐次逼近式 A/D 转换器具有转换速度快、功耗低等优点。

从图 11.15 中可以看出，可以控制多路模拟量输入通道选择开关，将通过 ADC0～ADC7 输入的模拟量送至比较器。将用 D/A 转换器转换得到的模拟量与输入的模拟量通过比较器进行比较，将比较结果保存到逐次逼近寄存器中，并通过逐次逼近寄存器输出转换结果。A/D 转换结束后，最终的转换结果保存到 ADC_RES 和 ADC_RESL 中，同时，置位 ADC_CONTR 中的 A/D 转换结束标志位 ADC_FLAG，以供程序查询或发出中断申请。模拟输入信号通道的选择

由 ADC_CONTR 中的 CHS2～CHS0 控制。A/D 转换速度由 ADC_CONTR 中的 SPEED1 和 SPEED0 控制。在使用 A/D 转换器之前，应先给 A/D 转换器上电，也就是置位 ADC_CONTR 中的 ADC_POWER。

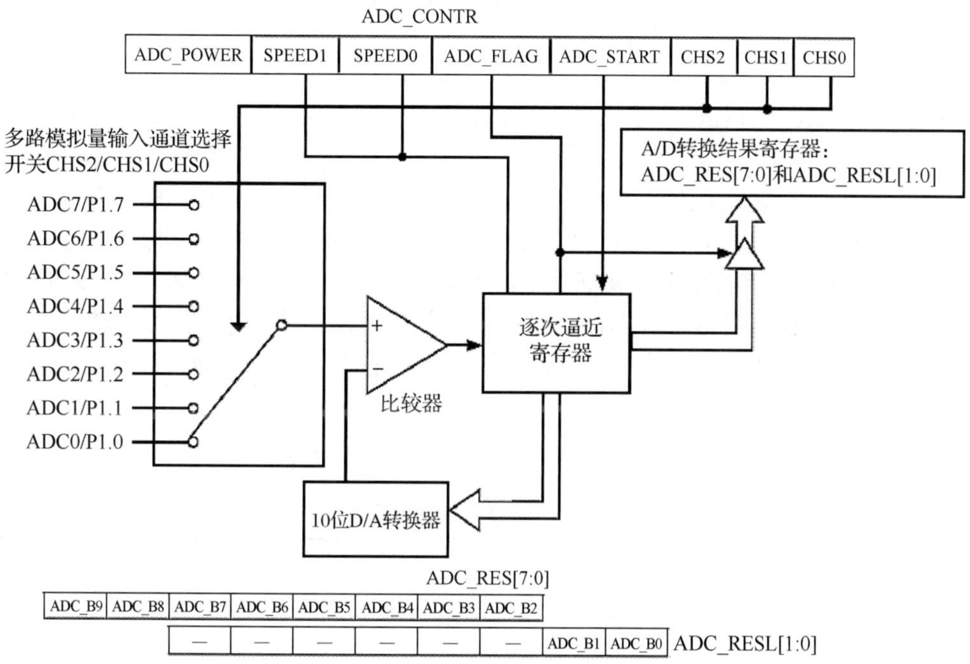

图 11.15　STC15F2K60S2 单片机 A/D 转换器的结构图

如果取完整的 10 位结果，则按下面公式计算：

$$(ADC\_RES[7:0],ADC\_RESL[1:0]) = 1024\times Vin/VCC$$

如果只取高 8 位结果，则按下面公式计算：

$$(ADC\_RES[7:0])= 256\times Vin/VCC$$

式中，Vin 为模拟输入电压；VCC 为单片机实际工作电压，用单片机工作电压作为模拟参考电压。

（2）与 STC15F2K60S2 系列单片机 A/D 转换器相关的寄存器。

与 STC15F2K60S2 系列单片机 A/D 转换相关的寄存器列于表 11.6 中，下面介绍其中几个重要的寄存器。

① P1 口模拟功能控制寄存器 P1ASF。

STC15F2K60S2 系列单片机的 A/D 转换口为 P1 口，有 8 路 10 位高速 A/D 转换通道，转换速度可达 30 万次/s。8 路电压输入型 A/D 转换器可用于温度检测、电池电压检测、按键扫描、频谱检测等。单片机上电复位后 P1 口为弱上拉型 I/O 口，用户可以通过软件设置将 8 路中的任意一路用于进行 A/D 转换，不需要用于进行 A/D 转换的 P1 口可继续作为 I/O 口使用（建议只作为输入口）。

P1ASF 不能位寻址，其格式如下：

B7	B6	B5	B4	B3	B2	Bl	B0
P17ASF	P16ASF	P15ASF	P14ASF	P13ASF	P12ASF	P11ASF	P10ASF

只要将用于进行 A/D 转换的 P1 口的 P1ASF 中相应位置 1，就可将其设置为模拟 A/D 转换功

能口。

② A/D 转换控制寄存器 ADC_CONTR。

ADC_CONTR 的格式如下：

B7	B6	B5	B4	B3	B2	B1	B0
ADC_POWER	SPEED1	SPEED0	ADC_FLAG	ADC_START	CHS2	CHS1	CHS0

对 ADC_CONTR 进行操作，建议直接用赋值语句，不要用“与”和“或”语句。

ADC_POWER：A/D 转换器电源控制位。该位为 0，关闭 A/D 转换器电源；该位为 1，打开 A/D 转换器电源。建议在进入空闲模式和掉电模式前，将 A/D 转换器电源关闭，即使 ADC_POWER =0，以降低功耗。在启动 A/D 转换前一定要确认 A/D 转换器电源已打开，在 A/D 转换结束后关闭 A/D 转换器电源可降低功耗，也可不关闭。初次打开内部 A/D 转换器电源，须适当延时，等电源稳定后再启动 A/D 转换。建议在启动 A/D 转换之后，A/D 转换结束之前，不改变任何 I/O 口的状态，这样有利于实现高精度的 A/D 转换，如果能将定时/计数器、串行口、中断系统关闭更好。

SPEED1、SPEED0：A/D 转换速度控制位。A/D 转换速度设置如表 11.12 所示。

表 11.12　A/D 转换速度设置

SPEED1	SPEED0	A/D 转换所需时间
1	1	90 个时钟周期转换一次，当单片机的工作频率为 21MHz 时，A/D 转换频率约为 300kHz
1	0	180 个时钟周期转换一次
0	1	360 个时钟周期转换一次
0	0	540 个时钟周期转换一次

ADC_FLAG：A/D 转换结束标志位。当 A/D 转换结束后，ADC_FLAG= 1，该位要由软件清 0。不管是 A/D 转换结束后由该位申请中断，还是由软件查询该标志位判断 A/D 转换是否结束，当 A/D 转换完成后，ADC_FLAG = 1，一定要软件清 0。

ADC_START：A/D 转换启动控制位。当该位为 1 时，开始转换，转换结束后该位为 0。

CHS2、CHS1、CHS0：模拟量输入通道选择位。A/D 转换器的模拟量输入通道设置如表 11.13 所示。

表 11.13　A/D 转换器的模拟量输入通道设置

CHS2	CHS1	CHS0	模拟量输入通道选择
0	0	0	选择 P1.0 作为模拟量输入通道
0	0	1	选择 P1.1 作为模拟量输入通道
0	1	0	选择 P1.2 作为模拟量输入通道
0	1	1	选择 P1.3 作为模拟量输入通道
1	0	0	选择 P1.4 作为模拟量输入通道
1	0	1	选择 P1.5 作为模拟量输入通道
1	1	0	选择 P1.6 作为模拟量输入通道
1	1	1	选择 P1.7 作为模拟量输入通道

③ A/D转换结果寄存器ADC_RES、ADC_RESL。

ADC_RES 和 ADC_RESL 用于保存 A/D 转换结果，其格式如下：

名称	B7	B6	B5	B4	B3	B2	B1	B0
ADC_RES	ADC_RES9	ADC_RES8	ADC_RES7	ADC_RES6	ADC_RES5	ADC_RES4	ADC_RES3	ADC_RES2
ADC_RESL							ADC_RES1	ADC_RES0

STC15F2K60S2 系列单片机的 10 位 A/D 转换结果的高 8 位存放在 ADC_RES 中，低 2 位存放在 ADC_RESL 的低 2 位中。

（3）STC15F2K60S2 系列单片机 A/D 转换器的典型应用。

采用 STC15F2K60S2 系列单片机的 P1.7 作为 A/D 转换通道，其典型应用电路如图 11.16 所示，被转换模拟信号可以从 P1.0～P1.7 的任一通道送入。

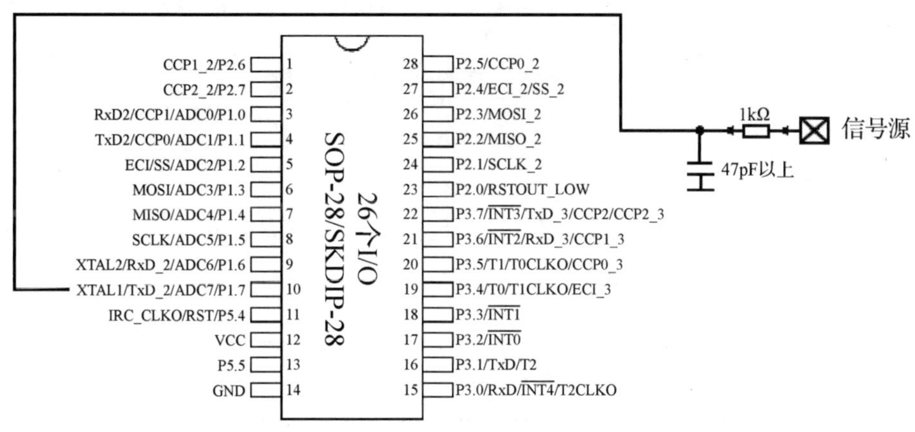

图 11.16　A/D 转换的典型应用电路

（4）STC15F2K60S2 系列单片机的 A/D 转换器用于按键扫描的电路。

可以应用 A/D 转换器来进行扫描按键，如图 11.17 所示，图 11.17 右边为按键分压电路，通过检测 P1.7 口的电压值确定哪个键被按下。

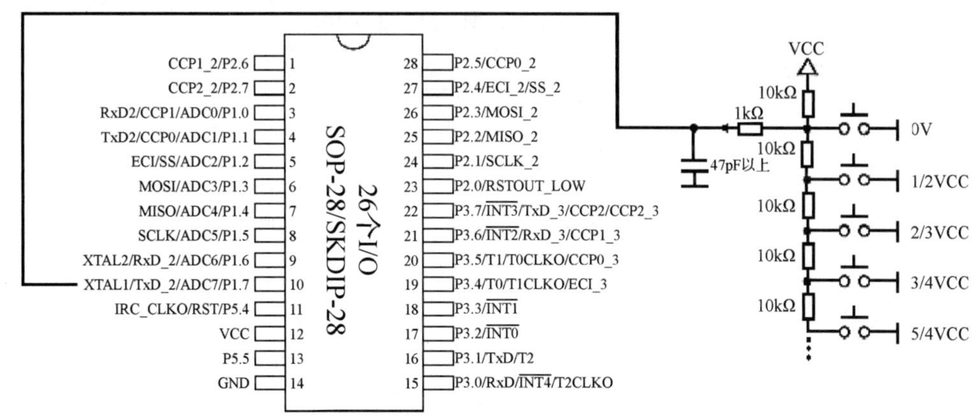

图 11.17　A/D 转换器用于按键扫描的电路

2．STC15F2K60S2 系列单片机的 PCA 模块

STC15F 系列单片机集成了 3 个 PCA 模块，可用于软件定时、外部脉冲捕捉、高速脉冲输出及脉宽调制（PWM）输出。

（1）PCA 模块的结构。

STC15F2K60S2 系列单片机集成了 3 个 PCA 模块（通过设置 AUXR1 及 P_SW2 可以将

PCA 从 P1 口切换到 P2 口或 P3 口）。

PCA 模块中含有一个特殊的 16 位 PCA 定时/计数器，有 3 个 16 位的捕获/比较模块与之相连，如图 11.18 所示。模块 0 连接到 P1.1/CCP0/PCA0/PWM0 或 P2.5/CCP0 或 P3.5/CCP0；模块 1 连接到 P1.0/CCP1/PCA1/PWM1 或 P2.6/CCP1 或 P3.6/CCP1；模块 2 连接到 P3.7/CCP2/PCA2/PWM2 或 P2.7/CCP2。每个模块可通过编程工作在 4 种模式下：外部脉冲捕获、软件定时、高速脉冲输出和 PWM 输出。

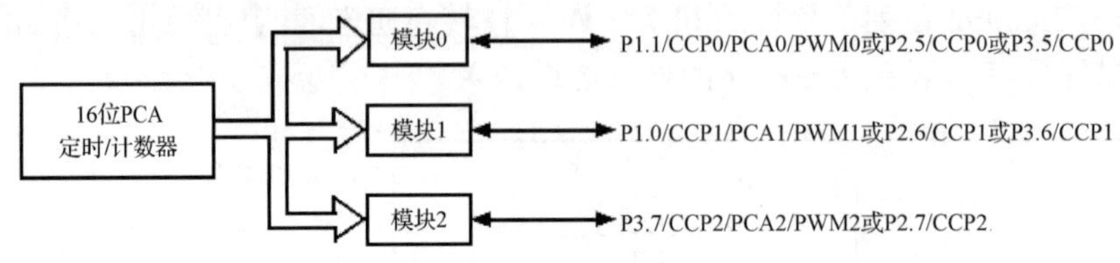

图 11.18　PCA 模块结构图

（2）与 PCA 模块应用有关的特殊功能寄存器。

与 PCA 模块应用有关的特殊功能寄存器列于表 11.6 中，下面介绍其中几个重要的寄存器。

① PCA 工作模式寄存器 CMOD。

CMOD 的格式如下：

B7	B6	B5	B4	B3	B2	B1	B0
CIDL	—	—	—	CPS2	CPS1	CPS0	ECF

CIDL：空闲模式下是否停止 PCA 计数的控制位。该位为 0，空闲模式下 PCA 继续计数；该位为 1，空闲模式下 PCA 停止计数。

CPS2、CPS1、CPS0：PCA 计数脉冲源选择控制位。PCA 计数脉冲源选择表如表 11.14 所示。

表 11.14　PCA 计数脉冲源选择表

CPS2	CPS1	CPS0	PCA 计数脉冲源
0	0	0	系统时钟，SYSclk/12
0	0	1	系统时钟，SYSclk/2
0	1	0	T0 的溢出脉冲。由于 T0 可以工作于 1*T* 模式，所以可以计数一个脉冲就产生溢出，从而达到最高频率，即 SYSclk。通过改变 T0 的溢出率，可以实现可调频率的 PWM 输出
0	1	1	ECI/P1.2（或 P4.1）引脚输入的外部时钟（最高频率= SYSclk/2）
1	0	0	系统时钟，SYSclk
1	0	1	系统时钟/4，　SYSclk/4
1	1	0	系统时钟/6，　SYSclk/6
1	1	1	系统时钟/8，　SYSclk/8

例如，CPS2 CPS1 CPS0＝1 0 0 时，PCA 计数脉冲源是 SYSclk，不用 T0，PWM 的频率为 SYSclk/256。

如果用系统时钟/3 作为 PCA 计数脉冲源，则应让 T0 工作于 1*T* 模式，计数 3 个脉冲即产生溢出。如果此时使用内部高精度 R/C 时钟作为系统时钟（在室温情况下，5V 单片机工作频率为 11MHz～15.5MHz），可以输出频率为 14kHz～19kHz 的 PWM 信号。用 T0 的溢出可对系统时钟进行 1～256 级分频。

ECF：PCA 计数溢出中断使能位。该位为 0，禁止 CCON 中 CF 的中断；该位为 1，允许 CCON 中 CF 的中断。

② PCA 控制寄存器 CCON。

CCON 的格式如下：

B7	B6	B5	B4	B3	B2	B1	B0
CF	CR	—	—	—	CCF2	CCF1	CCF0

CF：PCA 阵列溢出标志位。当 PCA 溢出时，CF 由硬件置位。如果 CMOD 中 ECF 置位，则 CF 可用来产生中断。CF 可通过硬件或软件置位，但只可通过软件清 0。

CR：PCA 阵列运行控制位。该位通过软件置位，用来启动 PCA 计数。该位通过软件清 0，用来关闭 PCA。

CCF2：PCA 模块 2 中断标志位。当出现匹配或捕获时，该位由硬件置位。该位必须通过软件清 0。

CCF1：PCA 模块 1 中断标志位。当出现匹配或捕获时，该位由硬件置位。该位必须通过软件清 0。

CCF0：PCA 模块 0 中断标志位。当出现匹配或捕获时，该位由硬件置位。该位必须通过软件清 0。

③ PCA 比较/捕获寄存器 CCAPM0、CCAPM1 和 CCAPM2。

PCA 模块 0 比较/捕获寄存器 CCAPM0 的格式如下：

B7	B6	B5	B4	B3	B2	B1	B0
—	ECOM0	CAPP0	CAPN0	MAT0	TOG0	PWM0	ECCF0

ECOM0：允许比较器功能控制位。当该位为 1 时，允许比较器功能。

CAPP0：正捕获控制位。当该位为 1 时，允许上升沿捕获。

CAPN0：负捕获控制位。当该位为 1 时，允许下降沿捕获。

MAT0：匹配控制位。当该位为 1 时，PCA 的计数值与 CCAPM0 的值的匹配将置位 CCON 中的 CCF0。

TOG0：翻转控制位。当该位为 1 时，PCA 工作在高速脉冲输出模式，PCA 的计数值与 CCAPM0 的值的匹配将使 CCP0 翻转。

PWM0：PWM 模式控制位。当该位为 1 时，允许 CCP0 用作 PWM 输出引脚。

ECCF0：CCF0 中断使能控制位。使能 CCON 中 CCF0，用来产生中断。

PCA 模块 1 比较/捕获寄存器 CCAPM1 的格式如下：

B7	B6	B5	B4	B3	B2	B1	B0
—	ECOM1	CAPP1	CAPN1	MAT1	TOG1	PWM1	ECCF1

PCA 模块 2 比较/捕获寄存器 CCAPM2 的格式如下：

B7	B6	B5	B4	B3	B2	B1	B0
—	ECOM2	CAPP2	CAPN2	MAT2	TOG2	PWM2	ECCF2

CCAPM1、CCAPM2 中各位的定义与 CCAPM0 中各位的定义相同。

④ PCA 基准定时器的低 8 位 CL 和高 8 位 CH。

CL 和 CH 地址分别为 E9H 和 F9H，复位值均为 00H，用于保存 PCA 的装载值。

⑤ PCA 捕获/比较寄存器的低位 CCAP*n*L 和高位 CCAP*n*H。

当 PCA 模块用于捕获或比较时，它们用于保存各个模块的 16 位捕捉计数值；当 PCA 模块用于 PWM 模式时，它们用来控制输出的占空比。其中，*n*=0,l,2，分别对应模块 0、模块 1 和模块 2。其复位值均为 00H。

⑥ PCA 模块 PWM 寄存器 PCA_PWM0、PCA_PWM1 和 PCA_PWM2。

PCA 模块 0 的 PWM 寄存器 PCA_PWM0 的格式如下：

B7	B6	B5	B4	B3	B2	B1	B0
EBS0_1	EBS0_0	—	—	—	—	EPC0H	EPC0L

EBS0_1、EBS0_0：PCA 模块 0 工作于 PWM 模式时的功能选择位。

EBS0_1 EBS0_0=00，PCA 模块 0 工作于 8 位 PWM 模式。

EBS0_1 EBS0_0=01，PCA 模块 0 工作于 7 位 PWM 模式。

EBS0_1 EBS0_0=10，PCA 模块 0 工作于 6 位 PWM 模式。

EBS0_1 EBS0_0=11，无效，PCA 模块 0 仍工作于 8 位 PWM 模式。

EPC0H：在 PWM 模式下，与 CCAP0H 组成 9 位数。

EPC0L：在 PWM 模式下，与 CCAP0L 组成 9 位数。

PCA_PWM1 和 PCA_PWM2 针对的是 PCA 模块 1 和模块 2，其设置和 PCA_PWM0 的设置一样。

⑦ 将单片机的 PCA/PWM 功能在 P1 口、P2 口和 P3 口之间切换的寄存器 AUXR1(P_SW1) 及 P_SW2。

辅助寄存器 AUXR1 的格式如下：

B7	B6	B5	B4	B3	B2	B1	B0
S1_S0	CCP_S0	SPI_S0	S2_S0	GF2	ADRJ	—	DPS

外设功能切换控制寄存器 P_SW2（不可位寻址）的格式如下：

B7	B6	B5	B4	B3	B2	B1	B0
S1_S1	CCP_S1	SPI_S1	—	—	—	—	—

CCP_S1、CCP_S0：选择 CCP 在 P1 口、P2 口和 P3 口之间切换。当这两位为 00 时，CCP 在 P1.2/ECI、P1.1/CCP0、P1.0/CCP1、P3.7/CCP2 之间切换；当这两位为 01 时，CCP 在 P2.4/ECI_2、P2.5/CCP0_2、P2.6/CCPl_2、P2.7/CCP2_2 之间切换；当这两位为 10 时，CCP 在 P3.4/ECI_3、P3.5/CCP0_3、P3.6/CCP1_3、P3.7/CCP2_3 之间切换；当这两位为 11 时，无效。

SPI_S1、SPI_S0：选择 SPI 在 P1 口、P2 口和 P4 之间切换。当这两位为 00 时，SPI 在 P1.2/SS、P1.3/MOSI、P1.4/MISO、P1.5/SCLK 之间切换；当这两位为 01 时，SPI 在 P2.4/SS_2、P2.3/MOSI_2、P2.2/MISO_2、P2.1/SCLK_2 之间切换；当这两位为 10 时，SPI 在 P5.4/SS_3、P4.0/MOSI_3、P4.1/MISO_3、P4.3/SCLK_3 之间切换；当这两位为 11 时，无效。

Sl_S0、S1_S1：选择串行口 1/S1 在 P1 口、P3 口之间切换。当这两位为 00 时，串行口 1/S1 在 P3.0/RxD、P3.1/TxD 之间切换；当这两位为 01 时，串行口 1/S1 在 P1.6/RxD_2/XTAL2、P1.7/TxD_2/XTALl 之间切换，串行口 1/S1 在 Pl 口时要使用内部时钟；当这两位为 10 时，串行口 1/S1 在 P3.6/RxD_3、P3.7/TxD_3 之间切换；当这两位为 11 时，无效。

ADRJ：当该位为 0 时，10 位 A/D 转换结果的高 8 位放在 ADC_RES 中，低 2 位放在 ADC_RESL 的低 2 位中；当该位为 1 时，10 位 A/D 转换结果的高 2 位放在 ADC_RES 的低 2

位中，低 8 位放在 ADC_RESL 中。

DPS：当该位为 0 时，使用数据指针 DPTR0；当该位为 1 时，使用数据指针 DPTR1。

注意：STC15F2K60S2 系列单片机中与 PCA 模块应用有关的特殊功能寄存器很多，只有掌握每个特殊功能寄存器的定义和设置方法才能正确使用相应的功能。

任务操作

11.3.2 单片机电源电压测量系统的设计方法

1．任务要求

设计一个单片机电源电压测量系统，用 STC15F2K60S2 单片机的 A/D 转换器来测量其电压，单片机的工作频率为 22.1184MHz，只要根据 A/D 转换器内部基准电压计算单片机电源电压即可。用一个 4 位共阴极 LED 数码管来显示检测到的电压值，要求电压值保留两位小数。

2．任务分析

根据任务要求，读 STC15F2K60S2 单片机 A/D 转换器内部基准电压，计算单片机电源电压，不需要增加任何硬件，只需要有单片机最小系统和 4 位共阴极 LED 数码管显示电路即可，采用单片机的 I/O 方式控制 74HC595 驱动 4 位共阴极 LED 数码管。用户可以通过修改宏来选择时钟频率，这里单片机的工作频率设置为 22.1184MHz。

选择用单片机的 A/D 转换器来测量单片机电源电压值，通过读取的 A/D 转换器内部基准电压值，利用公式 $ADC = 1024 \times Vref / Vx$ 进行计算，我们要测量的单片机电源电压值就是 Vx，所以：

$$Vx = 1024 \times Vref / ADC = 1024 \times 1.25 / ADC = 1280 / ADC$$

用 4 位共阴极 LED 数码管显示测量到的电压值，使用 T0 定时 1ms 中断的节拍进行一次显示刷新。T0 设置为工作方式 0 来产生定时 1ms 中断的节拍，AUXR 设置为 0x10，T0 速度是传统 8051 单片机 T0 速度的 12 倍，不分频，定时 1ms，所以 T0 的初值是[65 536−(22 118 400/1000)]。

3．任务设计

（1）元器件的选择。

根据任务要求和任务分析，采用 STC15F2K60S2 单片机作为 CPU，通过 74HC595 驱动 4 位共阴极 LED 数码管的段码和位码，用一个 4 位共阴极 LED 数码管显示电压值，再加上单片机的外围工作电路即可完成设计，所用元器件清单如表 11.15 所示。

表 11.15 单片机电源电压测量系统设计元器件清单

元器件名称	数量/个
STC15F2K60S2（LQFP44）	1
74HC595（SOP16）	2
0.1μF 瓷片电容	2
47μF 电解电容	1
100μF 电解电容	1
4 位共阴极 LED 数码管	1
201Ω 电阻	8

（2）硬件电路设计。

单片机电源电压测量系统的硬件电路原理图如图 11.19 所示，STC15F2K60S2 的 VCC 引脚接+5V 电源，控制 74HC595 的数据线和时钟线从单片机的 P4.0、P4.3 和 P5.4 引脚引出。我们用了两个 74HC595 分别驱动 4 位共阴极 LED 数码管的段码和位码，采用 4 位共阴极 LED 数码管显示测量到的电压值。

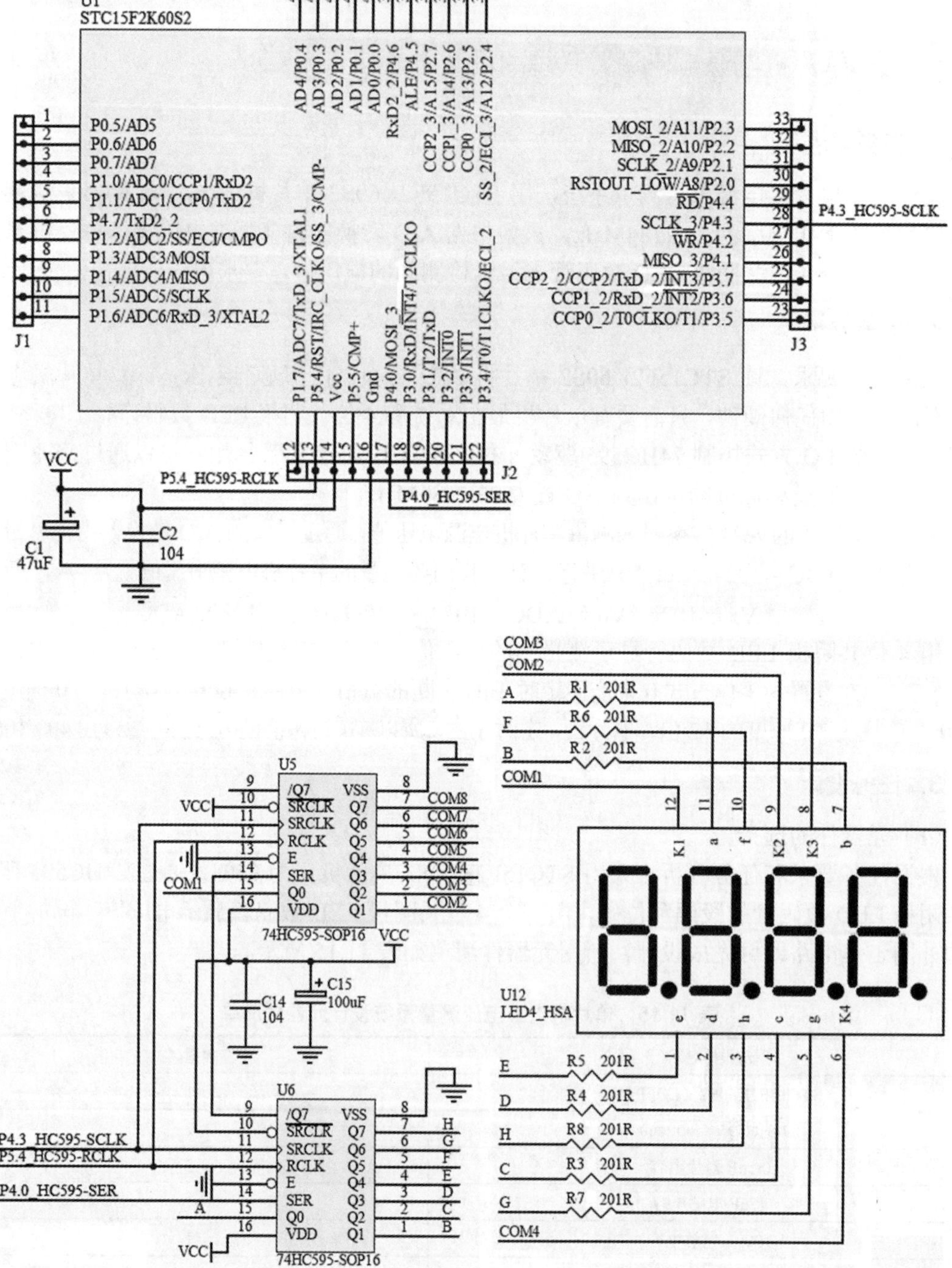

图 11.19　单片机电源电压测量系统的硬件电路原理图

（3）软件程序设计。

在将用 STC15F2K60S2 单片机的 A/D 转换器测量单片机电源电压的电路设计好之后，需要编写控制软件。

源程序如下。

```
//*************************************************************************
#include "STC15Fxxxx.H"

//用户定义宏
#define   MAIN_Fosc   22118400L          //定义单片机的工作频率为 22.1184MHz
#define   DIS_DOT   0x0A                 //在段码表中 0～9 数字与 0.～9.的间隔数
#define   Timer0_Reload   (65536UL -(MAIN_Fosc / 1000))    //T0 中断频率，1000 次/s
//*************************************************************************
typedef   unsigned char u8;
typedef   unsigned int u16;
typedef   unsigned long u32;

//*************************************************************************
/*定义 4 位共阴极 LED 数码管的段码表，包括 0   1   2   3   4   5   6   7   8   9
                                          0.  1.  2.  3.  4.  5.  6.  7.  8.  9.  */
u8 code t_display[]={ 0x3F,0x06,0x5B,0x4F,0x66,0x6D,0x7D,0x07,0x7F,0x6F,
                      0xBF,0x86,0xDB,0xCF,0xE6,0xED,0xFD,0x87,0xFF,0xEF};
//定义 4 位共阴极 LED 数码管的位码表
u8 code T_COM[]={0x01,0x02,0x04,0x08 };
//*************************************************************************
//定义 I/O 口
sbit P_HC595_SER = P4^0;              //74HC595 的引脚 14 用于 SER 数据输入
sbit P_HC595_RCLK = P5^4;             //74HC595 的引脚 12 用于 RCLK 锁存时钟
sbit P_HC595_SRCLK = P4^3;            //74HC595 的引脚 11 用于 SRCLK 数据时钟移位

//*************************************************************************
//本地变量声明
u8 LED4[4];                           //显示缓冲
u8 display_index;                     //显示位索引
bit B_1ms;                            //1ms 标志
u8 msecond;
u16 Get_ADC10bitResult(u8 channel);   //通道 0～7

//*************************************************************************
//主程序
void main(void)
{   u8 i;
    u16 j;

    P0M1 = 0; P0M0 = 0;               //设置 P0 口为准双向口
```

```
        P1M1 = 0; P1M0 = 0;                     //设置 P1 口为准双向口
        P2M1 = 0; P2M0 = 0;                     //设置 P2 口为准双向口
        P3M1 = 0; P3M0 = 0;                     //设置 P3 口为准双向口
        P4M1 = 0; P4M0 = 0;                     //设置 P4 口为准双向口
        P5M1 = 0; P5M0 = 0;                     //设置 P5 口为准双向口
        P6M1 = 0; P6M0 = 0;                     //设置 P6 口为准双向口
        P7M1 = 0; P7M0 = 0;                     //设置 P7 口为准双向口

        display_index = 0;
        P1ASF = 0;                              //对内部基准电压进行 A/D 转换
        ADC_CONTR = 0xE0;                       //90T 打开 A/D 转换器
        AUXR = 0x80;                            //T0 设置为 1T，16 位自动重装计数初值模式
        TH0 = (u8)(Timer0_Reload / 256);        //T0 初值高 8 位
        TL0 = (u8)(Timer0_Reload % 256);        //T0 初值低 8 位
        ET0 = 1;                                //允许 T0 中断
        TR0 = 1;                                //开启 T0
        EA = 1;                                 //打开总中断

        for(i=0; i<4; i++)
            LED4[i] = 0x00;                     //上电消隐

        while(1)
        {   if(B_1ms)                           //1ms 到
            {   B_1ms = 0;
                if(++msecond >= 200)            //200ms 到
                {   msecond = 0;
                    for(j=0,i=0; i<16; i++)
                        //读 A/D 转换器内部基准电压值，P1ASF=0，读通道 0
                        j += Get_ADC10bitResult(0);
                    j = (u32)128000UL*16 / j;           /*计算内部基准电压值，ADC = 1024×Vref /Vx，
故 Vx = 1024 ×Vref / ADC = 1024 × 1.25 / ADC = 1280 / ADC，保留两位小数在计算时放大了 100 倍*/
                    LED4[1] = j / 100 + DIS_DOT;        //缓存电压值的个位，加上小数点
                    LED4[2] = (j % 100) / 10;           //缓存电压值小数点后第一位数
                    LED4[3] = j % 10;                   //缓存电压值小数点后第二位数
                }
            }
        }
    }
    //****************************************************************************
    //查询法读一次 A/D 转换结果子程序
    u16 Get_ADC10bitResult(u8 channel)                           //通道 0～7
    {   ADC_RES = 0;                                             //将 ADC_RES 清 0
        ADC_RESL = 0;                                            //将 ADC_RESL 清 0
        ADC_CONTR = (ADC_CONTR & 0xE0) | 0x08 | channel;         //开始 A/D 转换
        NOP(4);
```

```
    while((ADC_CONTR & 0x10) == 0) ;                    //等待 A/D 转换结束
    ADC_CONTR &= ~0x10;                                 //清除 A/D 结束标志
    //将 ADC_RES 和 ADC_RESL 合成转换值
    return (((u16)ADC_RES << 2) | (ADC_RESL & 3));
}
//*************************************************************************
// 向 74HC595 发送 1 字节子程序
void Send_595(u8 dat)
{   u8 i;
    for(i=0; i<8; i++)
    {   dat <<= 1;
        P_HC595_SER = CY;
        P_HC595_SRCLK = 1;
        P_HC595_SRCLK = 0;
    }
}
//*************************************************************************
//显示扫描子程序
void DisplayScan(void)
{   Send_595(~T_COM[display_index]);                    //输出位码
    Send_595(t_display[LED4[display_index]]);           //输出段码
    P_HC595_RCLK = 1;
    P_HC595_RCLK = 0;                                   //锁存输出数据
    if(++display_index >=4)
        display_index = 0;                              //4 位结束回 0
}
//*************************************************************************
// T0 1ms 中断子程序
void   timer0 (void)   interrupt   1
{   DisplayScan();                                      //1ms 扫描显示一位
    B_1ms = 1;                                          //1ms 标志位
}
//*************************************************************************
```

本程序包含 5 个功能模块。

① 主程序。

② 查询法读一次 A/D 转换结果子程序。

③ 向 74HC595 发送 1 字节子程序。

④ 显示扫描子程序。

⑤ T0 1ms 中断子程序。

程序一开始将单片机的工作频率设置为 22.1184MHz，定义了 4 位共阴极 LED 数码管的段码和位码，由于段码表中数字 0～9 与加小数点的数字 0.～9.间隔 10 个位置，所以定义了一个变量 DIS_DOT=10，以便进行由 0～9 到 0.～9.的转换。将 74HC595 的数据输入定义在 P4.0 引脚，两个控制时钟分别定义在 P4.3 引脚和 P5.4 引脚，定义一个 LED4[4]数组缓存显示的电压值。由于单片机电源电压仅为+5V 左右，所以不会有十位数，将测量的电压值的个位存入 LED4[1]，小数点后第一位存入 LED4[2]，小数点后第二位存入 LED4[3]，以便显示。

在主程序中对 T0 进行初始化，并将通过 A/D 转换器测量到的电压值存入 LED4[4]数组；在查询法读一次 A/D 转换结果子程序中完成 A/D 转换结果的读取和高、低位合成；T0 1ms 中断子程序在 T0 的 1ms 中断一次时进行显示刷新；显示扫描子程序将要显示的数据和时钟送至 74HC595 的对应端口；向 74HC595 发送 1 字节在 void Send_595(u8 dat)函数中实现。

5 个功能模块相互配合即可实现根据 STC15F2K60S2 单片机的 A/D 转换器的内部基准电压计算单片机电源电压的功能。

（4）软件、硬件联合调试。

把编写好的源程序用 Keil C51 软件编译成*.hex 文件，在 STC-ISP 编程软件中将*.hex 文件下载到 STC15F2K60S2 实验板（见附录 C 和附录 D）中即可实现用 4 位共阴极 LED 数码管显示单片机电源电压值的效果。

注意：在单片机电源电压测量系统的设计中，硬件电路非常简单，但是控制软件相对复杂，尤其是采用了 STC15F2K60S2 单片机的定时/计数器、中断系统、A/D 转换器等多个功能模块，只有掌握各功能模块的工作原理和应用方法才能正确完成设计。

项目小结

本项目主要介绍 STC 高性能 51 单片机的基本应用，以 STC15F2K60S2 系列单片机为例，介绍了该系列单片机的分类、特性、型号选择、内部结构、引脚、片内存储器和特殊功能寄存器、I/O 口、时钟、复位、最小系统、中断系统、定时/计数器、串行口、A/D 转换器、PCA 模块，及其应用方法。

STC 高性能 51 单片机种类繁多，包括 STC89XX 系列、STC12XX 系列、STC15FXX 系列等，各种系列都有各自的特性和适用范围。其中 STC15F2K60S2 系列单片机有 PDIP40、LQFP44 和 PLCC44（不建议使用）3 种封装形式。

STC15F2K60S2 系列单片机内部包含 CPU、程序存储器、数据存储器、定时/计数器、I/O 口、A/D 转换器、WDT、串行口、串行口 2、PWM/PCA、SPI 串行口、内部高精度 R/C 时钟及高可靠复位模块等，几乎包含了数据采集和控制中所需的所有单元模块，称得上是一个片上系统。

STC15F2K60S2 系列单片机内部有 2048B 的数据存储器，在高 128 字节 RAM 中有 83 个特殊功能寄存器，内部集成了 8KB～62KB 的程序存储器，可在线反复编程擦写 10 万次以上。

STC15F2K60S2 系列单片机最多有 46 个 I/O 口：P0.0～P0.7，P1.0～P1.7，P2.0～P2.7，P3.0～P3.7，P4.0～P4.7，P5.0～P5.5。所有 I/O 口均可由软件配置成 4 种工作模式之一：准双向口/弱上拉（标准 8051 输出）模式、推挽输出/强上拉模式、仅为输入（高阻）模式或开漏模式。

STC15F2K60S2 系列单片机只需要加上电源电路即可构成最小系统。

STC15F2K60S2 系列单片机提供了 14 个中断源：$\overline{INT0}$、T0 中断、$\overline{INT1}$、T1 中断、串行

口 1 中断、A/D 转换器中断、LVD 中断、PCA 中断、串行口 2 中断、SPI 中断、$\overline{\text{INT2}}$、$\overline{\text{INT3}}$、T2 中断及$\overline{\text{INT4}}$，有自然中断优先级，也可以通过设置 IP 和 IP2 改变中断优先级。

STC15F2K60S2 系列单片机内部设置了 3 个 16 位定时/计数器：T0、T1 和 T2。它们都具有计数和定时两种工作方式。T0 和 T1 具有 4 种工作方式， T2 的工作方式固定为方式 0（16 位自动重装计数初值模式），可以用作定时器，也可以用作串行口的波特率发生器和可编程时钟输出器。

STC15F2K60S2 系列单片机有 8 路 A/D 转换器，在 P1.0～P1.7 口，通过对 A/D 转换相关寄存器的设置可以实现 8 位或 10 位精度的 A/D 转换。

STC15F 系列单片机集成了 3 个 PCA 模块，可用于软件定时、外部脉冲的捕捉、高速脉冲输出及 PWM 输出。

本项目中介绍了 STC15F2K60S2 系列单片机控制流水灯、用 STC15F2K60S2 单片机的定时/计数器模拟 PWM 和用 STC15F2K60S2 单片机的 A/D 转换器测量单片机电源电压的方法和过程。

知识思考与项目训练

（一）选择题

1．STC15XX 系列单片机片上集成了__________SRAM。

A）256B　　B）512B　　C）1024B　　D）2048B

2．STC15XX 系列单片机片内的 EEPROM 可擦写__________次以上。

A）5 万　　B）10 万　　C）20 万　　D）30 万

3．STC15F2K60S2 系列单片机工作频率范围是 5MHz～35MHz，相当于普通 8051 单片机的__________。

A）50MHz～350MHz　　B）50MHz～420MHz

C）60MHz～420MHz　　D）60MHz～350MHz

4．STC15F2K60S2 系列单片机内有__________个定时/计数器。

A）2　　B）4　　C）5　　D）6

5．STC15F2K60S2 系列单片机内最多有__________个 I/O 口，均可由配置寄存器配置成__________种工作方式之一。

A）46，4　　B）32，4　　C）46，2　　D）32，2

6．STC15F2K60S2 系列单片机提供了__________个中断源，其中有__________个外部中断源。

A）5，2　　B）10，5　　C）14，5　　D）16，7

7．STC15F2K60S2 系列单片机有__________路 A/D 转换器和__________个 PCA 模块。

A）8，3　　B）8，6　　C）16，3　　D）16，6

8．STC15F2K60S2 系列单片机的 A/D 转换器模拟量输入通道设置在__________口。

A）P0　　B）P1　　C）P2　　D）P3

（二）填空题

1．STC15F2K60S2 系列单片机中包含 CPU、__________、数据存储器、定时/计数器、I/O 口、__________、WDT、串行口、串行口 2、__________、 SPI 串行口、内部高精度 R/C 时钟及高可靠复位等模块。

2．STC15F2K60S2 系列单片机的最小系统外围电路只需要加上__________电路即可。

3．STC15F2K60S2 系列单片机 P1 口对应的 2 个模式配置寄存器是__________和__________。

4．STC15F2K60S2 系列单片机软件复位设置__________寄存器，采用内部高精度 R/C 时钟设置__________寄存器。

5．ADC 控制寄存器 ADC_CONTR 中 A/D 转换启动控制位是__________，A/D 转换结束标志位是__________。

（三）简答题

1．STC15F2K60S2 系列单片机的最小系统如何设计？

2．STC15F2K60S2 系列单片机提供了多少个中断源？它们分别是什么？

3．简述 STC15F2K60S2 系列单片机的定时/计数器的 4 种工作方式和特点。

4．简述 STC15F2K60S2 系列单片机内部 A/D 转换器的工作过程。

（四）项目训练

1．用 STC15F2K60S2 单片机的 T1 模拟高速 PWM，单片机的工作频率为 24MHz，要求从单片机的 P3.5（T0CLKO）引脚高速输出占空比不断变化的 PWM 信号。要求 PWM 占空比最小为 24*T*/周期，最大为(周期−24*T*)/周期，*T* 为时钟周期。

2．用 STC15F2K60S2 单片机设计一个电压测量系统，测量 P1.0 引脚上输入的可调电阻分压电压，单片机的工作频率为 22.1184MHz。用一个 4 位共阴极 LED 数码管来显示检测到的电压值，要求电压值保留两位小数。

附录 A　STC89C52 实验板实物图

图 A.1　STC89C52 实验板实物图

附录 B　STC89C52 实验板各模块的电路原理图

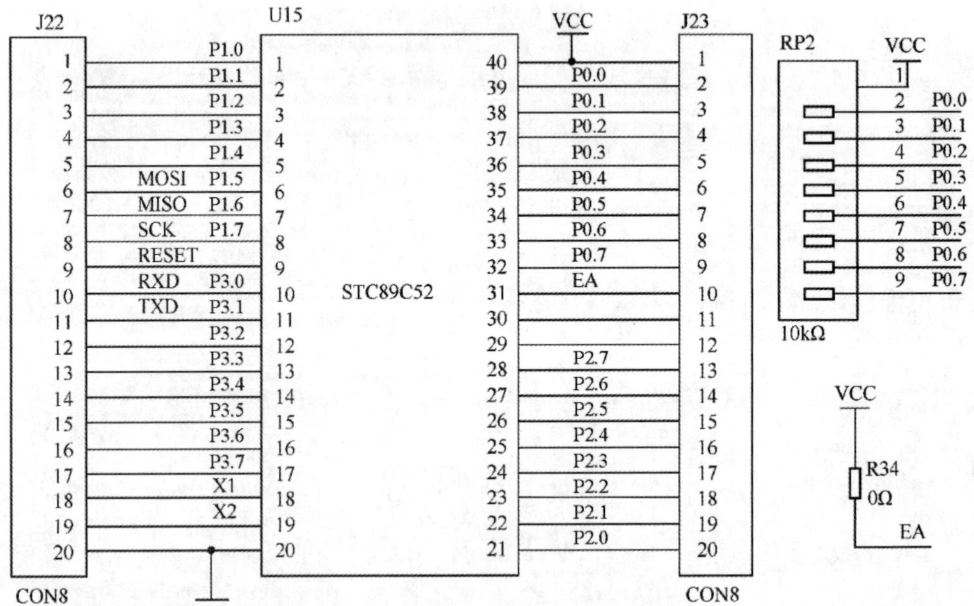

图 B.1　单片机和扩展插座电路原理图

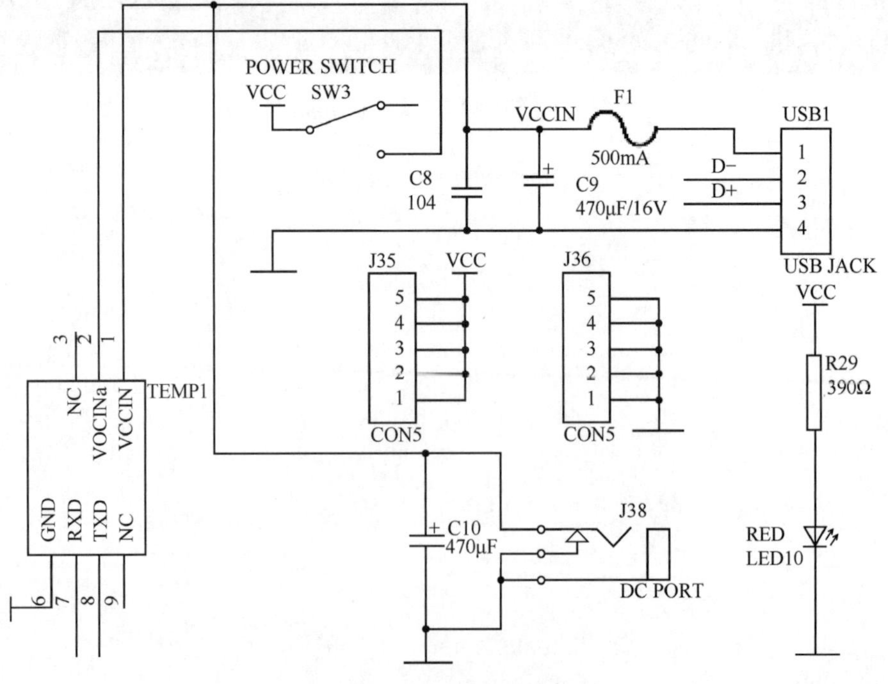

图 B.2　电源电路原理图

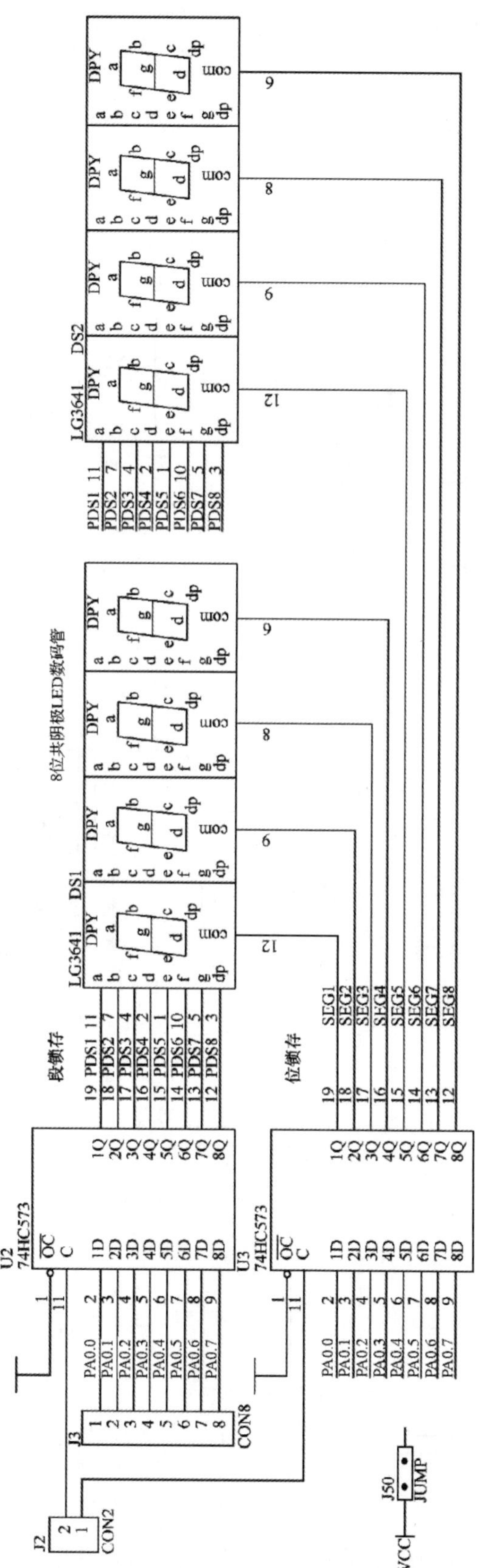

图 B.3　8 位共阴极 LED 数码管电路原理图

（74HC573 为供电跳线端子，控制数码管独立供电，连接到电源引脚）

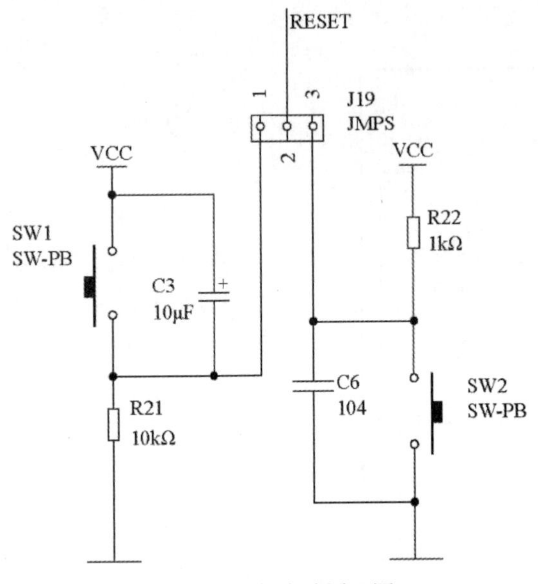

图 B.4　复位电路原理图

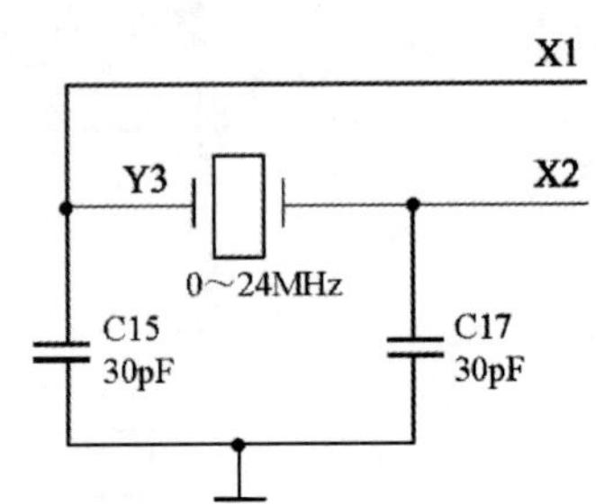

图 B.5　时钟电路原理图

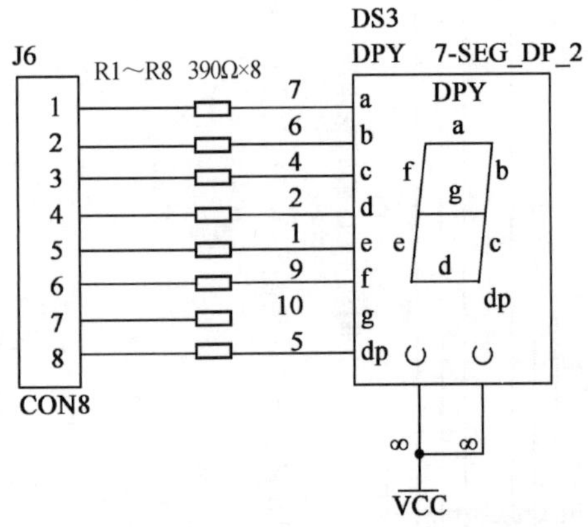

图 B.6　独立共阳极 LED 数码管电路原理图

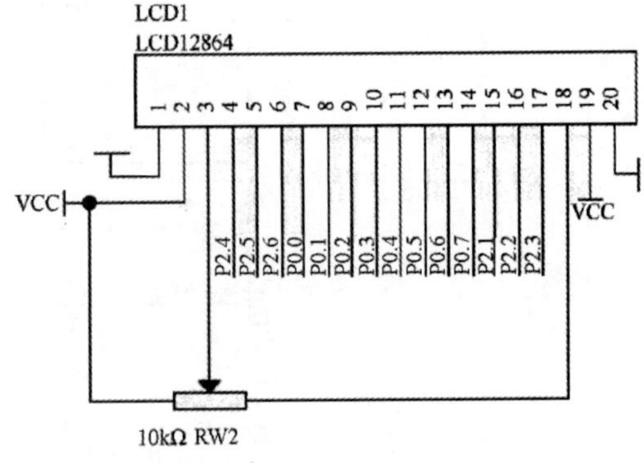

图 B.7　12864 液晶插针及对比度调节电路原理图

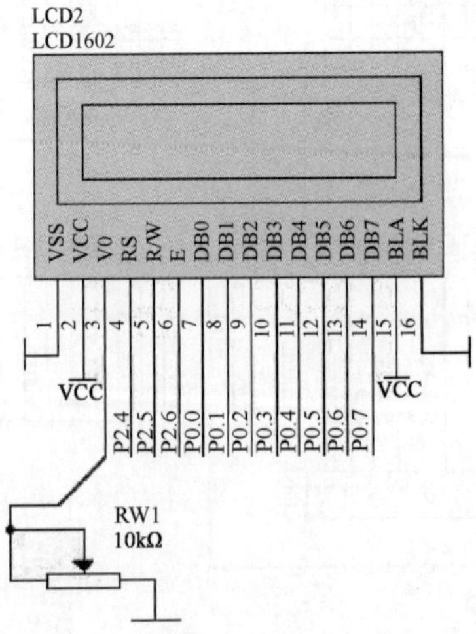

图 B.8　LCD1602 液晶插座及对比度调节电路原理图

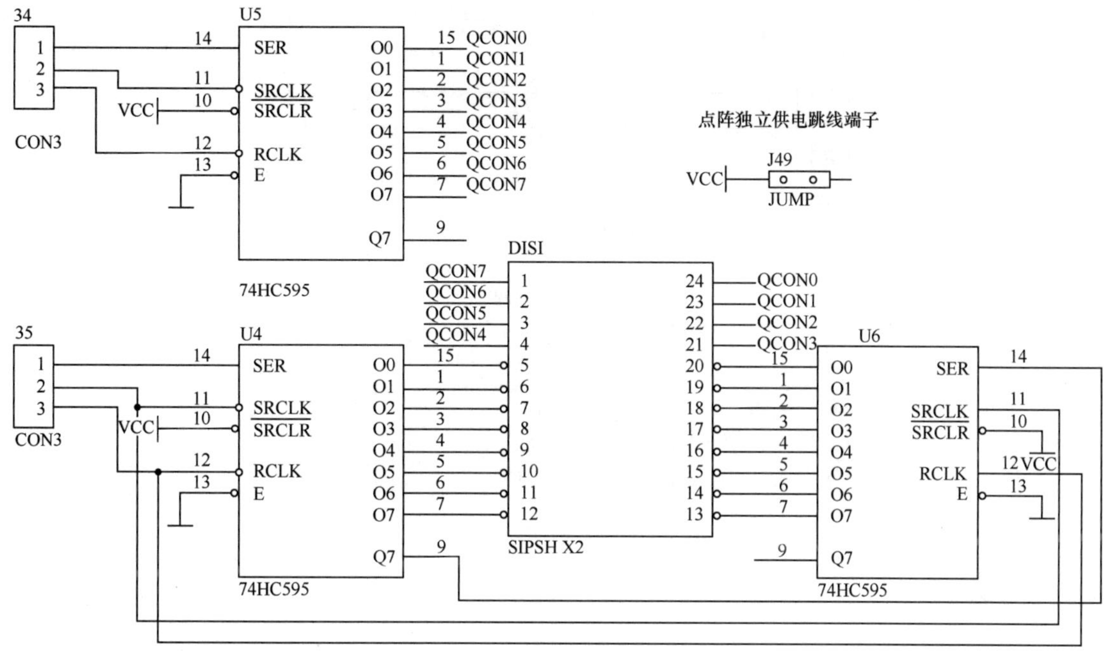

图 B.9 双色点阵电路原理图

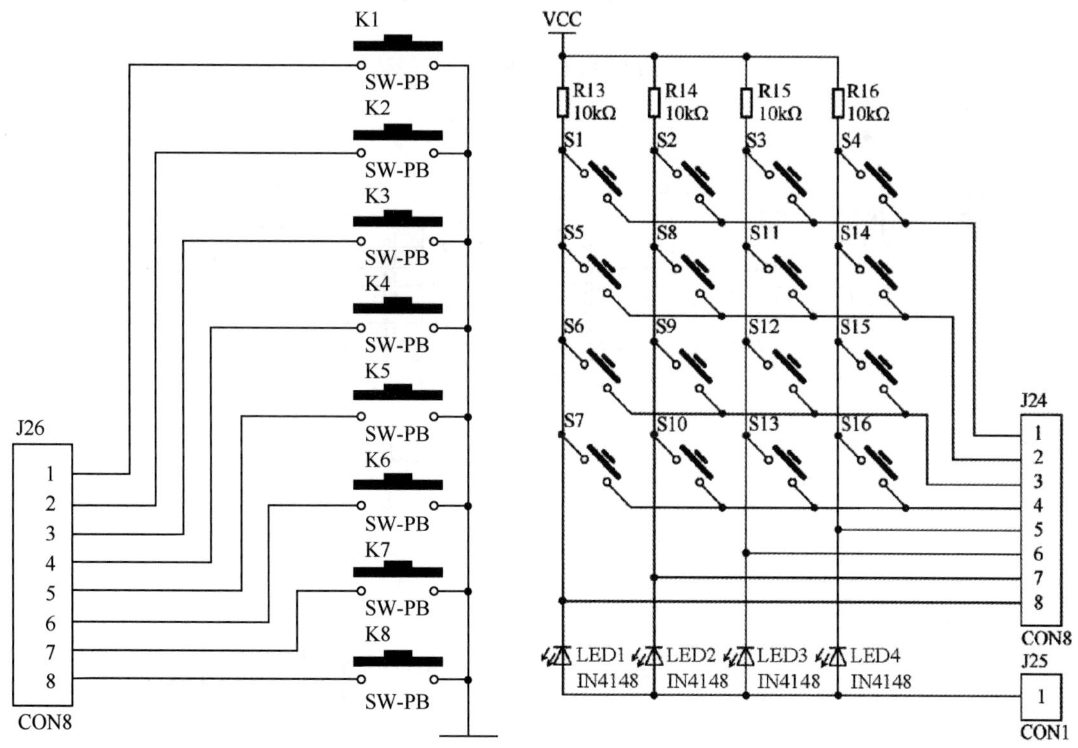

图 B.10 独立按键键盘电路原理图

图 B.11 矩阵键盘电路原理图

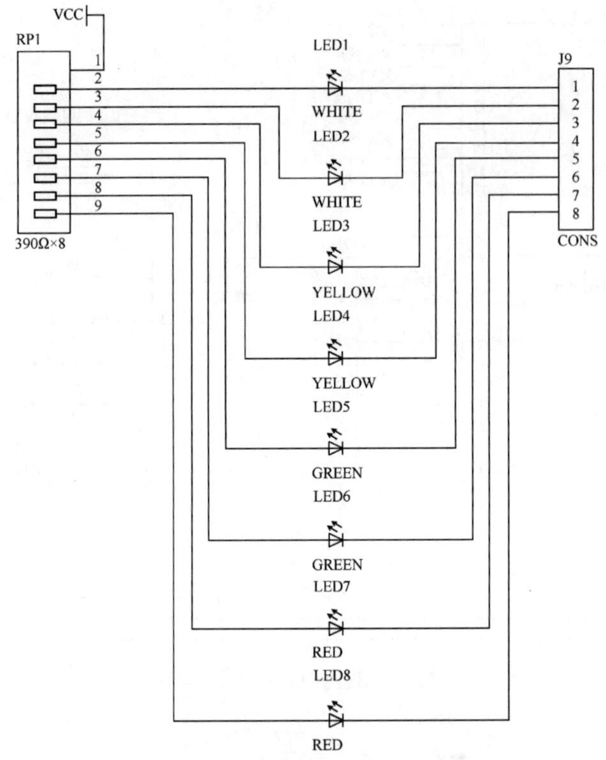

图 B.12　LED 模块电路原理图

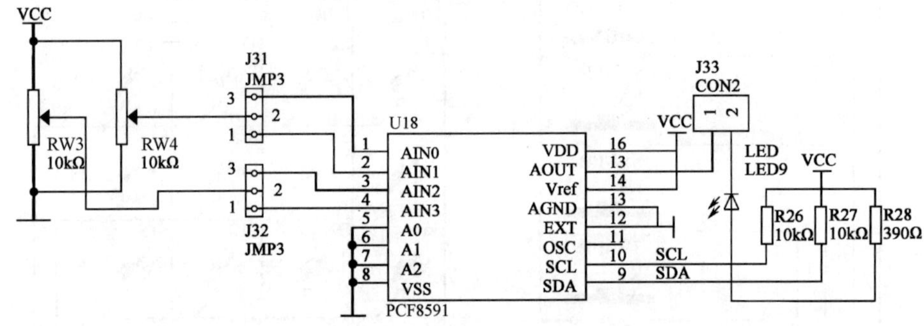

图 B.13　D/A 及 A/D 转换电路原理图

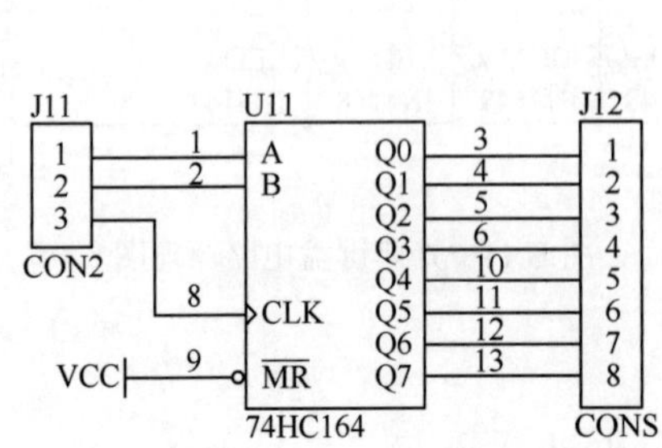

图 B.14　串行信号转并行信号电路原理图

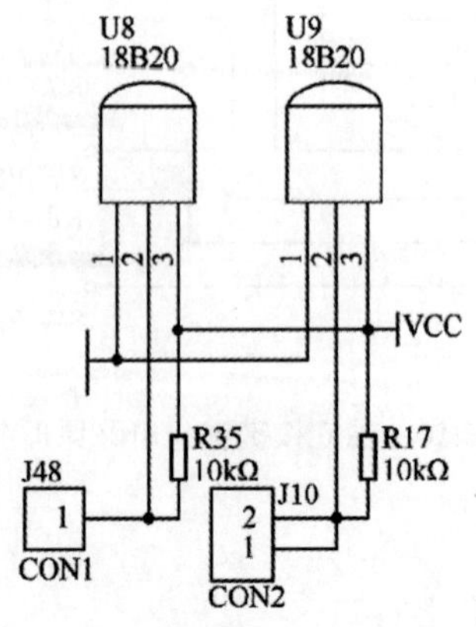

图 B.15　2 路温度传感器电路原理图

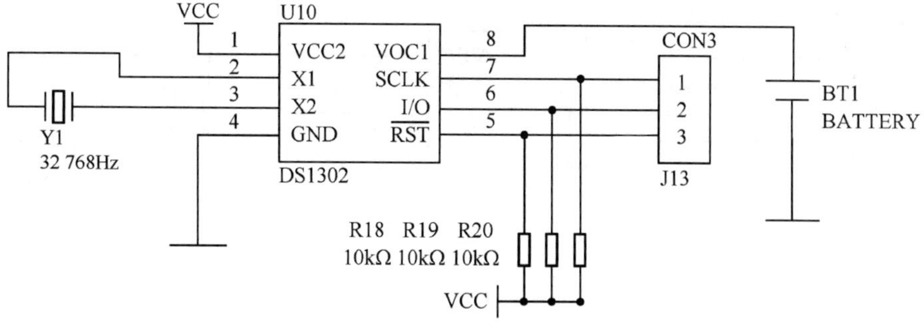

图 B.16　DS1302（备用电池）电路原理图

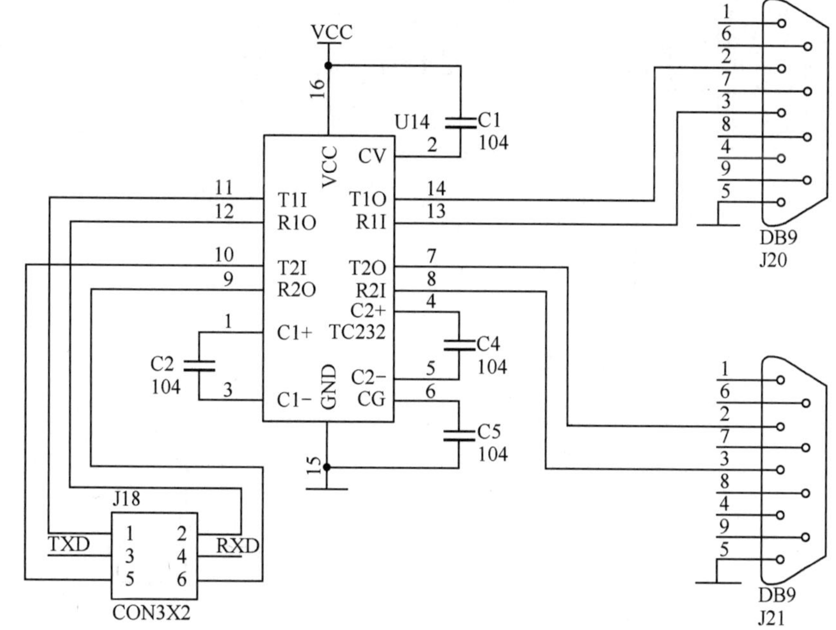

图 B.17　串行口通信电路原理图

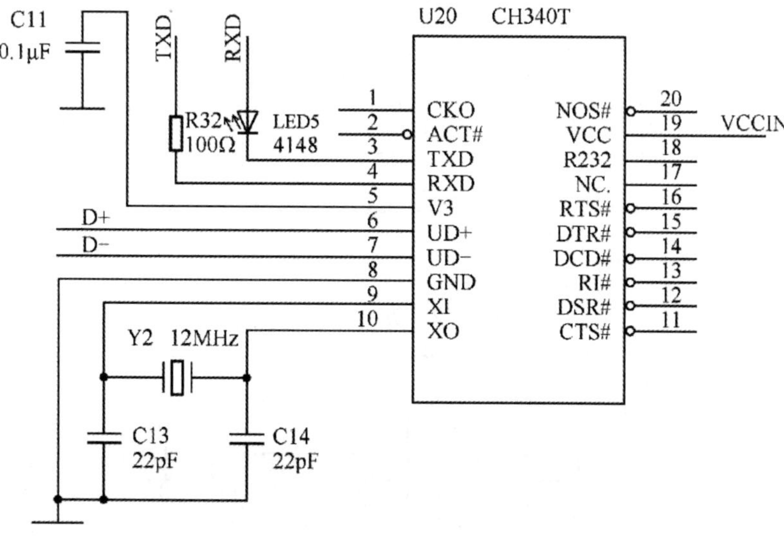

图 B.18　集成 USB 转串行口芯片电路原理图

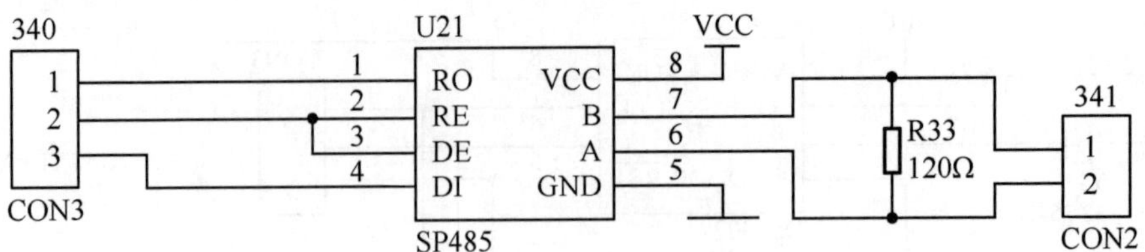

图 B.19　通信模块电路原理图

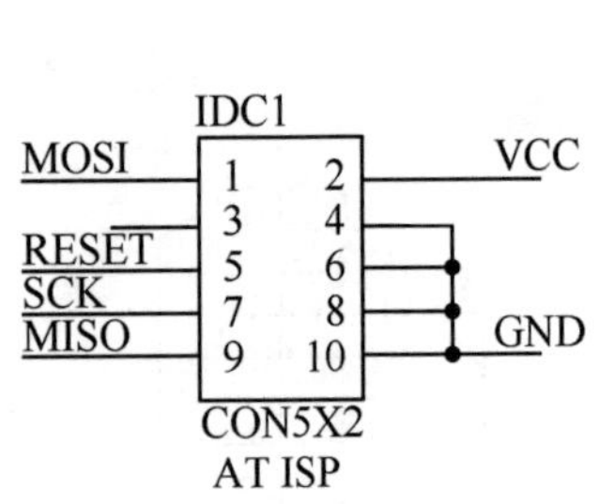

图 B.20　AT 标准下载接口电路原理图

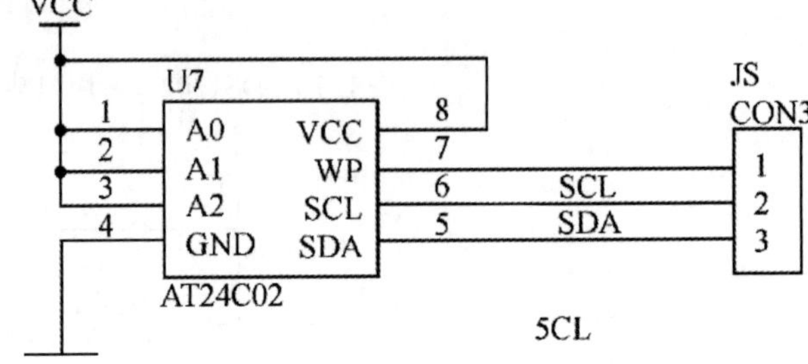

图 B.21　EEPROM 电路原理图

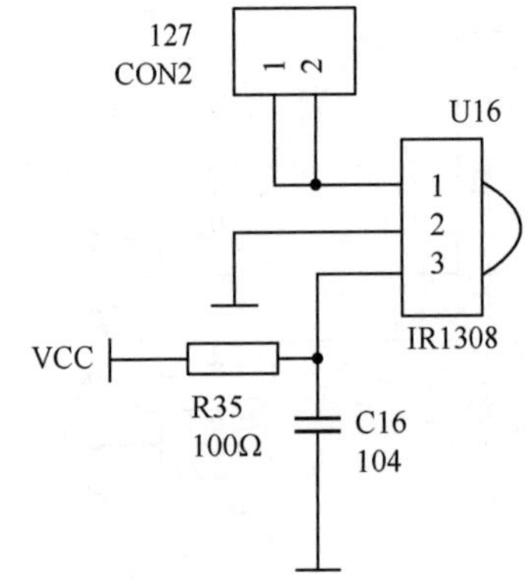

图 B.22　红外一体化接收电路原理图

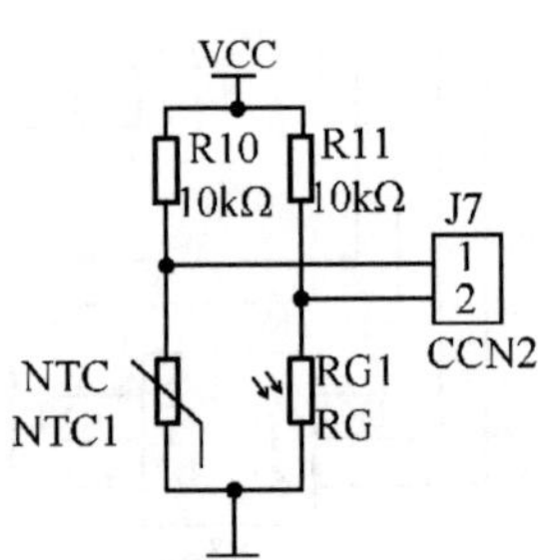

图 B.23　光敏电阻和热敏电阻连接电路原理图

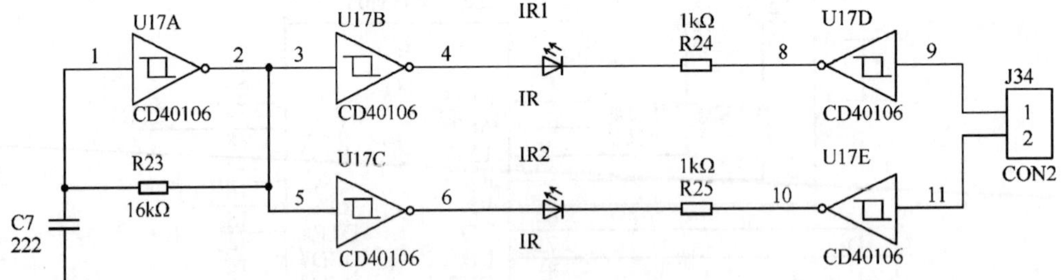

图 B.24　2 路红外发射电路原理图

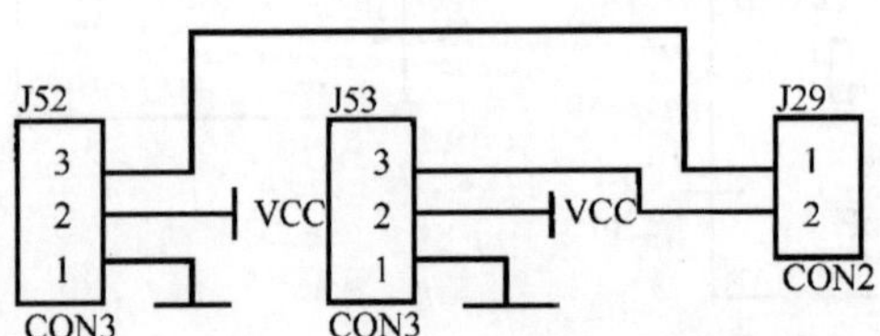

图 B.25　舵机接口电路原理图

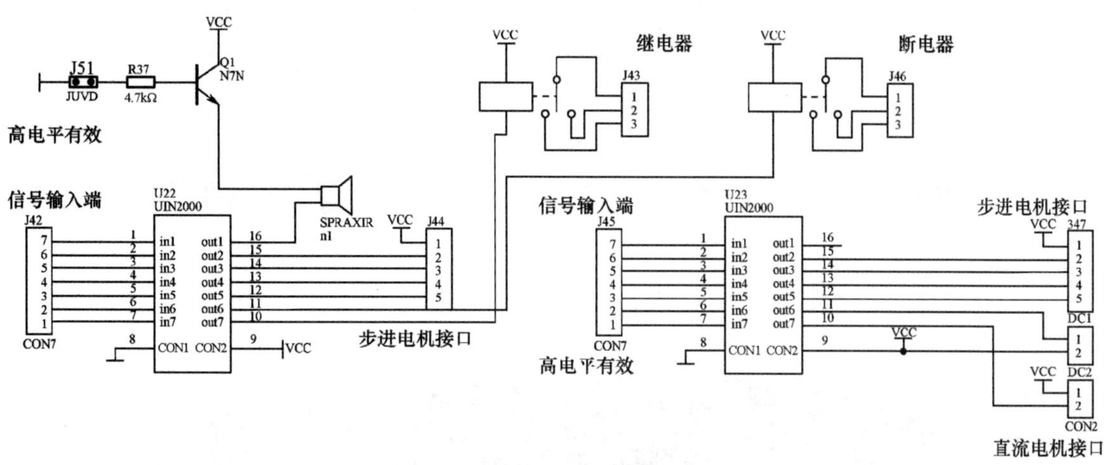

图 B.26　喇叭及电机电路原理图

电路说明：

（1）电路原理图分模块独立显示，使用网络标号表示电气连接信息。

（2）元器件标号与实验板上的标号一一对应。

（3）部分芯片没有显示出电源引脚，对应引脚直接连接到电源（VCC）或地（GND）。

（4）网络标号含义为，如果图中的两处元器件网络标号一样，如分别是 D−、D+，则表示这两处是有电气连接的。

附录 C　STC15F2K60S2 实验板实物图

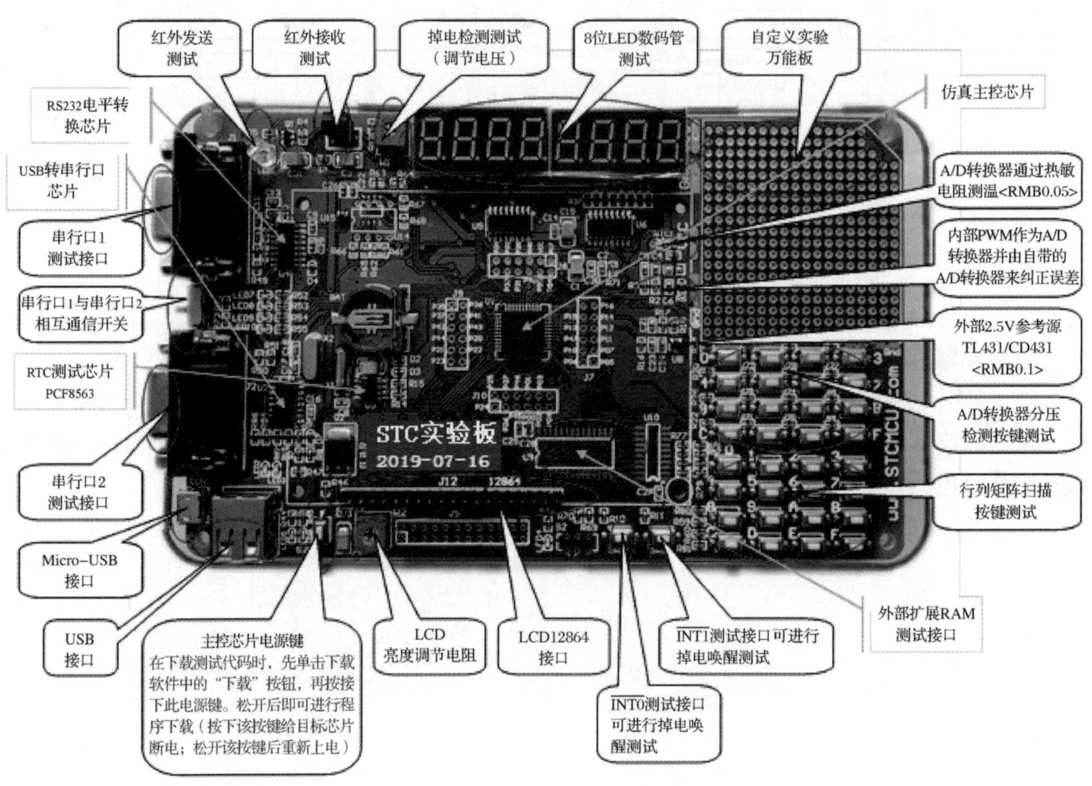

图 C.1　STC15F2K60S2 实验板实物图

附录 D　STC15F2K60S2 实验板各模块的电路原理图

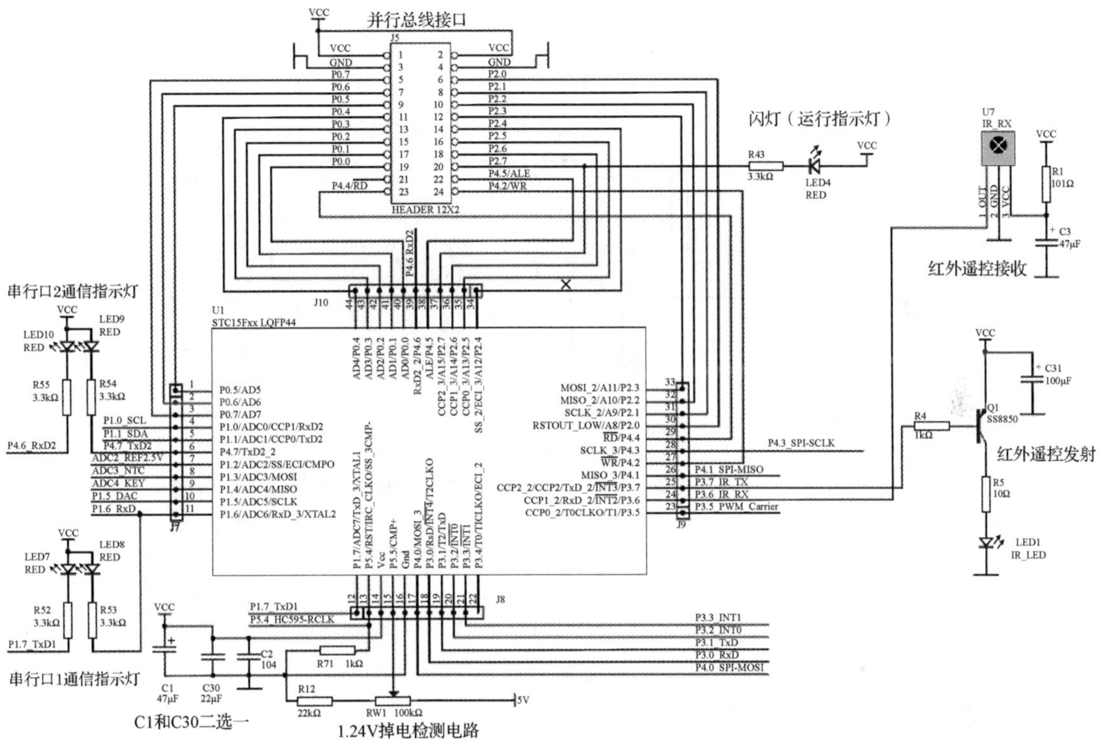

图 D.1　单片机和红外电路原理图

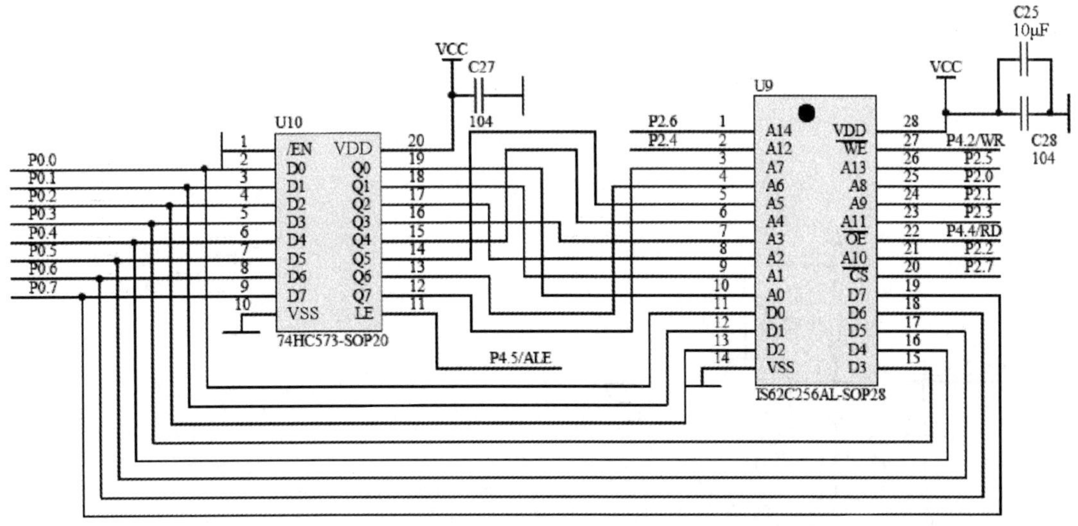

图 D.2　外部并行总线 32KB 扩展 SDRAM 电路原理图

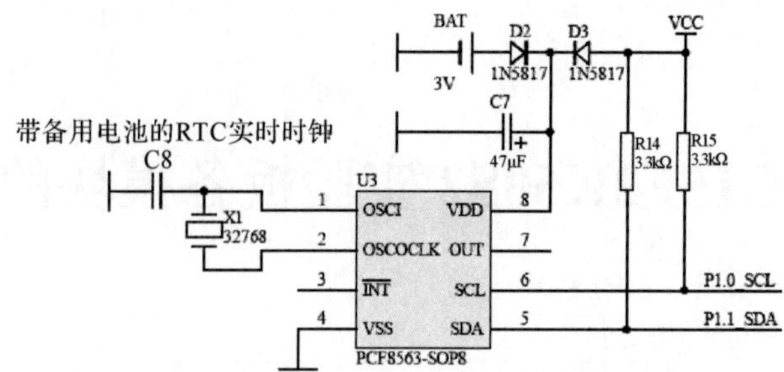

图 D.3　2 线制 I²C 串行总线接口电路原理图

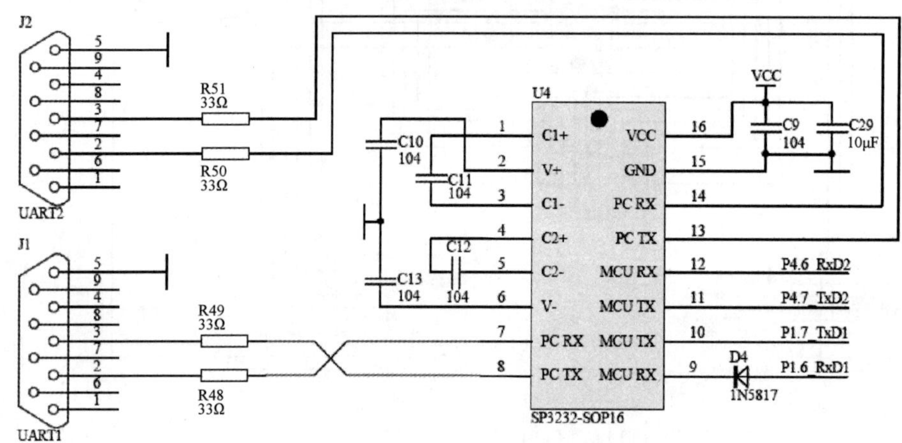

图 D.4　DB9 双串行口电路原理图

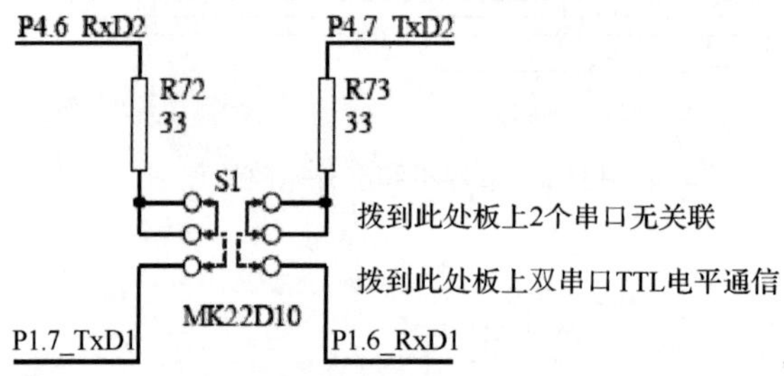

图 D.5　双串行口转换电路原理图

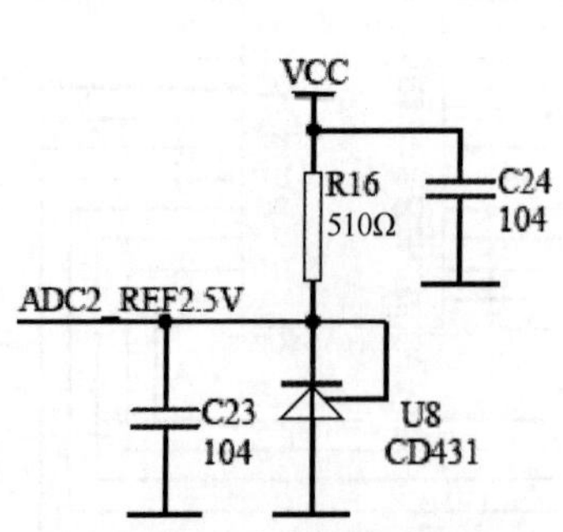

图 D.6　基准电压测量电路原理图

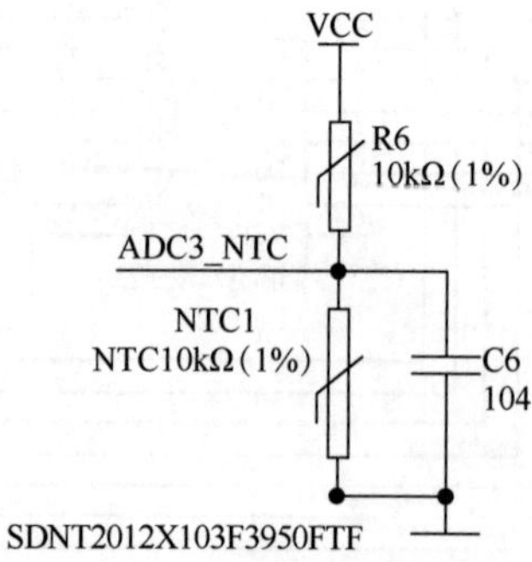

图 D.7　NTC 测温度电路原理图

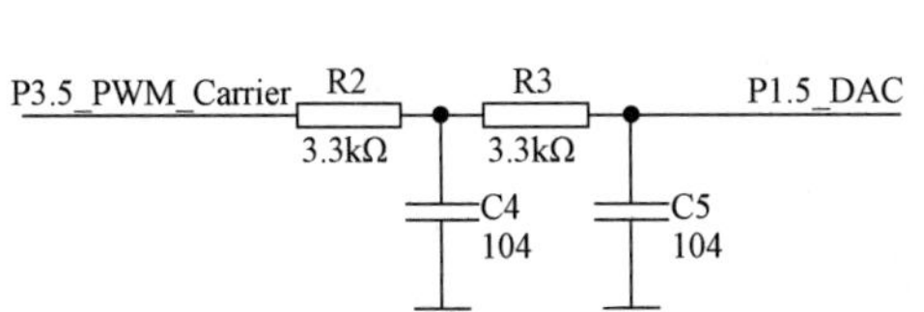
P3.5_PWM_Carrier
R2
3.3kΩ
R3
3.3kΩ
P1.5_DAC
C4
104
C5
104

图 D.8　PWM 用作 D/A 转换器的电路原理图

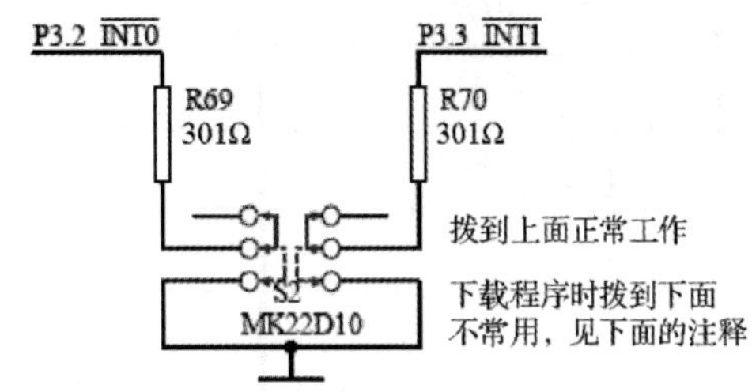
P3.2 INT0
P3.3 INT1
R69
301Ω
R70
301Ω
拨到上面正常工作
S2
MK22D10
下载程序时拨到下面
不常用，见下面的注释
注：在没有设置“P3.2/P3.3为00才可下载程序”时S2可以不拨
到下面；下载程序前要使P3.2/P3.3接地。

图 D.9　下载转换电路原理图

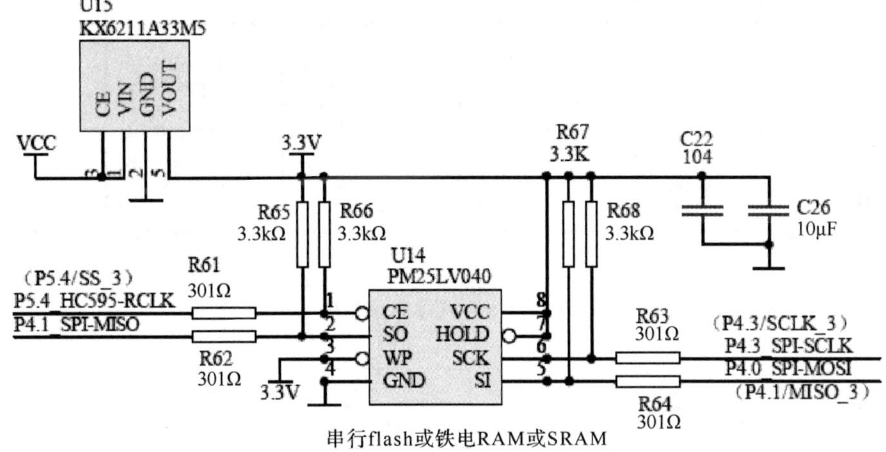
U15
KX6211A33M5
CE
VIN
GND
VOUT
VCC
3.3V
R67
3.3K
C22
104
R65
3.3kΩ
R66
3.3kΩ
R68
3.3kΩ
C26
10μF
(P5.4/SS_3)
P5.4_HC595-RCLK
P4.1_SPI-MISO
R61
301Ω
R62
301Ω
U14
PM25LV040
CE
SO
WP
GND
VCC
HOLD
SCK
SI
R63
301Ω
(P4.3/SCLK_3)
P4.3_SPI-SCLK
P4.0_SPI-MOSI
(P4.1/MISO_3)
R64
301Ω
3.3V
串行flash或铁电RAM或SRAM

图 D.10　3 线制 SPI 串行口总线接口电路原理图

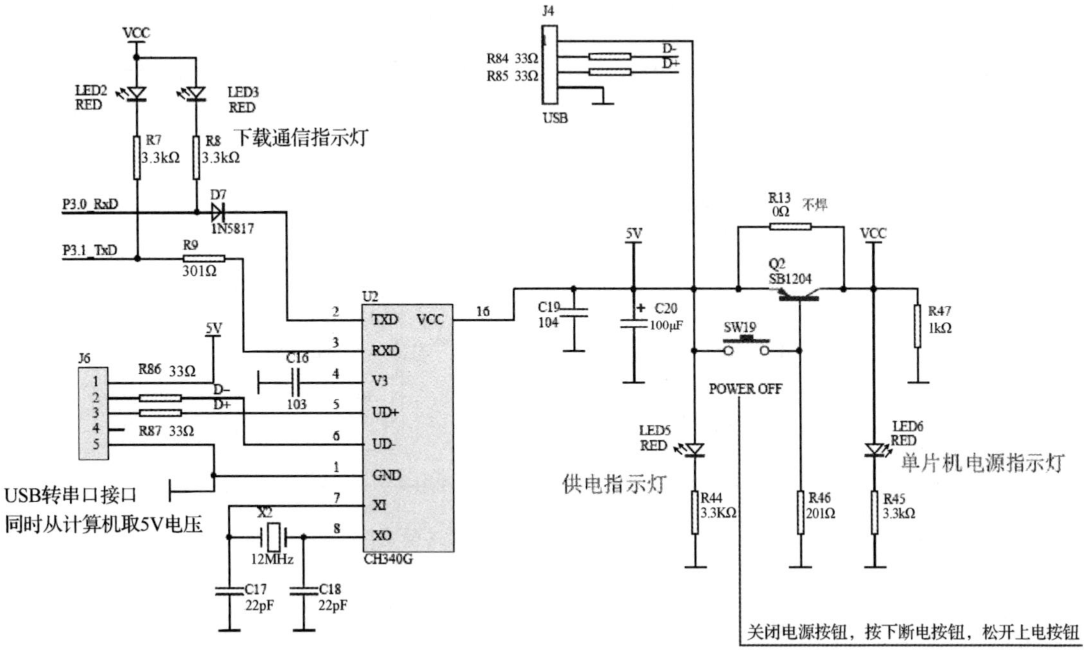
VCC
LED2
RED
LED3
RED
R7
3.3kΩ
R8
3.3kΩ
下载通信指示灯
P3.0_RxD
D7
1N5817
P3.1_TxD
R9
301Ω
J4
R84 33Ω
R85 33Ω
D-
D+
USB
U2
TXD
RXD
V3
UD+
UD-
GND
XI
XO
VCC
CH340G
C16
103
5V
J6
R86 33Ω
R87 33Ω
USB转串口接口
同时从计算机取5V电压
X2
12MHz
C17
22pF
C18
22pF
C19
104
C20
100μF
R13
0Ω
不焊
Q2
SB1204
VCC
R47
1kΩ
SW19
POWER OFF
LED5
RED
供电指示灯
R44
3.3KΩ
R46
201Ω
LED6
RED
单片机电源指示灯
R45
3.3kΩ
关闭电源按钮，按下断电按钮，松开上电按钮

图 D.11　USB 口转串行口电路原理图

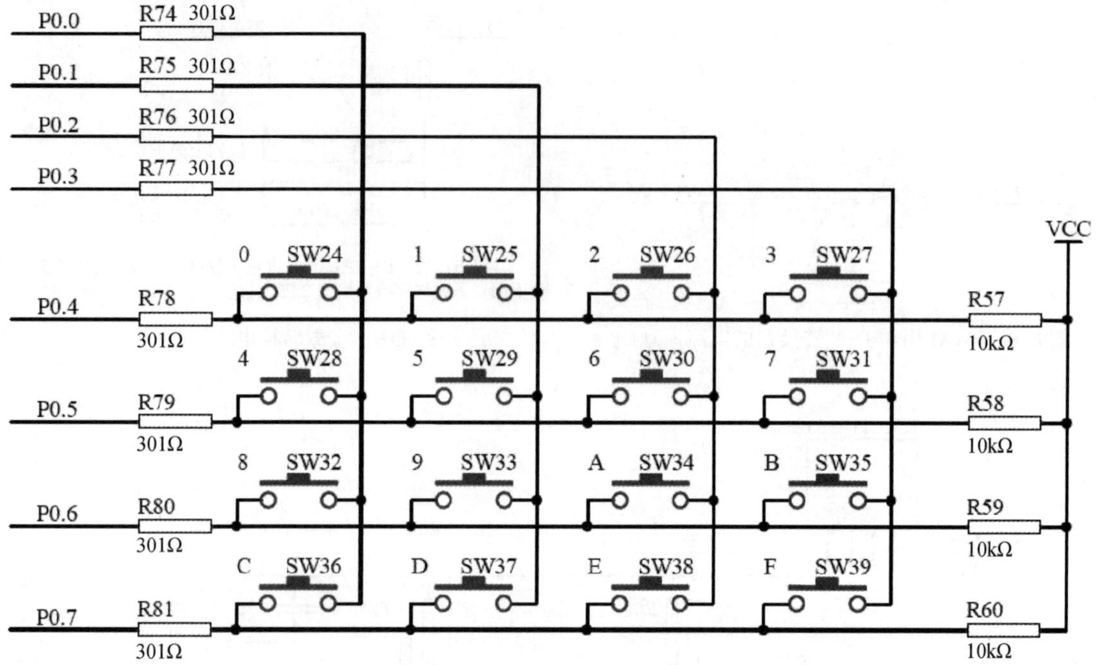

图 D.12　矩阵键盘电路原理图

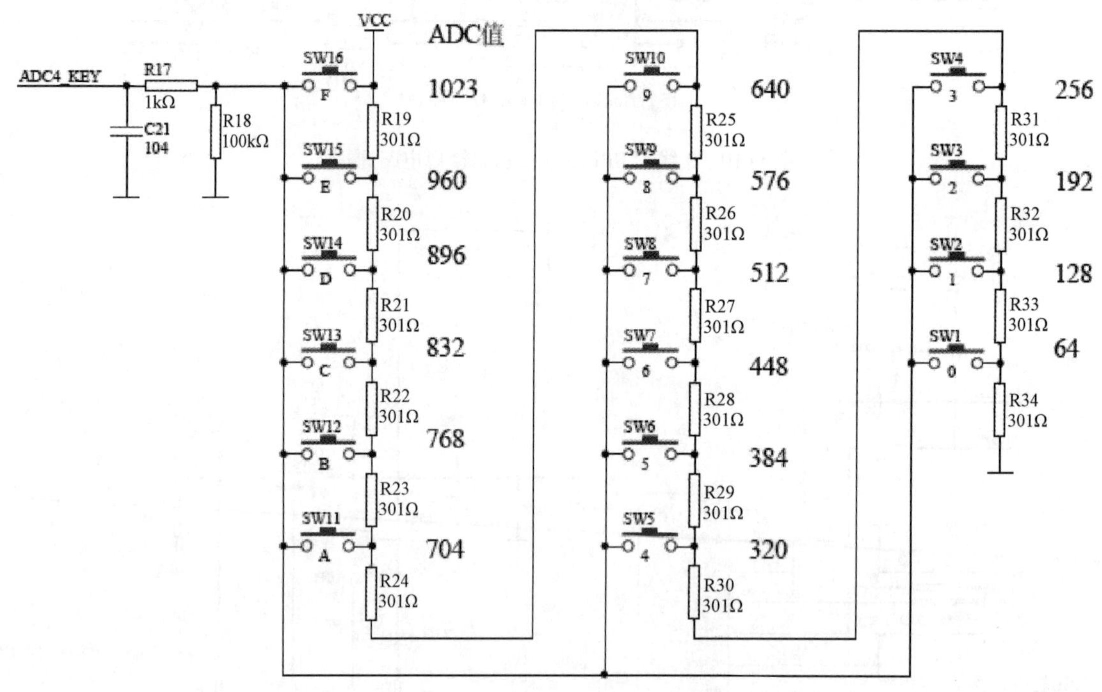

图 D.13　16 个 ADC 按键电路原理图

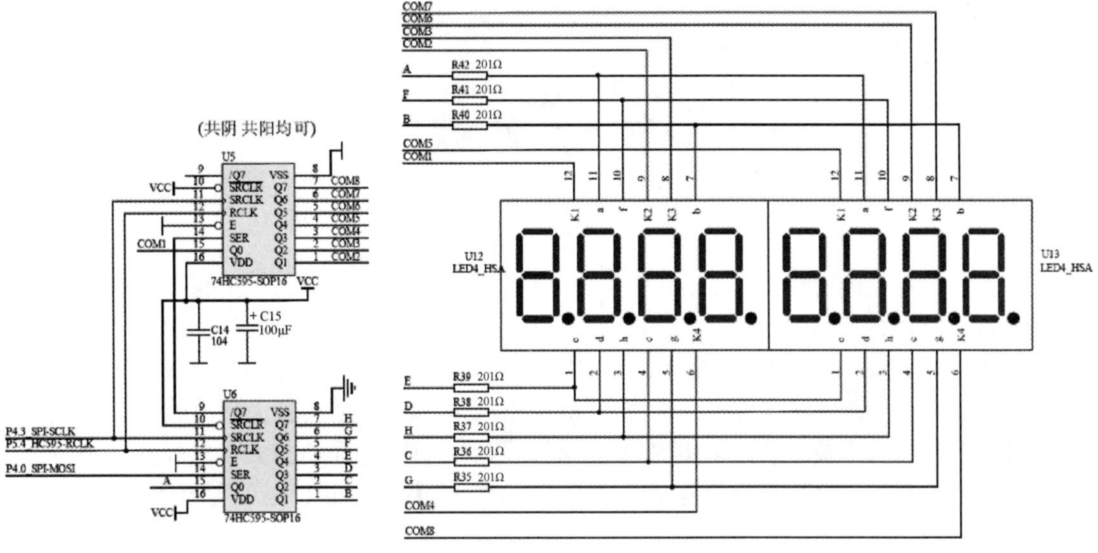

图 D.14 8 位数码管显示电路原理图

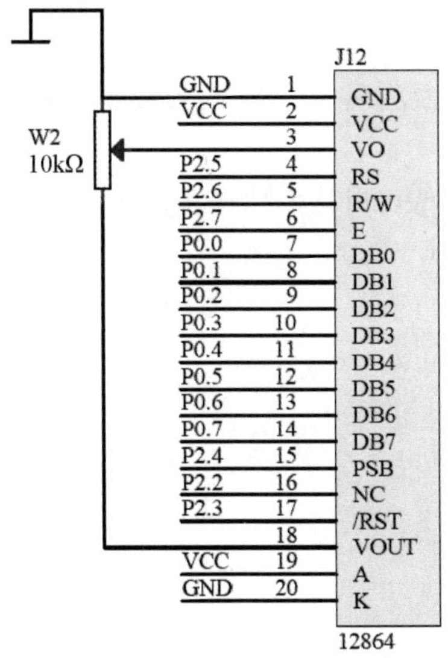

图 D.15 液晶模块 12864 接口电路原理图

电路说明：

（1）电路原理图使用模块独立显示，使用网络标号表示电气连接信息。

（2）元器件标号与实验板上的标号一一对应。

参 考 文 献

[1] 王静霞．单片机应用技术（C 语言版）第 4 版[M]．北京：电子工业出版社，2019.

[2] 王静霞．单片机基础与应用（C 语言版）[M]．北京：高等教育出版社，2016.

[3] 杨宏丽，张昌凡．单片机应用技术（第四版）[M]．西安：西安电子科技大学出版社，2018.

[4] 彭芬．单片机应用技术基础（C 语言）[M]．西安：西安电子科技大学出版社，2018.

[5] 彭芬．单片机应用技术项目化实训教程[M]．西安：西安电子科技大学出版社，2019.

[6] 代少玉，吴兴林．单片机原理与应用技术——STC12 系列 Keil C 工程实验[M]．西安：西安电子科技大学出版社，2017.

[7] 佘东．单片机应用技术实验实训指导[M]．北京：冶金工业出版社，2015.

[8] 陈静，李俊涛，滕文龙，等．单片机应用技术项目化教程——基于 STC 单片机[M]．北京：化学工业出版社，2015.

[9] 林立，张俊亮．单片机原理及应用——基于 Proteus 和 Keil C（第 4 版）[M]．北京：电子工业出版社，2018.

[10] 张玲玲，李景福，俞良英，等．单片机项目式教程（基于 Proteus 虚拟仿真技术）[M]．天津：天津大学出版社，2011.